VORWORT

Unzähligen Studierenden an Fachhochschulen, Technischen Hochschulen, Universitäten und Schülern höherer Schulen ist dieses Buch unentbehrlicher Helfer geworden. Anhand der vielen von Herrn Dipl. Ing. Heimburg mit großer Mühe zusammengestellten Beispiele konnten sie ihre Kenntnisse und Fertigkeiten in der Differentialrechnung festigen und vertiefen.

Anstelle des inzwischen verstorbenen Dipl. Ing. Heimburg habe ich es unternommen, berechtigte Wünsche für die Umgestaltung und Ergänzung dieses Buches zu verwirklichen. Auch bei einfacheren Ableitungen wurde der Lösungsweg eingehender aufgezeigt, wurden Zwischenergebnisse eingefügt. Anstatt nur Extremwerte und Wendepunkte zu ermitteln, wurden zahlreiche Beispiele zu Kurvenuntersuchungen erweitert, dabei auch transzendente Funktionen einbezogen. Neu eingefügt ist der Abschnitt: „Aufbau von Funktionen aus vorgegebenen Werten“ mit anschließender Kurvendiskussion. Der einführende Teil wurde im Sinne der modernen Mathematik so umgestaltet, daß er auch für jene verständlich blieb, die sich bisher nicht damit befassen konnten. Schließlich wurde der Gesamtaufbau straffer gegliedert und der Inhalt nach DIN 1302 berichtigt.

Dank sage ich all den Kollegen, Studierenden und vor allem meinen Schülern, die mir ihre Wünsche und Vorschläge vortrugen, mich bei der Neugestaltung unterstützten.

Wer auch immer Anregungen, Änderungs- und Ergänzungswünsche hat, wolle sie bitte dem Verlag mitteilen. Dafür schon jetzt meinen herzlichsten Dank.

Möge dieses Buch – noch mehr als bisher – Studienrenden und Schülern höherer Schulen ein unentbehrlicher Helfer sein.

Wetzlar, im Frühjahr 1977

Wilhelm Arabin

INHALT

1. KURZE EINFÜHRUNG IN FUNKTIONENLEHRE UND DIFFERENTIALRECHNUNG

1.1 Relationen, Funktionen, Graphen

Aus Natur und Technik, Mathematik und Physik, Familie und Beruf sind die unterschiedlichsten Beziehungen zwischen den verschiedenen Größen bekannt. Z. B.: Wirkende Kraft und Dehnung einer Spiralfeder; Arbeit und Weg; Volumen eines Körpers und Höhe; Kreisfläche und Durchmesser; Steuern und Einkommen; Studierende eines Semesters und belegte Übungen usw.

Beispiel 1: M_1 sei die Menge[1)] der Studierenden eines Semesters. Zu dieser Menge gehören die Elemente[2)] A, B, C, D, E. $M_1 = \{A, B, C, D, E\}$. M_2 sei die Menge der angebotenen Übungen mit den Elementen T, U, V, W: $M_2 = \{T, U, V, W\}$. Zwischen beiden Mengen besteht die Beziehung oder Zuordnung „hat belegt". Diese Zuordnung nennt man *Relation*[3)] und stellt sie in einem *Venn*-Diagramm[4)] (auch Mengen- oder *Euler*-Diagramm), einem *Graph*[5)] dar. Dabei werden die zusammengehörigen Elemente der beiden Mengen M_1 und M_2 durch Pfeillinien zu einer Menge von „geordneten Paaren" verbunden. Die Menge aller geordneten Paare bildet die Paarmenge $P_1 = \{(A, T)\ (A, U)\ (A, W)\ (B, T)\ (B, U)\ (B, V)\ (B, W)\ (C, U)\ (C, V)\ (D, U)\ (D, W)\ (E, U)\ (E, V)\ (E, W)\}$. Dabei bedeutet der erste Buchstabe jedes Paares einen Studenten, der zweite Buchstabe eine belegte Übung. Kehrt man die Pfeilrichtung um, erhält man den Graph der *Umkehrrelation* „wird besucht von".

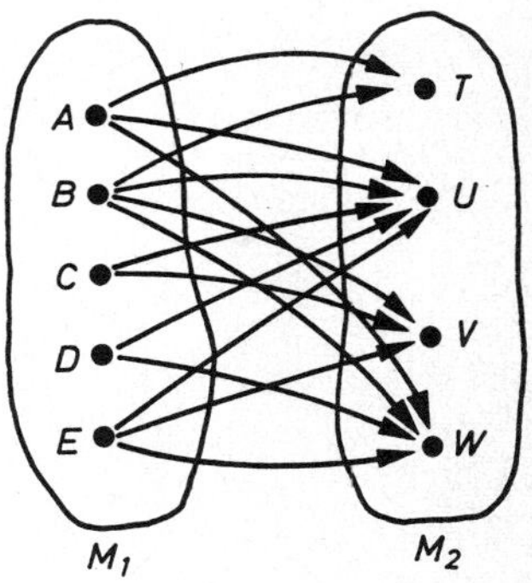

In diesem Beispiel kann man das Element A der Menge M_1 ($A \in M_1$) sowohl dem Element T, als auch den Elementen U und W der Menge M_2 ($T, U, W \in M_2$) zuordnen. Die Zuordnung von A ist mehrdeutig. Das ist auch bei den anderen Elementen der Mengen M_1 der Fall. Solche mehrdeutigen Zuordnungen heißen Relationen.

Beispiel 2: Untersuchen wir die Beziehung zwischen Durchmesser und Fläche bei Kreisen. Zur Menge D der Durchmesser mit den Elementen 2, 4, 6, 8, 10 – $D = \{2, 4, 6, 8, 10\}$ – gehört die Menge A der Kreisflächen mit den Elementen $\pi, 4\pi, 9\pi, 16\pi, 25\pi$. $A = \{\pi, 4\pi, 9\pi, 16\pi, 25\pi\}$. Jedem Element aus D kann man ein und nur ein Element aus A zuordnen. $2 \to \pi$, $4 \to 4\pi$, $6 \to 9\pi$, $8 \to 16\pi$, $10 \to 25\pi$. Die Menge D ist eindeutig auf A „abgebildet". Setzen wir für ein beliebiges Element von D die Variable x und für das zugeordnete Element von A die Variable y, so gilt hier die Zuordnungsvorschrift: $y = \frac{\pi}{4} \cdot x^2$. Mit dieser

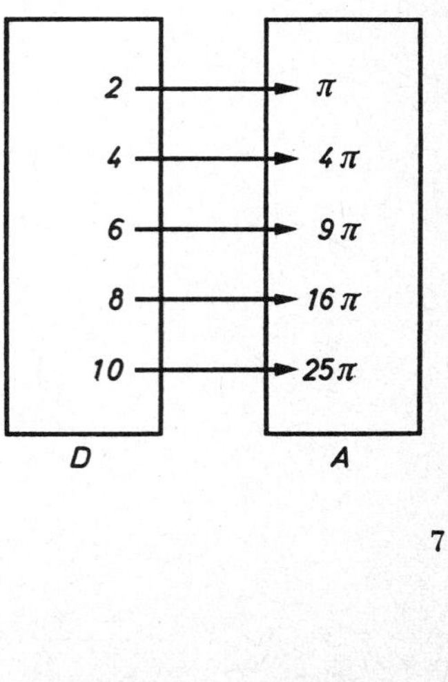

1)-2) Menge: Eine Menge M besteht aus Elementen, geschrieben $M = \{a, b, c, d\}$ d. h. „die Menge M hat die Elemente a, b, c, d". Daraus folgt: $a \in M$ d. h. „a ist Element der Menge M", oder „a gehört zu M" bzw. $f \notin M$ d. h. „f ist kein Element der Menge M", oder „f gehört nicht zu M".

3) Relation von relatio (lat.), die Beziehung.

4) Euler- oder Venn-Diagramme nach *Leonhard Euler* (1703–83), bzw. *John Venn* (1834–1923).

5) Graph von graphein (griech.), zeichnen, schreiben.

Vorschrift wird jedem Element aus D ($x \in D$) genau ein Element aus A ($y \in A$) zugeordnet. Diese eindeutige Zuordnung nennen wir *Funktion f*. Durch die Zuordnung entstehen geordnete Paare (x, y) welche die Funktionsgleichung erfüllen. Sie legen die Funktion fest. Diese geordneten Paare (x, y) bezeichnen gleichzeitig Bildpunkte $P\,(x \mid y)$ im Koordinatensystem. Die Menge dieser Bildpunkte heißt der *Graph*, das *Schaubild* oder die *Kurve* der Funktion.

Allgemein lautet eine solche eindeutige Zuordnung $f\colon y = f(x)$: „y ist der x zugeordnete Funktionswert". Man bezeichnet x als *Argument*, auch als „unabhängig Veränderliche", y als *Funktionswert* oder „abhängig Veränderliche".

Wir hatten festgestellt, daß in unserem Beispiel die Menge D eindeutig auf A abgebildet wird. Entsprechend wird x ($x \in D$) eindeutig auf y ($y \in A$) abgebildet. Die Funktionsgleichung $y = f(x)$ sagt demnach aus: „x ist auf y abgebildet, dabei ist $y = f(x)$" oder symbolisch:

$$f\colon x \to y \mid y = f(x);\ x \in D \qquad \text{kürzer:} \qquad f\colon x \to f(x);\ x \in D$$

In Beispiel 2 bestand D aus den geraden Zahlen 2, 4, 6, 8, 10. Wir hätten D genausogut als die Menge aller rationalen Zahlen zwischen 0 und ∞ festlegen können. In diesem Fall schreibt man $D = [0; \infty[$ [7] oder $D = \{x \mid 0 \leqq x < \infty\}$. Entsprechend wird dann $A = [0; \infty[$ oder $A = \{y \mid 0 < y < \infty\}$. Die Funktion $y = f(x)$ ist für die Menge D ($x \in D$) definiert. D ist also die *Definitionsmenge* oder der Definitionsbereich der Funktion, abgekürzt D. Entsprechend ist A ($y \in A$) der Wertebereich, der Wertevorrat, die *Wertemenge* oder die *Bildmenge* der Funktion, mit W abgekürzt. D und W ergeben den reellen Existenzbereich einer Funktion.

■ Die Abbildung oder Funktion einer Menge D in eine Menge W ist eine Vorschrift, die jedem Element $x \in D$ genau ein Element $y \in W$ zuordnet. Kommt jedes Element von W auch als Bildelement vor, spricht man von einer Abbildung von D auf W.

■ Das Zahlenpaar $(x; y)$ zusammengehöriger x und y bezeichnet man als Element der Funktion, der Zuordnung $x \to y$. Demnach können zwei verschiedene Elemente niemals das gleiche x enthalten. Zuordnungen, die diese Bedingung nicht erfüllen, sind *Relationen*.

Beispiele:

Funktionen	Relationen
$y = m\,x + b$	$y = \pm\sqrt{x^2 + 7}$
$y = a\,x^2 + b\,x + c$	$x^2 + y^2 - r^2 = 0$
$y = a\,x^n + b\,x^{n-1} + c\,x^{n-2} \ldots$	$b^2\,x^2 + a^2\,y^2 - a^2\,b^2 = 0$
$y = \dfrac{a\,x^n + b\,x^{n-1} + \ldots z}{A\,x^m + Bx^{m-1} + \ldots Z}$	$y = \arcsin x^2$
$y = \sin x$	
$y = \ln x$	
$y = a^x$	

Graphen

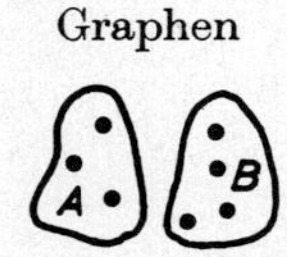

Venn-Diagramm

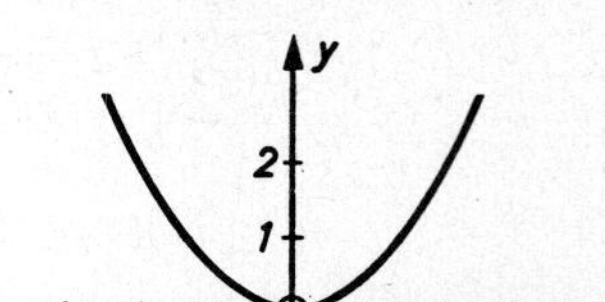

---

[6] A = Bezeichnung der Fläche nach DIN 40 121, 1304, 1332.

[7] $D = [0; n]$ geschlossenes Intervall $D = \{x \mid 0 \leqq x \leqq n\}$.
$D = [0; \infty[$ rechts offenes Intervall $D = \{x \mid 0 \leqq x < \infty\}$
$D =]0; \infty[$ offenes Intervall $D = \{x \mid 0 < x < \infty\}$
$D =]0; n]$ links offenes Intervall $D = \{x \mid 0 < x \leqq n\}$

1.2 Funktionen: Gewinnung — Darstellung — Einteilung

Funktionen kann man durch Beobachtung, Messung, mechanische Aufzeichnung, Aufstellung von Wertetafeln auf experimentellem Wege usw. gewinnen. Diese Funktionen nennt man Erfahrensfunktionen oder empirische[1] Funktionen.

In vielen Fällen läßt sich eine Funktion durch eine Funktionsgleichung festlegen, wie z. B. im Beispiel 2: $y = \frac{\pi}{4} x^2$. Eine solche Funktionsgleichung enthält nicht nur die Variablen x und y sondern auch eine *Konstante*, hier $\frac{\pi}{4}$. Da die Funktionsgleichung als Gleichung aus zwei durch Gleichheitszeichen verbundenen *Termen*[2] besteht, können diese Konstanten unterschiedliche Form annehmen.

Z. B.:

$$y = \frac{16\,a^2\,b^5 - 25\,c^3}{\sqrt{9\,d^2 - 36\,e^2}} \cdot x^8 \qquad \text{Konstant: } \frac{16\,a^2\,b^5 - 25\,c^3}{\sqrt{9\,d^2 - 36\,e^2}}$$

Die tabellenmäßige Darstellung der Funktionen ist das Bilden einer Punktmenge $P\,\{(x\,|\,y)\}$ der Funktion $f\colon x \to f(x)$ oder

$$P = \{(x\,|\,y)\,|\,y = f(x);\ x \in D,\ y \in W\}$$

Die graphische Darstellung einer Funktion, der Graph, die Kurve kann durch Übertragung der Bildpunkte in das Koordinatensystem erfolgen. Kurvenzüge werden aber auch durch Geräte: Barograph, Oszillograph usw. aufgezeichnet. Der Graph einer Funktion gibt die Möglichkeit, vorhandene Probleme geometrisch darzustellen, über diese Darstellung zu einer Lösung zu kommen.

Die analytische Darstellung oder rechnerische Untersuchung einer Funktion, auch Kurvendiskussion genannt, ist die umfassendste und vollkommendste Darstellung.

Aus der eindeutigen Definition der Funktion $x \to y\,|\,y = f(x)$ oder $x \to f(x)$ geht hervor, daß alle Funktionsgleichungen explizit[3] gegeben sind. Ist die Zuordnungsvorschrift nicht durch die explizite Form $y = f(x)$, sondern implizit[4] durch die Gleichung $F(x, y) = 0$ gegeben, sprechen wir von einer *Relation*. Die Funktionen sind Sonderfälle der Relationen. Eine Relation kann umgekehrt durch mehrere Funktionen erfüllt werden. Damit geht das Merkmal der Eindeutigkeit der Zuordnung verloren.

Die Relation: $F(x; y): x^2 + y^2 - 4 = 0$ ist sowohl durch die Funktionen $y = +\sqrt{4 - x^2}$ und $y = -\sqrt{4 - x^2}$, als auch durch die mit der Paarmenge $P\,\{(x, y)\,|\,(-2{,}0)\ (0{,}2)\ (2{,}0)\}$ definierte Funktion erfüllt.

Da sich eine sehr große Anzahl Funktionen auf algebraische Art und Weise aus anderen Funktionen bilden läßt, bezeichnet man alle jene Funktionen, die durch Addition, Subtraktion, Multiplikation, Division, Potenzieren oder Radizieren aus konstanten und identischen Funktionen gebildet wurden, als algebraisch. Konstante Funktionen sind $x \to c$ oder $y = c$; identische Funktionen $x \to x$, oder $y = x$.

Die Definition der „algebraischen Funktion":
Eine Funktion f heißt eine „algebraische Funktion", wenn sie durch eine Gleichung in der Form

$$P_n(x)\,y^n + P_{n-1}(x)\,y^{n-1} + P_{n-2}(x)\,y^{n-2} \ldots + P_1(x)\,y^1 + P_0(x)\,y^0 = 0$$

mit entsprechenden und geeigneten Zusatzbedingungen festgelegt ist.

---

[1] empirisch von empeiria (griech.), Erfahrung

[2] Term: Jeder Ausdruck der Form: 2; $3\,a$; $5\,x$; $7\,y + 3\,x$; $a + b$; $3\,x + 5\,y - 3$; $6\,x\,y\,z - 3\,u\,v$; usw. ist ein Term.

[3] explizit von explicare (lat.) = entfalten, entwickeln

[4] implizit von implicare (lat.) = einwickeln, einschließen

[5] transzendent von transcendens (lat.) = übersteigend

Es bezeichnen $P_k(x)$ für $k = 0; 1; 2; 3; \ldots n$ Polynome beliebigen Grades. Ein solches Polynom n-ten Grades ist z. B.: $a_n x^n + a_{n-1} x^{n-1} + a_{n-2} x^{n-2} + \ldots + a_1 x + a_0$ mit $n \in N$ und $a_n \neq 0$ oder $3x^5 - x + 7 = 0$ oder $3x - 2 = 0$ usw. Betrachtet man die Glieder einer algebraischen Funktion, die y enthalten, auch als Polynome der Variablen y, so kann man sagen, eine algebraische Funktion entsteht durch Addition, Subtraktion, Multiplikation, Division, Potenzieren oder Radizieren von Polynomen der Variablen x und y.

Die höchste Exponentensumme einer solchen algebraischen Funktion bestimmt den Grad der algebraischen Relation.

Beispiel: $x^2 y + x^2 y^2 - 3xy^2 + 4 = 0$ ist 4. Grades o.4. Ordnung.

$x + 3xy + 3y^6 = 0$ ist 6. Grades o.6. Ordnung.

Algebraische Funktionen:

rationale Funktionen:

$$f\colon\ y = a_n x^n + a_{n-1} x^{n-1} + a_{n-2} x^{n-2} \ldots + a_1 x + a_0 \quad (a_n \neq 0)$$

ganze rationale Funktion n-ter Ordnung

$$f\colon\ y = \frac{a_n x^n + a_{n-1} x^{n-1} + a_{n-2} x^{n-2} \ldots + a_0}{b_m x^m + b_{m-1} x^{m-1} + b_{m-2} x^{m-2} \ldots + b_0} \quad (a_n;\ b_m \neq 0)$$

gebrochene rationale Funktion

$n < m$: echt gebrochen; $n > m$: unecht gebrochen

nicht rationale Funktion:

$$f\colon\ y = +\sqrt[m]{a_n x^n \ldots} \quad \text{Wurzelfunktion}$$

Transzendente Funktionen:

$y = \log_b x$	logarithmische Funktionen
$y = \ln x$	
$y = e^x$	Exponentialfunktionen
$y = x^{ax}$	
$y = \sin x$	trigonometrische Funktionen
$y = \tan x$	
$y = \text{arc sin } x$	Arkusfunktionen (Relationen)
$y = \sinh x$	hyperbolische Funktionen
$y = \text{arcosh } x$	Areafunktionen

1.3 Funktion — Umkehrfunktion

Nach der Definition der Funktion wird jedes Element x der Definitionsmenge D $(x \in D)$ eindeutig auf ein Element y der Wertemenge W $(y \in W)$ abgebildet. Diese eindeutige Abbildung kann man umkehren. In einer neuen Zuordnungsvorschrift wird dann jedem Element y der Wertemenge W $(y \in W)$ genau ein Element x der Definitionsmenge D $(x \in D)$ zugeordnet. Die Zuordnungsvorschrift muß jetzt lauten $x = \varphi(y)$. Vertauschen wir in dieser Zuordnung die Variablen x und y, so erhalten wir die Funktion $f^{-1}\colon y = \varphi(x)$ als Umkehrfunktion *zu* $f^{-1}\colon y = f(x)$.

Durch die Umkehrung der Abhängigkeit geht das Wertepaar $(a; b)$ der Ausgangsfunktion in das Wertepaar $(b; a)$ der Umkehrfunktion über. Durch diese Wertepaare werden die beiden Punkte $P_1\,(a|b)$ und $P_2\,(b|a)$ festgelegt. Diese Punkte liegen spiegelbildlich zur Geraden $y = x$ (der 1. Winkelhalbierenden). Da diese Symmetrie zur 1. Winkelhalbierenden nicht nur für einen Punkt, sondern für die gesamte Punktmenge gilt, sind Funktion und Umkehrfunktion symmetrisch zur 1. Winkelhalbierenden.

Funktion: f:	Kehrfunktion: f^{-1}:	mit vertauschten Variablen: f^{-1}:
$x \rightarrow f(x)$	$x \rightarrow \varphi(x)$	$x \rightarrow \varphi(x)$
$y = f(x)$	$x = \varphi(y)$	$y = \varphi(x)$
$y = 3x+2$	$x = \frac{1}{3}y - \frac{2}{3}$	$y = \frac{1}{3}x - \frac{2}{3}$
$y = (\pm x)^2$	$x = \pm\sqrt{y}$	$y = \pm\sqrt{x}$
$y = \log_{10} x$	$x = 10^y$	$y = 10^x$
$y = 2^x$	$x = \log_2 y$	$y = \log_2 x$
$y = a^x$	$x = \log_a y$	$y = \log_a x$
$y = \sin x$	$x = \arcsin y$	$y = \arcsin x$

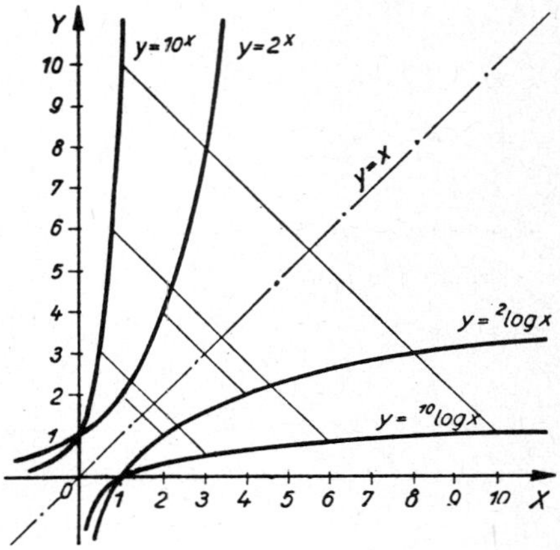

Funktionen $x \rightarrow f(x)$ für die $f(-x) = f(x)$ gilt, heißen *g e r a d e* Funktionen. Das sind alle ganzen rat. Funktionen mit geraden Exponenten. Gerade Funktionen sind symmetrisch zur Y-Achse.

Ungerade Funktionen sind solche für die $f(-x) = -f(x)$ gilt. Sie sind punktsymmetrisch zum Ursprung des Achsenkreuzes. Das sind alle g. rat. Funktionen mit ungeraden Exponenten und ohne absolutes Glied.

1.4 Stetigkeit — Unstetigkeit

Beim Zeichnen der Graphen von verschiedenen Kurven sieht man, daß ein Teil dieser Graphen ohne abzusetzen und in einem Zuge zeichenbar ist, andere hingegen aus mehreren, nicht in einem Zuge zeichenbaren Teilen bestehen.

Ist der Graph einer Funktion in einem Zuge zeichenbar, bezeichnet man diese Funktion als *s t e t i g*.

Die Funktion $x \rightarrow f(x)$ sei an der Stelle $x = x_0$ definiert, $x_0 \in D$ d. h. es existiert ein Wertepaar $(x_0 \mid f(x_0))$. Sie sei aber auch in der allernächsten Umgebung δ von x_0 d. h. im Bereich $(x-\delta)$ bis $(x+\delta)$ definiert. Die Funktion $x \rightarrow f(x)$ ist in x_0 stetig, wenn für den Wert h, wobei $0 < h < \delta$ gilt:

$$\lim_{h \to 0} f(x_0 - h) = f(x_0) = \lim_{h \to 0} f(x_0 + h)$$

Noch allgemeiner: Ist eine Funktion $f(x)$ im Intervall $[a; b]$ ($[a; b] \in D \wedge D \subseteq R$)[1] der reellen Achse erklärt, heißt sie dann in $x_0 \in [a; b]$ stetig, wenn gleichzeitig mit der nach

[1] ($[a; b] \in D \wedge D \subseteq R$): Das Intervall $a \leqq x \leqq b$ liegt innerhalb der Definitionsmenge und diese gehört zu den reellen Zahlen.

$\wedge$ = und

x_0 konvergierenden Folge $\{x_n\}$ ($x_n \in [a; b]$) auch die Folge der Funktionswerte gegen $f(x_0)$ konvergiert.

Durch diese Definition sind sowohl die innerhalb als auch am Rande einer Definitionsmenge liegenden Werte erfaßt.

Ist für eine Funktion $f(x)$ an irgendeiner Stelle x_0 ($x_0 \in D$) die Stetigkeitsdefinition nicht erfüllt, so heißt die Funktion an dieser Stelle unstetig und x_0 ist die *Unstetigkeitsstelle* der Funktion. Eine Funktion kann mehrere Unstetigkeitsstellen besitzen.

Beispiel 1: Die Funktion $y = \tan x$ hat bei $x = \frac{\pi}{2}$ eine solche Unstetigkeitsstelle. Strebt $x \to \frac{\pi}{2}$, strebt $y \to +\infty$. Strebt x hingegen von $\frac{2\pi}{3}$ her gegen $\frac{\pi}{2}$, strebt $y \to -\infty$. Bei $x = \frac{\pi}{2}$ liegt also eine Unstetigkeitsstelle mit gleichzeitigem Vorzeichenwechsel. Der Funktionswert springt von $+\infty$ nach $-\infty$ um. Man kann die beiden Äste der Tangenskurve durch eine Senkrechte zur x-Achse bei $x = \frac{\pi}{2}$ gegeneinander abgrenzen. Diese Senkrechte heißt Asymptote und eine solche Stelle der Kurve Unendlichkeitsstelle oder Pol.

Beispiel 2: Ähnlich ist es bei der Funktion $y = \frac{1}{3-x}$. Strebt $x \to +3$, strebt der Funktionswert gegen $+\infty$. Strebt x von $+4$ her gegen $+3$ strebt der Funktionswert gegen $-\infty$. Auch hier ist bei $x = 3$ eine Unstetigkeitsstelle, ein Pol und eine senkrechte Asymptote.

Beispiel 3: Setzt man bei der Funktion $y = \frac{1+x}{1-x^2}$ für x den Wert -1 ein, ergibt sich ein Funktionswert von $\frac{0}{0}$. Die Funktion ist also an dieser Stelle nicht definiert. Nähert man sich hingegen von -2 bzw. 0 her diesem Wert, nähert sich Funktionswert $+\frac{1}{2}$. $\left(\text{Bei } x = -1{,}1 \text{ ist der Funktionswert } \frac{1}{2{,}1}; \text{ bei } x = 0{,}9 \text{ ist er } \frac{1}{1{,}9}\right)$. Nur für genau $x = -1$ scheint die Funktion nicht definiert. Bei $x = -1$ hat die Funktion eine *Lücke*. Zerlegt man in der Funktionsgleichung den Nenner in den binomischen Term $(1+x)(1-x)$, kann man kürzen und erhält mit der für diesen Punkt zutreffenden Ersatzfunktion $y = \frac{1}{1-x}$ bei $x = -1$ den Funktionswert $\frac{1}{2}$. Wir haben hier also eine „stetig behebbare Definitionslücke".

Es gibt noch andere Unstetigkeitsstellen, z. B. *Sprünge*, wenn der Funktionswert an einer Stelle z. B. von -2 nach $+2$ springt.

Wie man die Grenzwerte berechnet, ist im 2. Kapitel angegeben.

1.5 Die Ableitung einer Funktion

Ganz gleich, ob Funktionen auf dem Umweg über Wertetafeln, experimentell gewonnen, oder einen deutlich sichtbaren math. Sachverhalt darstellen, es interessiert, ob man bei einer solchen Funktion bestimmte Sachverhalte, bestimmte Beziehungen allgemein untersuchen kann. Dabei ist es gleichgültig, ob es sich um die Kante eines Würfels und das Würfelvolumen, um Zug- und Druckbeanspruchung, Biegemomente oder Druck von Dämpfen handelt.

In allen diesen Fällen kann man die Funktion als Graph darstellen. Und dieser Graph weist bestimmte Eigenschaften auf. Wählen wir das Beispiel: $y = \frac{1}{4}x^3 + \frac{3}{4}x^2$. Der Graph dieser Funktion hat bei $(-2 | 1)$ einen hohen Punkt, fällt dann bis zum Nullpunkt ab und steigt

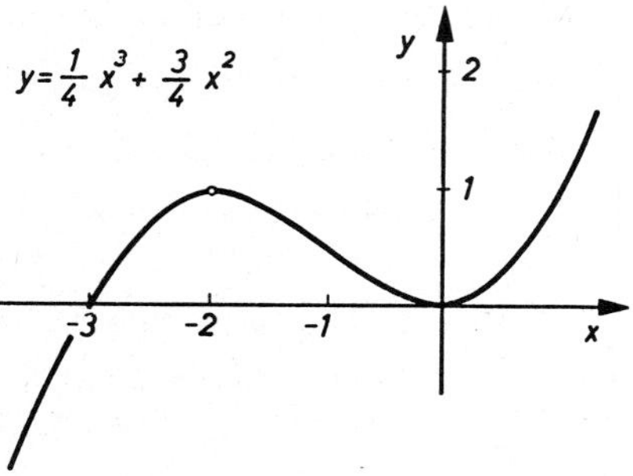

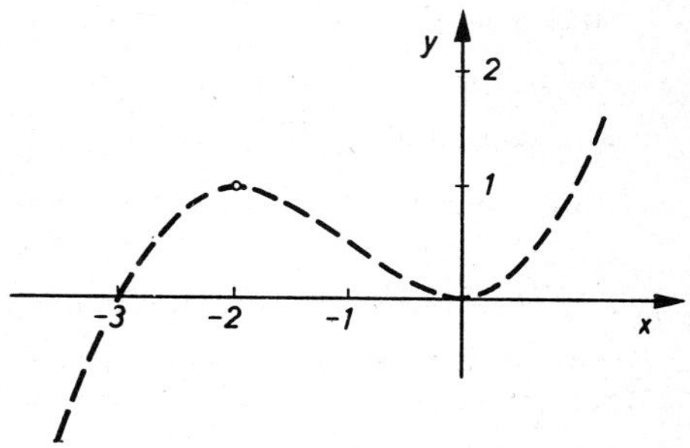

dann wieder recht steil an. Will man den Verlauf der Kurve, die Steilheit des Anstiegs untersuchen, kann man die Kurve in lauter kleine Strecken zerlegt denken. Und jede dieser Strecken gibt die Richtung der Kurve an. Diese kleinen Strecken stellen winzige Teilstücke der Tangenten an die Kurve in diesen Kurvenpunkten dar. Wenn wir die Richtung, den Verlauf der Kurve untersuchen wollen, müssen wir die Richtung der Tangente untersuchen.

Die Tangente am Kreis ist definiert als die Grenzlage der Sekante. Wenn die beiden Schnittpunkte einer Sekante mit dem Kreis zu einem Punkt zusammenfallen, wird die Sekante zur Tangente. Das soll hier ebenso angewendet werden, wie die Definition der Steigung einer Geraden als der Tangens des Winkels, den die Gerade mit der positiven Richtung der X-Achse bildet. Wählt man z. B. die beiden Punkte $P_1\,(x_1 \mid y_1)$ und $P_2\,(x_2 \mid y_2)$, dann ist $\tan\alpha = m = \frac{y_2 - y_1}{x_2 - x_1}$. (Abb. S. 14)

Für die Funktion $y = \frac{1}{4}x^3 + \frac{3}{4}x^2$ wählen wir die beiden Kurvenpunkte $P\,(x \mid y)$ und $Q\,(x + \Delta x \mid y + \Delta y)$. Die Steigung der Sekante $\overline{PQ}$ ist $\tan\delta = \frac{\Delta y}{\Delta x}$. $P\,(x \mid y)$ ist Kurvenpunkt, deshalb gilt für seine Koordinaten: $y = \frac{1}{4}x^3 + \frac{3}{4}x^2$. Auch Punkt Q ist Kurvenpunkt, drum $y + \Delta y = \frac{1}{4}(x + \Delta x)^3 + \frac{3}{4}(x + \Delta x)^2$ oder aufgelöst:

$$y + \Delta y = \frac{1}{4}x^3 + \frac{3}{4}x^2\,\Delta x + \frac{3}{4}x\,\Delta x^2 + \frac{1}{4}\Delta x^3 + \frac{3}{4}x^2 + \frac{6}{4}x\,\Delta x + \frac{3}{4}\Delta x^2.$$ Subtrahiert man

$$y = \frac{1}{4}x^3 + \frac{3}{4}x^2$$ erhält man:

$$\Delta y = + \frac{3}{4}x^2\,\Delta x + \frac{3}{4}x\,\Delta x^2 + \frac{1}{4}\Delta x^3 + \frac{6}{4}x\,\Delta x + \frac{3}{4}\Delta x^2.$$

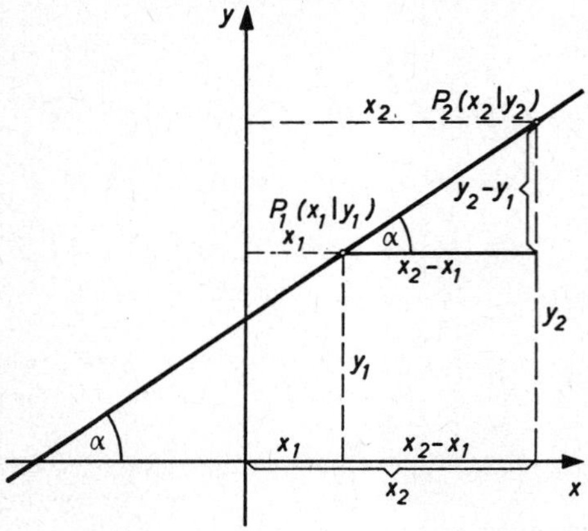

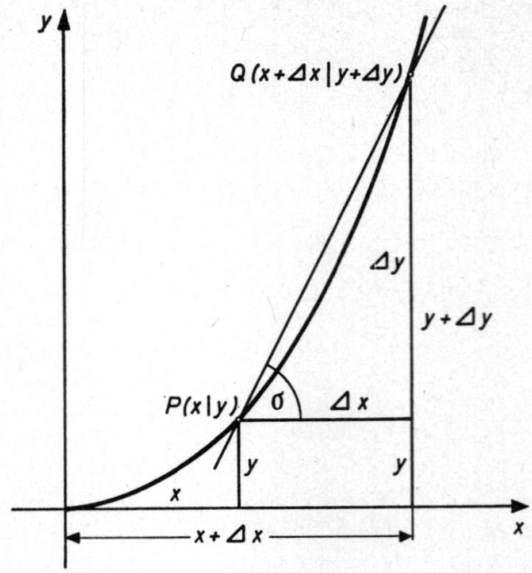

Auf der rechten Seite Δx ausgeklammert und die gesamte Gleichung durch Δx dividiert:

$$\frac{\Delta y}{\Delta x} = \frac{3}{4} x^2 + \frac{3}{4} x \, \Delta x + \frac{1}{4} \Delta x^2 + \frac{6}{4} x + \frac{3}{4} \Delta x.$$

Aus dieser Sekantensteigung kommen wir zur Tangentensteigung in P, wenn wir den Punkt Q immer näher an P heranrücken, sodaß Q mit P schließlich zusammenfällt. Das ist der Fall, wenn Δx immer kleiner wird, gegen 0 strebt. Strebt $\Delta x \to 0$, strebt auch $\Delta y \to 0$. Wir bilden diesen Grenzwert, führen den *Grenzübergang* durch:

$$\lim_{x \to 0} \frac{\Delta y}{\Delta x} = \frac{3}{4} x^2 + \frac{6}{4} x.$$

Dafür schreibt man auch y' (y-Strich) oder $f'(x)$, oder $\frac{\mathrm{d}\,y}{\mathrm{d}\,x}$. $\frac{\mathrm{d}\,y}{\mathrm{d}x}$ ist der Differentialquotient.

y gibt die Steigung der Tangente in jedem Kurvenpunkt an. Um die Tangentensteigung in einem bestimmten Kurvenpunkt zu ermitteln, muß man anstelle von x die Abszisse dieses Punktes x_p einsetzen.

y' nennt man die *erste Ableitung* der Funktion $y = f(x)$. Die 1. Ableitung der Funktion $y = x^n$ ist $y' = n \cdot x^{n-1}$. Dabei kann der Exponent n positiv, negativ, ganz oder gebrochen sein. Ableitungen von konstanten Funktionen $y = c$ sind 0.

Betrachtet man die 1. Ableitung $y' = f'(x)$ als Stammfunktion, kann man nach denselben Gesetzen die 2. Ableitung bilden. Desgl. die 3., 4. usw. Ableitung.

Die 1. Ableitung der Produktfunktion $y = (a\,x^n + b)\,(c\,x^m + d)$:

Jeder dieser Faktoren stellt wiederum eine Funktion von x dar.

$$(a\,x^n + b) = g(x) = u \quad \text{und} \quad (c\,x^m + d) = h(x) = v.$$

Wir schreiben für die gegebene Funktion

$$y = (ax^n + b)\,(c\,x^m + d) \Rightarrow y = u \cdot v \quad \text{oder} \quad y = g(x) \cdot h(x).$$

Wird bei dieser Substitution x um Δx verändert, ändert sich gleichzeitig u um Δu, v um Δv, y um Δy. Für den Punkt $Q\,(x + \Delta x \mid y + \Delta y)$ gilt:

$y + \Delta y = (u + \Delta u) \cdot (v + \Delta v) \Rightarrow y + \Delta y = u \cdot v + \Delta u \cdot v + u \cdot \Delta v + \Delta u \cdot \Delta v$. Subtraktion von $y = u \cdot v$:

$\Delta y = \Delta u \cdot v + u \cdot \Delta v + \Delta u \cdot \Delta v$ Dividiert durch Δx ergibt die Sekantensteigung:

$\frac{\Delta y}{\Delta x} = \frac{\Delta u}{\Delta x} v + u \frac{\Delta v}{\Delta x} + \frac{\Delta u \cdot \Delta v}{\Delta x}$. Der Grenzübergang $\lim\limits_{x \to 0} \frac{\Delta y}{\Delta x}$ führt zu

$y' = \frac{dy}{dx} = \frac{du}{dx} v + u \cdot \frac{dv}{dx} = vu' + uv'$. Produktregel

Gebrochene Funktionen, Quotienten, werden nach der Quotientenregel abgeleitet:

$y = \frac{g(x)}{h(x)} = \frac{u}{v}$ $y' = \frac{u'v - v'u}{v^2}$. Bei mittelbaren Funktionen $y = f(u)$ wobei $u = g(x)$ gilt: $y' = n \cdot u^{n-1} \cdot u'$ oder $y' = f'(u) \cdot u'$

1.6 Nullstellen — Lösungsverfahren — Näherungsverfahren

Bei einer Funktion $x \to y \mid y = f(x)$ nennt man die Menge aller x für die der Funktionswert $y = 0$ ist, die Lösungsmenge oder die *Nullstellen* der Funktion. Im zugehörigen Graphen sind die Nullstellen die Schnittpunkte mit der x-Achse.

Eine ganze rationale Funktion n-ter Ordnung kann höchstens n reelle Nullstellen haben. Ganze rationale Funktionen ungerader Ordnung haben mindestens eine reelle, ganze rationale Funktionen gerader Ordnung haben nicht unbedingt eine reelle Nullstelle.

Koeffizientengesetz: *(Vieta)* Die Funktion $x \to y \mid y = x^2 - 7x + 12$ kann man umformen in $y = (x-4) \cdot (x-3)$. Daraus folgt: Der Funktionswert ist 0, wenn entweder $(x-4)$ oder $(x-3)$ den Wert 0 annimmt. Die Lösungsmenge L ist also $L = \{-3; -4\}$

Auch die Funktion: $x \to y \mid y = x^3 - 2x^2 - 5x + 6$ läßt sich mit mehr Aufwand in $y = (x-1)(x+2)(x-3)$ umformen mit der Lösungsmenge $L = \{1; -2; 3\}$.

Aus beiden Beispielen folgt aber auch, daß der rechtsseitige Term der Funktionsgleichung durch $(x - x_{01})$ dividierbar ist, wenn bei x_{01} eine Nullstelle vorliegt ($x_{01} \in L$). Durch diese Division wird der Term in eine um 1 niedere Ordnung verwandelt. Das gilt natürlich auch für jede Gleichung der Form $a x^n + b x^{n-1} \ldots n = 0$. Sie wird so leichter lösbar.

Beispiele:

a) $x \to y \mid y = x^3 - 2x + 4$ Für $y = 0$ gilt: $x^3 - 2x + 4 = 0$. Durch Probieren findet man, daß $x_{01} = -2$. Man kann also dividieren:

$$\begin{array}{l} (x^3 - 2x + 4) : (x+2) = x^2 - 2x + 2 \\ \underline{x^3 + 2x^2} \\ \quad -2x^2 - 2x \\ \quad \underline{-2x^2 - 4x} \\ \qquad\quad 2x + 4 \\ \qquad\quad \underline{2x + 4} \end{array}$$

Aus $x^2 - 2x + 2 = 0$ folgt

$x^2 - 2x + 1 = -1 \Rightarrow x_{02} = 1 + i \vee x_{03} = 1 - i$ [1]

Die Funktion $y = x^3 - 2x + 4$ hat nur eine reelle Nullstelle $N(-2 \mid 0)$.

b) $x \to y \mid y = x^4 - 13x^2 + 36$ Für $y = 0$ gilt: $x^4 - 13x^2 + 36 = 0$. Durch Probieren: $x_{01} = +2$. Division durch $(x - x_{01})$

$$\begin{array}{l} (x^4 - 13x^2 + 36) : (x-2) = x^3 + 2x^2 - 9x - 18 \\ \underline{x^4 - 2x^3} \\ \quad +2x^3 - 13x^2 \\ \quad \underline{+2x^3 - 4x^2} \\ \qquad\quad -9x^2 \\ \qquad\quad \underline{-9x^2 + 18} \\ \qquad\qquad\qquad -18x + 36 \\ \qquad\qquad\qquad \underline{-18x + 36} \end{array}$$

$x^3 + 2x^2 - 9x - 18 = 0$ Durch Probieren: $x_{02} = -2$. Erneute Division durch $(x+2)$:

$$\begin{array}{l} (x^3 + 2x^2 - 9x - 18) : (x+2) = x^2 - 9 \\ \underline{x^3 + 2x^2} \\ \qquad\quad -9x - 18 \\ \qquad\quad \underline{-9x - 18} \end{array}$$

$(x^2 - 9)$ ist ein binomischer Term und zerlegbar in $(x+3) \cdot (x-3)$ Daraus folgt: $x_{03} = -3$; $x_{04} = +3$. Die Nullstellen sind infolgedessen: $N_1(+2 \mid 0)$; $N_2(-2 \mid 0)$; $N_3(-3 \mid 0)$; $N_4(+4 \mid 0)$.

[1] i oder $j = \sqrt{-1}$

Berechnung von Funktionswerten mit dem Horner Schema:
Nicht immer liegen die Nullstellen bei ganzzahligen Werten von x. Dann kann man mit dem von dem Schweizer Mathematiker *Horner* entwickelten Verfahren x_{01} beliebig genau durch mehrfache Anwendung des Verfahrens (Einschachtelung) berechnen.

Beispiele:
a) Die Funktion $x \to y \mid y = 4x^3 + 2x^2 - 8x + 12$ wird durch Ausklammern von x^2 und x umgeformt in: $y = x^2(4x+2) - 8x + 12 \Leftrightarrow y = x[x(4x+2) - 8] + 12$.

Nun lassen sich die Funktionswerte leicht von innen nach außen berechnen.

Das Verfahren läßt sich schematisieren:

Man schreibt die Koeffizienten von x — beginnend bei der höchsten Potenz von x — aus: $+4$; $+2$; -8; $+12$. Fehlt in der Gleichung eine Potenz von x, erscheint dort der Koeffizient 0.

+4	+2	− 8	+12	
−	+8	+20	+24	$x = 2$
4	+10	+12	+36	$y = 36$
+4	+2	− 8	+12	
−	−8	+12	− 8	$x = -2$
4	−6	+ 4	+ 4	$y = +4$

Wir wählen $x = 2$, multiplizieren den ersten Koeffizienten 4 mit 2 (das entspricht der innersten Klammer) und schreiben das Ergebnis 8 unter den 2. Koeffizienten $+2$. Die Summe ist 10. Wir multiplizieren diese Summe wieder mit $x = 2$, schreiben den erhaltenen Wert 20 unter -8 und addieren: $+12$. 12 wieder mit $x = 2$ multipliziert, ergibt 24. Die letzte Summe 36 ist der Funktionswert an der Stelle $x = 2$.

+4	+2	− 8	+12	
−	−8,4	+13,44	−11,424	$x^2 = -2{,}1$
4	−6,4	+ 5,44	+ 0,576	$y = 0{,}576$
+4	+2	− 8	+12	
−	−8,52	+13,8876	−12,54	$x = -2{,}13$
+4	−6,52	+ 5,8876	− 0,54	$y = -0{,}54$ usw.

Durch Einschachteln kommt man der Nullstelle näher!

b) Fehlt bei einer Funktion eine Potenz von x, setzt man im Schema dort eine 0: z. B.

$$y = 3x^3 + 5x - 15 \quad \text{oder} \quad y = 3x^3 + 0 \cdot x^2 + 5x - 15$$

3	0	+ 5	−15	
−	3	+ 3	+ 8	$x = +1$
3	3	+ 8	− 7	$y = -7$
3	0	+ 5	−15	
−	+6	+12	+34	$x = +2$
3	+6	+17	+19	$y = 19$ usw.

Man kann natürlich, so man auf diesem Wege eine Nullstelle bestimmt hat, wieder durch $(x - x_{01})$ dividieren. Das empfiehlt sich bei Funktionsgleichungen 3. und höherer Ordnung, da eine Funktionsgleichung 2. Ordnung leicht lösbar ist.

Regula falsi
Eine stetige Funktion ist ohne abzusetzen zeichenbar. Daraus folgt, daß sie im Intervall $[x_1; x_2]$ mindestens einmal jeden zwischen $f(x_1)$ und $f(x_2)$ gelegenen Funktionswert annimmt, wenn x in diesem Intervall alle reellen Zahlen durchläuft. Haben nun $f(x_1)$ und $f(x_2)$ verschiedene Vorzeichen, so muß im Intervall $[x_1; x_2]$ eine Nullstelle vorhanden sein.

Dieser Zwischenwertsatz von *Bolzano* wird bei der Regula falsi (dem Pinzip des falschen Ansatzes) angewandt:

Die Funktion $x \to y \mid y = f(x)$ sei im Intervall $[x_1; x_2]$ stetig. Die Funktionswerte $f(x_1) = y_1$ und $f(x_2) = y_2$ haben verschiedene Vorzeichen. Dann wird die Sehne zwischen $P_1(x_1 \mid y_1)$ und $P_2(x_2 \mid y_2)$ die x-Achse in der Nähe der Nullstelle schneiden.

Nach der Zweipunkteform hat die Sehne die Gleichung:

$$\frac{y - y_1}{x - x_1} = \frac{y_2 - y_1}{x_2 - x_1}$$

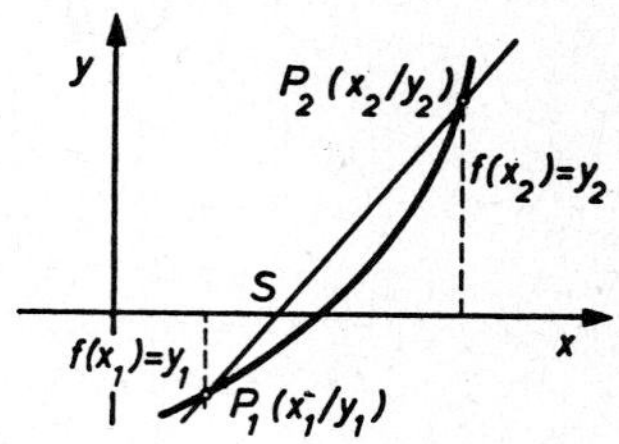

Im Schnittpunkt S dieser Geraden mit der X-Achse ist $y_s = 0$. Daraus folgt:

$$-y_1 = \frac{y_2 - y_1}{x_2 - x_1} \cdot (x - x_1) \Rightarrow -y_1 \frac{x_2 - x_1}{y_2 - y_1} = x - x_1{}^{1)}$$

$$x = x_s = x_1 - y_1 \cdot \frac{x_2 - x_1}{y_2 - y_1}$$

Beispiel:

Die Wertetabelle der Funktion $x \to y \mid y = x^3 + 2x^2 - 3x - 6$ zeigt:

x	1	2
y	-6	$+4$

Zwischen den Punkten $P_1(1 \mid -6)$ und $P_2(2 \mid +4)$ muß wenigstens eine Nullstelle liegen. Nach Regula falsi ist $x_{s1} = 1 - (-6)\dfrac{2-1}{4-(-6)} = 1 + 6 \cdot \dfrac{1}{10} = 1{,}6$ Der zugehörige Funktionswert ist $y_{s1} = -1{,}584$. Wir wählen nun einen anderen x-Wert, etwa 1,8 und bestimmen den zugehörigen Funktionswert mit $+0{,}912$. Die Nullstelle liegt zwischen diesen Punkten. Drum wenden wir die Regula falsi erneut an:

x	1,6	1,8
y	$-1{,}584$	$+0{,}912$

$$x_{s2} = 1{,}6 - (-1{,}584)\frac{1{,}8 - 1{,}6}{0{,}912 - (-1{,}584)} \qquad x_{s2} \approx 1{,}75$$

Der zugehörige Funktionswert ist aber noch nicht genau genug, deshalb muß dieses Verfahren wieder und wieder angewendet werden, bis der Funktionswert klein genug ist. Das ist sehr umständlich, deshalb wird der Gebrauch des *Newton*-schen Näherungsverfahren vorgezogen.

Newton' sches Näherungsverfahren

Man kann, so ein Punkt in der Nähe der Nullstelle bekannt ist, in diesem Punkte die Tangente an die Kurve legen. Diese wird die x-Achse dicht bei der Nullstelle schneiden. $P_1(x_1 \mid y_1)$ sei ein Punkt der Funktion $x \to y \mid y = f(x)$. Dann hat die Tangente in P_1 doch die Steigung $f'(x_1)$. Die Tangentengleichung nach Punkt-Steigungsform lautet:

$$y - y_1 = m(x - x_1) \quad \text{oder} \quad y - y_1 = f'(x_1)(x - x_1).$$

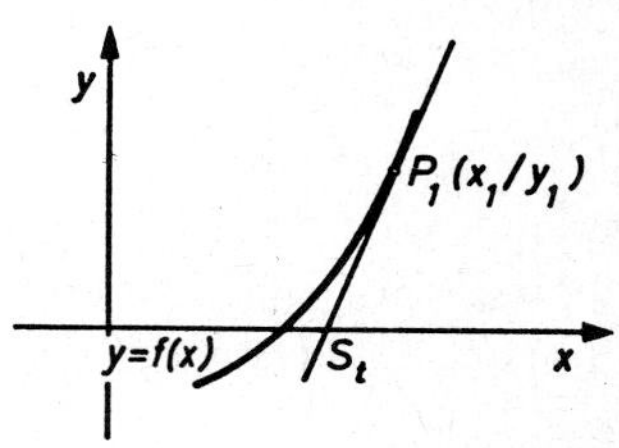

Im Schnittpunkt der Tangente mit der x-Achse ist $y = 0$ und $x = x_t$.

$$x = x_t = x_1 - \frac{y_1}{f'(x_1)} \quad \text{oder} \quad x_t = x_1 - \frac{f(x_1)}{f'(x_1)}.$$

Im obigen Beispiel hatten wir das Wertepaar $(1{,}8 \mid 0{,}912)$. Für $y = x^3 + 2x^2 - 3x - 6$ ist $y' = 3x^2 + 4x - 3$ und m der Tangente in dem Punkt: $f'(1{,}8) = 13{,}92$.

$$x_t = 1{,}8 - \frac{0{,}912}{13{,}92} = 1{,}8 - 0{,}0655 = 1{,}7354.$$

Die Nullstelle liegt bei $1{,}732 = +\sqrt{3}$. An diesem einzigen Beispiel erkennt man, daß dieses Verfahren schneller zum Ziel führt.

---

[1] $\Rightarrow$ daraus folgt; folglich; wenn ... dann

1.7 Untersuchung einer Funktion mit Hilfe der Ableitungen

Zeichnet man – wie in Abb. – die Graphen der Funktion $x \to y \mid y = f(x)$ und ihrer beiden ersten Ableitungen $y' = f'(x)$ u. $y'' = f''(x)$ in dasselbe Achsenkreuz, wobei die y-Achse zugleich y' und y''-Achse ist, entdeckt man bestimmte Zusammenhänge zwischen dem Graph der Stammfunktion und den Graphen ihrer Ableitungen.

Wir wollen besondere Punkte, geometrische Eigenschaften der Graphen und entsprechende Eigenschaften der Funktionen gegenüberstellen:

1. Man bezeichnet eine Funktion im Intervall $[a; b]$ monoton steigend, wenn für $a \leqq x \leqq b$ ($x \in [a; b]$) gilt:

$$x_1 < x_2 \Rightarrow f(x_1) < f(x_2); \quad \text{monoton fallend, wenn}$$
$$x_1 > x_2 \Rightarrow f(x_1) > f(x_2).$$

2. **Achsenschnittpunkte** (Nullstellen): Während bei zahlreichen Funktionen der Schnittpunkt mit der y-Achse direkt ablesbar ist, müssen die Schnittpunkte mit der x-Achse – die Nullstellen – meist errechnet werden. Man bezeichnet sie mit N_1, N_2 usw. (Bei x_{01}, x_{02} ...) Es sind $f(x_{01}) = f(x_{02}) = f(x_{03}) \ldots = 0$.

3. Die **Extremstellen** oder Extrema liegen dort, wo der Graph der 1. Ableitung die x-Achse schneidet, d. h. $y' = 0$ ist. Das ist eine n o t w e n d i g e Bedingung für die Existenz einer Extremstelle.

Der Graph von $y = f(x)$ steigt, wenn der Graph der 1. Ableitung positiv ist, fällt, wenn der Graph der 1. Ableitung negativ ist.

Fällt der Graph der 1. Ableitung und schneidet er dabei die x-Achse, liegt an der Nullstelle der 1. Ableitung ein *Hochpunkt*, ein *Maximum* von $y = f(x)$. Steigt der Graph der 1. Ableitung und schneidet dabei die x-Achse, liegt dort für $y = f(x)$ ein *Tiefpunkt*, ein *Minimum*.

Betrachtet man die Krümmung des Graphen der Ausgangsfunktion und zugleich den Graph der 2. Ableitung: Dort, wo der Graph von $y = f(x)$ rechtsgekrümmt ist, ist der Wert der 2. Ableitung negativ. Wo der Graph von $y = f(x)$ linksgekrümmt ist, ist der Wert der 2. Ableitung positiv. Deshalb kann man auch sagen: ist der Graph von $y = f(x)$ rechtsgekrümmt und ist in diesem Bereich eine Extremstelle, so ist diese Extremstelle ein Hochpunkt; entsprechend bei Linkskrümmung: Tiefpunkt. Der Wert der 2. Ableitung gibt

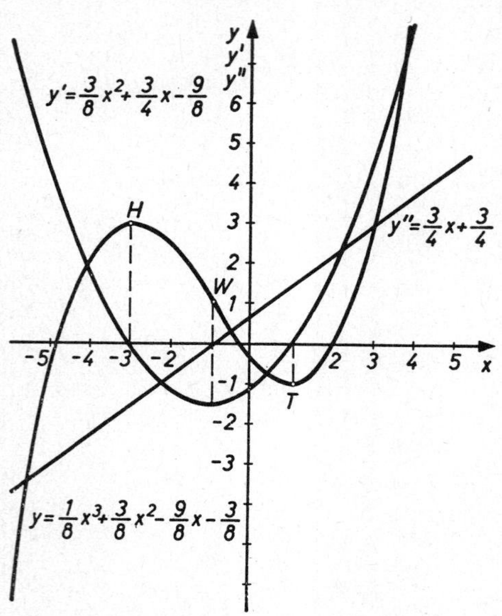

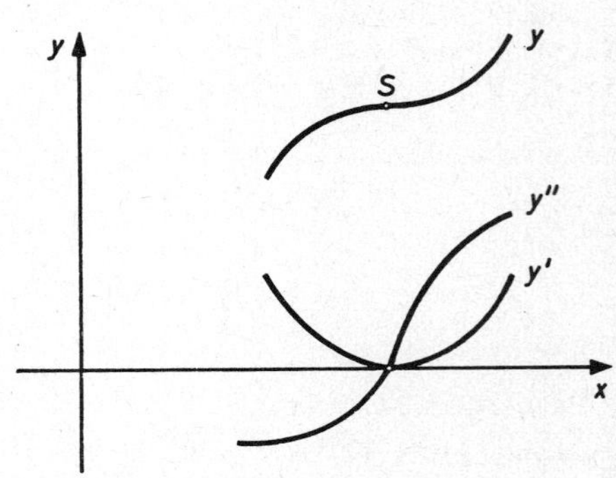

eindeutig das Krümmungsverhalten der Graphen von $y = f(x)$ an. Deshalb verwendet man diese Tatsache zur genaueren oder *hinreichenden* Bestimmung der Art der Extremstellen.

Notwendige Bedingung für die Existenz einer Extremstelle: $y' = 0$. **Hinreichende Bedingung** für einen Hochpunkt, ein Maximum: $f''(x_{11}) < 0$; für einen Tiefpunkt, ein Minimum: $f''(x_{12}) > 0$.

4. **Wendepunkte** sind jene Kurvenpunkte, in denen die Kurve ihren Krümmungssinn ändert. Wo $y = f(x)$ rechtsgekrümmt ist, fällt die Kurve der 1. Ableitung $y' = f'(x)$. Der Wert der 2. Ableitung ist in diesem Bereich negativ.

Wo $y = f(x)$ den Krümmungssinn ändert, von einer Rechts- in eine Linkskrümmung übergeht (oder umgekehrt) hat $y' = f'(x)$ eine Extremstelle und schneidet der Graph der 2. Ableitung die x-Achse, hat also y'' eine Nullstelle. Ist $y = f(x)$ linksgekrümmt, steigt mit zunehmendem x der Wert der 1. Ableitung, ist der Wert der 2. Ableitung positiv.

Um festzustellen, wo ein Wendepunkt ist, muß man die 2. Ableitung 0 setzen: $y'' = 0$. Das ist die notwendige Bedingung für die Existenz eines Wendepunktes. Um einen Wendepunkt hinreichend zu bestimmen, muß gleichzeitig $y''' \neq 0$ sein. (Eine ganze rationale Funktion 3. Ordnung – siehe Graph – hat bis zu drei Nullstellen, bis zu zwei Extremstellen, eine Wendestelle. In diesem Fall ist die 3. Ableitung eine konstante Funktion.)

5. **Sattel- oder Waagepunkte** (Terassenpunkte): Sind an einer Stelle zugleich $y' = f'(x)$ und $y'' = f''(x) = 0$, so liegt dort ein Wendepunkt besonderer Art, ein Sattelpunkt (S) vor. Das ist ein Wendepunkt mit waagerechter Tangente. Dort berührt der Graph der 1. Ableitung die x-Achse und dort ist auch die Steigung der Funktion $y' = f'(x) = 0$.

Besondere Punkte:	$f: y = f(x);\ x \in D$	
$y = f(x)$	Notwendige Bedingung:	Hinreichende Bedingung:
Nullstellen	$f(x) = 0$	$f(x) = 0$
Extrema:		
Hochpunkt	$f'(x) = 0$	$f''(x) < 0$
Tiefpunkt	$f'(x) = 0$	$f''(x) > 0$
Wendepunkt	$f''(x) = 0$	$f^{(3)}(x) \neq 0$
Sattelpunkt	$f'(x) = f''(x) = 0$	$f^{(3)}(x) \neq 0$

Beispiel einer Kurvendiskussion:

Die ganze rationale Funktion $x \to y \mid y = \frac{1}{16}x^4 - \frac{3}{2}x^2 - 4x - 3;\ x \in R$ untersuchen auf:

1. Schnittpunkte mit den Achsen, 2. Extrema, 3. Wendepunkte, 4. Steigung in Nullstellen und Wendepunkten. Definitionsmenge und Wertemenge sind zu bestimmen, die Gleichung der Wendetangenten aufzustellen.

Definitionsmenge $D = \{x \mid -\infty < x < +\infty\} = R$

Wertemenge $W = \{y \mid -27 \leq y < \infty\}$

$$y' = \frac{1}{4}x^3 - 3x - 4 \qquad y'' = \frac{3}{4}x^2 - 3 \qquad y^{(3)} = \frac{3}{2}$$

1. Achsenschnittpunkte:

a) Schnittpunkt mit der y-Achse: $x = 0 \Rightarrow y_0 = -3 \quad (0 \mid -3)$

b) Schnittpunkte mit der x-Achse: $y = 0 \Rightarrow$

$x^4 - 24x^2 - 64x - 48 = 0$ Durch Probieren findet man: $x_{01} = -2$

$$
\begin{array}{l}
(x^4 - 24x^2 - 64x - 48) : (x+2) = x^3 - 2x^2 - 20x - 24 \\
\underline{x^4 + 2x^3} \\
\quad -2x^3 - 24x^2 \\
\quad \underline{-2x^3 - 4x^2} \\
\qquad -20x^2 - 64x \\
\qquad \underline{-20x^2 - 40x} \\
\qquad\qquad -24x - 48 \\
\qquad\qquad \underline{-24x - 48}
\end{array}
$$

$x^3 - 2x^2 - 20x - 24 = 0$ Durch Probieren findet man $x_{02} = -2$. Wieder durch $(x+2)$ dividiert, führt zu $x^2 - 4x - 12$ und zu $x_{03} = -2$; $x_{04} = +6$.

Bei $x = -2$ fallen demnach drei Nullstellen zusammen. $N_1(-2 \mid 0)$ $N_2(6 \mid 0)$

2. Extrema: $y' = 0 \Rightarrow x^3 - 12x - 16 = 0$ Durch Probieren und anschließende Division findet man: $x_{11} = -2$; $x_{12} = -2$; $x_{13} = +4$. Überprüfung durch $f''(x)$: $f''(x_{11}) = 0$, demnach bei $x_{11/12} = -2$ weder Hoch-noch Tiefpunkt. $f''(x_{13}) = +9 \Rightarrow$ Tiefpunkt, T. $T(4 \mid -27)$.

3. Wendepunkte: $y'' = 0 \Rightarrow x^2 - 4 = 0 \Rightarrow x_{21} = -2$; $x_{22} = +2$. Bei $x_{21} = -2$ sind sowohl y' als auch $y'' = 0$. Außerdem ist hier zufällig auch noch $y = 0$. $f^{(3)}(x_{21}) = -3$. Bei $(-2 \mid 0)$ liegt ein Sattelpunkt, d. h. ein Wendepunkt mit waagerechter Tangente. Ein Wendepunkt ist bei W $(2 \mid -16.)$

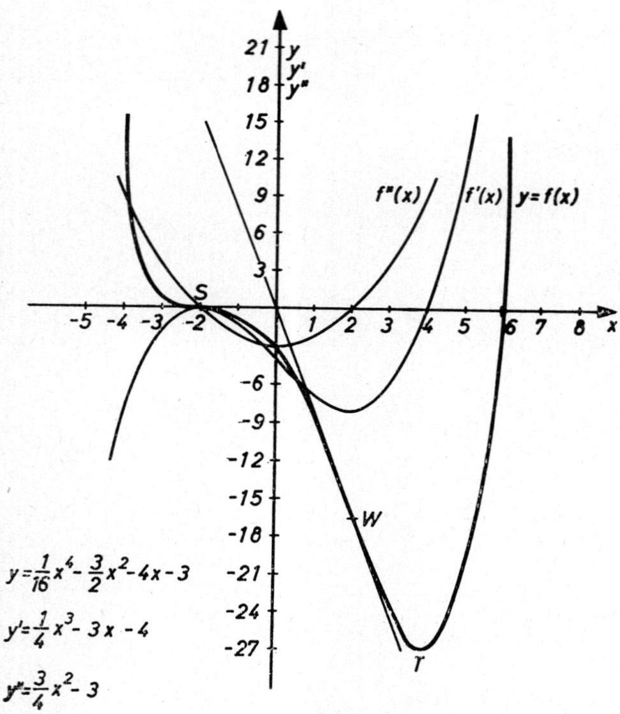

4. Steigungen in Nullstellen und Wendepunkten: Die 1. Ableitung einer Funktion gibt die Tangentensteigung in jedem Kurvenpunkt an. Deshalb: $f'(x_{01}) = 0$; $f'(x_{04}) = +32$; $f'(x_{22}) = -8$.

Die Wendetangenten: Die Tangente in S fällt mit der x-Achse zusammen. Jene in W wird mittels der Punkt-Richtungsform bestimmt:

$$\frac{y+16}{x-2} = -8 \Rightarrow y = -8x$$

Symmetrie ist bei dieser Kurve keine vorhanden.

2. BEISPIELE ZUR GRENZWERTBESTIMMUNG

Grenzwertsätze:

Existieren die Grenzwerte $\lim\limits_{x \to a} u(x)$ und $\lim\limits_{x \to a} v(x)$, so gilt:

1. $\lim\limits_{x \to a} [u(x) \pm v(x)] = \lim\limits_{x \to a} u(x) \pm \lim\limits_{x \to a} v(x)$

2. $\lim\limits_{x \to a} [u(x) \cdot v(x)] = \lim\limits_{x \to a} u(x) \cdot \lim\limits_{x \to a} v(x)$

Der Grenzwert	einer Summe	ist gleich	der Summe
	einer Differenz		der Differenz
	eines Produktes		dem Produkt der Grenzwerte.

3. $\lim\limits_{x \to a} \dfrac{u(x)}{v(x)} = \dfrac{\lim\limits_{x \to a} u(x)}{\lim\limits_{x \to a} v(x)}$; wobei $\lim\limits_{x \to a} v(x) \neq 0$ sein muß.

Der Grenzwert eines Quotienten ist gleich dem Quotienten der Grenzwerte, wenn der Nenner dabei von Null verschieden bleibt.

4. a) $\lim\limits_{x \to a} \sin x = \sin \left[\lim\limits_{x \to a} x\right]$

b) $\lim\limits_{x \to a} \log x = \log \left[\lim\limits_{x \to a} x\right]$

c) $\lim\limits_{x \to a} e^x = e^{\left[\lim\limits_{x \to a} x\right]}$

Verfahren bei der Grenzwertbestimmung:

1. Grenzwertbestimmung durch Umformung:

a) Betrachtung als Reihe:

$$0{,}777\ldots = \lim_{n \to \infty} \left(\frac{7}{10} + \frac{7}{100} + \frac{7}{1000} + \ldots \frac{7}{10^n}\right) = \frac{7}{9}$$

Summe einer unendlichen geometrischen Reihe mit Anfangsglied $a = \frac{7}{10}$, Quotienten $q = \frac{1}{10}$. Nach der Summenformel $S = \frac{a}{1-q}$ ist der Wert $\dfrac{\frac{7}{10}}{1 - \frac{1}{10}} = \frac{7}{9}$

b) Kürzen: Sind Zähler und Nenner eine Funktion von x und haben beide gleichzeitig bei $x = a$ eine Nullstelle, so kann man Zähler und Nenner durch $(x - a)$ dividieren (kürzen).

$$\lim_{x \to -4} \left[\frac{x^2 - 16}{x + 4}\right] = \lim_{x \to -4} \left[\frac{(x+4)(x-4)}{(x+4)}\right] = \lim_{x \to -4} \left[\frac{x-4}{1}\right] = -8$$

c) Erweitern

$$\lim_{x \to 0} \left[\frac{1 - \cos x}{\sin^2 x}\right] = \lim_{x \to 0} \left[\frac{(1 - \cos x)(1 + \cos x)}{\sin^2 x\,(1 + \cos x)}\right] = \lim_{x \to 0} \left[\frac{\sin^2 x}{\sin^2 x\,(1 + \cos x)}\right]$$

$$= \lim_{x \to 0} \left[\frac{1}{(1 + \cos x)}\right] = \underline{\underline{\frac{1}{2}}}$$

d) Ersetzen

$$\sin 2x = 2 \sin x \cdot \cos x$$

$$\lim_{x \to \pi} \left[\frac{\sin x}{\sin 2x}\right] = \lim_{x \to \pi} \left[\frac{\sin x}{2 \sin x \cdot \cos x}\right] = \lim_{x \to \pi} \left[\frac{1}{2 \cos x}\right] = -\frac{1}{2}$$

e) Division durch x oder die höchste Potenz von x (bei $x \to \infty$)

$$\lim_{x \to \infty} \left[\frac{a x+b}{c x+d}\right] = \lim_{x \to \infty} \left[\frac{a+\frac{b}{x}}{c+\frac{d}{x}}\right] = \frac{a}{c}$$

$$\lim_{x \to \infty} \left[\frac{x^2-4}{x^3-3x+8}\right] = \lim_{x \to \infty} \left[\frac{\frac{1}{x}-\frac{4}{x^3}}{1-\frac{3}{x^2}+\frac{8}{x^3}}\right] = \frac{0}{1} = 0$$

2. Grenzwertbestimmung durch Intervallschachtelung – Annäherung von links und rechts

$$\lim_{x \to 1} \left[\frac{x^2-1}{x-1}\right]$$

x	y
0,9	1,9
0,09	1,99
0,009	1,999
0,0009	1,9999

x	y
1,1	2,1
1,01	2,01
1,001	2,001
1,0001	2,0001

für $x \to 1$ strebt der Funktionswert gegen 2

$$\lim_{n \to \infty} \left(1+\frac{1}{n}\right)^n$$

n	$\left(1+\frac{1}{n}\right)$	$\left(1+\frac{1}{n}\right)^n$
1	2	2
2	1,5	2,25
3	$1,33\bar{3}$	2,37037....
5	1,2	2,48832....
10	1,1	2,59375....
100	1,01	2,70483....
1000	1,001	2,71706....
10000	1,0001	2,71824....
100000	1 00001	2,71826....

Bei größer werdendem n wachsen die Glieder immer langsamer und streben einem Wert zu, der mit der Ziffernfolge 2,7182 beginnt. Der genaue Wert ist die Zahl e, die *Euler*'sche Zahl. $e \approx 2{,}718281828.........$ (transzendent).

3. Grenzwertbestimmung nach der Regel von l'Hospital

Für eine Funktion der Form: $f(x) = \frac{g(x)}{h(x)}$ gilt: Man findet den Grenzwert einer Funktion an der Stelle $x \to a$, wo $g(a) = h(a) = 0$, indem man den Quotienten aus $g'(x)$ und $h'(x)$ an der Stelle $x \to a$ bildet. Sind auch dann $g'(a) = h'(a) = 0$, so bildet man den Quotienten aus $g''(x)$ und $h''(x)$ usw. Dasselbe gilt entsprechend für $g(a) = h(a) = \infty$.

$$\lim_{x \to 2} \left[\frac{x^2-5x+6}{x^3-2x^2-x+2}\right] = \lim_{x \to 2} \left[\frac{2x-5}{3x^2-4x-1}\right] = \frac{-1}{3} = -\frac{1}{3}$$

$$\lim_{x \to 1} \left[\frac{x^n-1}{x-1}\right] = \lim_{x \to 1} \left[\frac{n \cdot x^{n-1}}{1}\right] = n \qquad \lim_{x \to 0} \left[\frac{\sin x}{x}\right] = \lim_{x \to 0} \left[\frac{\cos x}{1}\right] = 1$$

Nimmt eine Funktion an einer Stelle die Form $\frac{0}{0}$; $\frac{\infty}{\infty}$; ∞^0; 0^0; 1; 0. ∞; $\infty - \infty$ usw. an, muß der Grenzwert der Funktion für diese Stelle nach einem dieser Verfahren ermittelt werden.

Beispiele:

1. $0{,}\overline{27} = \lim\limits_{n \to \infty} \left[\frac{27}{100} + \frac{27}{10\,000} + \frac{27}{1\,000\,000} + \ldots \frac{27}{10^{2n}}\right]$ = der Summe $S = \frac{a}{1-q}$

   einer unendlichen geom. Reihe mit $a = \frac{27}{100}$, $q = \frac{1}{100}$

   $$= \frac{\frac{27}{100}}{1 - \frac{1}{100}} = \frac{27}{99} = \underline{\underline{\frac{3}{11}}}$$

2. $1{,}6\overline{2} = \lim\limits_{n \to \infty} \left[1{,}6 + 0{,}02 + 0{,}002 + 0{,}0002 + \ldots \frac{2}{10^{n-1}}\right]$ = Summe aus 1,6 und der

   Summe S der unendl. geom. Reihe mit $a = \frac{2}{100}$ u. $q = \frac{1}{10}$

   $$\frac{16}{10} + \frac{\frac{2}{100}}{1 - \frac{1}{10}} = \frac{16}{10} + \frac{2}{90} = \frac{146}{90} = \underline{\underline{\frac{73}{45}}}$$

3. $2{,}20\overline{45} = \lim\limits_{n \to \infty} [2{,}2 + 0{,}0045 + 0{,}000045 + \ldots] =$

   $= 2{,}2 + \lim\limits_{n \to \infty} \left[\frac{45}{10\,000} + \frac{45}{1\,000\,000} + \ldots \frac{45}{10^{2n+2}}\right]$ wie 2: $a = \frac{45}{10\,000}$; $q = \frac{1}{100}$

   $$= \frac{22}{10} + \frac{\frac{45}{10\,000}}{1 - \frac{1}{100}} = \frac{22}{10} + \frac{45}{9900} = \frac{485}{220} = \underline{\underline{\frac{97}{44}}}$$

4. $\lim\limits_{n \to \infty} \left(1 + \frac{1}{2} + \frac{1}{4} + \frac{1}{8} + \ldots \frac{1}{2^n}\right) = \left[\text{wie 1: } a = 1;\ q = \frac{1}{2}\right] = \frac{1}{1 - \frac{1}{2}} = \underline{\underline{2}}$

5. $\lim\limits_{n \to \infty} (1 + x + x^2 + x^3 + \ldots x^{n-1})$ Potenzreihe, konvergiert (strebt nach 0) für $|x| < 1$

   kann als unendl. geom. Reihe betrachtet werden: $a = 1$; $q = x$

   $$= \underline{\underline{\frac{1}{1-x}}}$$

6. $\lim\limits_{n \to \infty} \left(1 + \frac{1}{2} + \frac{1}{3} + \frac{1}{4} + \ldots \frac{1}{n}\right) = \sum\limits_{n=0}^{\infty} \frac{1}{n}$ *harmonische Reihe*

   Man kann jeweils eine Anzahl glieder zur Teilsumme 1 zusammenfassen:

   $$= 1 + \left(\frac{1}{2} + \frac{1}{3} + \frac{1}{6}\right) + \left(\frac{1}{4} + \frac{1}{5} + \frac{1}{8} + \frac{1}{10} + \frac{1}{12} + \frac{1}{15} + \frac{1}{20} + \frac{1}{24} + \frac{1}{30} + \frac{1}{40} + \frac{1}{60} + \frac{1}{120}\right)$$

   $$+ \left(\frac{1}{7} + \frac{1}{14} + \frac{1}{28} + \frac{1}{11} + \frac{1}{44} + \frac{1}{88} + \frac{1}{13} + \frac{1}{26} + \frac{1}{104} + \frac{1}{9} + \frac{1}{18} + \frac{1}{27} + \frac{1}{36} + \frac{1}{54} + \frac{1}{16} + \frac{1}{32}\right.$$

   $$\left. + \frac{1}{48} + \frac{1}{64} + \frac{1}{96} + \frac{1}{128} + \frac{1}{144} + \frac{1}{192} + \frac{1}{288} + \frac{1}{576} + \frac{1}{1152} + \frac{1}{17} + \frac{1}{51} + \frac{1}{204}\right) + \ldots = \infty$$

   Diesen Vorgang kann man bei $n \to \infty$ unzählige Male wiederholen. Der Grenzwert strebt gegen ∞.

7. $\lim\limits_{x \to \infty} \frac{1}{x} = 0 \qquad \lim\limits_{x \to 0} \frac{1}{x} = \infty$

8. $\lim\limits_{x \to \infty} a^x = \infty, \quad$ wenn $\quad a > 1$

$= 1, \quad$ wenn $\quad a = 1$

$= 0, \quad$ wenn $\quad a < 1$

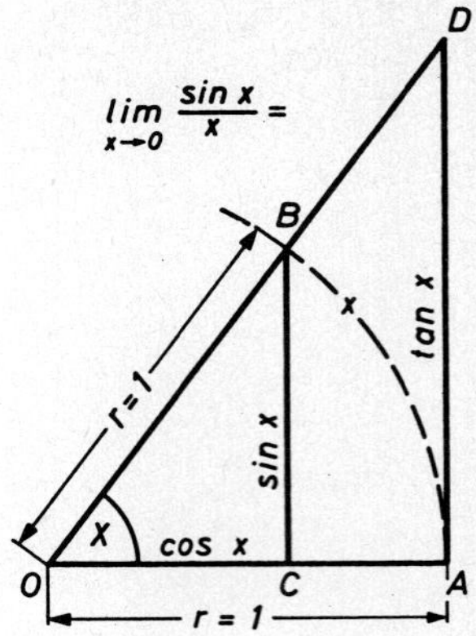

9. $\lim\limits_{x \to 0} \dfrac{\sin x}{x} =$

$2\, A_{\triangle OCB} = \sin x \cdot \cos x$

$2\, A_{\text{Sektor } OAB} = x^2$

$2\, A_{\triangle OAD} = 1 : \tan x$ Flächenvergleich:

$\sin x \cdot \cos x < x < \tan x \mid : \sin x$

$\cos x < \dfrac{x}{\sin x} < \dfrac{1}{\cos x}$ reziprok genommen, ergibt das

$\dfrac{1}{\cos x} > \dfrac{\sin x}{x} > \cos x$

Strebt $x \to 0$, so streben $\dfrac{1}{\cos x}$ und $\cos x \to 1$. Da $\dfrac{\sin x}{x}$ zwischen $\dfrac{1}{\cos x}$ u. $\cos x$ liegt, wird $\lim\limits_{x \to 0} \dfrac{\sin x}{x} = 1$

Aus der Anschauung ergibt sich: für ganz kleine Winkel sind die Werte von $\sin x$, Bogen x und $\tan x$ nahezu gleich, also gilt

9a. $\lim\limits_{x \to 0} \dfrac{\sin x}{x} = \lim\limits_{x \to 0} \dfrac{\tan x}{x} = \lim\limits_{x \to 0} \dfrac{\tan x}{\sin x} = 1$

10. $\lim\limits_{x \to \infty} \left[\dfrac{5x+7}{x}\right] = \lim\limits_{x \to \infty} \dfrac{5+\dfrac{7}{x}}{1} = 5$

11. $\lim\limits_{x \to \infty} \left[\dfrac{x^2-5x+6}{x^2-7x+12}\right] = \lim\limits_{x \to \infty} \left[\dfrac{1-\dfrac{5}{x}+\dfrac{6}{x^2}}{1-\dfrac{7}{x}+\dfrac{12}{x^2}}\right] = \dfrac{1}{1} = 1$

12. $\lim\limits_{x \to 4} \left[\dfrac{x^2-6x+8}{x^2-3x-4}\right] = \lim\limits_{x \to 4} \dfrac{(x-4)(x-2)}{(x-4)(x+1)} = \lim\limits_{x \to 4} \left[\dfrac{x-2}{x+1}\right] = \dfrac{2}{5}$

13. $\lim\limits_{x \to 3} \left[\dfrac{x^2-5x+6}{x^2-7x+12}\right] = \lim\limits_{x \to 3} \dfrac{(x-2)(x-3)}{(x-4)(x-3)} = \lim\limits_{x \to 3} \dfrac{x-2}{x-4} = \dfrac{+1}{-1} = -1$

14. $\lim\limits_{x \to 1} \left[\dfrac{x^3-1}{x-1}\right] = \lim\limits_{x \to 1} (x^2+x+1) = 3 \qquad \big| \; Z : N = x^2+x+1$

15. $\lim\limits_{x \to 2} \left[\dfrac{x^3-8}{x-2}\right] = \lim\limits_{x \to 2} (x^2+2x+4) = 12 \qquad \big| \; Z : N = x^2+2x+4$

16. $\lim\limits_{x \to 1} \left[\dfrac{x-1}{\sqrt{x}-1}\right] = \lim\limits_{x \to 1} \dfrac{(\sqrt{x}+1)(\sqrt{x}-1)}{\sqrt{x}-1} = \lim\limits_{x \to 1} (\sqrt{x}+1) = 2$

17. $\lim\limits_{x \to a} \left[\dfrac{x^3-a^3}{x^2-a^2}\right] = \lim\limits_{x \to a} \left[\dfrac{(x-a)(x^2+ax+a^2)}{(x-a)(x+a)}\right] = \lim\limits_{x \to a} \left[\dfrac{x^2+ax+a^2}{x+a}\right] = \dfrac{3a^2}{2a} = \dfrac{3}{2}a$

18. $\lim\limits_{x \to 1} \left[\dfrac{9}{x-1} - \dfrac{8x+10}{x^2-1}\right] = \lim\limits_{x \to 1} \left[\dfrac{9x+9-8x-10}{x^2-1}\right] = \lim\limits_{x \to 1} \left[\dfrac{x-1}{x^2-1}\right] = \lim\limits_{x \to 1} \left[\dfrac{1}{x+1}\right] = \dfrac{1}{2}$

19. $\lim\limits_{x \to a} \left[\dfrac{x^2-\sqrt{a^3x}}{\sqrt{ax}-a}\right] = \lim\limits_{x \to a} \dfrac{\sqrt{x}(\sqrt{x^3}-\sqrt{a^3})}{\sqrt{a}(\sqrt{x}-\sqrt{a})} = \lim\limits_{x \to a} \dfrac{\sqrt{x}}{\sqrt{a}}(x+\sqrt{ax}+a) = 3a$

20. $\lim\limits_{x\to\infty}[\sqrt{x+a}-\sqrt{x}] = \lim\limits_{x\to\infty}\left[\frac{(\sqrt{x+a}-\sqrt{x})(\sqrt{x+a}+\sqrt{x})}{\sqrt{x+a}+\sqrt{x}}\right] = \lim\limits_{x\to\infty}\left[\frac{a}{\sqrt{x+a}+\sqrt{x}}\right] = \frac{a}{\infty} = 0$

21. $\lim\limits_{x\to\infty}[\sqrt{x(x+a)}-x] = \lim\limits_{x\to\infty}\left[\frac{(\sqrt{x(x+a)}-x)(\sqrt{x(x+a)}+x)}{\sqrt{x(x+a)}+x}\right] = \lim\limits_{x\to\infty}\left[\frac{a\,x}{\sqrt{x(x+a)}+x}\right]$

$= \lim\limits_{x\to\infty}\left[\frac{a}{\sqrt{1+\frac{a}{x}}+1}\right] = \frac{a}{2}$

22. $\lim\limits_{x\to 0}\left[\frac{1-\cos x}{x^2}\right] = \lim\limits_{x\to 0}\left[\frac{(1-\cos x)(1+\cos x)}{x^2\cdot(1+\cos x)}\right] = \lim\limits_{x\to 0}\left[\frac{1-\cos^2 x}{x^2(1-\cos x)}\right]$

$= \lim\limits_{x\to 0}\left[\frac{\sin^2 x}{x^2(1-\cos x)}\right] = \lim\limits_{x\to 0}\left(\frac{\sin x}{x}\right)^2\cdot\lim\limits_{x\to 0}\frac{1}{1+\cos x} = 1\cdot\frac{1}{2} = \frac{1}{2}$

23. $\lim\limits_{x\to 0}\left[\frac{1-\cos x}{x}\right] = \lim\limits_{x\to 0}\frac{(1-\cos x)\cdot x}{x^2} = \lim\limits_{x\to 0}\frac{1-\cos x}{x^2}\cdot\lim\limits_{x\to 0} x = \frac{1}{2}\cdot 0 = 0$

24. $\lim\limits_{x\to 0}\left[\frac{\sin a\,x}{\sin b\,x}\right] = \lim\limits_{x\to 0}\left[\frac{\sin ax\cdot bx\cdot a}{ax\cdot\sin bx\cdot b}\right]$

$= \lim\limits_{x\to 0}\frac{\sin ax}{ax}\cdot\lim\limits_{x\to 0}\frac{bx}{\sin bx}\cdot\lim\limits_{x\to 0}\frac{a}{b} = 1\cdot 1\cdot\frac{a}{b} = \frac{a}{b}$

25. $\lim\limits_{x\to 0}\left[\frac{1-\cos a\,x}{\sin^2 b\,x}\right] = \lim\limits_{x\to 0}\left[\frac{(1-\cos a\,x)\cdot b^2\,x^2\cdot a^2}{a^2\,x^2\cdot\sin^2 b\,x\cdot b^2}\right]$ vergl. 9 u. 22

$= \lim\limits_{x\to 0}\left[\frac{1-\cos a\,x}{a^2\,x^2}\right]\cdot\lim\limits_{x\to 0}\left[\frac{b^2\,x^2}{\sin^2 b\,x}\right]\cdot\frac{a^2}{b^2} = \frac{1}{2}\cdot 1\cdot\frac{a^2}{b^2} = \frac{a^2}{2\,b^2}$

a)

26. $\lim\limits_{x\to 0}\left[\frac{1-\cos x}{\sin^2 x}\right] = \lim\limits_{x\to 0}\left[\frac{2\cdot\sin^2\left(\frac{x}{2}\right)}{4\cdot\sin^2\left(\frac{x}{2}\right)\cdot\cos^2\left(\frac{x}{2}\right)}\right]$ | $1-\cos\alpha = 2\cdot\sin^2\frac{\alpha}{2}$, $\sin 2\alpha = 2\cdot\sin\alpha\cdot\cos\alpha$

$= \lim\limits_{x\to 0}\left[\frac{1}{2\cdot\cos^2\left(\frac{x}{2}\right)}\right] = \frac{1}{2}$

b) Beispiel 2. 1c

c) $\lim\limits_{x\to 0}\left[\frac{\sin x}{2\sin x\cdot\cos x}\right] = \lim\limits_{x\to 0}\frac{1}{2\cos x} = \frac{1}{2}$

27. $\lim\limits_{x\to 0}\left[\frac{1-\cos x}{\sin x}\right] = \lim\limits_{x\to 0}\left[\frac{1-\cos x}{\sin^2 x}\cdot\sin x\right] = \lim\limits_{x\to 0}\left[\frac{1-\cos x}{\sin^2 x}\right]\cdot\lim\limits_{x\to 0}\sin x = 0$

(vergl. 26)

28. $\lim\limits_{x\to 0}\left[\frac{\tan x}{x}\right] = \lim\limits_{x\to 0}\left[\frac{\sin x}{x}\cdot\frac{1}{\cos x}\right] = \lim\limits_{x\to 0}\left[\frac{\sin x}{x}\right]\cdot\lim\limits_{x\to 0}\left[\frac{1}{\cos x}\right] = 1$ (vergl. 9)

29. $\lim\limits_{x\to 1}[(x^2-1)\cdot\cot(x-1)] = \lim\limits_{x\to 1}\left[\frac{(x-1)\cdot(x+1)\cdot\cos(x-1)}{\sin(x-1)}\right]$

$= \lim\limits_{x\to 1}\left[\frac{(x-1)}{\sin(x-1)}\right]\cdot\lim\limits_{x\to 1}(x+1)\cdot\lim\limits_{x\to 1}\cos(x-1) = 1\cdot 2\cdot 1 = 2$

30. $\lim\limits_{x\to 0}[(1-\cos x)\cot x] = \lim\limits_{x\to 0}\left[\frac{(1-\cos x)\cdot\cos x}{\sin x}\right] = \lim\limits_{x\to 0}\left[\frac{1-\cos x}{\sin x}\right]\cdot\lim\limits_{x\to 0}\cos x$

$= 0\cdot 1 = 0$ (vergl. 27)

31. $\lim\limits_{x\to 0}\left[\frac{1-\cos x.\sqrt{\cos 2x}}{\sin^2 x}\right] = \lim\limits_{x\to 0}\left[\frac{(1-\cos x\sqrt{\cos 2x})\,(1+\cos x\sqrt{\cos 2x})}{\sin^2 x\,(1+\cos x\sqrt{\cos 2x})}\right]$

$$= \lim_{x\to 0}\left[\frac{1-\cos^2 x\cos 2x}{\sin^2 x\,(1+\cos x\sqrt{\cos 2x})}\right]$$

$$= \lim_{x\to 0}\left[\frac{1-\cos^2 x\,(1-2\sin^2 x)}{\sin^2 x\,(1+\cos x\sqrt{\cos 2x})}\right]$$

$$= \lim_{x\to 0}\left[\frac{1-\cos^2 x+2\sin^2 x\cos^2 x}{\sin^2 x\,(1+\cos x\sqrt{\cos 2x})}\right]$$

$$= \lim_{x\to 0}\left[\frac{\sin^2 x+2\sin^2 x\cos^2 x}{\sin^2 x\,(1+\cos x\sqrt{\cos 2x})}\right]$$

$$= \lim_{x\to 0}\left[\frac{1+2\cos^2 x}{1+\cos x\sqrt{\cos 2x}}\right] = \frac{1+2}{1+1} = \frac{3}{2}$$

32. $\lim\limits_{n\to\infty}\sqrt[n]{x} = \lim\limits_{n\to\infty} x^{\frac{1}{n}} = x^{\frac{1}{\infty}} = 1$

33. $\lim\limits_{x\to 0}[x\cdot\cot a\,x] = \lim\limits_{x\to 0}\left[\frac{a\,x\cdot\cos a\,x}{\sin a\,x\cdot a}\right] = \lim\limits_{x\to 0}\left[\frac{a\,x}{\sin a\,x}\right]\cdot\lim\limits_{x\to 0}\left[\frac{\cos a\,x}{a}\right] = 1\cdot\frac{1}{a} = \frac{1}{a}$

34. $\lim\limits_{x\to\infty}\left[x\cdot\sin\frac{a}{x}\right] =$ Man setzt $y = \frac{a}{x}$ u. $x = \frac{a}{y}$. Da x und y in umgekehrtem Verhältnis stehen, muß die entsprechende Grenze $y \to 0$ lauten:

$$= \lim_{y\to 0}\left[\frac{a\cdot\sin y}{y}\right] = a\cdot\lim_{y\to 0}\left[\frac{\sin y}{y}\right] = a$$

35. $\lim\limits_{x\to\infty}\left[x\left(1-\cos\left(\frac{a}{x}\right)\right)\right] = \quad y = \frac{a}{x};\quad x = \frac{a}{y}$

$$\lim_{y\to 0}\left[\frac{a\,(1-\cos y)}{y}\right] = a\cdot\lim_{y\to 0}\left[\frac{1-\cos y}{y}\right] = 0$$

36. $\lim\limits_{x\to\infty}\left[x^2\left(1-\cos\left(\frac{a}{x}\right)\right)\right] \quad y = \frac{a}{x};\quad x = \frac{a}{y}$

$$= \lim_{y\to 0}\left[\frac{a^2\,(1-\cos y)}{y^2}\right] = \lim_{y\to 0}\left[\frac{1-\cos y}{y^2}\right]\cdot a^2 = \frac{a^2}{2}$$

37. $\lim\limits_{x\to a}\left[\frac{x^n-a^n}{x-a}\right] = \lim\limits_{x\to a}\frac{Z'}{N'} = \lim\limits_{x\to a}\frac{n\cdot x^{n-1}}{1} = n\cdot a^{n-1}$

38. $\lim\limits_{x\to 0}\left[\frac{a^x-1}{x\cdot a^x}\right] = \lim\limits_{x\to 0}\frac{Z'}{N'} = \lim\limits_{x\to 0}\left[\frac{a^x\cdot\ln a}{a^x+x^2\cdot a^x\ln a}\right] = \lim\limits_{x\to 0}\left[\frac{\ln a}{1+x\cdot\ln a}\right] = \ln a$

39. $\lim\limits_{x\to 0}\left[\frac{a^x-1}{x}\right] = \lim\limits_{x\to 0}\left[\frac{a^x\cdot\ln a}{1}\right] = \ln a$

40. $\lim\limits_{x\to 0}\left[\frac{a^x-b^x}{x}\right] = \lim\limits_{x\to 0}\left[\frac{a^x\ln a-b^x\ln b}{1}\right] = \ln a-\ln b = \ln\left(\frac{a}{b}\right)$

41. $\lim\limits_{x\to 1}\left[\frac{\ln x}{x-1}\right] = \lim\limits_{x\to 1}\left[\frac{\frac{1}{x}}{1}\right] = 1$

42. $\lim\limits_{x \to 1} \left[\dfrac{\ln x}{\sqrt{x^2-1}}\right] = \lim\limits_{x \to 1} \left[\dfrac{\dfrac{1}{x}}{\dfrac{2}{2\sqrt{x^2-1}}}\right] = \lim\limits_{x \to 1} \left[\dfrac{\sqrt{x^2-1}}{x^2}\right] = 0$

43. $\lim\limits_{x \to 1} \left[\dfrac{\ln (x^2-3)}{x^2+3x-10}\right] = \lim\limits_{x \to 2} \left[\dfrac{\dfrac{1}{x^2-3}\cdot 2x}{2x+3}\right] = \lim\limits_{x \to 2} \left[\dfrac{2x}{(2x+3)(x^2-3)}\right] = \dfrac{4}{7}$

44. $\lim\limits_{x \to 1} \left[\dfrac{a^{\ln x}-x}{\ln x}\right] = \lim\limits_{x \to 1} \left[\dfrac{a^{\ln x}\cdot \ln a \cdot \dfrac{1}{x} - 1}{\dfrac{1}{x}}\right] = \lim\limits_{x \to 1} [a^{\ln x}\cdot \ln a - x] = \ln a - 1$

45. $\lim\limits_{x \to 0} \left[\dfrac{x^2}{e^x - e^{-x}}\right] = \lim\limits_{x \to 0} \left[\dfrac{1}{e^x + e^{-x}}\right] = \dfrac{1}{2}$

46. $\lim\limits_{x \to 2} \left[\dfrac{x^2-5x+6}{x^3-2x^2-x+2}\right] = \lim\limits_{x \to 2} \left[\dfrac{2x-5}{3x^2-4x-1}\right] = -\dfrac{1}{3}$

47. $\lim\limits_{x \to a} \left[\dfrac{x^3-ax^2-a^2x+a^3}{2x^3-3ax^2+a^3}\right] = \lim\limits_{x \to a} \left[\dfrac{3x^2-2ax-a^2}{6x^2-6ax}\right] = \dfrac{0}{0}$ nochmals differenzieren

$= \lim\limits_{x \to a} \left[\dfrac{6x-2a}{12x-6a}\right] = \dfrac{4a}{6a} = \dfrac{2}{3}$

48. $\lim\limits_{x \to \frac{1}{2}} \left[\dfrac{6x^2-5x+1}{8x^2-2x-1}\right] = \lim\limits_{x \to \frac{1}{2}} \left[\dfrac{12x-5}{16x-2}\right] = \dfrac{1}{6}$

49. $\lim\limits_{x \to 2} \left[\dfrac{x^3-4x^2+5x-2}{-x^3+5x^2-8x+4}\right] = \lim\limits_{x \to 2} \left[\dfrac{3x^2-8x+5}{-3x^2+10x-8}\right] = \lim\limits_{x \to 2} \left[\dfrac{6x-8}{-6x+10}\right] = -2$

50. $\lim\limits_{x \to 7} \left[\dfrac{2-\sqrt{x-3}}{x^2-49}\right] = \lim\limits_{x \to 7} \left[\dfrac{-\dfrac{1}{2}(x-3)^{-\frac{1}{2}}}{2x}\right] = -\lim\limits_{x \to 7} \left[\dfrac{1}{4x\sqrt{x-3}}\right] = -\dfrac{1}{56}$

51. $\lim\limits_{x \to 3} \left[\dfrac{\sqrt{3x}-\sqrt{12-x}}{2x-3\sqrt{19-5x}}\right] = \lim\limits_{x \to 3} \left[\dfrac{3\cdot\dfrac{1}{2}(3x)^{-\frac{1}{2}}+\dfrac{1}{2}(12-x)^{-\frac{1}{2}}}{2+\dfrac{3\cdot 5}{2}(19-5x)^{-\frac{1}{2}}}\right]$

$= \lim\limits_{x \to 3} \left[\dfrac{\dfrac{3}{2\sqrt{3x}}+\dfrac{1}{2\sqrt{12-x}}}{2+\dfrac{15}{2\sqrt{19-5x}}}\right] = \dfrac{\dfrac{1}{2}+\dfrac{1}{6}}{2+\dfrac{15}{4}} = \dfrac{8}{69}$

52. $\lim\limits_{x \to -\frac{1}{2}} \sqrt[3]{\dfrac{4x^2-1}{2x+1}} = \lim\limits_{x \to -\frac{1}{2}} \sqrt[3]{\dfrac{8x}{2}} = \lim\limits_{x \to -\frac{1}{2}} \sqrt[3]{4x} = \sqrt[3]{-2}$

$= \lim\limits_{x \to -\frac{1}{2}} \sqrt[3]{\dfrac{(2x+1)(2x-1)}{(2x+1)}} = \lim\limits_{x \to -\frac{1}{2}} \sqrt[3]{2x-1} = +\sqrt[3]{-2}$

53. $\lim\limits_{x \to \frac{1}{2}} \left[\dfrac{6x^2-5x+1}{6x-3}\right] = \lim\limits_{x \to \frac{1}{2}} \left[\dfrac{12x-5}{6}\right] = \dfrac{1}{6}$

54. $\lim\limits_{x \to 0} \left[\frac{\sin x}{x}\right] = \lim\limits_{x \to 0} \left[\frac{\cos x}{1}\right] = 1$

55. $\lim\limits_{x \to 0} \left[\frac{\sin n x}{x}\right] = \lim\limits_{x \to 0} \left[\frac{n \cdot \cos n x}{1}\right] = n$

56. $\lim\limits_{x \to \frac{\pi}{6}} [3 x \sin x] = 3 \cdot \frac{\pi}{6} \cdot \frac{1}{2} = \frac{\pi}{4}$

57. $\lim\limits_{x \to 0} \left[\frac{\sin a x}{\sin b x}\right] = \lim\limits_{x \to 0} \left[\frac{a \cdot \cos a x}{b \cdot \cos b x}\right] = \frac{a}{b}$

58. $\lim\limits_{x \to \frac{\pi}{6}} \left[\frac{2 \sin x - 1}{\cos 3 x}\right] = \lim\limits_{x \to \frac{\pi}{6}} \left[\frac{2 \cos x}{-\sin (3 x) \cdot 3}\right] = \frac{2 \frac{1}{2} \sqrt{3}}{-3} = -\frac{1}{3} \sqrt{3}$

59. $\lim\limits_{x \to 0} \left[\frac{x \cdot \cos x}{x - \sin x}\right] = \lim\limits_{x \to 0} \left[\frac{\cos x - x \cdot \sin x}{1 - \cos x}\right] = \infty$

60. $\lim\limits_{x \to 0} \left[\frac{\sin (2 x) - 2 \cdot \sin x}{2 e^x - 2 - 2 x}\right] = \lim\limits_{x \to 0} \left[\frac{2 \cos (2 x) - 2 \cos x}{2 e^x - 2}\right] = \frac{0}{0}$ nochmals differenzieren

$= \lim\limits_{x \to 0} \left[\frac{-2 \sin (2 x) + \sin x}{e^x}\right] = \frac{0}{1} = 0$

61. $\lim\limits_{x \to 0} \left[\frac{\sin x - x \cdot \cos x}{x^3 + a x^4 + b x^5}\right] = \lim\limits_{x \to 0} \left[\frac{\cos x - \cos x + x \cdot \sin x^2}{3 x^2 + 4 a x^3 + 5 b x^4}\right] = \frac{0}{0}$ nochmals differenzieren

$= \lim\limits_{x \to 0} \left[\frac{\sin x}{3 x + 4 a x^2 + 5 b x^3}\right] = \frac{0}{0}$ nochmals differenzieren

$= \lim\limits_{x \to 0} \left[\frac{\cos x}{3 + 8 a x + 15 b x^2}\right] = \frac{1}{3}$

62. $\lim\limits_{x \to \frac{\pi}{4}} \left[\frac{2 \tan^2 x - \cot x - 1}{2 \sin^2 x - \cos^2 x - \frac{1}{2}}\right] = \lim\limits_{x \to \frac{\pi}{4}} \left[\frac{2 \cdot 2 \cdot \tan x \cdot \frac{1}{\cos^2 x} + \frac{1}{\sin^2 x}}{2 \cdot 2 \cdot \sin x \cdot \cos x + 2 \sin x \cdot \cos x}\right]$

$= \lim\limits_{x \to \frac{\pi}{4}} \left[\frac{4 \frac{\sin x}{\cos^3 x} + \frac{1}{\sin^2 x}}{6 \sin x \cdot \cos x}\right] = \frac{10}{3}$

63. $\lim\limits_{n \to \infty} \left[1 + \frac{1}{2^n}\right] = 1$ $\qquad \lim\limits_{n \to \infty} \left[1 + \frac{1}{2^n}\right]^n = 1$

64. $\lim\limits_{n \to \infty} \left[5 + \frac{2}{3^n}\right] = 5$

65. $\lim\limits_{n \to \infty} \sqrt[n]{n} = 1$

66. $\lim\limits_{n \to \infty} \left[1 + \frac{x}{n}\right]^n = e^x$

67. $\lim\limits_{x \to n} \left[\frac{x^2 - n^2}{x + n}\right] = 0$ $\qquad \lim\limits_{x \to n} \left[\frac{x^2 - n^2}{x - n}\right] = 2 n$

3. REGELN UND FORMELN ZUR ABLEITUNG DER FUNKTIONEN

Stammfunktion	Ableitungsfunktionen		
Funktion:	1. Ableitung:	2. Ableitung:	3. Ableitung:
$f: y = f(x)$	$f': y' = f'(x) = \dfrac{dy}{dx}$	$f'': y'' = f''(x) = \dfrac{d^2 y}{d x^2}$	$f''': y''' = f'''(x) = \dfrac{d^3 y}{d x^3}$

Bei Verknüpfungen von Funktionen wie: $y = u \pm v$; $y = u \cdot v$; $y = u \cdot v \cdot w$; $y = \dfrac{u}{v}$; $y = u^n$ usw. sind u, v, w Funktionen von x und es gilt entsprechend:

$u = g(x)$; $u' = g'(x) = \dfrac{d\,u}{d\,x}$ $\quad$ $v = h(x)$; $v' = h'(x) = \dfrac{d\,v}{d\,x}$ $\quad$ $w = i(x)$; $w' = i'(x) = \dfrac{d\,w}{d\,x}$

	Funktion	Ableitung	Bemerkung
1.	$y = c$	$y' = 0$	Abl. konstanter Funkt. ist 0
2.	$y = x^n \; (n \in \mathrm{R})$	$y' = n \cdot x^{n-1}$	Potenzregel der Diff.-Rechn.
3.	$y = a \cdot x^n$	$y' = a \cdot n \cdot x^{n-1}$	Konst. Faktoren bleiben erhalten
4.	$y = a f(x)$	$y' = a f'(x)$	
5.	$y = u \pm v$ (s. o.)	$y' = u' \pm v'$	Summen u. Differenzen werden gliedweise differenziert
6.	$y = u \cdot v$	$y' = v \cdot u' + u \cdot v'$	Produktregel
7.	$y = u \cdot v \cdot w$	$y' = v \cdot w \cdot u' + u \cdot w \cdot v' + u \cdot v \cdot w'$	
8.	$y = \dfrac{u}{v}$	$y' = \dfrac{v u' - u v'}{v^2}$	Quotientenregel
9.	$y = f[g(x)] = f(u)$ $y = u^n$	$y' = f'(u) \cdot g'(x) = f'(u)\, u'$ $y' = n \cdot u^{n-1} u'$	Kettenregel (Abl. einer mittelbaren Funktion)
10.	$y = \ln f(x) \quad [y = \ln u]$	$y' = \dfrac{f'(x)}{f(x)} \left[y' = \dfrac{1}{u} \cdot u'\right]$	
11.	$y = \ln x \quad [y = \ln a x]$	$y' = \dfrac{1}{x} \cdot 1 = \dfrac{1}{x} \left[y' = \dfrac{1}{x}\right]$	
12.	$y = \dfrac{1}{\ln x} = \dfrac{u}{v}$	$y' = -\dfrac{1}{x \cdot (\ln x)^2}$	
13.	$y = \dfrac{1}{\ln a}$	$y' = 0$	
14.	$y = a^x \quad \ln y = x \cdot \ln a$	$\dfrac{1}{y} \cdot y' = \ln a + 0$ $y' = a^x \cdot \ln a$	
15.	$y = a^{f(x)}$ $\ln y = f(x) \cdot \ln a$	$\dfrac{1}{y} \cdot y' = f'(x) \cdot \ln a + 0$ $y' = a^{f(x)} \cdot f'(x) \cdot \ln a$	
16.	$y = e^x; \quad \ln y = x \cdot \ln e$	$\dfrac{1}{y} \cdot y' = 1 + 0 \quad y' = e^x$	

17.	$y = e^{f(x)}$	$y' = e^{f(x)} \cdot f'(x)$
18.	$y = \pm \sin x$	$y' = \pm \cos x$
19.	$y = \pm \cos x$	$y' = \mp \sin x$
20.	$y = \sin (ax)$	$y' = a \cdot \cos (a\,x)$
21.	$y = a \cdot \sin (x + b)$	$y' = a \cdot \cos (x + b)$
22.	$y = \sin^n x$	$y' = n \cdot \sin^{(n-1)} x \cdot \cos x$
23.	$y = \tan x$	$y' = \dfrac{1}{\cos^2 x} = 1 + \tan^2 x$
24.	$y = \cot x$	$y' = -\dfrac{1}{\sin^2 x} = -(1 + \cot^2 x)$
25.	$y = \text{arc} \sin x$	$y' = \dfrac{1}{\sqrt{1 - x^2}}$
26.	$y = \text{arc} \cos x$	$y' = -\dfrac{1}{\sqrt{1 - x^2}}$
27.	$y = \text{arc} \tan x$	$y' = \dfrac{1}{1 + x^2}$
28.	$y = \text{arc} \cot x$	$y' = -\dfrac{1}{1 + x^2}$
29.	$y = \text{arc} \sec x$	$y' = \dfrac{1}{x \sqrt{x^2 - 1}}$
30.	$y = \text{arc cosec}\, x$	$y' = -\dfrac{1}{x \sqrt{x^2 - 1}}$
31.	$y = \log_a x$	$y' = \dfrac{1}{x \cdot \ln a}$
32.	$y = \lg x$	$y' = \dfrac{1}{x \cdot \ln 10} = \dfrac{\lg e}{x}$
33.	$y = \ln \sin x$	$y' = \cot x$
34.	$y = \ln \cos x$	$y' = -\tan x$
35.	$y = \ln \tan x$	$y' = \dfrac{2}{\sin 2x}$
36.	$y = \ln \cot x$	$y' = -\dfrac{2}{\sin 2x}$
37.	$y = \dfrac{1}{\sin x} = \sin^{-1} x$	$y' = -\dfrac{\cos x}{\sin^2 x}$
38.	$y = \dfrac{1}{x} = x^{-1}$	$y' = -1 \cdot x^{-2} = -\dfrac{1}{x^2}$
39.	$y = \sqrt[n]{x^m} = x^{\frac{m}{n}}$	$y' = \dfrac{m}{n} x^{\frac{m}{n} - 1} = \dfrac{m}{n} x^{\frac{m-n}{n}} = \dfrac{m}{n} \cdot \sqrt[n]{x^{m-n}}$

4. TRIGONOMETRISCHE FORMELN ZUR VEREINFACHUNG DER GEFUNDENEN WERTE

1. $\sin^2 \alpha + \cos^2 \alpha = 1$

2. $\sin \alpha = \sqrt{1 - \cos^2 \alpha}$

3. $\cos \alpha = \sqrt{1 - \sin^2 \alpha}$

4. $\tan \alpha = \frac{\sin \alpha}{\cos \alpha} = \frac{1}{\cot \alpha}$

5. $\cot \alpha = \frac{\cos \alpha}{\sin \alpha} = \frac{1}{\tan \alpha}$

6. $\tan \alpha \cdot \cot \alpha = 1$

7. $\frac{1}{\cos^2 \alpha} = 1 + \tan^2 \alpha$

8. $\frac{1}{\sin^2 \alpha} = 1 + \cot^2 \alpha$

9. $\sin 2\alpha = 2 \sin \alpha \cos \alpha$

10. $\sin \alpha = 2 \sin \frac{\alpha}{2} \cos \frac{\alpha}{2}$

11. $\cos 2\alpha = \cos^2 \alpha - \sin^2 \alpha$

12. $\cos 2\alpha = 1 - 2 \sin^2 \alpha$

13. $\cos 2\alpha = 2 \cos^2 \alpha - 1$

14. $\cos \alpha = \cos^2 \frac{\alpha}{2} - \sin^2 \frac{\alpha}{2}$

15. $\cos \alpha = 1 - 2 \sin^2 \frac{\alpha}{2}$

16. $\cos \alpha = 2 \cos^2 \frac{\alpha}{2} - 1$

17. $2 \sin^2 \alpha = 1 - \cos 2\alpha$

18. $2 \cos^2 \alpha = 1 + \cos 2\alpha$

19. $2 \sin^2 \frac{\alpha}{2} = 1 - \cos \alpha$

20. $2 \cos^2 \frac{\alpha}{2} = 1 + \cos \alpha$

21. $\sin 3\alpha = 3 \sin \alpha - 4 \sin^3 \alpha$

22. $\cos 3\alpha = 4 \cos^3 \alpha - 3 \cos \alpha$

23. $\sin(\alpha + \beta) = \sin \alpha \cos \beta + \cos \alpha \sin \beta$

24. $\sin(\alpha - \beta) = \sin \alpha \cos \beta - \cos \alpha \sin \beta$

25. $\cos(\alpha + \beta) = \cos \alpha \cos \beta - \sin \alpha \sin \beta$

26. $\cos(\alpha - \beta) = \cos \alpha \cos \beta + \sin \alpha \sin \beta$

27. $\sin \alpha + \sin \beta = 2 \sin \frac{\alpha + \beta}{2} \cdot \cos \frac{\alpha - \beta}{2}$

28. $\sin \alpha - \sin \beta = 2 \cos \frac{\alpha + \beta}{2} \cdot \sin \frac{\alpha - \beta}{2}$

29. $\cos \alpha + \cos \beta = 2 \cos \frac{\alpha + \beta}{2} \cdot \cos \frac{\alpha - \beta}{2}$

30. $\cos \alpha - \cos \beta = -2 \sin \frac{\alpha + \beta}{2} \cdot \sin \frac{\alpha - \beta}{2}$

31. $1 + \sin 2\alpha = \sin^2 \alpha + \cos^2 \alpha + 2 \sin \alpha \cos \alpha = (\sin \alpha + \cos \alpha)^2$

32. $1 - \sin 2\alpha = \sin^2 \alpha + \cos^2 \alpha - 2 \sin \alpha \cos \alpha = (\sin \alpha - \cos \alpha)^2$

33. $\sin \alpha = \sqrt{\frac{1 - \cos 2\alpha}{2}}$

34. $\cos \alpha = \sqrt{\frac{1 + \cos 2\alpha}{2}}$

35. $\tan \alpha = \sqrt{\frac{1 - \cos 2\alpha}{1 + \cos 2\alpha}}$

36. $\cot \alpha = \sqrt{\frac{1 + \cos 2\alpha}{1 - \cos 2\alpha}}$

37. $\sin 2\alpha = \frac{2 \tan \alpha}{1 + \tan^2 \alpha}$ u. $\sin \alpha = \frac{2 \tan \frac{\alpha}{2}}{1 + \tan^2 \frac{\alpha}{2}}$

38. $\cos 2\alpha = \frac{1 - \tan^2 \alpha}{1 + \tan^2 \alpha}$ u. $\cos \alpha = \frac{1 - \tan^2 \frac{\alpha}{2}}{1 + \tan^2 \frac{\alpha}{2}}$

39. $\tan \alpha = \frac{\sin 2\alpha}{1 + \cos 2\alpha}$ u. $\tan \frac{\alpha}{2} = \frac{\sin \alpha}{1 + \cos \alpha}$

40. $\tan \alpha = \frac{1 - \cos 2\alpha}{\sin 2\alpha}$ u. $\tan \frac{\alpha}{2} = \frac{1 - \cos \alpha}{\sin \alpha}$

5. BEISPIELE ZUR DIFFERENTIALRECHNUNG

5.1 Beispiele der Form $y = ax^n$; $y = \sqrt{x}$; $y = u \pm v$

	y'
1. $y = 5$	$= 0$
2. $y = a$	$= 0$
3. $y = x^5$	$= 5\,x^4$
4. $y = a\,x$	$= a$
5. $y = a\,x + b$	$= a$
6. $y = 6\,x^5 + 4$	$= 30\,x^4$
7. $y = 3\,x^4 + 11\,x^2 - 7\,x + 8$	$= 12\,x^3 + 22\,x - 7$
8. $y = x\sqrt{5}$	$= \sqrt{5}$
9. $y = x^2 - 3\,x - 10$	$= 2\,x - 3$
10. $y = a\,x^3 + \frac{x^2}{5} - 6\,x + 4$	$= 3\,a\,x^2 + \frac{2}{5}\,x - 6$
11. $y = (2\,x - 5)\cdot(x^2 + 11\,x - 3)$	
$= 2\,x^3 + 17\,x^2 - 61\,x + 15$	$= 6\,x^2 + 34\,x - 61$
12. $y = 5\,x^4 - \frac{11}{3}\,x^3 + 4\,x^2 - 3\,x + 7$	$= 20\,x^3 - 11\,x^2 + 8\,x - 3$
13. $y = 3\,x^2 + 12\,x^5 - 12\,x^9$	$= 6\,x + 60\,x^4 - 108\,x^8$
14. $y = x^4 + 12\,x^3 - 29\,x^2 - 61\,x - 134$	$= 4\,x^3 + 36\,x^2 - 58\,x - 61$
15. $y = \frac{1}{x} = x^{-1}$	$= -x^{-2} = -\frac{1}{x^2}$
16. $y = \frac{1}{x^2} = x^{-2}$	$= -2\,x^{-3} = -\frac{2}{x^3}$
17. $y = \frac{3}{x^2} - \frac{7}{x^3} + \frac{5}{x^4} + \frac{9}{x^5}$	$= -6\,x^{-3} + 21\,x^{-4} - 20\,x^{-5} - 45\,x^{-6}$
$= 3\,x^{-2} - 7\,x^{-3} + 5\,x^{-4} + 9\,x^{-5}$	$= -\frac{6}{x^3} + \frac{21}{x^4} - \frac{20}{x^5} - \frac{45}{x^6}$
18. $y = \frac{8}{x^3} - \frac{10}{x^5} + \frac{12}{x^7} - \frac{13}{x^9}$	$= -24\,x^{-4} + 50\,x^{-6} - 84\,x^{-8} + 117\,x^{-10}$
$= 8\,x^{-3} - 10\,x^{-5} + 12\,x^{-7} - 13\,x^{-9}$	$= -\frac{24}{x^4} + \frac{50}{x^6} - \frac{84}{x^8} + \frac{117}{x^{10}}$
19. $y = \frac{1}{x} + \frac{3}{x^2} - \frac{7}{x^3} - \frac{9}{x^4} - 8$	$= -\frac{1}{x^2} - 6\,x^{-3} + 21\,x^{-4} + 36\,x^{-5}$
$= x^{-1} + 3\,x^{-2} - 7\,x^{-3} - 9\,x^{-4} - 8$	$= -\frac{1}{x^2} - \frac{6}{x^3} + \frac{21}{x^4} + \frac{36}{x^5}$
20. $y = 8\,x^7 - 10\,x^3 + \frac{10}{x^3} - \frac{8}{x^7}$	$= 56\,x^6 - 30\,x^2 - \frac{30}{x^4} + \frac{56}{x^8}$
21. $y = a\,x^5 + b\,x^4 - c\,x^3$	$= 5\,a\,x^4 + 4\,b\,x^3 - 3\,c\,x^2$
22. $y = \frac{1}{3}\,x^3 - \frac{3}{2}\,x^2 + 4\,x - 5$	$= x^2 - 3\,x + 4$

	y'
23. $y = x^{\alpha}\cdot x^{\beta} = x^{\alpha+\beta}$	$= (\alpha+\beta)\, x^{\alpha+\beta-1}$
24. $y = (x^4+1)(x^4-1) = x^8-1$	$= 8\,x^7$
25. $y = \frac{3}{5}x^{\frac{10}{3}} - \frac{5}{4}x^{\frac{8}{5}} + \frac{2}{11}x^{\frac{11}{4}} + \frac{3}{7}x^{\frac{7}{6}}$	$= \frac{3\cdot 10}{5\cdot 3}\cdot x^{\frac{7}{3}} - \frac{5\cdot 8}{4\cdot 5}x^{\frac{3}{5}} + \frac{2\cdot 11}{11\cdot 4}x^{\frac{7}{4}} + \frac{3\cdot 7}{7\cdot 6}x^{\frac{1}{6}}$
	$= 2\sqrt[3]{x^7} + 2\sqrt[5]{x^3} + \frac{1}{2}\sqrt[4]{x^7} + \frac{1}{2}\sqrt[6]{x}$
	$= 2\,x^2\sqrt[3]{x} - 2\sqrt[5]{x^3} + \frac{1}{2}\,x\sqrt[4]{x^3} + \frac{1}{2}\sqrt[6]{x}$
26. $y = x^{1,7}$	$= 1{,}7\cdot x^{0,7}$
27. $y = x^{\frac{0,71}{1,71}}$	$= \frac{0,71}{1,71}\,x^{\frac{0,71}{1,71}-1} = \frac{0,71}{1,71}\,x^{-\frac{1}{1,71}} = \frac{0,71}{1,71\,\sqrt[1,71]{x}}$
28. $y = \frac{1}{\sqrt[1,71]{x}} = x^{-\frac{1}{1,71}}$	$= -\frac{1}{1,71}\,x^{-\frac{1}{1,71}-1} = -\frac{1}{1,71\,x^{\frac{2,71}{1,71}}}$
	$= -\frac{1}{1,71\,\sqrt[1,71]{x^{2,71}}}$
29. $y = \sqrt{x} = x^{\frac{1}{2}}$	$= \frac{1}{2}\,x^{-\frac{1}{2}} = \frac{1}{2\sqrt{x}}$
30. $y = a\sqrt{x} = a\,x^{\frac{1}{2}}$	$= a\cdot\frac{1}{2}\,x^{-\frac{1}{2}} = \frac{a}{2\sqrt{x}}$
31. $y = 2\sqrt{x} = 2\cdot x^{\frac{1}{2}}$	$= \frac{2}{2}\cdot x^{\frac{1}{2}-1} = x^{-\frac{1}{2}} = \frac{1}{\sqrt{x}}$
32. $y = x^{\frac{3}{2}n+1}$	$= \left(\frac{3}{2}\,n+1\right)x^{\frac{3}{2}n+1-1} = \frac{3\,n+2}{2}\sqrt{x^{3n}}$
33. $y = \frac{3}{4}\sqrt[3]{x^2} = \frac{3}{4}\,x^{\frac{2}{3}}$	$= \frac{3\cdot 2}{4\cdot 3}\,x^{-\frac{1}{3}} = \frac{1}{2\sqrt[3]{x}}$
34. $y = \frac{1}{\sqrt{x}} = x^{-\frac{1}{2}}$	$= -\frac{1}{2}\,x^{-\frac{1}{2}-1} = -\frac{1}{2}\,x^{-\frac{3}{2}} = -\frac{1}{2\sqrt{x^3}}$
	$= -\frac{1}{2\,x\sqrt{x^2}}$
35. $y = \frac{1}{2\sqrt{x}} = \frac{1}{2}\cdot x^{-\frac{1}{2}}$	$= \frac{1}{2}\cdot\left(-\frac{1}{2}\right)\cdot x^{-\frac{3}{2}} = -\frac{1}{4\,x\sqrt{x}}$
36. $y = \frac{1}{\sqrt[3]{x^2}} = x^{-\frac{2}{3}}$	$= -\frac{2}{3\,x\sqrt[3]{x^2}}$
37. $y = \frac{a}{x^5\sqrt{x^3}} = \frac{a}{x^{\frac{13}{2}}} = a\cdot x^{-\frac{13}{2}}$	$= a\cdot\left(-\frac{13}{2}\right)x^{-\frac{15}{2}} = -\frac{13\,a}{2\,x^7\sqrt{x}}$
38. $y = -\frac{3}{8\sqrt[3]{x^8}} = -\frac{3}{8}\,x^{-\frac{8}{3}}$	$= \frac{1}{x^3\sqrt[3]{x^2}}$

	y'
39. $y = -\sqrt[3]{x} - \sqrt[4]{x} - 1 = -x^{\frac{1}{3}} - x^{\frac{1}{4}} - 1$	$= -\dfrac{1}{3\sqrt[3]{x^2}} - \dfrac{1}{4\sqrt[4]{x^3}}$
40. $y = \dfrac{5}{4\sqrt[5]{x^4}} + \dfrac{7}{8\sqrt[7]{x^8}} = \dfrac{5}{4}x^{-\frac{4}{5}} + \dfrac{7}{8}x^{-\frac{8}{7}}$	$= -\dfrac{1}{x\sqrt[5]{x^4}} - \dfrac{1}{x^2\sqrt[7]{x}}$
41. $y = \sqrt[n]{x^p} = x^{\frac{p}{n}}$	$= \dfrac{p}{n}x^{\frac{p}{n}-1} = \dfrac{p}{n}\cdot x^{\frac{p-n}{n}} = \dfrac{p}{n}\sqrt[n]{x^{p-n}}$
42. $y = x\sqrt{x} = \sqrt{x^3} = x^{\frac{3}{2}}$	$= \dfrac{3}{2}\sqrt{x}$
43. $y = x^3\sqrt{x} = x^{\frac{7}{2}}$	$= \dfrac{7}{2}x^2\sqrt{x}$
44. $y = x^2\sqrt[3]{x^4} = x^2\cdot x^{\frac{4}{3}} = x^{\frac{10}{3}}$	$= \dfrac{10}{3}x^2\sqrt[3]{x}$
45. $y = 5a\sqrt[3]{x^2} - \dfrac{1}{5\sqrt[3]{x}} + b\,x^{\frac{5}{3}}$	$= \dfrac{10a}{3\sqrt[3]{x}} + \dfrac{1}{15x\sqrt[3]{x}} + \dfrac{5b}{3}\sqrt[3]{x^2}$
46. $y = x\sqrt{x\sqrt{x}} = x\sqrt[4]{x^3} = \sqrt[4]{x^7} = x^{\frac{7}{4}}$	$= \dfrac{7}{4}\sqrt[4]{x^3}$
47. $y = x^2\sqrt{x\sqrt{x^3}} = x^2\sqrt[4]{x^5} = \sqrt[4]{x^{13}} = x^{\frac{13}{4}}$	$= \dfrac{13}{4}\cdot x^{\frac{9}{4}} = \dfrac{13}{4}\cdot x^2\cdot\sqrt[4]{x}$
48. $y = x^2\sqrt{x^3\sqrt{x}} = x^{\frac{15}{4}}$	$= \dfrac{15}{4}x^2\sqrt[4]{x^3}$
49. $y = 2\sqrt[4]{\sqrt[15]{x}} + 3\sqrt[5]{\sqrt[12]{x}} - 3\sqrt[3]{\sqrt[20]{x}} + \sqrt[6]{\sqrt[10]{x}}$	
$= 2x^{\frac{1}{60}} + 3x^{\frac{1}{60}} - 3x^{\frac{1}{60}} + x^{\frac{1}{60}} = 3x^{\frac{1}{60}}$	$= 3\cdot\dfrac{1}{60}x^{-\frac{59}{60}} = \dfrac{1}{20\sqrt[60]{x^{59}}}$
50. $y = \dfrac{1}{5\sqrt[4]{x^3}} = \dfrac{1}{5}x^{-\frac{3}{4}}$	$= -\dfrac{3}{20x\sqrt[4]{x^3}}$
51. $y = \dfrac{a}{x^3\sqrt{x}} = \dfrac{a}{\sqrt{x^7}} = a\cdot x^{-\frac{7}{2}}$	$= -\dfrac{7}{2}\cdot a\cdot x^{-\frac{9}{2}} = -\dfrac{7a}{2x^4\sqrt{x}}$
52. $y = \dfrac{x}{\sqrt{x^5}} = x^{-\frac{3}{2}}$	$= -\dfrac{3}{2x^2\sqrt{x}}$
53. $y = \dfrac{\sqrt[3]{x^2}}{\sqrt[4]{x^7}} = x^{-\frac{13}{12}}$	$= -\dfrac{13}{12x^2\sqrt[12]{x}}$
54. $y = \dfrac{\sqrt{x}}{x^2\sqrt[3]{x}} = \dfrac{x^{\frac{1}{2}}}{x^{\frac{7}{3}}} = x^{-\frac{11}{6}}$	$= -\dfrac{11}{6x^2\sqrt[6]{x^5}}$
55. $y = \dfrac{x^2\sqrt[3]{x}}{\sqrt[6]{x}} = x^{\frac{13}{6}}$	$= \dfrac{13}{6}x\sqrt[6]{x}$

	y'
56. $y = \frac{3}{x^4} + 5\sqrt[3]{x} - 7x^5$	$= -\frac{12}{x^5} + \frac{5}{3\sqrt[3]{x^2}} - 35x^4$
57. $y = 12\sqrt[4]{x^3} - 7\sqrt[7]{x^4} + 11x - \frac{8}{\sqrt{x^3}}$	$= \frac{9}{\sqrt[4]{x}} - \frac{4}{\sqrt[7]{x^3}} + 11 + \frac{12}{x^2\sqrt{x}}$
58. $y = \frac{a}{\sqrt{x}} + b + c\sqrt{x}$	$= -\frac{a}{2x\sqrt{x}} + \frac{c}{2\sqrt{x}}$
59. $y = \sqrt[3]{\frac{x^3\sqrt{x}}{m}} = \sqrt[3]{\frac{\sqrt{x^7}}{m}} = \sqrt[6]{\frac{x^7}{m^2}}$	$= \frac{1}{\sqrt[6]{m^2}}\cdot\frac{7}{6}x^{\frac{1}{6}} = \frac{7}{6}\sqrt[6]{\frac{x}{m^2}}$
$= \frac{1}{\sqrt{m^2}}\cdot x^{\frac{7}{6}}$	
60. $y = \sqrt{\frac{x^7\sqrt[5]{x^3}}{a\cdot b}} = \frac{\sqrt[10]{x^{38}}}{\sqrt{a\cdot b}} = \frac{x^{\frac{19}{5}}}{\sqrt{a\cdot b}}$	$= \frac{19}{5}\,\frac{x^{\frac{14}{5}}}{\sqrt{a\,b}} = \frac{19x^2\sqrt[5]{x^4}}{5\sqrt{a\,b}}$
61. $y = \frac{\sqrt[5]{x^5(a^2-b^2)}}{\sqrt[5]{x^9(a-b)}} = \sqrt[5]{a+b}\cdot\sqrt[5]{\frac{1}{x^4}}$	$= \sqrt[5]{a+b}\cdot\left(-\frac{4}{5}\right)x^{-\frac{9}{5}} = -\frac{4\sqrt[5]{a+b}}{5}\cdot\frac{1}{\sqrt[5]{x^9}}$
$= \sqrt[5]{a+b}\cdot x^{-\frac{4}{5}}$	$= -\frac{4\sqrt[5]{a+b}}{5x\sqrt{x^4}} = -\frac{4}{5x}\sqrt[5]{\frac{a+b}{x^4}}$
62. $y = \frac{3x^3}{\sqrt[5]{x^2}} - \frac{7x}{\sqrt[3]{x^4}} + 8\sqrt[7]{x^3}$	$= \frac{39}{5}x^{\frac{8}{5}} + \frac{7}{3}x^{-\frac{4}{3}} + \frac{24}{7}x^{-\frac{4}{7}}$
$= 3x^3\cdot x^{-\frac{2}{5}} - 7x\cdot x^{-\frac{4}{3}} + 8x^{\frac{3}{7}}$	$= \frac{39x\sqrt[5]{x^3}}{5} + \frac{7}{3x\sqrt[3]{x}} + \frac{24}{7\sqrt[7]{x^4}}$
$= 3x^{\frac{13}{5}} - 7x^{-\frac{1}{3}} + 8x^{\frac{3}{7}}$	
63. $y = \sqrt{x}\cdot\sqrt[3]{x} = x^{\frac{5}{6}}$	$= \frac{5}{6\sqrt[6]{x}}$
64. $y = \frac{1}{4\sqrt[4]{x^3}} = \frac{1}{4}x^{-\frac{3}{4}}$	$= -\frac{3}{16x\sqrt[4]{x^3}}$
65. $y = 5\cdot\sqrt[3]{x^2}\cdot\log a + 7\cdot\sqrt[3]{(a\,x)^2}\cdot\log b$	$= \frac{2}{3}x^{\frac{2}{3}-1}[5\cdot\log a + 7\cdot a^{\frac{2}{3}}\cdot\log b]$
$= 5\cdot x^{\frac{2}{3}}\cdot\log a + 7\cdot a^{\frac{2}{3}}\cdot x^{\frac{2}{3}}\cdot\log b$	$= \frac{2}{3\sqrt[3]{x}}[5\cdot\log a + 7\cdot\sqrt[3]{a^2}\cdot\log b]$
$= x^{\frac{2}{3}}\cdot[5\cdot\log a + 7\cdot a^{\frac{2}{3}}\cdot\log b]$	

	y'
66. $y = a \cdot \sqrt[5]{x^7} + \dfrac{b \cdot \log \pi}{\sqrt[5]{x^2}}$	$= a \cdot \dfrac{7}{5} x^{\frac{2}{5}} - \dfrac{2}{5} \cdot x^{-\frac{7}{5}} \cdot b \cdot \log \pi$
$= a \cdot x^{\frac{7}{5}} + b \cdot x^{-\frac{2}{5}} \cdot \log \pi$	$= \dfrac{1}{5}\left[7\,a \sqrt[5]{x^2} - \dfrac{2 \cdot b \cdot \log \pi}{x \sqrt[5]{x^2}}\right]$
67. $y = \sqrt[\frac{10}{9}]{x^2} \cdot \sqrt[\frac{7}{3}]{x^{\frac{7}{2}} \cdot \sqrt[\frac{7}{3}]{x^3}} \cdot \sqrt[\frac{7}{6}]{x^{-\frac{1}{3}}}$	$= \dfrac{43}{10} x^{\frac{33}{10}} = \dfrac{43}{10} x^3 \sqrt[10]{x^3}$
$= x^{\frac{18}{10}} \cdot x^{\frac{3}{2}} \cdot x^{\frac{9}{7}} \cdot x^{-\frac{2}{7}} = x \cdot x^{\frac{33}{10}} = x^{\frac{43}{10}}$	

5.2 Beispiele der Form: $y = u \cdot v$ und $y = u \cdot v \cdot w$

Die Ableitungen lassen sich oft einfacher bilden, wenn man die Terme ausmultipliziert. Die äquivalenten Funktionen sind zum Teil aufgeführt.

68. $y = x\,(x+2) = u \cdot v$	$y' = (x+2) \cdot 1 + x \cdot 1 = 2\,x+2$
$u = x \qquad v = x+2$	
$u' = 1 \qquad v' = 1$	
$= x^2 + 2\,x$	$y' = 2\,x+2$
69. $y = (a^2+x^2)\,(a^2-x^2) = u \cdot v$	$y' = (a^2-x^2) \cdot 2\,x + (a^2+x^2) \cdot (-2\,x)$
$u = a^2+x^2 \qquad v = a^2-x^2$	$= 2\,x\,(a^2-x^2-a^2-x^2)$
$u' = 2\,x \qquad v' = -2\,x$	$= -4\,x^3$
$= a^4 - x^4$	$y' = -4\,x^3$
70. $y = (x+2)\,(x-2) = u \cdot v$	$y' = (x-2) \cdot 1 + (x+2) \cdot 1 = 2\,x$
$u = x+2 \qquad v = x-2$	
$u' = 1 \qquad v' = 1$	
$= x^2 - 4$	$y' = 2\,x$
71. $y = (a+b\,x)\,(a-b\,x) = u \cdot v$	$y' = (a-b\,x) \cdot b + (a+b\,x) \cdot (-b)$
$u = a+b\,x \qquad v = a-b\,x$	$= a\,b - b^2\,x - a\,b - b^2\,x = -2\,b^2\,x$
$u' = b \qquad v' = -b$	
$= a^2 - b^2\,x^2$	$y' = -2\,b^2\,x$
72. $y = (x^4+1)\,(x^4-1) = u \cdot v$	$y' = (x^4-1) \cdot 4\,x^3 + (x^4+1) \cdot 4\,x^3$
$u = x^4+1 \qquad v = x^4-1$	$= 4\,x^3\,(x^4-1+x^4+1) = 8\,x^7$
$u' = 4\,x^3 \qquad v' = 4\,x^3$	
$= x^8 - 1$	$y' = 8\,x^7$
73. $y = (3+4\,x)\,(2-7\,x) = u \cdot v$	$y' = (2-7\,x) \cdot 4 + (3+4\,x) \cdot (-7)$
$u = 3+4\,x \qquad v = 2-7\,x$	$= 8 - 28\,x - 21 - 28\,x = -13 - 56\,x$
$u' = 4 \qquad v' = -7$	

$= 6 - 13\,x - 28\,x^2$ $\qquad y' = -13 - 56\,x$

74. $y = (9+6\,x)\,(5-3\,x) = u\cdot v$

$u = 9+6\,x \qquad v = 5-3\,x$

$u' = 6 \qquad v' = -3$

$= 45 + 3\,x - 18\,x^2$

$y' = (5-3\,x)\cdot 6 + (9+6\,x)\cdot(-3)$

$= 30 - 18\,x - 27 - 18\,x = 3 - 36\,x$

$y' = 3 - 36x$

75. $y = (1+2\,x+3\,x^2)\,(1-2\,x-5\,x^2)$

$= u\cdot v$

$u = 1+2\,x+3\,x^2$

$v = 1-2\,x-5\,x^2$

$u' = 2+6\,x \qquad v' = -2-10\,x$

$y' = (1-2\,x-5\,x^2)\,(2+6\,x) + (1+2\,x+3\,x^2)\cdot$
$\times(-1-20\,x)$

$y' = -12x - 8x^2 - 60x^3$

$= -2\,x - 18\,x^2 - 20\,x^3 - 50\,x^4 - 90\,x^5$

76. $y = (x^3+a)\,(3\,x^2+b) = u\cdot v$

$u = x^3+a \qquad v = 3\,x^2+b$

$u' = 3\,x^2 \qquad v' = 6\,x$

$y' = 3\,x\,(5\,x^3+b\,x+2\,a)$

77. $y = \left(x^2 - a\,x + \frac{a^2}{2}\right)\left(x^2 + a\,x + \frac{a^2}{2}\right)$

$= u\cdot v$

$u' = 2\,x - a \qquad v' = 2\,x + a$

$y' = \left(x^2 + a\,x + \frac{a^2}{2}\right)(2\,x-a) + \left(x^2 - a\,x + \frac{a^2}{2}\right)\cdot$
$\times(2\,x+a)$

$= 4\,x^3$

78. $y = (1-2\,x)\,(1+3\,x) = u\cdot v$

$u' = -2 \qquad v' = 3$

$y' = (1+3\,x)\,(-2) + (1-2\,x)\cdot 3 = 1 - 12\,x$

79. $y = (a+b\,x^2)\,(c+e\,x^3)$

$= u\cdot v$

$u' = 2\,b\,x$

$v' = 3\,e\,x^2$

$y' = 2\,b\,c\,x + 3\,a\,e\,x^2 + 5\,b\,e\,x^4$

80. $y = (x^3+x^2)\sqrt{x}$

$\quad u \cdot v$

$u' = 3\,x^2 + 2\,x$

$v' = \dfrac{1}{2\sqrt{x}}$

$y = (x^3+x^2)\,x^{\frac{1}{2}} = x^{\frac{7}{2}} + x^{\frac{5}{2}}$

$y' = \sqrt{x}\,(3\,x^2+2\,x) + (x^3+x^2)\cdot\dfrac{1}{2\sqrt{x}}$

$= 3\,x^{\frac{5}{2}} + 2\,x^{\frac{3}{2}} + \frac{1}{2}\,x^{\frac{5}{2}} + \frac{1}{2}\,x^{\frac{2}{2}}$

$= \frac{7}{2}\,x^{\frac{5}{2}} + \frac{5}{2}\,x^{\frac{3}{2}} = \frac{7}{2}\,x^2\sqrt{x} + \frac{5}{2}\,x\sqrt{x}$

$= \frac{7}{2}\,x^{\frac{5}{2}} + \frac{5}{2}\,x^{\frac{3}{2}} = \frac{7}{2}\,x^2\sqrt{x} + \frac{5}{2}\,x\sqrt{x}$

81. $y = (a+\sqrt{x})\,(x+2\,a\,b\,x)$

$\quad u \cdot v$

$u' = \dfrac{1}{2\sqrt{x}}$

$v' = 1 + 2\,a\,b$

$y' = (x+2\,a\,b\,x)\,\dfrac{1}{2\sqrt{x}} + (a+\sqrt{x})\cdot(1+2\,a\,b)$

$= \dfrac{\sqrt{x}}{2} + a\,b\sqrt{x} + a + 2\,a^2\,b + \sqrt{x}\cdot 2\,a\,b\sqrt{x}$

$= \frac{3}{2}\sqrt{x} + 3\,a\,b\sqrt{x} + 2\,a^2\,b + a$

$= 3\sqrt{x}\left(\frac{1}{2} + a\,b\right) + 2\,a\left(\frac{1}{2} + a\,b\right)$

$= \left(\frac{1}{2} + a\,b\right)(3\sqrt{x} + 2\,a)$

$y = a\,x + 2\,a^2\,b\,x + x^{\frac{3}{2}} + 2\,a\,b\,x^{\frac{3}{2}}$

$= a + 2\,a^2\,b + \frac{3}{2}\sqrt{x} + 3\,a\,b\sqrt{x}$

82.

$$y = (3x^2-4x+4)\cdot\sqrt{(6x-4)^3} = u \cdot v$$

$$y' = (6x-4)^{\frac{3}{2}}(6x-4)+(3x^2-4x+4)\cdot\frac{3}{2}(6x-4)^{\frac{1}{2}}\cdot 6$$

$v \cdot u' \qquad u \cdot v'$

$$= (6x-4)^{\frac{1}{2}}\left[(6x-4)^2+27x^2-36x+36\right]$$

$$= \sqrt{6x-4}\cdot(63x^2-84x+52)$$

83.

$$y = (x^2+x-1)(x^2-x+1)\cdot(x-1) = u \cdot v \cdot w$$

$$u' = 2x+1 \qquad v' = 2x-1 \qquad w' = 1$$

$$y' = u\cdot v\cdot w$$

$$= (x^2-x+1)(x-1)(2x+1)+(x^2+x-1)(x-1)(2x-1)+(x^2+x-1)\cdot(x^2-x+1)$$

$$= (x^2-x+1)(2x^2-x-1)+(x^2+x-1)(2x^2-3x+1)+(x^2+x-1)\cdot(x^2-x+1)$$

$$= 5x^4-4x^3-3x^2+6x-3$$

$\Leftrightarrow$

$$y = (x^2+x-1)(x^3-2x^2+2x-1) = x^5-x^4-x^3+3x^2-3x+1$$

$$y' = 5x^4-4x^3-3x^2+6x-3$$

84.

$$y = (1+x)(1+2x)(1+3x)$$

$$y' = 6+22x+18x^2$$

$$u = 1+x \qquad u' = 1$$

$$v = 1+2x \qquad v' = 2$$

$$w = 1+3x \qquad w' = 3$$

5.3 Beispiele der Form: $y = \frac{u}{v}$

	y'	
85. $y = \frac{x^9}{x^3} = \frac{u}{v}$	$= \frac{x^3 \cdot 9\,x^8 - x^9 \cdot 3\,x^2}{x^6} = \frac{9\,x^{11} - 3\,x^{11}}{x^6}$	$u = x^9$ $u' = 9\,x^8$
$y = x^6$	$= \frac{6\,x^{11}}{x^6} = 6\,x^5$	$v = x^3$ $v' = 3\,x^2$
86. $y = \frac{1}{1+x} = \frac{u}{v}$	$= -\frac{1}{(1+x)^2}$	$u' = 0$ $v' = 1$
87. $y = \frac{1}{a+b\,x} = \frac{u}{v}$	$= -\frac{b}{(a+b\,x)^2}$	$u' = 0$ $v' = +b$
88. $y = \frac{1}{f\,(x)}$	$= -\frac{f'\,(x)}{[f\,(x)]^2}$	$u' = 0$ $v' = f'\,(x)$
89. $y = \frac{9}{x-3} - \frac{1}{x-5}$	$= \frac{1}{(x-5)^2} - \frac{9}{(x-3)^2}$	
90. $y = \frac{1}{2\,x^2 - 5\,x + 9} = \frac{u}{v}$	$= \frac{5 - 4\,x}{(2\,x^2 - 5\,x + 9)^2}$	$u' = 0$ $v' = -5 + 4\,x^2$
91. $y = \frac{2\,x^4}{a^2 - x^2} = \frac{u}{v}$	$= \frac{4\,x^3\,(2\,a^2 - x^2)}{(a^2 - x^2)^2}$	$u' = 8\,x^3$ $v' = -2\,x$
92. $y = \frac{1}{a+x} + \frac{1}{a-x} = \frac{2\,a}{a^2 - x^2}$	$= \frac{4\,a\,x}{(a^2 - x^2)^2}$	$u = 2\,a$ $u' = 0$ $v = a^2 - x^2$ $v' = 2\,x$
93. $y = \frac{1-x^3}{1+x^3} = \frac{u}{v}$	$= \frac{(1+x^3)\,(-3\,x^2) - (1-x^3)\,3\,x^2}{(1+x^3)^2}$	$u' = -3\,x^2$ $v' = +3\,x^2$
	$= -\frac{6\,x^2}{(1+x^3)^2}$	
94. $y = \frac{x^2 - a}{5\,x^3} = \frac{u}{v}$	$= \frac{5\,x^3 \cdot 2\,x - (x^2 - a)\,15\,x^2}{25\,x^6}$	$u' = 2\,x$ $v' = 15\,x^2$
	$= \frac{10\,x^4 - 15\,x^4 + 15\,a\,x^2}{25\,x^6} = \frac{3\,a - x^2}{5\,x^4}$	
95. $y = \frac{1-x}{1+x} = \frac{u}{v}$	$= \frac{(1+x)\,(-1) - (1-x) \cdot 1}{(1+x)^2}$	$u' = -1$ $v' = +1$
	$= \frac{-1 - x - 1 + x}{(1+x)^2} = -\frac{2}{(1+x)^2}$	
96. $y = \frac{1+x}{1+x^2} = \frac{u}{v}$	$= \frac{(1+x^2) \cdot 1 - (1+x)\,2\,x}{(1+x^2)^2}$	$u' = +1$ $v' = 2\,x$
	$= \frac{1 - 2\,x - x^2}{(1+x^2)^2}$	

97. $y = \frac{1+x}{1-x} = \frac{u}{v}$ $\quad y' = \frac{(1-x)\cdot 1 - (1+x)(-1)}{(1-x)^2} = \frac{2}{(1-x)^2}$ $\quad u' = 1$, $v' = -1$

98. $y = \frac{1+x^4}{1-x^4} = \frac{u}{v}$ $\quad y' = \frac{(1-x^4)\cdot 4x^3 - (1+x^4)(-4x^3)}{(1-x^4)^2}$ $\quad u' = 4x^3$, $v' = -4x^3$

$$= \frac{8x^3}{(1-x^4)^2}$$

99. $y = \frac{1-2x^2}{2-x^2} = \frac{u}{v}$ $\quad y' = \frac{(2-x^2)(-4x) - (1-2x^2)(-2x)}{(2-x^2)^2}$ $\quad u' = -4x$, $v' = -2x$

$$= -\frac{6x}{(2-x^2)^2}$$

100. $y = \frac{2x^2-1}{2-x^2} = \frac{u}{v}$ $\quad y' = \frac{(2-x^2)(4x) - (2x^2-1)(-2x)}{(2-x^2)^2}$ $\quad u' = 4x$, $v' = -2x$

$$= \frac{6x}{(2-x^2)^2}$$

101. $y = \frac{x^2-5}{x-3} = \frac{u}{v}$ $\quad y' = \frac{(x-3)(2x) - (x^2-5)\cdot 1}{(x-3)^2}$ $\quad u' = 2x$, $v' = 1$

$$= \frac{x^2-6x+5}{(x-3)^2}$$

102. $y = \frac{x^2-a^2}{x^2+a^2} = \frac{u}{v}$ $\quad y' = \frac{(x^2+a^2)\,2x - (x^2-a^2)\,2x}{(x^2+a^2)^2}$ $\quad u' = 2x$, $v' = 2x$

$$= \frac{4a^2x}{(x^2+a^2)^2}$$

103. $y = \frac{a+x}{b+x} = \frac{u}{v}$ $\quad y' = \frac{(b+x)\cdot 1 - (a+x)\cdot 1}{(b+x)^2} = \frac{b-a}{(b+x)^2}$ $\quad u' = 1$, $v' = 1$

104. $y = \frac{ax+b}{cx+d} = \frac{u}{v}$ $\quad y' = \frac{(cx+d)\cdot a - (ax+b)\,c}{(cx+d)^2} = \frac{ad-bc}{(cx+d)^2}$ $\quad u' = a$, $v' = c$

105. $y = \frac{x^2-2x+4}{x^2-1} = \frac{u}{v}$ $\quad y' = \frac{(x^2-1)(2x-2) - (x^2-2x+4)\,2x}{(x^2-1)^2}$ $\quad u' = 2x-2$, $v' = 2x$

$$= \frac{2x^2-10x+2}{(x^2-1)^2}$$

106. $y = \frac{x^2+2x+1}{x^3-1} = \frac{u}{v}$ $\quad y' = \frac{(x^3-1)(2x+2) - (x^2+2x+1)\,3x^2}{(x^3-1)^2}$ $\quad u' = 2x+2$, $v' = 3x^2$

$$= -\frac{x^4+4x^3+3x^2+2x+2}{(x^3-1)^2}$$

107. $y = \frac{x^2-2x+1}{x^2-4x+5} = \frac{u}{v}$

$$y' = \frac{(x^2-4x+5)(2x-2) - (x^2-2x+1)(2x-4)}{(x^2-4x+5)^2}$$ $\quad u' = 2x-2$, $v' = 2x-4$

$$= \frac{-2x^2+8x-6}{(x^2-4x+5)^2} = \frac{2(1-x)(x-3)}{(x^2-4x+5)^2}$$

108. $y = \frac{x^2 - 2x + 3}{x^2 + 2x - 3} = \frac{u}{v}$

$$y' = \frac{(x^2 + 2x - 3)(2x - 2) - (x^2 - 2x + 3)(2x + 2)}{(x^2 + 2x - 3)^2} \qquad u' = 2x - 2, \quad v' = 2x + 2$$

$$= \frac{4x^2 - 12x}{(x^2 + 2x - 3)^2} = \frac{4x(x - 3)}{(x^2 + 2x - 3)^2}$$

109. $y = \frac{2 - 3x^2 + x^3}{2 + 3x^2 - x^3} = \frac{u}{v}$

$$y' = \frac{(2 + 3x^2 - x^3)(-6x + 3x^2) - (2 - 3x^2 + x^3)(6x - 3x^2)}{(2 + 3x^2 - x^3)^2} \qquad u' = -6x + 3x^2, \quad v' = 6x - 3x^2$$

$$= \frac{12x^2 - 24x}{(2 + 3x^2 - x^3)^2} = \frac{12x(x - 2)}{(2 + 3x^2 - x^3)^2}$$

110. $y = \frac{x^5 - 1}{x - 1} = \frac{u}{v}$ oder

y'

$$= \frac{(x - 1) \cdot 5x^4 - (x^5 - 1)}{(x - 1)^2} \qquad u' = 5x^4, \quad v' = 1$$

$$= \frac{5x^5 - 5x^4 - x^5 + 1}{(x - 1)^2} = \frac{4x^5 - 5x^4 + 1}{(x - 1)^2}$$

$$= 4x^3 + 3x^2 + 2x + 1$$

$y = \frac{x^5 - 1}{x - 1}$

$= x^4 + x^3 + x^2 + x + 1 \qquad = 4x^3 + 3x^2 + 2x + 1$

111. $y = \frac{9 - 4x^2}{3 + 2x} = \frac{u}{v}$

$$= \frac{(3 + 2x)(-8x) - (9 - 4x^2) \cdot 2}{(3 + 2x)^2} \qquad u' = -8x, \quad v' = 2$$

$$= \frac{-24x - 16x^2 - 18 + 8x^2}{(3 + 2x)^2}$$

$$= \frac{-8x^2 - 24x - 18}{(3 + 2x)^2}$$

$$= -\frac{2(9 + 12x + 4x^2)}{(3 + 2x)^2}$$

$$= \frac{-2(3 + 2x)^2}{(3 + 2x)^2} = -2$$

oder

$y = \frac{9 - 4x^2}{3 + 2x}$

$= 3 - 2x \qquad = -2$

112. $y = \frac{\sqrt[3]{x}}{1 + x} = \frac{u}{v}$

$$= \frac{(1 + x)\frac{1}{3} \cdot x^{-\frac{2}{3}} - x^{\frac{1}{3}}}{(1 + x)^2} \qquad u' = \frac{1}{3} \cdot x^{-\frac{2}{3}}, \quad v' = 1$$

$$= \frac{x^{-\frac{2}{3}}(1 + x - 3x)}{3(1 + x)^2} = \frac{1 - 2x}{3\sqrt[3]{x^2}(1 + x)^2}$$

113. $y = \frac{1 + \sqrt{x}}{1 - \sqrt{x}} = \frac{u}{v}$

$$= \frac{(1 - \sqrt{x})\frac{1}{2\sqrt{x}} + (1 + \sqrt{x})\frac{1}{2\sqrt{x}}}{(1 - \sqrt{x})^2}; \qquad u' = \frac{1}{2\sqrt{x}}$$

$$= \frac{1}{\sqrt{x}(1 - \sqrt{x})^2} \qquad v' = -\frac{1}{2\sqrt{x}}$$

$$= \frac{(2x - 5)\frac{1}{2\sqrt{x}} - (a + \sqrt{x}) \cdot 2}{(2x - 5)^2} \qquad u' = \frac{1}{2\sqrt{2}}, \quad v' = 2$$

y'

114. $y = \frac{a+\sqrt{x}}{2x-5} = \frac{u}{v}$ $\quad = \frac{(2x-5)-(2a+2\sqrt{x})\,2\sqrt{x}}{2\sqrt{x}\,(2x-5)^2}$

$$= \frac{2x-5-4a\sqrt{x}-4x}{2\sqrt{x}\,(2x-5)^2} = -\frac{2x+4a\sqrt{x}+5}{2\sqrt{x}\,(2x-5)^2}$$

115. $y = \frac{a+\sqrt{x}}{a-\sqrt{x}} = \frac{u}{v}$ $\quad = \frac{a}{\sqrt{x}\,(a-\sqrt{x})^2}$ $\quad u' = \frac{1}{2\sqrt{x}}$

$v' = -\frac{1}{2\sqrt{x^2}}$

$u' = 0$

116. $y = \frac{1}{1+\sqrt[3]{x}} = \frac{u}{v}$ $\quad = \frac{0-1\cdot\frac{1}{3}x^{-\frac{2}{3}}}{(1+\sqrt[3]{x})^2} = -\frac{1}{3\sqrt[3]{x^2}\,(1+\sqrt[3]{x})^2}$ $\quad v' = \frac{1}{3\sqrt[3]{x^2}}$

117. $y = \frac{\sqrt[3]{x}}{1-\sqrt[3]{x}} = \frac{u}{v}$ $\quad = \frac{(1-\sqrt[3]{x})\frac{1}{3}x^{-\frac{2}{3}} - \sqrt[3]{x}\cdot\left(-\frac{1}{3}x^{-\frac{2}{3}}\right)}{(1-\sqrt[3]{x})^2}$ $\quad u' = \frac{1}{3\sqrt[3]{x^2}}$, $\quad v' = -\frac{1}{3\sqrt[3]{x^2}}$

$$= \frac{\frac{1}{3}x^{-\frac{2}{3}}(1-\sqrt[3]{x}+\sqrt[3]{x})}{(1-\sqrt[3]{x})^2} = \frac{1}{3\sqrt[3]{x^2}\,(1-\sqrt[3]{x})^2}$$

118. $y = \frac{x^2(1+2ax-x^3)}{5(a-\sqrt{x})}$

$$= \frac{x^2+2ax^3-x^5}{5(a-\sqrt{x})}$$

$$= \frac{u}{v}$$

$$y' = \frac{5(a-\sqrt{x})(2x+6ax^2-5x^4)+(x^2+2ax^3-x^5)\cdot\frac{5}{2\sqrt{x}}}{25(a-\sqrt{x})^2}$$ $\quad u' = 2x + 6ax^2 - 5x^4$

$$= \frac{10\sqrt{x}(a-\sqrt{x})(2x+6ax^2-5x^4)+5(x^2+2ax^3-x^5)}{2\cdot\sqrt{x}\cdot 25(a-\sqrt{x})^2}$$ $\quad v' = -\frac{5}{2\sqrt{x^2}}$

$$= \frac{2\sqrt{x}(a-\sqrt{x})(2x+6ax^2-5x^4)+x^2+2ax^3-x^5}{10\sqrt{x}\,(a-\sqrt{x})^2}$$

5.4 Beispiele der Form $y = u^n$

Außer der Ableitungsregel für mittelbare Funktione (Kettenregel) sind alle anderen Ableitungsregeln nach Bedarf entsprechend anzuwenden.

$$y' = n\cdot u^{n-1}\cdot u'$$

		y'
119.	$y = (2+5\,x^4)^3$	$= 3\,(2+5\,x^4)^2 \cdot 20\,x^3 \;=\; 60\,x^3\,(2+5\,x^4)^2$
120.	$y = (3-7\,x)^4$	$= 4\,(3-7\,x)^3 \cdot (-7) \;=\; -28\,(3-7\,x)^3$
121.	$y = (\alpha+\beta\,x)^3$	$= 3\,(\alpha+\beta\,x)^2 \cdot \beta \;=\; 3\,\beta\,(\alpha+\beta\,x)^2$
122.	$y = (10-x^2)^2$	$= 2\,(10-x^2) \cdot (-2\,x) \;=\; -4\,x\,(10-x^2)$
		$= 4\,x\,(x^2-10)$
123.	$y = (a+b\,x)^n$	$= n\,(a+b\,x)^{n-1}\,b \;=\; b\,n\,(a+b\,x)^{n-1}$
124.	$y = (a+b\,x^2)^n$	$= 2\,b\,n\,x\,(a+b\,x^2)^{n-1}$
125.	$y = (a+b\,x)^2$	$= 2\,b\,(a+b\,x)$
126.	$y = (a+b\,x^2)^2$	$= 4\,b\,x\,(a+b\,x^2)$
127.	$y = (a-b\,x)^3$	$= -3\,b\,(a-b\,x)^2$
128.	$y = (a-b\,x^3)^5$	$= -15\,b\,x^2\,(a-b\,x^3)^4$
129.	$y = (a+x^2)^3$	$= 6\,x\,(a+x^2)^2$
130.	$y = (b^4-2\,x^2)^5$	$= -20\,x\,(b^4-2\,x^2)^4$
131.	$y = (a^2-x^2)^4$	$= -8\,x\,(a^2-x^2)^3$
132.	$y = (2\,x+3\,a)^2$ oder	$= 2\,(2\,x+3\,a) \cdot 2 \;=\; 8\,x+12\,a$
	$y = 4\,x^2+12\,a\,x+9\,a^2$	
133.	$y = (2\,x-7\,x^2+5)^3$	$= (2\,x-7\,x^2+5)^2\,(6-42\,x)$
134.	$y = (x^4-x^3+1)^4$	$= 4\,(x^4-x^3+1)^3 \cdot (4\,x^3-3\,x^2)$
135.	$y = \left(\frac{x^2}{a}+x^3\right)^2$ oder	$= 2\left(\frac{x^2}{a}+x^3\right) \cdot \left(\frac{2\,x}{a}+3\,x^2\right)$
	$y = \frac{x^4}{a^2}+\frac{2\,x^5}{a}+x^6$	$= \frac{4\,x^3}{a^2}+\frac{10\,x^4}{a}+6\,x^5$
136.	$y = (2\,x^3-7\,x^2+3\,x+11)^4$	$= 4\,(2\,x^3-7\,x^2+3\,x+11)^3\,(6\,x^2-14\,x+3)$
137.	$y = (a+b\,x+c\,x^2)^n$	$= n\,(a+b\,x+c\,x^2)^{n-1}\,(b+2\,c\,x)$
138.	$y = \left(x^4-\frac{1}{3}\,x^3+x\right)^2$	$= 2\left(x^4-\frac{1}{3}\,x^3+x\right)(4\,x^3-x^2+1)$
139.	$y = (x^3+2\,x-1)^3$ oder	$= 3\,(x^3+2\,x-1)^2\,(3\,x^2+2)$
		$= (x^6+4\,x^2+1+4\,x^4-2\,x^3-4\,x) \cdot (9\,x^2+6)$
	$y = x^9+6\,x^7-3\,x^6+12\,x^5-12\,x^4$	$= 9\,x^8+42\,x^6-18\,x^5+60\,x^4-48x^3$
	$+11\,x^3-12\,x^2+6\,x-1$	$+33\,x^2-24\,x+6$
140.	$y = \sqrt[3]{2\,x-5} = (2\,x-5)^{\frac{1}{3}}$	$= \frac{1}{3}\,(2\,x-5)^{-\frac{2}{3}} \cdot 2 = \frac{2}{3\sqrt[3]{(2\,x-5)^2}}$
141.	$y = \sqrt[4]{x^2+7} = (x^2+7)^{\frac{1}{4}}$	$= \frac{1}{4}\,(x^2+7)^{-\frac{3}{4}} \cdot 2\,x = \frac{x}{2\sqrt[4]{(x^2+7)^3}}$
142.	$y = \sqrt{\frac{x^2}{4}-1} = \left(\frac{x^2}{4}-1\right)^{\frac{1}{2}}$ oder	$= \frac{1}{2}\left(\frac{x^2}{4}-1\right)^{-\frac{1}{2}} \cdot \frac{2\,x}{4} = \frac{x}{4\sqrt{\frac{x^2}{4}-1}}$
		$= \frac{x}{2\sqrt{x^2-4}}$
	$y = \sqrt{\frac{x^2}{4}-1} = \frac{1}{2}\,(x^2-4)^{\frac{1}{2}}$	$= \frac{1}{2} \cdot \frac{1}{2} \cdot (x^2-4)^{-\frac{1}{2}} \cdot 2\,x = \frac{x}{2\sqrt{x^2-4}}$
143.	$y = \sqrt[3]{(2\,x-5)^4} = (2\,x-5)^{\frac{4}{3}}$	$= \frac{4}{3}\,(2\,x-5)^{\frac{1}{3}} \cdot 2 = \frac{8}{3}\sqrt[3]{2\,x-5}$

	y'
144. $y = (x+5)\sqrt{2\,x+3}$	$= \sqrt{2\,x+3}\cdot 1+\dfrac{(x+5)\,2}{2\sqrt{2\,x+3}}$
	$= \dfrac{2\,x+3+x+5}{\sqrt{2\,x+3}} = \dfrac{3\,x+8}{\sqrt{2\,x+3}}$
145. $y = (2\,x^2-3\,x+4)\sqrt{(4\,x-3)^3}$	$= (4\,x-3)^{\frac{3}{2}}(4\,x-3)+(2\,x^2-3\,x+4)\cdot 6\cdot$ $\times(4\,x-3)^{\frac{1}{2}}$
$= (2\,x^2-3\,x+4)(4\,x-3)^{\frac{3}{2}} = u\cdot v$	$= (4\,x-3)^{\frac{1}{2}}[(4\,x-3)^2+6\,(2\,x^2-3\,x+4)]$
	$= (4\,x-3)^{\frac{1}{2}}(16\,x^2-24\,x+9+12\,x^2$ $-18\,x+24)$
	$= \sqrt{4\,x-3}\,(28\,x^2-42\,x+33)$
146. $y = (a+b\,x^n)^m$	$= m\,(a+b\,x^n)^{m-1}\cdot n\cdot b\,x^{n-1}$
	$= b\cdot m\cdot n\cdot x^{n-1}\,(a+b\,x^n)^{m-1}$
147. $y = \dfrac{1}{3\,x+7} = (3\,x+7)^{-1}$	$= -\dfrac{3}{(3\,x+7)^2}$
148. $y = \dfrac{1}{a+b\,x} = (a+b\,x)^{-1}$	$= (-1)\cdot(a+b\,x)^{-2}\cdot b = -\dfrac{b}{(a+b\,x)^2}$
149. $y = \dfrac{1}{\alpha+\beta\,x} = (\alpha+\beta\,x)^{-1}$	$= -\dfrac{\beta}{(\alpha+\beta\,x)^2}$
150. $y = \dfrac{5}{(3\,x+7)^3} = 5\,(3\,x+7)^{-3}$	$= -15\,(3\,x+7)^{-4}\cdot 3 = -\dfrac{45}{(3\,x+7)^4}$
151. $y = \dfrac{1}{(\alpha+\beta\,x)^2} = (\alpha+\beta\,x)^{-2}$	$= -\dfrac{2\,\beta}{(\alpha+\beta\,x)^3}$
152. $y = \dfrac{1}{(2-3\,x^2)^3} = (2-3\,x^2)^{-3}$	$= \dfrac{18\,x}{(2-3\,x^2)^4}$
153. $y = \dfrac{1}{(a-b\,x^2)^3} = (a-b\,x^2)^{-3}$	$= -3\,(a-b\,x^2)^{-4}\cdot(-2\,b\,x) = \dfrac{6\,b\,x}{(a-b\,x^2)^4}$
154. $y = \dfrac{1}{(b-x^p)^n} = (b-x^p)^{-n}$	$= -n\,(b-x^p)^{-n-1}\cdot(-p\,x^{p-1}) = \dfrac{n\cdot p\,x^{p-1}}{(b-x^p)^{n+1}}$
155. $y = \left(a-\dfrac{1}{x}\right)^3$	$= 3\left(a-\dfrac{1}{x}\right)^2\cdot\dfrac{1}{x^2} = \dfrac{3}{x^2}\;\dfrac{(a\,x-1)^2}{x^2} = \dfrac{3\,(a\,x-1)^2}{x^4}$
156. $y = \dfrac{2}{x^2}+\dfrac{3}{(1-x)^3}$	$= \dfrac{-2\cdot 2\,x}{x^4}+\dfrac{-3\cdot 3\,(1-x)^2\cdot(-1)}{(1-x)^6}$
	$= -\dfrac{4}{x^3}+\dfrac{9}{(1-x)^4}$
157. $y = \left(x+\dfrac{1}{x}\right)^2$ oder	$= 2\left(x+\dfrac{1}{x}\right)\left(1-\dfrac{1}{x^2}\right) = 2\left(x-\dfrac{1}{x}+\dfrac{1}{x}-\dfrac{1}{x^3}\right)$
	$= 2\,x-\dfrac{2}{x^3}$
$y = x^2+2+\dfrac{1}{x^2}$	$= 2\,x-2\,x^{-3} = 2\,x-\dfrac{2}{x^3}$
158. $y = (\sqrt{x}-1)^3$	$= 3\,(\sqrt{x}-1)^2\cdot\dfrac{1}{2\sqrt{x}}$

	y'
159. $y = \sqrt{1+x^3} = u^{\frac{1}{2}}$	$= \dfrac{3x^2}{2\sqrt{1+x^3}}$
160. $y = \sqrt{\alpha x+\beta}$	$= \dfrac{\alpha}{2\sqrt{\alpha x+\beta}}$
161. $y = \sqrt{2px} = (2p\cdot x)^{\frac{1}{2}}$	$= \dfrac{1}{2}\cdot(2px)^{-\frac{1}{2}}\cdot 2p = \dfrac{p}{\sqrt{2px}}$ oder $\sqrt{\dfrac{p}{2x}}$ oder $\dfrac{1}{2x}\sqrt{2px}$
162. $y = \sqrt{a^2+x^2}$	$= \dfrac{2x}{2\sqrt{a^2+x^2}} = \dfrac{x}{\sqrt{a^2+x^2}}$
163. $y = \sqrt{a^2-x^2}$	$= -\dfrac{2x}{2\sqrt{a^2-x^2}} = -\dfrac{x}{\sqrt{a^2-x^2}}$
164. $y = \dfrac{b}{a}\sqrt{a^2-x^2}$	$= -\dfrac{b\cdot 2x}{a\cdot 2\sqrt{a^2-x^2}} = -\dfrac{bx}{a\sqrt{a^2-x^2}}$
165. $y = \sqrt{x^2-a^2}$	$= \dfrac{2x}{2\sqrt{x^2-a^2}} = \dfrac{x}{\sqrt{x^2-a^2}}$
166. $y = \dfrac{b}{a}\sqrt{x^2-a^2}$	$= \dfrac{b\cdot 2x}{a\cdot 2\sqrt{x^2-a^2}} = \dfrac{bx}{a\sqrt{x^2-a^2}}$
167. $y = \sqrt{x^3+x^2}$	$= \dfrac{3x^2+2x}{2\sqrt{x^3+x^2}} = \dfrac{3x^2+2x}{2x\sqrt{x+1}} = \dfrac{3x+2}{2\sqrt{x+1}}$
168. $y = \sqrt{a+bx}$	$= \dfrac{b}{2\sqrt{a+bx}}$
169. $y = \sqrt{ax+b}$	$= \dfrac{a}{2\sqrt{ax+b}}$
170. $y = \sqrt{a+x}-\sqrt{a-x}$	$= \dfrac{1}{2\sqrt{a+x}}+\dfrac{1}{2\sqrt{a-x}} = \dfrac{\sqrt{a-x}+\sqrt{a+x}}{2\sqrt{a^2-x^2}}$
171. $y = \sqrt{a-bx^2}$	$= -\dfrac{2bx}{2\sqrt{a-bx^2}} = -\dfrac{bx}{\sqrt{a-bx^2}}$
172. $y = \sqrt{2ax-x^2}$	$= \dfrac{2a-2x}{2\sqrt{2ax-x^2}} = \dfrac{a-x}{\sqrt{2ax-x^2}}$
173. $y = \sqrt{3x-5x^3}$	$= \dfrac{3-15x^2}{2\sqrt{3x-5x^3}}$
174. $y = \sqrt{x^4+x^2-1}$	$= \dfrac{4x^3+2x}{2\sqrt{x^4+x^2-1}} = \dfrac{2x^3+x}{\sqrt{x^4+x^2-1}}$
175. $y = \sqrt{a+bx+2cx^2}$	$= \dfrac{b+4cx}{2\sqrt{a+bx+2cx^2}}$
176. $y = \sqrt[3]{1+x^2+x^3}$	$= \dfrac{2x+3x^2}{3\sqrt[3]{(1+x^2+x^3)}}$

	y'
177. $y = \sqrt[4]{2x - 3x^5}$	$= \dfrac{2 - 15x^4}{4\sqrt[4]{(2x - 3x^5)^3}}$
178. $y = \sqrt{\alpha x^3 + \beta x^2 + \gamma x + \delta}$	$= \dfrac{3\alpha x^2 + 2\beta x + \gamma}{2\sqrt{\alpha x^3 + \beta x^2 + \gamma x + \delta}}$
179. $y = \sqrt{f(x)}$	$= \dfrac{f'(x)}{2\sqrt{f(x)}}$
180. $y = \dfrac{1}{\sqrt{(a - bx)}} = (a - bx)^{-\frac{1}{2}}$	$= \left(-\dfrac{1}{2}\right)(a - bx)^{-\frac{3}{2}}\cdot(-b) = \dfrac{b}{2\sqrt{(a - bx)^3}}$
181. $y = \dfrac{3}{\sqrt{4x + 7}} = 3\cdot(4x + 7)^{-\frac{1}{2}}$	$= 3\cdot\left(-\dfrac{1}{2}\right)\cdot\dfrac{4}{\sqrt{(4x + 7)^3}} = -\dfrac{6}{\sqrt{(4x + 7)^3}}$
182. $y = \dfrac{1}{\sqrt{a^2 - x^2}} = (a^2 - x^2)^{-\frac{1}{2}}$	$= -\dfrac{1}{2}(a^2 - x^2)^{-\frac{3}{2}}\cdot(-2x) = \dfrac{x}{\sqrt{(a^2 - x^2)^3}}$
183. $y = \dfrac{1}{\sqrt{2ax - x^2}} = (2ax - x^2)^{-\frac{1}{2}}$	$= -\dfrac{1}{2}(2ax - x^2)^{-\frac{3}{2}}(2a - 2x)$
	$= -\dfrac{a - x}{\sqrt{(2ax - x^2)^3}} = \dfrac{x - a}{\sqrt{(2ax - x^2)^3}}$
184. $y = \dfrac{4}{\sqrt[3]{2x^2 - 2}} = 4\cdot(2x^2 - 2)^{-\frac{1}{3}}$	$= 4\cdot\left(-\dfrac{1}{3}\right)(2x^2 - 2)^{-\frac{4}{3}}\cdot 4x = -\dfrac{16x}{3\sqrt[3]{(2x^2 - 2)^4}}$
185. $y = \dfrac{1}{\sqrt[3]{(2 - x^3)^4}} = (2 - x^3)^{-\frac{4}{3}}$	$= -\dfrac{4}{3}(2 - x^3)^{-\frac{7}{3}}\cdot(-3x^2) = \dfrac{4x^2}{\sqrt[3]{(2 - x^3)^7}}$
186. $y = \dfrac{1}{4\sqrt[6]{(x^4 + 3)^5}} = \dfrac{1}{4}(x^4 + 3)^{-\frac{5}{6}}$	$= \dfrac{1}{4}\cdot\left(-\dfrac{5}{6}\right)(x^4 + 3)^{-\frac{11}{6}}\cdot 4x^3$
	$= -\dfrac{5x^3}{6\sqrt[6]{(x^4 + 3)^{11}}}$
187. $y = \dfrac{1}{\sqrt[4]{(x - a)^3}} = (x - a)^{-\frac{3}{4}}$	$= -\dfrac{3}{4\sqrt[4]{(x - a)^7}}$
188. $y = \dfrac{x^3}{\sqrt{a^2 + x^2}} = \dfrac{u}{v}$	$= \dfrac{\sqrt{a^2 + x^2}\cdot 3x^2 - x^3\cdot\dfrac{x}{\sqrt{a^2 + x^2}}}{a^2 + x^2}$
	$= \dfrac{(a^2 + x^2)\,3x^2 - x^4}{\sqrt{a^2 + x^2}\,(a^2 + x^2)} = \dfrac{3a^2x^2 + 3x^4 - x^4}{(a^2 + x^2)\sqrt{a^2 + x^2}}$
	$= \dfrac{x^2(2x^2 + 3a^2)}{(a^2 + x^2)\sqrt{a^2 + x^2}}$
189. $y = \dfrac{15}{\sqrt[5]{(4x^3 - 2x + 5)^4}}$	$= -\dfrac{15\cdot 4}{5}(4x^3 - 2x + 5)^{-\frac{9}{5}}\cdot(12x^2 - 2)$
$= 15(4x^3 - 2x + 5)^{-\frac{4}{5}}$	$= -\dfrac{12(12x^2 - 2)}{\sqrt[5]{(4x^3 - 2x + 5)^9}}$
	$= -\dfrac{24(6x^2 - 1)}{\sqrt[5]{(4x^3 - 2x + 5)^9}}$

y'

190. $y = \frac{1}{\sqrt[n]{(a+b\,x)^p}} = (a+b\,x)^{-\frac{p}{n}}$

$= -\frac{p}{n}(a+b\,x)^{-\frac{p}{n}-1}\cdot b$

$= -\frac{p}{n}(a+b\,x)^{\frac{-p-n}{n}}\cdot b$

$= -\frac{b\cdot p}{n\sqrt[n]{(a+b\,x)^{p+n}}}$

191. $y = (x+2)^3\,(x-2)^2$

$= (x-2)^2\cdot 3\,(x+2)^2 + (x+2)^3\cdot 2\,(x-2)$

$= (x-2)\,(x+2)^2\,[3\,x-6+2\,x+4]$

$= (x-2)\,(x+2)^2\,(5\,x-2)$

192. $y = x^4\,(a-2\,x^3)^2$ $\quad = 4\,x^3\,(a-2\,x^3)\,(a-5\,x^3)$

193. $y = x\sqrt{a+x} = \sqrt{a\,x^2+x^3}$ $\quad = \frac{2\,a\,x+3\,x^2}{2\sqrt{a\,x^2+x^3}} = \frac{2\,a+3\,x}{2\sqrt{a+x}}$

194. $y = x\sqrt{1+x} = \sqrt{x^2+x^3}$ $\quad = \frac{2\,x+3\,x^2}{2\sqrt{x^2+x^3}} = \frac{2+3\,x}{2\sqrt{1+x}}$

195. $y = x^2\sqrt{1+x^2} = \sqrt{x^4+x^6}$ $\quad = \frac{4\,x^3-6\,x^5}{2\sqrt{x^4-x^6}} = \frac{2\,x+3\,x^3}{\sqrt{1+x^2}}$

196. $y = 2\,x^2\sqrt{10-x} = 2\cdot\sqrt{10\,x^4-x^5}$ $\quad = \frac{2\cdot(40\,x^3-5\,x^4)}{2\sqrt{10\,x^4-x^5}} = \frac{5\,x\,(8-x)}{\sqrt{10-x^2}}$

197. $y = (5+x)\sqrt{5-x} = u\cdot v$ $\quad = \frac{5-3\,x}{2\sqrt{5-x}}$ $\quad u' = 1 \quad v' = -\frac{1}{2\sqrt{5-x}}$

198. $y = x\sqrt{1-x^2} = \sqrt{x^2-x^4}$ $\quad = \frac{1-2\,x^2}{\sqrt{1-x^2}}$

199. $y = x^2\sqrt{a-x} = \sqrt{a\,x^4-x^5}$ $\quad = \frac{4\,a\,x-5\,x^2}{2\sqrt{a-x}}$

200. $y = \frac{\sqrt{a^2+x^2}}{x}$ oder

$= \frac{x\cdot\frac{2\,x}{2\sqrt{a^2+x^2}}-\sqrt{a^2+x^2}}{x^2}$

$= \frac{x^2-a^2-x^2}{x^2\sqrt{a^2+x^2}} = -\frac{a^2}{x^2\sqrt{a^2+x^2}}$

$y = \sqrt{\frac{a^2}{x^2}+1} = \left(\frac{a^2}{x^2}+1\right)^{\frac{1}{2}}$ $\quad = \frac{1}{2}\left(\frac{a^2}{x^2}+1\right)^{-\frac{1}{2}}\cdot\left(-\frac{2a^2}{x^3}\right) = -\frac{a^2}{x^3\sqrt{\frac{a^2}{x^2}+1}}$

$= -\frac{a^2}{x^2\sqrt{a^2+x^2}}$

201. $y = \frac{a}{x}\sqrt{a^2+x^2}$ $\quad = \sqrt{a^2+x^2}\cdot\left(\frac{-a}{x^2}\right)+\frac{a}{x}\cdot\frac{x}{\sqrt{a^2+x^2}}$

$= \frac{-a\,(a^2+x^2)+a\,x^2}{x^2\sqrt{a^2+x^2}} = -\frac{a^3}{x^2\sqrt{a^2+x^2}}$

	y'
202. $y = \frac{1}{x}\sqrt{1+x^2} = u \cdot v$ $u' = -\frac{1}{x^2} \quad v' = \frac{x}{\sqrt{1+x^2}}$	$= -\frac{1}{x^2}\sqrt{1+x^2} + \frac{1}{\sqrt{1+x^2}} = -\frac{1}{x^2\sqrt{1+x^2}}$
203. $y = \frac{x}{2}\sqrt{1-x^2} = u \cdot v$ $u' = \frac{1}{2} \quad v' = \frac{-x}{\sqrt{1-x^2}}$	$= \frac{1}{2}\sqrt{1-x^2} - \frac{x}{\sqrt{1-x^2}} \cdot \frac{x}{2} = \frac{1-2x^2}{2\sqrt{1-x^2}}$
204. $y = (bx-2a)\sqrt{bx-2a} = u \cdot v$ $u' = b \quad v' = \frac{b}{2\sqrt{bx-2a}}$ oder $y = \sqrt{(bx-2a)^3} = (bx-2a)^{\frac{3}{2}}$	$= \sqrt{bx-2a} \cdot b + (bx-2a) \cdot \frac{b}{2\sqrt{bx-2a}}$ $= \frac{3b}{2}\sqrt{bx-2a}$ $= \frac{3}{2}(bx-2a)^{\frac{1}{2}} \cdot b = \frac{3b}{2}\sqrt{bx-2a}$
205. $y = (a^2+x^2)\sqrt{a^2-x^2} = u \cdot v$ $u' = 2x; \quad v' = \frac{-x}{\sqrt{a^2-x^2}}$	$= \sqrt{a^2-x^2} \cdot 2x - (a^2+x^2)\frac{x}{\sqrt{a^2-x^2}}$ $= \frac{x(a^2-3x^2)}{\sqrt{a^2-x^2}}$
206. $y = ax + \sqrt[3]{(a-x)^2} = u + v$	$= a - \frac{2}{3\sqrt[3]{a-x}}$
207. $y = \frac{2}{(3x-4)^2} = 2(3x-4)^{-2}$	$= -\frac{12}{(3x-4)^3} = \frac{12}{(4-3x)^3}$
208. $y = \frac{1}{(5x-3)^2} = (5x-3)^{-2}$	$= -\frac{10}{(5x-3)^3}$
209. $y = \frac{4}{\sqrt{5x+3}} = 4(5x+3)^{\frac{1}{2}}$	$= -\frac{10}{\sqrt{(5x+3)^3}}$
210. $y = (2a^2+3x^2)\sqrt{(a^2-x^2)^3} = u \cdot v$ $u' = 6x \quad v' = \frac{3}{2}(a^2-x^2)^{\frac{1}{2}} \cdot (-2x)$	$= (a^2-x^2)^{\frac{3}{2}} \cdot 6x$ $+ (2a^2+3x^2) \cdot \frac{3}{2}(a^2-x^2)^{\frac{1}{2}} \cdot (-2x)$ $= (a^2-x^2)^{\frac{1}{2}} \cdot 3x[2(a^2-x^2) - 2a^2 - 3x^2]$ $= -15x^3\sqrt{a^2-x^2}$
211. $y = \sqrt{a+x}\sqrt[3]{a^2-x^2} = u \cdot v$ $u' = \frac{1}{2\sqrt{a+x}} \quad v' = \frac{-2x}{3\sqrt[3]{(a^2-x^2)^2}}$	$= \frac{\sqrt[3]{a^2-x^2}}{2\sqrt{a+x}} + \frac{\sqrt{a+x} \cdot (-2x)}{3\sqrt[3]{(a^2-x^2)^2}}$ $= \frac{3(a^2-x^2) - 4x(a+x)}{6\sqrt{a+x}\sqrt[3]{(a^2-x^2)^2}}$ $= \frac{3a^2-4ax-7x^2}{6\sqrt{a+x}\sqrt[3]{(a^2-x^2)^2}} = \frac{(a+x)(3a-7x)}{6\sqrt{a+x}\sqrt[3]{(a^2-x^2)^2}}$
212. $y = \left(\frac{1+x}{1-x}\right)^2 = \frac{(1+x)^2}{(1-x)^2} = \frac{u}{v}$ $u' = 2(1+x) \quad v' = -2(1-x)$	$= \frac{(1-x)^2 \cdot 2(1+x) + (1+x)^2 \cdot 2(1-x)}{(1-x)^4}$ $= \frac{2-2x^2+2+4x+2x^2}{(1-x)^3} = \frac{4+4x}{(1-x)^3}$ $= \frac{4(1+x)}{(1-x)^3}$

213. $$y = \frac{(a+x^2)^3}{(b-x^3)^2} = \frac{u}{v} \qquad y' = \frac{(b-x^3)^2\cdot 3\,(a+x^2)^2\cdot 2\,x-(a+x^2)^3\cdot 2\,(b-x^3)\cdot(-3\,x^2)}{(b-x^3)^4}$$

$$u' = 3\,(a+x^2)^2\cdot 2\,x \qquad = \frac{6\,x\,(b-x^3)\,(a+x^2)^2\,[b-x^3+x\,(a+x^2)]}{(b-x^3)^4}$$

$$v' = 2\,(b-x^3)\cdot(-3\,x^2) \qquad = \frac{6\,x\,(a+x^2)^2\,(a\,x+b)}{(b-x^3)^3}$$

214. $$y = \frac{(a^2+x^2)^3}{(a^3+x^3)^2} = \frac{u}{v} \qquad y' = \frac{(a^3+x^3)^2\cdot 3\,(a^2+x^2)^2\cdot 2\,x-(a^2+x^2)^3\cdot 2\,(a^3+x^3)\cdot 3\,x^2}{(a^3+x^3)^4}$$

$$u' = 3\,(a^2+x^2)^2\cdot 2\,x \qquad = \frac{6\,x\,(a^3+x^3)\,(a^2+x^2)^2\,[a^3+x^3-x\,(a^2+x^2)]}{(a^3+x^3)^4}$$

$$v' = 2\,(a^3+x^3)\cdot 3\,x^2 \qquad = \frac{6\,a^2\,x\,(a-x)\,(a^2+x^2)^2}{(a^3+x^3)^3}$$

y'

215. $$y = \left(\frac{x}{1+x}\right)^n = x^n\,(1+x)^{-n} = u\cdot v \qquad = (1+x)^{-n}\cdot n\cdot x^{n-1}+x^n\cdot(-n)\,(1+x)^{-n-1}$$

$$u' = u\cdot x^{n-1} \qquad v' = -n\,(1+x)^{-n-1} \qquad = (1+x)^{-n-1}\cdot n\cdot x^{n-1}\,[1+x-x]$$

$$= \frac{n\cdot x^{n-1}}{(1+x)^{n+1}}$$

oder

$$y = \left(\frac{x}{1+x}\right)^n = \frac{x^n}{(1+x)^n} = \frac{u}{v} \qquad = \frac{(1+x)^n\cdot n\,x^{n-1}-x^n\,n\cdot(1+x)^{n-1}}{(1+x)^{2n}}$$

$$u' = u\cdot x^{n-1} \qquad v' = n\,(1+x)^{n-1}\cdot 1 \qquad = \frac{n\cdot x^{n-1}\cdot(1+x)^{n-1}\,[1+x-x]}{(1+x)^{2n}} = \frac{n\,x^{n-1}}{(1+x)^{n+1}}$$

$$y = \left(\frac{x}{1+x}\right)^n = u^n \qquad = n\cdot\left(\frac{x}{1+x}\right)^{n-1}\cdot\frac{1+x-x}{(1+x)^2} = \frac{n\cdot x^{n-1}}{(1+x)^{n+1}}$$

216. $$y = \sqrt{1-x}\cdot\sqrt[3]{1-x^2} \qquad = (1-x^2)^{\frac{1}{3}}\cdot\frac{1}{2}\,(1-x)^{-\frac{1}{2}}\cdot(-1)$$

$$+(1-x)^{\frac{1}{2}}\cdot\frac{1}{3}\,(1-x^2)^{-\frac{2}{3}}\cdot(-2\,x)$$

$$= (1-x)^{\frac{1}{2}}\cdot(1-x^2)^{\frac{1}{3}} = u\cdot v \qquad = -(1-x^2)^{-\frac{2}{3}}\cdot(1-x)^{-\frac{1}{2}}\left[\frac{1-x^2}{2}+\frac{2\,x\,(1-x)}{3}\right]$$

$$u' = \frac{1}{2}\,(1-x)^{-\frac{1}{2}}\cdot(-1) \qquad = \frac{-(3-3\,x^2+4\,x-4\,x^2)}{6\sqrt{1-x}\,\sqrt[3]{(1-x^2)^2}} = \frac{7\,x^2-4\,x-3}{6\sqrt{1-x}\,\sqrt[3]{(1-x^2)^2}}$$

$$v' = \frac{1}{3}\,(1-x^2)^{-\frac{2}{3}}\cdot(-2\,x)$$

217. $$y = \frac{1}{x\sqrt{a+x}} = \frac{u}{v} \qquad = \frac{x\sqrt{a+x}\cdot 0-\sqrt{a+x}-\dfrac{x}{2\sqrt{a+x}}}{x^2\,(a+x)}$$

$$u' = 0$$

$$v' = -\sqrt{a+x}-\frac{x}{2\sqrt{a+x}} \qquad = \frac{-2\,a-2\,x-x}{x^2\,(a+x)\cdot 2\sqrt{a+x}}$$

oder

$$= -\frac{2\,a+3\,x}{2\,x^2\sqrt{(a+x)^3}} \quad \text{oder} \quad = \frac{-(2\,a+3\,x)\sqrt{a+x}}{2\,x^2\,(a+x)^2}$$

$$y = \frac{(a+x)^{-\frac{1}{2}}}{x} = \frac{u}{v} \qquad = \frac{x\cdot\left(-\frac{1}{2}\right)(a+x)^{-\frac{3}{2}}-(a+x)^{-\frac{1}{2}}}{x^2}$$

$$= \frac{(a+x)^{-\frac{3}{2}}\left[-\frac{x}{2}-(a+x)\right]}{x^2}$$

y'

$$= \frac{(a+x)^{-\frac{3}{2}}(-x-2a-2x)}{2x^2}$$

$$= \frac{-2a-3x}{2x^2\sqrt{(a+x)^3}} = -\frac{2a+3x}{2x^2\sqrt{(a+x)^3}}$$

218. $y = \frac{1}{x\sqrt{a-x}} = \frac{1}{\sqrt{a x^2 - x^3}}$
$= (a x^2 - x^3)^{-\frac{1}{2}}$

$$= -\frac{1}{2}(a x^2 - x^3)^{-\frac{3}{2}} \cdot (2ax - 3x^2)$$

$$= \frac{3x^2 - 2ax}{2(ax^2 - x^3)\sqrt{ax^2 - x^3}}$$

$$= \frac{x(3x-2a)}{2x^2(a-x)\cdot x\sqrt{a-x}} = \frac{(3x-2a)\sqrt{a-x}}{2x^2(a-x)^2}$$

219. $y = \frac{\sqrt{a+bx}}{x} = \frac{u}{v}$

$$= \frac{x \cdot \frac{b}{2\sqrt{a+bx}} - \sqrt{a+bx}}{x^2}$$

$$= \frac{bx - 2a - 2bx}{2x^2\sqrt{a+bx}} = -\frac{2a+bx}{2x^2\sqrt{a+bx}}$$

220. $y = \frac{x}{\sqrt{1+x}} = \frac{u}{v}$

$$= \frac{\sqrt{1+x} - x\frac{1}{2\sqrt{1+x}}}{(1+x)} = \frac{2+2x-x}{2\sqrt{(1+x)^3}} = \frac{2+x}{2\sqrt{(1+x)^3}}$$

221. $y = \frac{1+x}{\sqrt{1-x}} = \frac{u}{v}$

$$= \frac{\sqrt{1-x} - (1+x)\frac{1}{2\sqrt{1-x}}\cdot(-1)}{1-x}$$

$$= \frac{2(1-x)+1+x}{2(1-x)\sqrt{1-x}} = \frac{3-x}{2\sqrt{(1-x)^3}}$$

222. $y = \frac{x}{\sqrt{a^2-x^2}} = \frac{u}{v}$

$$= \frac{\sqrt{a^2-x^2} - x\cdot\frac{(-2x)}{2\sqrt{a^2-x^2}}}{a^2-x^2}$$

$$= \frac{a^2-x^2+x^2}{\sqrt{(a^2-x^2)^3}} = \frac{a^2}{\sqrt{(a^2-x^2)^3}}$$

223. $y = \frac{x}{\sqrt{a+bx}} = \frac{u}{v}$

$$= \frac{\sqrt{a+bx} - x\cdot\frac{b}{2\sqrt{a+bx}}}{a+bx}$$

$$= \frac{2(a+bx)-bx}{2\sqrt{(a+bx)^3}} = \frac{2a+bx}{2\sqrt{(a+bx)^3}}$$

oder

$y = x\cdot(a+bx)^{-\frac{1}{2}} = u\cdot v$

$$= (a+bx)^{-\frac{1}{2}} + x\cdot\left(-\frac{1}{2}\right)(a+bx)^{-\frac{3}{2}}\cdot b$$

$$= \frac{1}{2}(a+bx)^{-\frac{3}{2}}[2a+2bx-bx]$$

$$= \frac{2a+bx}{2\sqrt{(a+bx)^3}}$$

224. $y = \frac{x}{\sqrt{a-bx^2}} = \frac{u}{v}$

$$= \frac{(a-bx^2)^{\frac{1}{2}} - x\cdot\frac{1}{2}\cdot(a-bx^2)^{-\frac{1}{2}}\cdot(-2bx)}{a-bx^2}$$

$$y'$$

$$= \frac{(a-b\,x^2)^{-\frac{1}{2}}(a-b\,x^2+b\,x^2)}{a-b\,x^2} = \frac{a}{\sqrt{(a-b\,x^2)^3}}$$

oder

$$y = x\,(a-b\,x^2)^{-\frac{1}{2}} = u\cdot v$$

$$= (a-b\,x^2)^{-\frac{1}{2}} + x\cdot\left(-\frac{1}{2}\right)(a-b\,x^2)^{-\frac{3}{2}}\cdot(-2\,b\,x)$$

$$= (a-b\,x^2)^{-\frac{3}{2}}\cdot(a-b\,x^2+b\,x^2) = \frac{a}{\sqrt{(a-b\,x^2)^3}}$$

225. $y = \frac{x^3}{\sqrt{(1-x^2)^3}} = \frac{u}{v}$

$$= \frac{(1-x^2)^{\frac{3}{2}}\cdot 3\,x^2 - x^3\cdot\frac{3}{2}\,(1-x^2)^{\frac{1}{2}}\cdot(-2\,x)}{(1-x^2)^3}$$

$$= \frac{3\,x^2\,(1-x^2)^{\frac{1}{2}}\,[1-x^2+x^2]}{(1-x^2)^3} = \frac{3\,x^2}{\sqrt{(1-x^2)^5}}$$

$$= \frac{3\,x^2}{(1-x^2)^2\sqrt{1-x^2}}$$

$$y = x^3\cdot(1-x^2)^{-\frac{3}{2}} = u\cdot v$$

$$= (1-x^2)^{-\frac{3}{2}}\cdot 3\,x^2 + x^3\cdot\left(-\frac{3}{2}\right)(1-x^2)^{-\frac{5}{2}}\cdot(-2\,x)$$

$$= 3\,x^2\,(1-x^2)^{-\frac{5}{2}}\,[1-x^2+x^2] = \frac{3\,x^2}{\sqrt{(1-x^2)^5}}$$

226. $y = \frac{x}{x+\sqrt{a^2+x^2}} = \frac{u}{v}$

$$u = x; \qquad v = x+\sqrt{a^2+x^2}$$

$$u' = 1; \qquad v' = 1+\frac{2\,x}{2\sqrt{a^2+x^2}} = \frac{x+\sqrt{a^2+x^2}}{\sqrt{a^2+x^2}}$$

$$= \frac{x+\sqrt{a^2+x^2} - \dfrac{x\,(x+\sqrt{a^2+x^2})}{\sqrt{a^2+x^2}}}{(x+\sqrt{a^2+x^2})^2}$$

$$= \frac{\sqrt{a^2+x^2}\,(x+\sqrt{a^2+x^2}) - x^2 - x\sqrt{a^2+x^2}}{(x+\sqrt{a^2+x^2})^2\sqrt{a^2+x^2}}$$

$$= \frac{x\sqrt{a^2+x^2}+a^2+x^2-x^2-x\sqrt{a^2+x^2}}{(x+\sqrt{a^2+x^2})^2\cdot\sqrt{a^2+x^2}}$$

$$= \frac{a^2}{\sqrt{a^2+x^2}\,(x+\sqrt{a^2+x^2})^2}$$

227. $y = \sqrt{\frac{x+1}{x-1}} = \frac{(x+1)^{\frac{1}{2}}}{(x-1)^{\frac{1}{2}}} = \frac{u}{v}$

$$= \frac{(x-1)^{\frac{1}{2}}\cdot\frac{1}{2}\,(x+1)^{-\frac{1}{2}} - (x+1)^{\frac{1}{2}}\cdot\frac{1}{2}\,(x-1)^{-\frac{1}{2}}}{x-1}$$

$$= \frac{(x-1)^{-\frac{1}{2}}(x+1)^{-\frac{1}{2}}\,(x-1-x-1)}{2\,(x-1)}$$

$$= \frac{-2}{2\,(x-1)\sqrt{x^2-1}} = \frac{1}{(1-x)\sqrt{x^2-1}}$$

y'

228. $y = \sqrt{\frac{1-x}{1+x}} = \frac{(1-x)^{\frac{1}{2}}}{(1+x)^{\frac{1}{2}}} = \frac{u}{v}$ $\qquad = -\frac{1}{(1+x)\sqrt{1-x^2}}$

229. $y = \sqrt{\frac{1+x}{1-x}} = \frac{(1+x)^{\frac{1}{2}}}{(1-x)^{\frac{1}{2}}} = \frac{u}{v}$

siehe Beisp. 241

$$y' = \frac{(1-x)^{\frac{1}{2}}\cdot\frac{1}{2}(1+x)^{-\frac{1}{2}} - (1+x)^{\frac{1}{2}}\cdot\frac{1}{2}(1-x)^{-\frac{1}{2}}\cdot(-1)}{1-x}$$

$$= \frac{(1-x)^{-\frac{1}{2}}\cdot(1+x)^{-\frac{1}{2}}[1-x+1+x]}{2(1-x)} = \frac{1}{(1-x)\sqrt{1-x^2}}$$

oder

229a. $y = (1+x)^{\frac{1}{2}}\cdot(1-x)^{-\frac{1}{2}} = u\cdot v$

$$= (1-x)^{-\frac{1}{2}}\cdot\frac{1}{2}(1+x)^{-\frac{1}{2}} +$$

$$+ (1+x)^{\frac{1}{2}}\cdot\left(-\frac{1}{2}\right)(1-x)^{-\frac{3}{2}}\cdot(-1)$$

$$= \frac{1}{2}(1-x)^{-\frac{3}{2}}(1+x)^{-\frac{1}{2}}[1-x+1+x]$$

$$= \frac{1}{(1-x)\sqrt{1-x^2}}$$

oder

229b. $y = \left(\frac{1+x}{1-x}\right)^{\frac{1}{2}} = u^{\frac{1}{2}}$

$$= \frac{1}{2}\left(\frac{1-x}{1+x}\right)^{\frac{1}{2}}\left[\frac{(1-x)-(1+x)\cdot(-1)}{(1-x)^2}\right]$$

$$= \frac{(1-x)^{\frac{1}{2}}\cdot 2}{2(1+x)^{\frac{1}{2}}(1-x)^2} = \frac{1}{(1-x)\sqrt{1-x^2}}$$

230. $y = \sqrt{\frac{1-x^2}{1+x^2}} = \frac{(1-x^2)^{\frac{1}{2}}}{(1+x^2)^{\frac{1}{2}}} = \frac{u}{v}$

$$y' = \frac{(1+x^2)^{\frac{1}{2}}\cdot\frac{1}{2}(1-x^2)^{-\frac{1}{2}}\cdot(-2x) - (1-x^2)^{\frac{1}{2}}\cdot\frac{1}{2}(1+x^2)^{-\frac{1}{2}}\cdot 2x}{1+x^2}$$

$$= \frac{-x(1+x^2)^{-\frac{1}{2}}\cdot(1-x^2)^{-\frac{1}{2}}[1+x^2+1-x^2]}{1+x^2} = \frac{-2x}{(1+x^2)\sqrt{1-x^4}}$$

231. $y = \sqrt{\frac{a^2-x^2}{a^2+x^2}} = \frac{(a^2-x^2)^{\frac{1}{2}}}{(a^2+x^2)^{\frac{1}{2}}}$ $\qquad = \frac{-2a^2x}{(a^2+x^2)\sqrt{a^4-x^4}}$

232. $y = \sqrt{\frac{1+x^2}{1-x^2}} = \frac{u}{v}$ $\qquad = \frac{2x}{(1-x^2)\sqrt{1-x^4}}$

233. $y = \sqrt{\frac{x}{x^2-a^2}} = \frac{x^{\frac{1}{2}}}{(x^2-a^2)^{\frac{1}{2}}} = \frac{u}{v}$ $\qquad = \frac{\sqrt{x^2-a^2}\cdot\frac{1}{2\sqrt{x}} - \sqrt{x}\cdot\frac{1}{2}\cdot\frac{2x}{\sqrt{x^2-a^2}}}{x^2-a^2}$

$$y' = \frac{\dfrac{\sqrt{x^2-a^2}}{2\sqrt{x}} - \dfrac{2\,x\sqrt{x}}{2\sqrt{x^2-a^2}}}{x^2-a^2}$$

$$= \frac{\dfrac{x^2-a^2-2\,x^2}{2\sqrt{x}\,\sqrt{x^2-a^2}}}{x^2-a^2} = \frac{-a^2-x^2}{2\sqrt{x}\,\sqrt{(x^2-a^2)^3}}$$

$$= -\frac{a^2+x^2}{2\sqrt{x\,(x^2-a^2)^3}}$$

oder

233a. $y = x^{\frac{1}{2}} \cdot (x^2-a^2)^{-\frac{1}{2}} = u \cdot v$

$$= (x^2-a^2)^{-\frac{1}{2}} \cdot \frac{1}{2} x^{-\frac{1}{2}} + x^{\frac{1}{2}} \cdot \left(-\frac{1}{2}\right)(x^2-a^2)^{-\frac{3}{2}} \cdot 2\,x$$

$$= \frac{1}{2}(x^2-a^2)^{-\frac{3}{2}} \cdot x^{-\frac{1}{2}}(x^2-a^2-2\,x^2)$$

$$= \frac{-a^2-x^2}{2\sqrt{x}\,\sqrt{(x^2-a^2)^3}} = -\frac{a^2+x^2}{2\sqrt{x\,(x^2-a^2)^3}}$$

234. $y = \sqrt{\dfrac{a+b\,x}{a-b\,x}} = \dfrac{(a+b\,x)^{\frac{1}{2}}}{(a-b\,x)^{\frac{1}{2}}} = \dfrac{u}{v}$

$$y' = \frac{(a-b\,x)^{\frac{1}{2}} \cdot \frac{1}{2}(a+b\,x)^{-\frac{1}{2}} \cdot b - (a+b\,x)^{\frac{1}{2}} \cdot \frac{1}{2}(a-b\,x)^{-\frac{1}{2}} \cdot (-b)}{a-b\,x}$$

$$= \frac{\frac{1}{2} b\,(a-b\,x)^{-\frac{1}{2}}(a+b\,x)^{-\frac{1}{2}}(a-b\,x+a+b\,x)}{a-b\,x}$$

$$= \frac{2\,a\,b}{2\,(a-b\,x)\sqrt{a^2-b^2\,x^2}} = \frac{a\,b}{(a-b\,x)\sqrt{a^2-b^2\,x^2}}$$

oder

234a. $y = (a+b\,x)^{\frac{1}{2}} \cdot (a-b\,x)^{-\frac{1}{2}} = u \cdot v$

$$= (a-b\,x)^{-\frac{1}{2}} \cdot \frac{1}{2}(a+b\,x)^{-\frac{1}{2}} \cdot b +$$

$$+ (a+b\,x)^{\frac{1}{2}} \cdot \left(-\frac{1}{2}\right)(a-bx)^{-\frac{3}{2}} \cdot (-b)$$

$$= \frac{b}{2}(a-b\,x)^{-\frac{3}{2}}(a+b)^{-\frac{1}{2}}[a-b\,x+a+b\,x]$$

$$= \frac{2\,a\,b}{2\,(a-b\,x)^{\frac{3}{2}} \cdot (a+b\,x)^{\frac{1}{2}}} = \frac{a \cdot b}{(a-b\,x)\sqrt{a^2-b^2\,x^2}}$$

oder

234b. $y = \sqrt{\dfrac{a+b\,x}{a-b\,x}} = \left(\dfrac{a+b\,x}{a-b\,x}\right)^{\frac{1}{2}} = u^{\frac{1}{2}}$

$$= \frac{1}{2}\left(\frac{a+b\,x}{a-b\,x}\right)^{-\frac{1}{2}} \cdot \frac{(a-b\,x) \cdot b + (a+b\,x) \cdot b}{(a-b\,x)^2}$$

$$= \frac{1}{2}\,\frac{(a-b\,x)^{\frac{1}{2}}}{(a+b\,x)^{\frac{1}{2}}} \cdot \left(\frac{(a-b\,x+a+b\,x)\,b}{(a-b\,x)^2}\right)$$

$$= \frac{a\,b}{(a+b\,x)^{\frac{1}{2}} \cdot (a-b\,x)^{\frac{3}{2}}} = \frac{a \cdot b}{(a-b\,x)\sqrt{a^2-b^2\,x^2}}$$

	y'
235. $y = \dfrac{\sqrt[3]{1+x^2}}{\sqrt[2]{1+x}}$	$= \dfrac{(1+x)^{\frac{1}{2}} \cdot \frac{1}{3}(1+x^2)^{-\frac{2}{3}} \cdot 2x - (1+x^2)^{\frac{1}{3}} \cdot \frac{1}{2}(1+x)^{-\frac{1}{2}}}{1+x}$
$= \dfrac{(1+x^2)^{\frac{1}{3}}}{(1+x)^{\frac{1}{2}}}$	$= \dfrac{\frac{2x}{3}(1+x)^{\frac{1}{2}} \cdot (1+x^2)^{-\frac{2}{3}} - \frac{1}{2}(1+x^2)^{\frac{1}{3}}(1+x)^{-\frac{1}{2}}}{1+x}$
$= \dfrac{u}{v}$	$= \dfrac{4x(1+x)^{\frac{1}{2}}(1+x^2)^{-\frac{2}{3}} - 3(1+x^2)^{\frac{1}{3}}(1+x)^{-\frac{1}{2}}}{6(1+x)}$
	$= \dfrac{(1+x)^{-\frac{1}{2}}(1+x^2)^{-\frac{2}{3}}[4x(1+x) - 3(1+x^2)]}{6(1+x)}$
siehe Beisp. 341	$= \dfrac{4x + 4x^2 - 3 - 3x^2}{6(1+x)^{\frac{3}{2}} \cdot (1+x^2)^{\frac{2}{3}}} = \dfrac{x^2 + 4x - 3}{6(1+x)\sqrt{1+x} \cdot \sqrt[3]{(1+x^2)^2}}$
236. $y = (x + \sqrt{1+x})^2 = u^m$	$= 2(x + \sqrt{1+x}) \cdot \left(1 + \dfrac{1}{2\sqrt{1+x}}\right)$
	$= \dfrac{2(x + \sqrt{1+x})(2\sqrt{1+x} + 1)}{2\sqrt{1+x}}$
	$= \dfrac{2x\sqrt{1+x} + x + 2 + 2x + \sqrt{1+x}}{\sqrt{1+x}}$
	$= \dfrac{2 + 3x + (2x+1)\sqrt{1+x}}{\sqrt{1+x}}$
oder	
236a. $y = x^2 + 1 + x + 2x\sqrt{1+x}$	$= 2x + 1 + \sqrt{1+x} \cdot 2 + 2x \cdot \dfrac{1}{2\sqrt{1+x}}$
	$= 2x + 1 + 2\sqrt{1+x} + \dfrac{x}{\sqrt{1+x}}$
	$= \dfrac{(2x+1)\sqrt{1+x} + 2 + 2x + x}{\sqrt{1+x}}$
	$= \dfrac{2 + 3x + (2x+1)\sqrt{1+x}}{\sqrt{1+x}}$
237. $y = (x - \sqrt{1-x^2})^2$ $= u^m$	$= 2(x - \sqrt{1-x^2})\left(1 - \dfrac{(-2x)}{2\sqrt{1-x^2}}\right)$
	$= \dfrac{(2x - 2\sqrt{1-x^2})(\sqrt{1-x^2} + x)}{\sqrt{1-x^2}}$
	$= \dfrac{2(x - \sqrt{1-x^2})(x + \sqrt{1-x^2})}{\sqrt{1-x^2}} = \dfrac{2(2x^2-1)}{\sqrt{1-x^2}}$
oder	
237a. $y = x^2 + 1 - x^2 - 2x\sqrt{1-x^2}$ $= 1 - 2x\sqrt{1-x^2}$	$= -\left[\sqrt{1-x^2} \cdot 2 + 2x \cdot \dfrac{-2x}{2\sqrt{1-x^2}}\right]$
	$= -\left[\dfrac{2(1-x^2) - 2x^2}{\sqrt{1-x^2}}\right]$
	$= \dfrac{-(2-4x^2)}{\sqrt{1-x^2}} = \dfrac{4x^2-2}{\sqrt{1-x^2}} = \dfrac{2(2x^2-1)}{\sqrt{1-x^2}}$

$$238.\quad y = \frac{x+\sqrt{a^2+x^2}}{x-\sqrt{a^2+x^2}} = \frac{u}{v}$$

y'

$$u = x+\sqrt{a^2+x^2}; \qquad u' = 1+\frac{x}{\sqrt{a^2+x^2}} = \frac{x+\sqrt{a^2+x^2}}{\sqrt{a^2+x^2}}$$

$$v = x-\sqrt{a^2+x^2}; \qquad v' = 1-\frac{x}{\sqrt{a^2+x^2}} = -\frac{x-\sqrt{a^2+x^2}}{\sqrt{a^2+x^2}}$$

$$y' = \frac{(x-\sqrt{a^2+x^2})\cdot\dfrac{x+\sqrt{a^2+x^2}}{\sqrt{a^2+x^2}}+(x+\sqrt{a^2+x^2})\cdot\dfrac{x-\sqrt{a^2+x^2}}{\sqrt{a^2+x^2}}}{(x-\sqrt{a^2+x^2})^2}$$

$$= \frac{(x-\sqrt{a^2+x^2})\cdot(x+\sqrt{a^2+x^2})+(x+\sqrt{a^2+x^2})(x-\sqrt{a^2+x^2})}{\sqrt{a^2+x^2}\,(x-\sqrt{a^2+x^2})^2}$$

$$= \frac{x^2-a^2-x^2+x^2-a^2-x^2}{\sqrt{a^2-x^2}\,(x-\sqrt{a^2+x^2})^2} = -\frac{2\,a^2}{\sqrt{a^2+x^2}\,(x-\sqrt{a^2+x^2})^2}$$

$$239.\quad y = \frac{\sqrt{x^2+1}-x}{\sqrt{x^2+1}+x} = \frac{u}{v}$$

$$u = \sqrt{x^2+1}-x \qquad u' = \frac{x}{\sqrt{x^2+1}}-1 = \frac{x-\sqrt{x^2+1}}{\sqrt{x^2+1}}$$

$$v = \sqrt{x^2+1}+x \qquad v' = \frac{x}{\sqrt{x^2+1}}+1 = \frac{x+\sqrt{x^2+1}}{\sqrt{x^2+1}}$$

$$y' = \frac{(\sqrt{x^2+1}+x)\cdot\dfrac{x-\sqrt{x^2+1}}{\sqrt{x^2+1}}-(\sqrt{x^2+1}-x)\cdot\dfrac{x+\sqrt{x^2+1}}{\sqrt{x^2+1}}}{(\sqrt{x^2+1}+x)^2}$$

$$= \frac{(x+\sqrt{x^2+1})(x-\sqrt{x^2+1})-(\sqrt{x^2+1}-x)(\sqrt{x^2+1}+x)}{\sqrt{x^2+1}\cdot(\sqrt{x^2+1}+x)^2}$$

$$= \frac{x^2-x^2-1-(x^2+1-x^2)}{\sqrt{x^2+1}\,(\sqrt{x^2+1}+x)^2} = -\frac{2}{\sqrt{x^2+1}\cdot(\sqrt{x^2+1}+x)^2}$$

$$239\text{a.}\quad y = \frac{\sqrt{x^2+1}-x}{\sqrt{x^2+1}+x} = \frac{\sqrt{x^2+1}+x-2\,x}{\sqrt{x^2+1}+x} = 1-\frac{2\,x}{\sqrt{x^2+1}+x}$$

$$y' = -\frac{(\sqrt{x^2+1}+x)\,2-2\,x\left(\dfrac{x}{\sqrt{x^2+1}}+1\right)}{(\sqrt{x^2+1}+x)^2}$$

$$= -\frac{(x^2+1+x\sqrt{x^2+1})\,2-2\,x\,(x+\sqrt{x^2+1})}{\sqrt{x^2+1}\cdot(\sqrt{x^2+1}+x)^2}$$

$$= -\frac{2\,x^2+2+2\,x\sqrt{x^2+1}-2\,x^2-2\,x\sqrt{x^2+1}}{\sqrt{x^2+1}\cdot(\sqrt{x^2+1}+x)^2} = -\frac{2}{\sqrt{x^2+1}\,(\sqrt{x^2+1}+x)^2}$$

240. $u = \frac{v^3}{\sqrt{(1-v^2)^3}}$ $\qquad \frac{du}{dv} = \frac{(1-v^2)^{\frac{3}{2}} \cdot 3\,v^2 - v^3 \cdot \frac{3}{2}\,(1-v^2)^{\frac{1}{2}} \cdot (-2\,v)}{(1-v^2)^3}$

$= \frac{v^3}{(1-v^2)^{\frac{3}{2}}}$ $\qquad \frac{du}{dv} = \frac{3\,v^2\,(1-v^2) + 3\,v^4}{(1-v^2)^{\frac{5}{2}}} = \frac{3\,v^2}{(1-v^2)^{\frac{5}{2}}} = \frac{3\,v^2}{\sqrt{(1-v^2)^5}}$

241. $w = \sqrt{\frac{1+y}{1-y}}$ $\qquad \frac{dw}{dy} = \frac{1}{(1-y)\sqrt{1-y^2}}$

siehe Beisp. 229

242. $v = \frac{\sqrt{a+t}}{\sqrt{a}+\sqrt{t}} = \frac{u}{w}$ $\qquad \frac{dv}{dt} = \frac{(\sqrt{a}+\sqrt{t}) \cdot \frac{1}{2\sqrt{a+t}} - \sqrt{a+t} \cdot \frac{1}{2\sqrt{t}}}{(\sqrt{a}+\sqrt{t})^2}$

$$= \frac{\sqrt{a} \cdot \sqrt{t} + t - a - t}{2\sqrt{t}\,\sqrt{a+t}\,(\sqrt{a}+\sqrt{t})^2} = \frac{\sqrt{a}\,(\sqrt{t}-\sqrt{a})}{2\sqrt{t} \cdot \sqrt{a+t}\,(\sqrt{a}+\sqrt{t})^2}$$

243. $p = \frac{v^n}{(1+v)^n}$ $\qquad \frac{dp}{dv} = \frac{(1+v)^n \cdot n \cdot v^{n-1} - v^n \cdot n\,(1+v)^{n-1}}{(1+v)^{2n}}$

s. Beisp. 345

$$= \frac{n \cdot v^{n-1}\,(1+v)^{n-1}\,(1+v-v)}{(1+v)^{2n}} = \frac{n \cdot v^{n-1}}{(1+v)^{n+1}}$$

244. $y = x \cdot (x-a)\sqrt{x-b}$ $\qquad \frac{dy}{dx} = (x-a)\sqrt{x-b} + x\sqrt{x-b} + x\,(x-a) \cdot \frac{1}{2\sqrt{x-b}}$

s. Beisp. 343

$$= \frac{2\,(x-a)\,(x-b) + 2\,x\,(x-b) + x^2 - a\,x}{2\sqrt{x-b}}$$

$$= \frac{5\,x^2 - 3\,a\,x - 4\,b\,x + 2\,a\,b}{2\sqrt{x-b}}$$

245. $y = x^{\frac{1}{3}} \cdot (x-1)^{\frac{2}{3}} \times (x+1)^{\frac{1}{2}}$

s. Beisp. 344

$$\frac{dy}{dx} = (x-1) \cdot (x+1)^{\frac{1}{2}} \cdot \frac{1}{3}\,x^{-\frac{2}{3}} + x^{\frac{1}{3}} \cdot (x+1)^{\frac{1}{2}} \cdot \times \frac{2}{3}\,(x-1)^{-\frac{1}{3}} + x^{\frac{1}{3}} \cdot (x-1)^{\frac{2}{3}} \cdot \frac{1}{2}\,(x+1)^{-\frac{1}{2}}$$

$$y' = \frac{x^{-\frac{2}{3}} \cdot (x-1)^{-\frac{1}{3}}\,(x+1)^{-\frac{1}{2}}\,[2\,(x^2-1) + 4\,(x^2+x) + 3\,(x^2-x)]}{6}$$

$$= \frac{x^{\frac{1}{3}} \cdot (x-1)^{\frac{2}{3}}\,(x+1)^{\frac{1}{2}}\,[2\,x^2 - 2 + 4\,x^2 + 4\,x + 3\,x^2 - 3\,x}{6 \cdot x\,(x-1)\,(x+1)}$$

$$= \frac{x^{\frac{1}{3}} \cdot (x-1)^{\frac{2}{3}} \cdot (x+1)^{\frac{1}{2}}\,(9\,x^2 + x - 2)}{6\,x\,(x^2-1)}$$

5.5 Beispiele der Form $y = \ln x$; $\ln u$[1]

246. $y = \ln f(x)$ $\qquad y' = \frac{f'(x)}{f(x)}$

247. $y = \ln(3)$ $\qquad y' = \frac{1}{3} \cdot 0 = 0$

oder direkt $y' = 0$

248. $y = \ln(3\,x)$ $\qquad y' = \frac{1}{3\,x} \cdot 3 = \frac{1}{x}$

$y = \ln 3 + \ln x$ $\qquad y' = \frac{1}{x}$

[1] Obwohl nach DIN 1338.4 ln ax; sin bx; cos $\frac{3x}{4}$ richtig geschrieben ist, also keine Klammern gesetzt werden müssen, sind hier bewußt Klammern gesetzt worden, um beim Bilden der Ableitungen mögliche Irrtümer auszuschalten.

	y'
249. $y = \ln(5x)$ oder	$= \frac{1}{5x} \cdot 5 = \frac{1}{x}$
$y = \ln 5 + \ln x$	$= \frac{1}{x}$
250. $y = \ln(ax)$	$= \frac{1}{ax} \cdot a = \frac{1}{x}$
$y = \ln a + \ln x$	$= \frac{1}{x}$
251. $y = \ln(x^5)$ oder	$= \frac{1}{x^5} \cdot 5x^4 = \frac{5}{x}$
$y = 5 \ln x$	$= 5 \cdot \frac{1}{x} = \frac{5}{x}$
252. $y = \ln(x^n)$ oder	$= \frac{1}{x^n} \cdot n x^{n-1} = \frac{n}{x}$
$y = n \cdot \ln x$	$= n \frac{1}{x} = \frac{n}{x}$
253. $y = \ln(n \cdot x^n)$ oder	$= \frac{1}{n x^n} \cdot n \cdot n x^{n-1} = \frac{n}{x}$
$y = \ln n + n \ln x$	$= n \cdot \frac{1}{x} = \frac{n}{x}$
254. $y = \ln(5x^4)$ oder	$= \frac{1}{5x^4} \cdot 20x^3 = \frac{4}{x}$
$y = \ln 5 + 4 \ln x$	$= \frac{4}{x}$
255. $y = \ln \frac{1}{x}$	$= \frac{1}{\frac{1}{x}} \cdot \left(-\frac{1}{x^2}\right) = -\frac{1}{x}$
$y = \ln 1 - \ln x$	$= -\frac{1}{x}$
256. $y = \ln(1-x)$	$= \frac{1}{1-x} \cdot (-1) = -\frac{1}{1-x} = \frac{1}{x-1}$
257. $y = \ln(a-x)$	$= \frac{1}{x-a}$
258. $y = \ln(1-x^4)$	$= \frac{4x^3}{x^4-1}$
259. $y = \ln(a^2-x^2)$	$= \frac{2x}{x^2-a^2}$
260. $y = \ln(x^2-1)$	$= \frac{2x}{x^2-1}$
261. $y = \ln(2x-5)$	$= \frac{2}{2x-5}$
262. $y = \ln(x^3-3x^2+2)$	$= \frac{3x^2-6x}{x^3-3x^2+2} = \frac{3x(x-2)}{x^3-3x^2+2}$

	y'
263. $y = \ln(x^2 + 5x)$	$= \dfrac{2x+5}{x^2+5x}$
264. $y = 6 \ln(x^5 + 2)$	$= \dfrac{30x^4}{x^5+2}$
265. $y = 5 \ln(2x^6 + 6x + 9)$	$= \dfrac{15(4x^5+2)}{2x^6+6x+9} = \dfrac{30(2x^5+1)}{2x^6+6x+9}$
266. $y = \ln \sqrt{x} = \ln x^{\frac{1}{2}}$ oder	$= \dfrac{1}{x^{\frac{1}{2}}} \dfrac{1}{2\sqrt{x}} = \dfrac{1}{2x}$
$y = \dfrac{1}{2} \ln x$	$= \dfrac{1}{2} \cdot \dfrac{1}{x} = \dfrac{1}{2x}$
267. $y = \ln \sqrt{x^2+5} = \ln (x^2+5)^{\frac{1}{2}}$	$= \dfrac{1}{\sqrt{x^2+5}} \cdot \dfrac{2x}{2\sqrt{x^2+5}} = \dfrac{x}{x^2+5}$
$y = \dfrac{1}{2} \ln(x^2+5)$	$= \dfrac{1}{2} \cdot \dfrac{2x}{x^2+5} = \dfrac{x}{x^2+5}$
268. $y = \ln \sqrt[n]{x} = \ln x^{\frac{1}{n}}$ oder	$= \dfrac{1}{x^{\frac{1}{n}}} \cdot \dfrac{1}{n} x^{\frac{1}{n}-1} = \dfrac{1}{nx}$
$y = \dfrac{1}{n} \cdot \ln x$	$= \dfrac{1}{n} \cdot \dfrac{1}{x} = \dfrac{1}{nx}$
269. $y = \ln(\sqrt[5]{x} - 1)$	$= \dfrac{1}{\sqrt[5]{x}-1} \cdot \dfrac{1}{5} \cdot x^{-\frac{4}{5}} = \dfrac{1}{\sqrt[5]{x}-1} \cdot \dfrac{1}{5\sqrt[5]{x^4}}$
	$= \dfrac{1}{5(x - \sqrt[5]{x^4})}$
270. $y = \ln\left(\dfrac{1}{x} - 1\right) = \ln\left(\dfrac{1-x}{x}\right)$	
$y = \ln(1-x) - \ln x$	$= \dfrac{1}{1-x} \cdot (-1) - \dfrac{1}{x} = \dfrac{1}{x-1} - \dfrac{1}{x}$
	$= \dfrac{x-x+1}{x(x-1)} = \dfrac{1}{x^2-x}$
271. $y = \ln\left(\dfrac{5x-3}{4}\right)$ oder	$= \dfrac{4}{5x-3} \cdot \dfrac{5}{4} = \dfrac{5}{5x-3}$
$y = \ln(5x-3) - \ln 4$	$= \dfrac{1}{5x-3} \cdot 5 = \dfrac{5}{5x-3}$
272. $y = \ln\left(\dfrac{4}{5x-3}\right)$ oder	$= \dfrac{5x-3}{4} \cdot \dfrac{-4 \cdot 5}{(5x-3)^2} = -\dfrac{5}{3-5x} = \dfrac{5}{5x-3}$
$y = \ln 4 - \ln(5x-3)$	$= -\dfrac{1}{5x-3} \cdot 5 = \dfrac{5}{3-5x}$
273. $y = \ln \dfrac{1}{\sqrt[3]{x}} = \ln\left(x^{-\frac{1}{3}}\right)$	$= \dfrac{1}{x^{-\frac{1}{3}}} \cdot \left(-\dfrac{1}{3}\right) x^{-\frac{4}{3}} = -\dfrac{1}{3x}$

	y'
oder	
$y = -\frac{1}{3}\ln x$ oder	$= -\frac{1}{3x}$
$y = \ln 1 - \frac{1}{3}\ln x$	$= -\frac{1}{3x}$
274. $y = x \cdot \ln x = u \cdot v$	$= \ln x \cdot 1 + x \cdot \frac{1}{x} = 1 + \ln x$
275. $y = x^2 \cdot \ln x = u \cdot v$	$= \ln x \cdot 2x + x^2 \cdot \frac{1}{x} = x + 2x \ln x$
	$= x(1 + 2\ln x)$
276. $y = x^3 \ln x = u \cdot v$	$= \ln x \cdot 3x^2 + x^3 \cdot \frac{1}{x} = x^2 + 3x^2 \ln x$
	$= x^2(1 + 3\ln x)$
277. $y = x^n \ln x = u \cdot v$	$= \ln x \cdot n x^{n-1} + \frac{x^n}{x} = x^{n-1}(1 + n\ln x)$
278. $y = x^n \ln x^n = u \cdot v$	$= \ln x^n \cdot n x^{n-1} + x^n \cdot \frac{1}{x^n} \cdot n \cdot x^{n-1}$
	$= \ln x^n \cdot n x^{n-1} + n \cdot x^{n-1} = n x^{n-1}(1 + \ln x^n)$
279. $y = (ax+b)\ln x = u \cdot v$	$= \ln x \cdot a + (ax+b)\frac{1}{x} = a\ln x + \frac{ax+b}{x}$
280. $y = (ax+b)^3 \ln x = u \cdot v$	$= \ln x \cdot 3(ax+b)^2 \cdot a + (ax+b)^3 \cdot \frac{1}{x}$
	$= (ax+b)^2 \left[\frac{ax+b}{x} + 3a\ln x\right]$
	$= \frac{(ax+b)^2}{x}(ax+b+3ax\ln x)$
281. $y = \sqrt{x}\ln x = u \cdot v$	$= \ln x \cdot \frac{1}{2\sqrt{x}} + \frac{\sqrt{x}}{x} = \frac{\ln x}{2\sqrt{x}} + \frac{2}{2\sqrt{x}} = \frac{2 + \ln x}{2\sqrt{x}}$
282. $y = \sqrt[4]{\ln x} = (\ln x)^{\frac{1}{4}} = u^n$	$= \frac{1}{4}(\ln x)^{-\frac{3}{4}} \cdot \frac{1}{x} = \frac{1}{4x\sqrt[4]{(\ln x)^3}}$
283. $y = \frac{1}{\ln x} = \frac{u}{v}$	$= -\frac{1}{x(\ln x)^2}$
284. $y = \frac{\ln x}{x} = \frac{u}{v}$	$= \frac{x \cdot \frac{1}{x} - \ln x}{x^2} = \frac{1 - \ln x}{x^2}$
285. $y = \frac{\ln x}{x^2} = \frac{u}{v}$	$= \frac{x^2 \cdot \frac{1}{x} - (\ln x) \cdot 2x}{x^4} = \frac{1 - 2\ln x}{x^3}$
286. $y = \frac{\ln x}{x^5} = \frac{u}{v}$	$= \frac{1 - 5\ln x}{x^6}$

y'

287. $y = \frac{\ln x}{x^n} = \frac{u}{v}$ $\quad = \frac{x^n \cdot \frac{1}{x} - \ln x \cdot n\, x^{n-1}}{x^{2n}} = \frac{1 - n \ln x}{x^{n+1}}$

288. $y = \frac{x}{\ln x} = \frac{u}{v}$ $\quad = \frac{\ln x - x\frac{1}{x}}{\ln^2 x} = \frac{\ln x - 1}{\ln^2 x}$

289. $y = \frac{x^3}{\ln x} = \frac{u}{v}$ $\quad = \frac{x^2\,(3 \ln x - 1)}{\ln^2 x}$

290. $y = (\ln x)^n = u^n$ $\quad = \frac{n\,(\ln x)^{n-1}}{x}$

291. $y = \ln\left(\frac{a}{a+x}\right)$ oder $\quad = \frac{a+x}{a} \cdot \frac{-a}{(a+x)^2} = -\frac{1}{a+x}$

$y = \ln a - \ln (a+x)$ $\quad = -\frac{1}{a+x}$

292. $y = \ln (x) + \ln (x^2)$ $\quad = \frac{1}{x} + \frac{1}{x^2} \cdot 2\,x = \frac{1}{x} + \frac{2}{x} = \frac{3}{x}$

oder

$y = \ln (x) + 2 \ln (x) = 3 \ln (x)$ $\quad = \frac{3}{x}$

293. $y = \ln (1 - x^2)$ $\quad = \frac{1}{1-x^2} \cdot (-2\,x) = -\frac{2\,x}{1-x^2} = \frac{2\,x}{x^2-1}$

294. $y = \ln (a^2 - x^2)$ oder $\quad = \frac{1}{a^2-x^2} \cdot (-2\,x) = \frac{2\,x}{x^2-a^2}$

$y = \ln (a+x)\,(a-x)$
$= \ln (a+x) + \ln (a-x)$ $\quad = \frac{1}{a+x} + \frac{1}{a-x}(-1) = \frac{a-x-a-x}{a^2-x^2}$

$$= -\frac{2\,x}{a^2-x^2} = \frac{2\,x}{x^2-a^2}$$

295. $y = \ln\left(1 + \frac{a}{x}\right)$ $\quad = \frac{1}{1+\frac{a}{x}} \cdot \left(\frac{-a}{x^2}\right) = -\frac{a}{(x+a)\,x}$

oder

$y = \ln\left(\frac{x+a}{x}\right) = \ln (x+a) - \ln x$ $\quad = \frac{1}{x+a} - \frac{1}{x} = -\frac{a}{(x+a)\,x}$

296. $y = \ln (a - \sqrt{x})$ $\quad = \frac{1}{a-\sqrt{x}} \cdot \left(-\frac{1}{2\sqrt{x}}\right) = -\frac{1}{2\,a\sqrt{x} - 2\,x}$

$$= \frac{1}{2\,(x - a\sqrt{x})}$$

297. $y = \ln \sqrt{a^2+x^2}$ $\quad = \frac{1}{\sqrt{a^2+x^2}} \cdot \frac{2\,x}{2\sqrt{a^2+x^2}} = \frac{x}{a^2+x^2}$

oder

$y = \ln (a^2+x^2)^{\frac{1}{2}} = \frac{1}{2} \ln (a^2+x^2)$ $\quad = \frac{1}{2} \cdot \frac{1}{a^2+x^x} \cdot 2\,x = \frac{x}{a^2+x^2}$

298 $y = \ln \sqrt{a^2-t^2}$ $\quad \frac{\mathrm{d}\,y}{\mathrm{d}\,t} = \frac{1}{\sqrt{a^2-t^2}} \cdot \frac{-2\,t}{2\sqrt{a^2-t^2}} = -\frac{t}{a^2-t^2} = \frac{t}{t^2-a^2}$

y'

299. $y = \frac{1}{x} + \ln x$ $\quad = -\frac{1}{x^2} + \frac{1}{x} = \frac{x-1}{x^2}$

300. $y = 3\,x^4 + 5 \ln x$ $\quad = 12\,x^3 + \frac{5}{x}$

301. $y = x + \ln x + \frac{1}{x}$ $\quad = \frac{x^2 + x - 1}{x^2}$

302. $y = x - 2\sqrt{x} + 2 \ln (1 + \sqrt{x})$ $\quad = 1 - 2 \cdot \frac{1}{2\sqrt{x}} + 2 \cdot \frac{1}{1+\sqrt{x}} \cdot \frac{1}{2\sqrt{x}}$

$$= 1 - \frac{1}{\sqrt{x}} + \frac{1}{\sqrt{x}\,(1+\sqrt{x})}$$

$$= \frac{x + \sqrt{x} - 1 - \sqrt{x} + 1}{x + \sqrt{x}} = \frac{x}{x + \sqrt{x}}$$

303. $y = \ln \left(\frac{1+x}{1-x}\right) = \ln (1+x) - \ln (1-x)$ $\quad = \frac{1}{1+x} - \frac{1}{1-x} \cdot (-1) = \frac{2}{1-x^2}$

304. $y = \ln \left(\frac{a+x}{a-x}\right) = \ln (a+x) - \ln (a-x)$ $\quad = \frac{2\,a}{a^2 - x^2}$

305. $y = \ln \left(\frac{\alpha + \beta\,x}{\alpha - \beta\,x}\right)$ $\quad = \frac{2\,\alpha\,\beta}{\alpha^2 - \beta^2\,x^2}$

306. $y = \frac{1}{4} \ln \left(\frac{a + x^2}{a - x^2}\right)$ oder

$\frac{1}{4} [\ln (a + x^2) - \ln (a - x^2)]$ $\quad = \frac{1}{4} \cdot \frac{a - x^2}{a + x^2} \cdot \frac{(a - x^2)\,2\,x + (a + x^2)\,2\,x}{(a - x^2)^2}$

$$= \frac{2\,x \cdot 2\,a}{4\,(a + x^2)\,(a - x^2)} = \frac{a\,x}{a^2 - x^4}$$

307. $y = \ln (\sqrt{2\,a\,x - x^2})$

$= \frac{1}{2} \ln (2\,a\,x - x^2)$ $\quad = \frac{1}{2}\,\frac{2\,a - 2\,x}{2\,a\,x - x^2} = \frac{a - x}{2\,a\,x - x^2}$

308. $y = \ln \sqrt{\frac{1-x}{1+x}} = \frac{1}{2} \ln (1 - x) -$ $\quad = \frac{1}{2} \cdot \frac{1}{1-x} \cdot (-1) - \frac{1}{2} \cdot \frac{1}{1+x}$

$-\frac{1}{2} \ln (1 + x)$ $\quad = -\frac{1}{2} \cdot \frac{1 + x + 1 - x}{1 - x^2}$

$$= -\frac{1}{1 - x^2} = \frac{1}{x^2 - 1}$$

309. $y = \ln \sqrt{\frac{a+x}{a-x}}$ $\quad = \frac{a}{a^2 - x^2}$

310. $y = \ln \sqrt{\frac{3\,x - 4}{3\,x + 4}}$ $\quad = \frac{12}{9\,x^2 - 16}$

311. $y = \ln \sqrt{\frac{1 - x^2}{1 + x^2}} = \ln u$

$$y' = \frac{(1 + x^2)^{\frac{1}{2}}}{(1 - x^2)^{\frac{1}{2}}} \cdot \frac{(1 + x^2)^{\frac{1}{2}} \cdot \frac{1}{2}\,(1 - x^2)^{-\frac{1}{2}} \cdot (-2\,x) - (1 - x^2)^{\frac{1}{2}} \cdot \frac{1}{2}\,(1 + x^2)^{-\frac{1}{2}} \cdot 2\,x}{1 + x^2}$$

$$y' = \frac{(1+x^2)^{\frac{1}{2}}}{(1-x^2)^{\frac{1}{2}}} \cdot \frac{-x\,(1+x^2)^{-\frac{1}{2}} \cdot (1-x^2)^{-\frac{1}{2}}\,(1+x^2+1-x^2)}{1+x^2}$$

$$= \frac{-2\,x}{(1-x^2)^{\frac{1}{2}}\,(1+x^2)^{\frac{1}{2}} \cdot (1+x^2)^{\frac{1}{2}} \cdot (1-x^2)^{\frac{1}{2}}} = \frac{-2\,x}{1-x^4} = \frac{2\,x}{x^4-1}$$

oder

311a. $y = \frac{1}{2}\ln(1-x^2) - \frac{1}{2}\ln(1+x^2)$

$$y' = \frac{1}{2} \cdot \frac{-2\,x}{1-x^2} - \frac{1}{2} \cdot \frac{2\,x}{1+x^2} = \frac{-x}{1-x^2} - \frac{x}{1+x^2} = \frac{-x\,(1+x^2) - x\,(1-x^2)}{1-x^4}$$

$$= \frac{-x \cdot 2}{1-x^4} = \frac{2\,x}{x^4-1}$$

	y'
312. $y = \ln\sqrt{\frac{a^2-x^2}{a^2+x^2}}$	$= \frac{1}{2} \cdot \frac{-2\,x}{a^2-x^2} - \frac{1}{2} \cdot \frac{2\,x}{a^2+x^2}$
	$= -\frac{x}{a^2-x^2} - \frac{x}{a^2+x^2}$
$= \frac{1}{2}\ln(a^2-x^2) - \frac{1}{2}\ln(a^2+x^2)$	$= -\frac{2\,a^2\,x}{a^4-x^4} = \frac{2\,a^2\,x}{x^4-a^4}$
313. $y = \ln\left(\frac{1}{\sqrt{1+x^2}}\right)$	
$= \ln 1 - \frac{1}{2}\ln(1+x^2)$	$= -\frac{1}{2}\,\frac{2\,x}{1+x^2} = -\frac{x}{1+x^2}$
314. $y = \ln\left(\frac{x}{\sqrt{1-x^2}}\right)$	$= \frac{1}{x} - \frac{1}{2} \cdot \frac{-2\,x}{1-x^2} = \frac{1}{x} + \frac{x}{1-x^2}$
$= \ln x - \frac{1}{2}\ln(1-x^2)$	$= \frac{1}{x\,(1-x^2)}$
315. $y = \ln(x+\sqrt{x^2+a^2})$	$= \frac{1+\frac{2\,x}{2\sqrt{x^2+a^2}}}{x+\sqrt{x^2+a^2}}$
	$= \frac{x+\sqrt{x^2+a^2}}{\sqrt{x^2+a^2}\,(x+\sqrt{x^2+a^2})} = \frac{1}{\sqrt{x^2+a^2}}$
316. $y = \ln(x+\sqrt{x^2-a^2})$	$= \frac{1}{\sqrt{x^2-a^2}}$
317. $y = \ln(x+\sqrt{1+x^2})$	$= \frac{1}{\sqrt{1+x^2}}$
318. $y = \ln(x-\sqrt{1+x^2})$	$= -\frac{1}{\sqrt{1+x^2}}$
319. $y = \ln\frac{x+\sqrt{1+x^2}}{x-\sqrt{1+x^2}}$	$= \frac{1}{\sqrt{1+x^2}} + \frac{1}{\sqrt{1+x^2}} = \frac{2}{\sqrt{1+x^2}}$
$= \ln(x+\sqrt{1+x^2}) -$	nach Aufgaben 317 und 318
$- \ln(x-\sqrt{1+x^2})$	

y'

320. $y = \ln\left(\frac{x}{x+\sqrt{1+x^2}}\right)$
$= \ln x - \ln(x+\sqrt{1+x^2})$ $\qquad = \frac{1}{x} - \frac{1}{\sqrt{1+x^2}}$ nach Aufgabe 317

321. $y = \ln\left(\frac{a+\sqrt{a^2-x^2}}{x}\right)$ $\qquad = \frac{\frac{-2x}{2\sqrt{a^2-x^2}}}{a+\sqrt{a^2-x^2}} - \frac{1}{x}$

$= \ln(a+\sqrt{a^2-x^2}) - \ln x$ $\qquad = \frac{-x}{\sqrt{a^2-x^2}\,(a+\sqrt{a^2-x^2})} - \frac{1}{x}$

$$= \frac{-x^2 - a\sqrt{a^2-x^2} - a^2 + x^2}{x\cdot(a+\sqrt{a^2-x^2})\sqrt{a^2-x^2}}$$

$$= \frac{-a\,(a+\sqrt{a^2-x^2})}{x\,(a+\sqrt{a^2-x^2})\sqrt{a^2-x^2}} = -\frac{a}{x\sqrt{a^2-x^2}}$$

322. $y = \ln(3+x+\sqrt{6x+x^2})$ $\qquad = \frac{1}{3+x+\sqrt{6x+x^2}}\cdot\left(1+\frac{6+2x}{2\sqrt{6x+x^2}}\right)$

$$= \frac{1}{3+x+\sqrt{6x+x^2}}\cdot\left(1+\frac{3+x}{\sqrt{6x+x^2}}\right)$$

$$= \frac{1}{3+x+\sqrt{6x+x^2}}\cdot\frac{3+x+\sqrt{6x+x^2}}{\sqrt{6x+x^2}}$$

$$= \frac{1}{\sqrt{6x+x^2}}$$

323. $y = \ln(4+x+\sqrt{8x+x^2})$ $\qquad = \frac{1}{\sqrt{8x+x^2}}$

324. $y = \ln(a+x+\sqrt{2ax+x^2})$ $\qquad = \frac{1}{\sqrt{2ax+x^2}}$

325. $y = \ln\left(\frac{1+\sqrt[3]{x}}{1-\sqrt[3]{x}}\right)$ $\qquad = \frac{\frac{1}{3}x^{-\frac{2}{3}}}{1+\sqrt[3]{x}} - \frac{-\frac{1}{3}x^{-\frac{2}{3}}}{1-\sqrt[3]{x}}$

$= \ln(1+\sqrt[3]{x}) - \ln(1-\sqrt[3]{x})$ $\qquad = \frac{1}{3\sqrt[3]{x^2}}\left(\frac{1}{1+\sqrt[3]{x}} + \frac{1}{1-\sqrt[3]{x}}\right)$

$$= \frac{1}{3\sqrt[3]{x^2}}\cdot\frac{1-\sqrt[3]{x}+1+\sqrt[3]{x}}{1-\sqrt[3]{x^2}} = \frac{2}{3\sqrt[3]{x^2}\,(1-\sqrt[3]{x^2})}$$

326. $y = \ln\left(\frac{(x-5)^3}{(x+1)^2}\right)$ $\qquad = \frac{3}{x-5} - \frac{2}{x+1} = \frac{3x+3-2x+10}{(x-5)(x+1)}$

$= 3\ln(x-5) - 2\ln(x+1)$ $\qquad = \frac{x+13}{x^2-4x-5}$

327. $y = (1+x)\ln(1-x)$ $\qquad = \ln(1-x) + \frac{1+x}{1-x}\cdot(-1)$

$$= -\frac{1+x}{1-x} + \ln(1-x) = \frac{x+1}{x-1} + \ln(1-x)$$

	y'
328. $y = 10\sqrt{x} - 20\ln(2+\sqrt{x})$	$= \frac{10}{2\sqrt{x}} - \frac{20}{2+\sqrt{x}} \cdot \frac{1}{2\sqrt{x}}$
	$= \frac{5}{\sqrt{x}} - \frac{10}{\sqrt{x}\,(2+\sqrt{x})}$
	$= \frac{10+5\sqrt{x}-10}{\sqrt{x}\,(2+\sqrt{x})} = \frac{5}{2+\sqrt{x}}$
329. $y = x\sqrt{a^2+x^2} + \ln(x+\sqrt{a^2+x^2})$	$= \sqrt{a^2+x^2} + \frac{x \cdot 2x}{2\sqrt{a^2+x^2}} + \frac{1}{\sqrt{a^2+x^2}}$
	nach Aufgabe 315
	$= \sqrt{a^2+x^2} + \frac{x^2}{\sqrt{a^2+x^2}} + \frac{1}{\sqrt{a^2+x^2}}$
	$= \frac{a^2+x^2+x^2+1}{\sqrt{a^2+x^2}} = \frac{2x^2+a^2+1}{\sqrt{a^2+x^2}}$
330. $y = \frac{m}{2}\ln(x^2-a^2) + \frac{n}{2a}\ln\left(\frac{x-a}{x+a}\right)$	$= \frac{m \cdot 2x}{2(x^2-a^2)} + \frac{n}{2a}\left(\frac{1}{x-a} - \frac{1}{x+a}\right)$
$= \frac{m}{2}\ln(x^2-a^2)$	$= \frac{mx}{x^2-a^2} + \frac{n}{2a} \cdot \frac{2a}{(x^2-a^2)}$
$+ \frac{n}{2a}[\ln(x-a) - \ln(x+a)]$	$= \frac{mx}{x^2-a^2} + \frac{n}{x^2-a^2} = \frac{mx+n}{x^2-a^2}$
331. $y = \frac{x}{1-x}\ln x$	$= \ln x \cdot \frac{1-x-x\cdot(-1)}{(1-x)^2} + \frac{x}{1-x} \cdot \frac{1}{x}$
	$= \frac{\ln x}{(1-x)^2} + \frac{1}{1-x} = \frac{1-x+\ln x}{(1-x)^2}$
332. $y = \frac{x+1}{x}\ln x$	$= \ln x \cdot \frac{x-x-1}{x^2} + \frac{x+1}{x} \cdot \frac{1}{x}$
	$= -\frac{\ln x}{x^2} + \frac{x+1}{x^2} = \frac{x+1-\ln x}{x^2}$
333. $y = \frac{1}{x} \cdot \ln\left(\frac{1+x}{1-x}\right)$	$= \ln\left(\frac{1+x}{1-x}\right) \cdot \left(-\frac{1}{x^2}\right) + \frac{1}{x}\left[\frac{1}{1+x} + \frac{1}{1-x}\right]$
$y = \frac{1}{x}[\ln(1+x) - \ln(1-x)]$	$= -\frac{1}{x^2}\ln\left(\frac{1+x}{1-x}\right) + \frac{2}{x(1-x^2)}$
334. $y = \frac{1-x^4}{2x^2}\ln\left(\frac{1+x}{1-x}\right)$	$= \ln\left(\frac{1+x}{1-x}\right) \cdot \frac{2x^2\cdot(-4x^3)-(1-x^4)\cdot 4x}{4x^4} +$
	$+ \frac{1-x^4}{2x^2} \cdot \frac{2}{1-x^2}$
	$= \ln\left(\frac{1+x}{1-x}\right) \cdot \frac{-8x^5-4x+4x^5}{4x^4} + \frac{1+x^2}{x^2}$
	$= \ln\left(\frac{1+x}{1-x}\right) \cdot \frac{-4x(x^4+1)}{4x^4} + \frac{1+x^2}{x^2}$
	$= \frac{1+x^2}{x^2} - \frac{x^4+1}{x^3}\ln\left(\frac{1+x}{1-x}\right)$
335. $y = \frac{1+x^2}{2}\ln(1+x^2) - \frac{x^2}{2}$	$= \ln(1+x^2)\,x + \frac{1+x^2}{2} \cdot \frac{2x}{1+x^2} - x$
	$= x\ln(1+x^2)$

y'

336. $x^2 = a^y$ $\qquad 2x\frac{dx}{dy} = a^y \ln a;$

$$\frac{dy}{dx} = \frac{2x}{a^y \ln a} = \frac{2x}{x^2 \ln a} = \frac{2}{x \cdot \ln a}$$

oder

336a. $2 \ln x = y \cdot \ln a; \quad y = \frac{2 \ln x}{\ln a}$ $\qquad = \frac{2}{\ln a} \cdot \frac{1}{x} = \frac{2}{x \ln a}$

337. $y = \ln(\ln(x) = \ln u$ $\qquad = \frac{1}{\ln x} \cdot \frac{1}{x} = \frac{1}{x \ln x}$

338. $y = (\ln x)^2$ $\qquad = 2 \ln x \cdot \frac{1}{x} = \frac{2 \cdot \ln x}{x}$

oder

338a. $\ln y = 2 \ln(\ln x)$ $\qquad \frac{1}{y}\frac{dy}{dx} = 2\frac{1}{\ln x} \cdot \frac{1}{x} = \frac{2}{x \ln x}$

$$\frac{dy}{dx} = (\ln x)^2 \cdot \frac{2}{x \ln x} = \frac{2 \ln x}{x}$$

339. $y = \frac{1}{\sqrt{a}} \ln\left(\frac{\sqrt{a+bx}-\sqrt{a}}{\sqrt{a+bx}+\sqrt{a}}\right)$

$$= \frac{1}{\sqrt{a}}[\ln(\sqrt{a+bx}-\sqrt{a}) - \ln(\sqrt{a+bx}+\sqrt{a})]$$

$$y' = \frac{1}{\sqrt{a}}\left[\frac{1}{\sqrt{a+bx}-\sqrt{a}} \cdot \frac{b}{2\sqrt{a+bx}} - \frac{1}{\sqrt{a+bx}+\sqrt{a}} \cdot \frac{b}{2\sqrt{a+bx}}\right]$$

$$= \frac{b}{2\sqrt{a}\sqrt{a+bx}}\left[\frac{1}{\sqrt{a+bx}-\sqrt{a}} - \frac{1}{\sqrt{a+bx}+\sqrt{a}}\right]$$

$$= \frac{b}{2\sqrt{a}\sqrt{a+bx}}\left[\frac{\sqrt{a+bx}+\sqrt{a}-\sqrt{a+bx}+\sqrt{a}}{a+bx-a}\right]$$

$$= \frac{b \cdot 2\sqrt{a}}{2\sqrt{a}\sqrt{a+bx} \cdot bx} = \frac{1}{x\sqrt{a+bx}}$$

340. $y = \frac{1}{2ai} \ln\left(\frac{x-ai}{x+ai}\right)$ $\qquad y' = \frac{1}{2ai}\left[\frac{1}{x-ai} - \frac{1}{x+ai}\right]$ $\qquad i = \sqrt{-1}$

$$= \frac{1}{2ai} \cdot \left[\frac{x+ai-x+ai}{x^2-a^2 i^2}\right]$$

$= \frac{1}{2ai}[\ln(x-ai) - \ln(x+ai)]$ $\qquad = \frac{1}{2ai} \cdot \frac{2ai}{x^2+a^2} = \frac{1}{a^2+x^2}$

341. $y = \frac{\sqrt[3]{1+x^2}}{\sqrt[2]{1+x}}$ $\qquad \frac{1}{y}\frac{dy}{dx} = \frac{1}{3} \cdot \frac{2x}{1+x^2} - \frac{1}{2} \cdot \frac{1}{1+x}$

$$= \frac{2x(1+x)}{3(1+x^2)(1+x)} - \frac{1+x^2}{2(1+x^2)(1+x)}$$

$\ln y = \frac{1}{3}\ln(1+x^2) - \frac{1}{2}\ln(1+x)$ $\qquad = \frac{4x+4x^2-3-3x^2}{6(1+x^2)(1+x)} = \frac{x^2+4x-3}{6(1+x^2)(1+x)} \Bigg| \cdot y$

s. Beisp. 235 $\qquad \frac{dy}{dx} = \frac{(x^2+4x-3)(1+x^2)^{\frac{1}{3}}}{6(1+x^2)(1+x)(1+x)^{\frac{1}{2}}}$

$$= \frac{(x^2+4x-3)}{6\,(1+x^2)^{\frac{2}{3}}\cdot(1+x)^{\frac{3}{2}}}$$

$$= \frac{x^2+4x-3}{6\sqrt[3]{(1+x^2)^2}\sqrt{(1+x)^3}}$$

342. $y = a^{\ln(x-3)}$ $\qquad \frac{1}{y}\frac{dy}{dx} = \frac{\ln a}{x-3}$

$\ln y = \ln(x-3)\ln a$ $\qquad \frac{dy}{dx} = \frac{\ln a\cdot a^{\ln(x-3)}}{x-3}$

343. $y = x\,(x-a)\sqrt{x-b}$ $\qquad \frac{1}{y}\frac{dy}{dx} = \frac{1}{x}+\frac{1}{x-a}+\frac{1}{2\,(x-b)}$

$\ln y = \ln x+\ln(x-a)+\frac{1}{2}\ln(x-b)$ $\qquad = \frac{(x-a)\,(2x-2b)+x\,(2x-2b)+x\,(x-a)}{x\,(x-a)\,(2x-2b)}$

Oder wie Beisp. 244 als $y = u\cdot v\cdot w$ $\qquad \frac{dy}{dx} = \frac{5x^2-3ax-4bx+2ab}{x\,(x-a)\,(2x-2b)}\Big|\cdot y$

$$= \frac{x\,(x-a)\sqrt{x-b}\,(5x^2-3ax-4bx+2ab)}{x\,(x-a)\,2\sqrt{x-b}\cdot\sqrt{x-b}}$$

$$= \frac{5x^2-3ax-4bx+2ab}{2\sqrt{x-b}}$$

344. $y = x^{\frac{1}{3}}\cdot(x-1)^{\frac{2}{3}}\cdot(x+1)^{\frac{1}{2}}$ $\qquad \frac{1}{y}\frac{dy}{dx} = \frac{1}{3}\cdot\frac{1}{x}+\frac{2}{3}\,\frac{1}{x-1}+\frac{1}{2}\,\frac{1}{x+1}$

$\ln y = \frac{1}{3}\ln x+\frac{2}{3}\ln(x-1)+\frac{1}{2}\ln(x+1)$ $\qquad = \frac{1}{3x}+\frac{2}{3\,(x-1)}+\frac{1}{2\,(x+1)}$

$$= \frac{2\,(x^2-1)+2\cdot 2\,x\,(x+1)+3\,x\,(x-1)}{2\cdot 3\cdot x\,(x-1)\,(x+1)}$$

$$= \frac{9x^2+x-2}{6x\,(x^2-1)}\Big|\cdot y$$

Oder wie Beisp. 245 als $y = u\cdot v\cdot w$

$$\frac{dy}{dx} = x^{\frac{1}{3}}\,(x-1)^{\frac{2}{3}}\,(x+1)^{\frac{1}{2}}\cdot\frac{9x^2+x-2}{6x\,(x^2-1)}$$

$$= \frac{9x^2+x+2}{6\sqrt[3]{x^2}\cdot\sqrt[3]{x-1}\cdot\sqrt{x+1}}$$

345. $p = \frac{v^n}{(1+v)^n}$ $\qquad \frac{1}{p}\frac{dp}{dv} = \frac{n}{v}-\frac{n}{1+v}\Big|\cdot y$

$\ln p = n\ln v-n\ln(1+v)$ $\qquad \frac{dp}{dv} = p\cdot\frac{n+nv-nv}{v\cdot(1+v)}$

Oder wie Beisp. 243.

$$= \frac{v^n}{(1+v)^n}\cdot\frac{n}{v\,(1+v)} = \frac{n\,v^{n-1}}{(1+v)^{n+1}}$$

5.6 Beispiele der Form $y = ax$; $y = e^x$; $y = e^{f(x)}$; $y = a^{f(x)}$

346. $y = e^x$ $\qquad y' = e^x$

347. $y = e^{\alpha x}$ $\qquad = \alpha\cdot e^{\alpha x}$

348. $y = e^{\alpha x+\beta}$ $\qquad = \alpha\cdot e^{\alpha x+\beta}$

349. $y = e^{x+1}$ $\qquad y' = e^{x+1}$

350. $y = e^{2x+1}$ $\qquad = 2\cdot e^{2x+1}$

351. $y = e^{x^2}$ $\qquad = 2x\cdot e^{x^2}$

		y'
352.	$y = e^{3x^2}$	$= 6\,x\,e^{3x^2}$
353.	$y = e^{b\,x^2}$	$= e^{b\,x^2} \cdot 2\,b\,x$
354.	$y = e^{\ln x}$	$= \dfrac{e^{\ln x}}{x} = \dfrac{x}{x} = 1$ s. auch Beispiel 444
354a.	$y = e^{\ln x} = x$	$= 1$
355.	$y = e^x + e^{-x}$	$= e^x - e^{-x}$
356.	$y = e^{a\,x}$	$= a \cdot e^{a\,x}$
357.	$y = \dfrac{1}{e^x} = e^{-x}$	$= e^{-x} \cdot (-1) = -\dfrac{1}{e^x}$
358.	$y = e^{-a\,x}$	$= -a\,e^{-a\,x}$
359.	$y = e^{2\sqrt{a\,x}}$	$= e^{2\sqrt{a\,x}} \cdot \dfrac{2\,a}{2\sqrt{a\,x}} = \dfrac{a \cdot e^{2\sqrt{a\,x}}}{\sqrt{a\,x}}$
360.	$y = e^{\sqrt{x} + b\,x^2}$	$= e^{\sqrt{x} + b\,x^2} \cdot \left(\dfrac{1}{2\sqrt{x}} + 2\,b\,x\right)$
361.	$y = e^x \sqrt{x}$	$= \sqrt{x} \cdot e^x + e^x \dfrac{1}{2\sqrt{x}} = \dfrac{2\,x\,e^x + e^x}{2\sqrt{x}} = \dfrac{e^x\,(1 + 2\,x)}{2\sqrt{x}}$
362.	$y = e^x \cdot x^b$	$= e^x\,(x^b + b\,x^{b-1})$
363.	$y = (e^x)^5 = e^{5x}$ oder	$= 5 \cdot e^{5x}$
	$y = (e^x)^5 = u^m$	$= 5 \cdot (e^x)^4 \cdot e^x = 5 \cdot e^{5x}$
364.	$y = \sqrt{e^x} = (e^x)^{\frac{1}{2}} = e^{\frac{x}{2}}$	$= e^{\frac{x}{2}} \cdot \dfrac{1}{2} = \dfrac{1}{2}\sqrt{e^x}$
365.	$y = \sqrt{e^{ax}} = e^{\frac{a\,x}{2}}$	$= e^{\frac{a\,x}{2}} \cdot \dfrac{a}{2} = \dfrac{a}{2}\sqrt{e^{ax}}$
366.	$y = e^x + \ln x + x^3$	$= e^x + \dfrac{1}{x} + 3\,x^2$
367.	$y = \ln e^x = x$	$= \dfrac{1}{e^x} \cdot e^x = 1$
368.	$y = a \cdot e^x$	$= a \cdot e^x$
369.	$y = \dfrac{3}{e^{4x-3}} = 3 \cdot e^{-(4x-3)}$	$= 3 \cdot e^{-(4x-3)} \cdot (-4) = -\dfrac{12}{e^{4x-3}}$
370.	$y = a \cdot e^{\frac{x}{a}}$	$= e^{\frac{x}{a}}$
371.	$y = 4 \cdot e^{\frac{x}{4}}$	$= e^{\frac{x}{4}}$
372.	$y = a^{3x}$	$= 3 \cdot a^{3x} \ln a$
373.	$y = \dfrac{1}{3^x} = 3^{-x}$	$= 3^{-x} \ln 3\,(-1) = -\dfrac{\ln 3}{3^x}$
374.	$y = e^{\sqrt{x}}$	$= \dfrac{e^{\sqrt{x}}}{2\sqrt{x}}$
375.	$y = a^{\sqrt{x}}$	$= \dfrac{a^{\sqrt{x}} \ln a}{2\sqrt{x}}$
376.	$y = a^{x^2}$	$= 2\,x \cdot a^{x^2} \cdot \ln a$
377.	$y = 2^x$	$= 2^x \ln 2$
378.	$y = a^{m\,x}$	$= m\,a^{m\,x} \ln a$
379.	$y = 5^{3x}$	$= 3 \cdot 5^{3x} \ln 5$
380.	$y = 4^{x+3}$	$= 4^{x+3} \ln 4$

		y'
381.	$y = 4^{\alpha x+\beta}$	$= \alpha \cdot 4^{\alpha x+\beta} \ln 4$
382.	$y = 3^{5x-7}$	$= 5 \cdot 3^{5x-7} \ln 3$
383.	$y = 8^{3x^2+2}$	$= 6x \cdot 8^{3x^2+2} \ln 8$
384.	$y = a^{\sqrt{x^2+1}}$	$= a^{\sqrt{x^2+1}} \ln a \cdot \dfrac{x}{\sqrt{x^2+1}}$
385.	$y = \dfrac{a^{\sqrt{x^2+b}}}{\ln a} = a^{\sqrt{x^2+b}} \cdot \dfrac{1}{\ln a}$	$= \dfrac{1}{\ln a} \cdot a^{\sqrt{x^2+b}} \cdot \ln a \cdot \dfrac{x}{\sqrt{x^2+b}} = x \cdot \dfrac{a^{\sqrt{x^2+b}}}{\sqrt{x^2+b}}$
386.	$y = a^{\ln x}$	$= a^{\ln x} \cdot \ln a \cdot \dfrac{1}{x}$
387.	$y = x \cdot e^x$	$= e^x (1+x)$
388.	$y = x^2 \cdot e^x$	$= e^x \cdot x (2+x)$
389.	$y = e^x \sqrt{x} + 5x^2$	$= \dfrac{e^x}{2\sqrt{x}} (1+2x) + 10x$
390.	$y = x^m \cdot e^x$	$= x^{m-1} \cdot e^x (m+x)$
391.	$y = (x-1)\, e^x$	$= x \cdot e^x$
392.	$y = e^x \ln x$	$= e^x \left(\dfrac{1}{x} + \ln x\right)$
393.	$y = e^{mx} \ln (bx)$	$= e^{mx} \left(\dfrac{1}{x} + m \ln (bx)\right)$
394.	$y = x^3 e^{3x}$	$= 3x^2 e^{3x} (1+x)$
395.	$y = x^p \cdot e^{qx}$	$= x^{p-1} e^{qx} (p+qx)$
396.	$y = x^3 e^x + x^2 e^x$	$= e^x (x^3 + 4x^2 + 2x)$
397.	$y = e^x (x^2 - 2x + 2)$	$= e^x \cdot x^2$
398.	$y = e^x (x^3 - 3x^2 + 6x - 6)$	$= e^x \cdot x^3$
399.	$y = (4x^3 - 6x^2 + 6x - 3)\, e^{2x}$	$= e^{2x} \cdot 8x^3$
400.	$y = a x^2 \cdot e^{-\frac{c}{x}}$	$= a \left[e^{-\frac{c}{x}} \cdot 2x + x^2 \cdot e^{-\frac{c}{x}} \cdot \dfrac{c}{x^2}\right]$
		$= a \cdot e^{-\frac{c}{x}} (2x + c)$
401.	$y = 2x + \dfrac{e^{2x} - e^{-2x}}{2}$	$= 2 + \dfrac{1}{2} (e^{2x} \cdot 2 - e^{-2x} \cdot (-2))$
		$= 2 + e^{2x} + e^{-2x} = (e^x + e^{-x})^2$
402.	$y = (e^x - e^{-x})^2$	$= 2 (e^x - e^{-x})(e^x + e^{-x}) = 2 (e^{2x} - e^{-2x})$
403.	$y = \dfrac{1}{2} (e^{mx} + e^{-mx})$	$= \dfrac{m}{2} (e^{mx} - e^{-mx})$
404.	$y = a \left(e^{\frac{x}{a}} + e^{-\frac{x}{a}}\right)$	$= e^{\frac{x}{a}} - e^{-\frac{x}{a}}$
405.	$y = a \left(e^{\frac{x}{a}} + e^{-\frac{x}{a}}\right)^2$	$= a \cdot 2 \cdot \left(e^{\frac{x}{a}} + e^{-\frac{x}{a}}\right) \cdot \left(e^{\frac{x}{a}} \cdot \dfrac{1}{a} + e^{-\frac{x}{a}} \cdot \left(-\dfrac{1}{a}\right)\right)$
		$= 2 \left(e^{\frac{2x}{a}} - e^{-\frac{2x}{a}}\right)$
406.	$y = \dfrac{m}{2} \left(e^{\frac{x}{m}} + e^{-\frac{x}{m}}\right)$	$= e^{\frac{2x}{m}} - e^{-\frac{2x}{m}}$

y'

407. $y = e^x \sqrt{\frac{1+x}{1-x}} = u \cdot v$

$$u = e^x; \quad v = \frac{(1+x)^{\frac{1}{2}}}{(1-x)^{\frac{1}{2}}}; \; v' \text{ nach Beisp. } 229$$

$$u' = e^x \qquad = \frac{1}{1-x\sqrt{1-x^2}}$$

$$= \frac{(1+x)^{\frac{1}{2}}}{(1-x)^{\frac{1}{2}}} \cdot e^x + \frac{e^x}{(1-x)\sqrt{1-x}\sqrt{1+x}}$$

$$= \frac{e^x (1+x)(1-x) + e^x}{(1-x)\sqrt{1-x^2}}$$

$$= \frac{e^x (1-x^2+1)}{(1-x)\sqrt{1-x^2}} = \frac{e^x (2-x^2)}{(1-x)\sqrt{1-x^2}}$$

408. $y = \sqrt{x(e^x+1)} = u^m$

$$= \frac{1}{2}[x(e^x+1)]^{-\frac{1}{2}} \cdot [(e^x+1) + x \cdot e^x]$$

$$= \frac{e^x (x+1)+1}{2\sqrt{x(e^x+1)}}$$

409. $y = x \cdot a^x$ $\qquad = a^x (1 + x \ln a)$

410. $y = (x-1)\, a^x$ $\qquad = a^x + (x-1)\, a^x \ln a = a^x (1 + (x-1) \ln a)$

411. $y = a^x x^a$ $\qquad = a^x x^{a-1} (a + x \ln a)$

412. $y = \frac{a^x}{x^a}$ $\qquad = \frac{x^a \cdot a^x \ln a - a^x\, a x^{a-1}}{x^{2a}} = \frac{a^x \cdot x \ln a - a^{x+1}}{x^{a+1}}$

413. $y = x^7 \cdot 7^x$ $\qquad = x^6\, 7^x (7 + x \ln 7)$

414. $y = \frac{x^7}{7^x}$ $\qquad = \frac{x^6 (7 - x \ln 7)}{7^x}$

415. $y = (a^{mx} + b)^p$ $\qquad = m \cdot p\, a^{mx} \ln(a)\, (a^{mx} + b)^{p-1}$

416. $y = \frac{1}{\sqrt{e^x+1}} = (e^x+1)^{-\frac{1}{2}}$ $\qquad = -\frac{e^x}{2\sqrt{(e^x+1)^3}}$

417. $y = \frac{x}{a^x}$ $\qquad = \frac{1 - x \ln a}{a^x}$

418. $y = \frac{a^x}{x}$ $\qquad = \frac{a^x (x \ln a - 1)}{x^2}$

419. $y = \frac{x}{e^x}$ $\qquad = \frac{1-x}{e^x}$

420. $y = \frac{e^x}{x}$ $\qquad = \frac{e^x (x-1)}{x^2}$

421. $y = \frac{e^x}{x^2}$ $\qquad = \frac{e^x (x-2)}{x^3}$

422. $y = \frac{e^x}{x^n}$ $\qquad = \frac{e^x (x-n)}{x^{n+1}}$

423. $y = \frac{e^x}{\ln x}$ $\qquad = \frac{e^x (x \cdot \ln x - 1)}{x \cdot \ln^2(x)}$

y'

424. $y = \frac{x^p}{e^x}$ $\quad = \frac{x^{p-1}(p-x)}{e^x}$

425. $y = \frac{x^5}{e^x}$ $\quad = \frac{x^4(5-x)}{e^x}$

426. $y = \frac{1}{e^x}(x^2-x+1) = e^{-x}(x^2-x+1)$ $\quad = -(x^2-x+1)\,e^{-x} + e^{-x}(2x-1)$

$$= \frac{-x^2+x-1+2x-1}{e^x} = \frac{3x-2-x^2}{e^x}$$

427. $y = \frac{1}{e^x}(x^3+3x^2+6x+6)$ $\quad = -\frac{x^3}{e^x}$

428. $y = \frac{1}{e^x+1}$ $\quad = -\frac{e^x}{(e^x+1)^2}$

429. $y = \frac{e^x}{(1-x)^2}$ $\quad = \frac{e^x(3-x)}{(1-x)^3}$

430. $y = \frac{1+e^x}{1-e^x}$ $\quad = \frac{2\,e^x}{(1-e^x)^2}$

431. $y = \frac{e^x+1}{e^x-1}$ $\quad = -\frac{2\,e^x}{(e^x-1)^2}$

432. $y = \frac{e^x-1}{e^x+1}$ $\quad = \frac{2\,e^x}{(e^x+1)^2}$

433. $y = a^x + \frac{1}{a^x} = a^x + a^{-x}$ $\quad = \ln a\,(a^x - a^{-x})$

434. $y = \frac{e^x(x-n)}{x^n}$ $\quad = \frac{x^n[(x-n)\,e^x+e^x] - e^x(x-n)\,n\cdot x^{n-1}}{x^{2n}}$

$$= \frac{e^x\,x^{n-1}[x(x-n)+x-(x-n)\cdot n]}{x^{2n}}$$

$$= \frac{e^x\cdot x^{n-1}[x^2-n\,x+x-n\,x+n^2]}{x^{2n}}$$

$$= \frac{e^x(x+(x-n)^2)}{x^{n+1}}$$

435. $y = \frac{2}{3}\sqrt{(1+e^x)^3} = \frac{2}{3}(1+e^x)^{\frac{3}{2}}$ $\quad = e^x\sqrt{1+e^x}$

436. $y = \sqrt{\frac{e^{ax}-1}{e^{ax}+1}} = \frac{(e^{ax}-1)^{\frac{1}{2}}}{(e^{ax}+1)^{\frac{1}{2}}}$

$$y' = \frac{(e^{ax}+1)^{\frac{1}{2}}\cdot\frac{1}{2}(e^{ax}-1)^{-\frac{1}{2}}\cdot e^{ax}\cdot a - (e^{ax}-1)^{\frac{1}{2}}\cdot\frac{1}{2}(e^{ax}+1)^{-\frac{1}{2}}\cdot e^{ax}\cdot a}{e^{ax}+1}$$

$$= \frac{\frac{1}{2}\cdot a\cdot e^{ax}(e^{ax}+1)^{-\frac{1}{2}}\cdot(e^{ax}-1)^{-\frac{1}{2}}[e^{ax}+1-e^{ax}+1]}{e^{ax}+1}$$

oder $\quad = \frac{a\cdot e^{ax}}{(e^{ax}+1)\sqrt{e^{2ax}-1}}$

436a. $y = (e^{ax}-1)^{\frac{1}{2}} \cdot (e^{ax}+1)^{-\frac{1}{2}}$

$$y' = (e^{ax}+1)^{-\frac{1}{2}} \cdot \frac{1}{2}(e^{ax}-1)^{-\frac{1}{2}} \cdot e^{ax} \cdot a + $$

$$+ (e^{ax}-1)^{\frac{1}{2}} \cdot \left(-\frac{1}{2}\right)(e^{ax}+1)^{-\frac{3}{2}} \cdot e^{ax} \cdot a$$

$$= \frac{1}{2} \cdot a \cdot e^{ax}(e^{ax}+1)^{-\frac{3}{2}}(e^{ax}-1)^{-\frac{1}{2}}[e^{ax}+1-e^{ax}+1]$$

$$= \frac{a \cdot e^{ax}}{(e^{ax}+1)\sqrt{e^{2ax}-1}}$$

oder

436b. $y = \left(\frac{e^{ax}-1}{e^{ax}+1}\right)^{\frac{1}{2}} = u^m$

$$= \frac{1}{2} \frac{(e^{ax}+1)^{\frac{1}{2}}}{(e^{ax}-1)^{\frac{1}{2}}} \cdot \left[\frac{(e^{ax}+1)\,e^{ax} \cdot a - (e^{ax}-1) \cdot e^{ax} \cdot a}{(e^{ax}+1)^2}\right]$$

$$= \frac{1}{2} \frac{(e^{ax}+1)^{\frac{1}{2}}}{(e^{ax}-1)^{\frac{1}{2}}} \cdot \frac{a \cdot e^{ax} \cdot 2}{(e^{ax}+1)^2} = \frac{a \cdot e^{ax}}{(e^{ax}+1)\sqrt{e^{2ax}-1}}$$

437. $s = e^t(1-t^3)$

$$\frac{ds}{dt} = e^t(1-3t^2-t^3)$$

438. $x = \frac{e^t - e^{-t}}{e^t + e^{-t}}$

$$\frac{dx}{dt} = \frac{(e^t+e^{-t})(e^t+e^{-t}) - (e^t-e^{-t})(e^t-e^{-t})}{(e^t+e^{-t})^2}$$

$$= \frac{e^{2t}+2+e^{-2t}-e^{2t}+2-e^{-2t}}{(e^t+e^{-t})^2} = \frac{4}{(e^t+e^{-t})^2}$$

439. $y = \ln(1+e^x) - \frac{1}{e^x} - x$

$$\frac{dy}{dx} = \frac{e^x}{1+e^x} + e^{-x} - 1$$

$$= \frac{e^x + e^{-x}(1+e^x) - (1+e^x)}{1+e^x}$$

$$= \frac{e^x + e^{-x} + 1 - 1 - e^x}{1+e^x} = \frac{1}{e^x(1+e^x)}$$

440. $y = \ln(e^{mx} + e^{-mx})$

$$= \frac{e^{mx} \cdot m - e^{-mx} \cdot m}{e^{mx} + e^{-mx}} = \frac{m(e^{mx} - e^{-mx})}{e^{mx} + e^{-mx}}$$

441. $y = \ln(a + b \cdot e^x)$

$$= \frac{b \cdot e^x}{a + b \cdot e^x}$$

442. $y = \ln(e^x+1)^2 - x$

$$= \frac{1}{(e^x+1)^2} \cdot 2 \cdot (e^x+1) \cdot e^x - 1 = \frac{2e^x}{e^x+1} - 1$$

443. $y = \ln\left(\frac{1+a^{\sqrt{x}}}{1-a^{\sqrt{x}}}\right)$

$= \ln\left(1+a^{\sqrt{x}}\right) - \ln\left(1-a^{\sqrt{x}}\right)$

$$= \frac{a^{\sqrt{x}} \ln a \frac{1}{2\sqrt{x}}}{1+a^{\sqrt{x}}} + \frac{a^{\sqrt{x}} \ln a \cdot \frac{1}{2^{\sqrt{x}}}}{1-a^{\sqrt{x}}}$$

$$= \frac{\left(1-a^{\sqrt{x}}\right) \cdot a^{\sqrt{x}} \ln a + \left(1+a^{\sqrt{x}}\right) a^{\sqrt{x}} \ln a}{2\sqrt{x}\left(1-a^{2\sqrt{x}}\right)}$$

$$= \frac{a^{\sqrt{x}} \ln a \left[1-a^{\sqrt{x}}+1+a^{\sqrt{x}}\right]}{2\sqrt{x}\left(1-a^{2\sqrt{x}}\right)}$$

$$= \frac{a^{\sqrt{x}} \cdot \ln(a)}{\sqrt{x}\left(1-a^{2\sqrt{x}}\right)}$$

444. $y = e^{\ln x}$

$\ln y = \ln x \cdot \ln e = \ln x$
s. a. Beisp. 354

$$\frac{1}{y}\,\frac{\mathrm{d}y}{\mathrm{d}x} = \frac{1}{x}$$

$$\frac{\mathrm{d}y}{\mathrm{d}x} = \frac{e^{\ln x}}{x} = \frac{x}{x} = 1$$

445. $y = x^x$

$\ln y = x \ln x$

$$\frac{1}{y}\,\frac{\mathrm{d}y}{\mathrm{d}x} = \ln x + x \cdot \frac{1}{x} = 1 + \ln x$$

$$\frac{\mathrm{d}y}{\mathrm{d}x} = x^x\,(1 + \ln x)$$

446. $y = \sqrt[x]{x} = x^{\frac{1}{x}}$

$\ln y = \frac{1}{x} \ln x$

$$\frac{1}{y}\,\frac{\mathrm{d}y}{\mathrm{d}x} = \ln x \cdot \left(-\frac{1}{x^2}\right) + \frac{1}{x} \cdot \frac{1}{x} = \frac{1 - \ln x}{x^2}$$

$$\frac{\mathrm{d}y}{\mathrm{d}x} = \sqrt[x]{x} \cdot \frac{1 - \ln x}{x^2}$$

447. $y = (x^x)^x = x^{x^2}$

$\ln y = x^2 \ln x$

$$\frac{1}{y}\,\frac{\mathrm{d}y}{\mathrm{d}x} = \ln x \cdot 2\,x + \frac{x^2}{x} = x\,(1 + 2 \ln x)$$

$$\frac{\mathrm{d}y}{\mathrm{d}x} = x^{x^2} \cdot x\,(1 + 2 \ln x) = x^{x^2+1}\,(1 + 2 \ln x)$$

448. $y = x^{(x^x)}$

$\ln y = x^x \ln x$

$$\frac{1}{y}\,\frac{\mathrm{d}y}{\mathrm{d}x} = \ln x \cdot x^x\,(1 + \ln x) + x^x \cdot \frac{1}{x}$$

$$\frac{\mathrm{d}y}{\mathrm{d}x} = x^{(x^x)} \cdot x^x\,[x^{-1} + \ln x\,(1 + \ln x)]$$

449. $y = \sqrt[x]{\frac{1}{x}} = \left(\frac{1}{x}\right)^{\frac{1}{x}}$

$\ln y = \frac{1}{x} \ln\left(\frac{1}{x}\right) = u \cdot v$

$u = \frac{1}{x} \qquad u' = -\frac{1}{x^2}$

$v = \ln \frac{1}{x} \qquad v' = -\frac{1}{x}$

$$\frac{1}{y}\,\frac{\mathrm{d}y}{\mathrm{d}x} = \ln\left(\frac{1}{x}\right) \cdot \left(-\frac{1}{x^2}\right) + \frac{1}{x} \cdot \left(-\frac{1}{x}\right)$$

$$\frac{\mathrm{d}y}{\mathrm{d}x} = \sqrt[x]{\frac{1}{x}} \left[\frac{-\ln\left(\frac{1}{x}\right)}{x^2} - \frac{1}{x^2}\right]$$

$$= \sqrt[x]{\frac{1}{x}} \cdot \left[\frac{-(\ln 1 - \ln x - 1)}{x^2}\right]$$

$$= \sqrt[x]{\frac{1}{x}} \left[\frac{\ln x - \ln 1 - 1}{x^2}\right] = \sqrt[x]{\frac{1}{x}} \left[\frac{\ln x - 1}{x^2}\right]$$

450. $y = (e^x)^x$

$\ln y = x \ln(e^x) = x \cdot x \cdot \ln e = x^2$

$$= \frac{1}{y} \cdot \frac{\mathrm{d}y}{\mathrm{d}x} = 2\,x$$

$$\frac{\mathrm{d}y}{\mathrm{d}x} = 2\,x \cdot (e^x)^x$$

451. $y = u^v$

$[u = g\,(x);\; v = h\,(x)]$

$\ln y = v \ln u$

$$\frac{1}{y}\,\frac{\mathrm{d}y}{\mathrm{d}x} = \ln u \cdot \frac{\mathrm{d}v}{\mathrm{d}x} + v \cdot \frac{1}{u} \cdot \frac{\mathrm{d}u}{\mathrm{d}x}$$

$$\frac{\mathrm{d}y}{\mathrm{d}x} = u^v \left[\ln u\,\frac{\mathrm{d}v}{\mathrm{d}x} + v \cdot u^{-1}\,\frac{\mathrm{d}u}{\mathrm{d}x}\right]$$

$$= u^v \ln u\,\frac{\mathrm{d}v}{\mathrm{d}x} + v \cdot u^{v-1}\,\frac{\mathrm{d}u}{\mathrm{d}x}$$

452. $y = (x^{x-1})^{(x-2)} = x^{x^2-3x+2}$

$\ln y = (x^2 - 3\,x + 2) \ln x$

$$\frac{1}{y}\,\frac{\mathrm{d}y}{\mathrm{d}x} = \ln x\,(2\,x - 3) + \frac{x^2 - 3\,x + 2}{x}$$

$$\frac{\mathrm{d}y}{\mathrm{d}x} = x^{x^2-3x+2}\left[\ln x\,(2\,x - 3) + \frac{x^2 - 3\,x + 2}{x}\right]$$

453. $y = (a\,x)^{m\,x}$

$$\frac{1}{y}\,\frac{\mathrm{d}y}{\mathrm{d}x} = \ln(a\,x)\cdot m + m\,x\cdot\frac{1}{a\,x}\cdot a$$

$\ln y = m\,x\cdot\ln(a\,x)$

$$\frac{\mathrm{d}y}{\mathrm{d}x} = (a\,x)^{m\,x}\cdot m\,[1+\ln(a\,x)]$$

454. $y = \left(\frac{a}{x}\right)^{x}$

$$\frac{1}{y}\,\frac{\mathrm{d}y}{\mathrm{d}x} = (\ln a - \ln x) + x\cdot\left(-\frac{1}{x}\right)$$

$\ln y = x\,(\ln a - \ln x)$

$$\frac{\mathrm{d}y}{\mathrm{d}x} = \left(\frac{a}{x}\right)^{x}\cdot[\ln a - \ln x - 1]$$

455. $y = \left(\sqrt{\frac{a}{x}}\right)^{x} = \left(\frac{a}{x}\right)^{\frac{x}{2}}$

$$\frac{1}{y}\,\frac{\mathrm{d}y}{\mathrm{d}x} = (\ln a - \ln x)\cdot\frac{1}{2} + \frac{x}{2}\cdot\left(-\frac{1}{x}\right)$$

$\ln y = \frac{x}{2}\cdot[\ln a - \ln x]$

$$\frac{\mathrm{d}y}{\mathrm{d}x} = \sqrt{\left(\frac{a}{x}\right)^{x}}\cdot\frac{1}{2}\,[\ln a - \ln x - 1]$$

s. a. Beisp. 456

$$= \sqrt{\left(\frac{a}{x}\right)^{x}}\cdot\ln\sqrt{\frac{a}{ex}}$$

456. $y = \left(\sqrt{\frac{a}{x}}\right)^{x} = \left(\frac{a}{x}\right)^{\frac{x}{2}}$

$$\frac{1}{y}\,\frac{\mathrm{d}y}{\mathrm{d}x} = x\cdot 0 + \frac{\ln a}{2} - \frac{1}{2}\,[\ln x + 1]$$

$\ln y = \frac{x}{2}\,(\ln a - \ln x)$

$$= \frac{\ln a}{2} - \frac{1}{2}\,[\ln x + \ln e]$$

$= \frac{\ln a}{2}\cdot x - \frac{1}{2}\,x\ln x$

$$= \frac{1}{2}\,[\ln a - \ln(e\,x)] = \frac{1}{2}\ln\left(\frac{a}{e\,x}\right)$$

$$= \ln\sqrt{\left(\frac{a}{e\,x}\right)}$$

$$\frac{\mathrm{d}y}{\mathrm{d}x} = \sqrt{\left(\frac{a}{x}\right)^{x}}\cdot\ln\sqrt{\frac{a}{e\,x}}$$

457. $y = (a+b\,x)^{x}$

$$\frac{1}{y}\,\frac{\mathrm{d}y}{\mathrm{d}x} = \ln(a+b\,x) + x\,\frac{b}{a+b\,x}$$

$\ln y = x\ln(a+b\,x)$

$$\frac{\mathrm{d}y}{\mathrm{d}x} = (a-b\,x)^{x}\cdot\ln(a+b\,x) + b\,x\,(a+b\,x)^{x-1}$$

458. $y = (a+b\,x)^{\frac{1}{x}}$

$$\frac{1}{y}\,\frac{\mathrm{d}y}{\mathrm{d}x} = \ln(a-b\,x)\cdot\left(-\frac{1}{x^{2}}\right) + \frac{1}{x}\cdot\frac{b}{a+b\,x}$$

$\ln y = \frac{1}{x}\ln(a+b\,x)$

$$\frac{\mathrm{d}y}{\mathrm{d}x} = \frac{(a+b\,x)^{\frac{1}{x}}}{x^{2}}\left[\frac{b\,x}{a+b\,x} - \ln(a+b\,x)\right]$$

459. $y = \left(\frac{1-x}{x}\right)^{\frac{1-x}{x}}$ oder

$$\frac{1}{y}\,\frac{\mathrm{d}y}{\mathrm{d}x} = \ln\left(\frac{1-x}{x}\right)\cdot\frac{-x-(1-x)}{x^{2}} +$$

$\ln y = \frac{1-x}{x}\,[\ln(1-x) - \ln x]$

$$+\frac{1-x}{x}\left[\frac{(-1)}{1-x} - \frac{1}{x}\right]$$

$$\frac{1}{y}\,\frac{dy}{dx} = \ln\left(\frac{1-x}{x}\right)\cdot\left(-\frac{1}{x^2}\right) +$$

$$+\frac{1-x}{x}\cdot\left[\frac{(-1)}{x\,(1-x)}\right]$$

$$= \ln\left(\frac{1-x}{x}\right)\cdot\left(-\frac{1}{x^2}\right)-\frac{1}{x^2}$$

$$= -\frac{1}{x^2}\left(1+\ln\frac{1-x}{x}\right)$$

$$\frac{dy}{dx} = -\left(\frac{1-x}{x}\right)^{\frac{1-x}{x}}\cdot\frac{1}{x^2}\left[1+\ln\left(\frac{1-x}{x}\right)\right]$$

460. $y = \left(\frac{1+x}{1-x}\right)^{\frac{1-x}{1+x}}$

$$\frac{1}{y}\,\frac{dy}{dx} = \ln\left(\frac{1+x}{1-x}\right)\cdot\frac{(1+x)\cdot(-1)-(1-x)}{(1+x)^2} +$$

$$+\frac{1-x}{1+x}\cdot\frac{1-x}{1+x}\cdot\frac{1-x-(1+x)\cdot(-1)}{(1-x)^2}$$

$\ln y = \frac{1-x}{1+x}\ln\left(\frac{1+x}{1-x}\right)$

$$= \ln\left(\frac{1+x}{1-x}\right)\cdot\frac{-2}{(1+x)^2}+\frac{2}{(1+x)^2}$$

$$= \frac{2}{(1+x)^2}\left[1-\ln\left(\frac{1+x}{1-x}\right)\right]$$

$$\frac{dy}{dx} = \frac{2\,y}{(1+x)^2}\left[1-\ln\left(\frac{1+x}{1-x}\right)\right]$$

$$= \frac{2}{(1+x)^2}\cdot\left(\frac{1+x}{1-x}\right)^{\frac{1-x}{1+x}}\cdot\left[1-\ln\left(\frac{1+x}{1-x}\right)\right]$$

5.7 Beispiele der Form $y = \sin x\ (\cos x;\ \tan x;\ \cot x)$[1]

	y'
461. $y = \sin(2\,x)$	$= 2\cdot\cos(2\,x)$
462. $y = \sin(m\,x)$	$= m\cdot\cos(m\,x)$
463. $y = \sin(2\,x+5)$	$= 2\cdot\cos(2\,x+5)$
464. $y = \sin(a+b\,x)$	$= b\cdot\cos(a+b\,x)$
465. $y = \sin(\ln x+a)$	$= \frac{1}{x}\cos(\ln x+a)$

[1] Obwohl nach DIN 1338.4 ln ax; sin bx; cos $\frac{3x}{5}$ richtig geschrieben ist, also keine Klammern gesetzt werden müssen, sind hier bewußt Klammern gesetzt worden, um beim Bilden der Ableitungen mögliche Irrtümer auszuschalten.

	y'
466. $y = \sin(x^5 \cdot 5^x)$	$= \cos(x^5 \cdot 5^x)\,[5^x \cdot 5\,x^4 + x^5 \cdot 5^x \ln 5]$
	$= x^4 \cdot 5^x\,(5 + x \ln 5) \cos(x^5 \cdot 5^x)$
467. $y = \sin\left(\frac{x}{a}\right)$	$= \frac{1}{a} \cdot \cos\left(\frac{x}{a}\right)$
468. $y = a \cdot \sin\left(\frac{a}{x}\right)$	$= -\frac{a^2}{x^2} \cos\left(\frac{a}{x}\right)$
469. $y = 2 \cdot \sin\left(\frac{x}{2}\right)$	$= 2 \cdot \cos\left(\frac{x}{2}\right) \cdot \frac{1}{2} = \cos\left(\frac{x}{2}\right)$
470. $y = \sin^2 x$	$= 2 \sin x \cos x = \sin(2x)$
471. $y = \sin^3 x$	$= 3 \sin^2 x \cos x$
472. $y = \sin(x^n)$	$= \cos(x^n) \cdot n \cdot x^{n-1}$
473. $y = \sin(x^3)$	$= \cos(x^3) \cdot 3\,x^2$
474. $y = \sin\sqrt{\frac{x}{2}}$	$= \cos\sqrt{\frac{x}{2}} \cdot \frac{1}{\sqrt{2}} \cdot \frac{1}{2\sqrt{x}} = \frac{1}{2\sqrt{2x}} \cdot \cos\sqrt{\frac{x}{2}}$
475. $y = \sin\sqrt{\frac{1}{x}}$	$= \cos\sqrt{\frac{1}{x}} \cdot \frac{1}{2} \cdot \left(\frac{1}{x}\right)^{-\frac{1}{2}} \left(-\frac{1}{x^2}\right)$
oder	$= -\cos\sqrt{\frac{1}{x}} \cdot \frac{1}{2} \cdot \frac{1}{x\sqrt{x}}$
$y = \sin\left(x^{-\frac{1}{2}}\right)$	$= \cos x^{-\frac{1}{2}} \cdot \left(-\frac{1}{2}\right) x^{-\frac{3}{2}} = -\frac{1}{2\,x\sqrt{x}} \cos\sqrt{\frac{1}{x}}$
476. $y = \sin\sqrt{1+x^2}$	$= \cos\sqrt{1+x^2} \cdot \frac{x}{\sqrt{1+x^2}}$
477. $y = a \cdot \sin\left(\frac{2\pi}{p} \cdot x\right)$	$= \frac{a\,2\pi}{p} \cos\left(\frac{2\pi}{p} \cdot x\right)$
478. $y = a \sin\left(\frac{2\pi}{p}\,x - 1\right)$	$= a \cdot \frac{2\pi}{p} \cdot \cos\left(\frac{2\pi}{p}\,x - 1\right)$
479. $y = a \sin\left[\frac{2\pi}{p}\,(x - \varphi)\right]$	$= a\,\frac{2\pi}{p} \cos\left[\frac{2\pi}{p}\,(x - \varphi)\right]$
480. $y = 2 \sin^n (a\,x)$	$= 2 \cdot n \cdot \sin^{n-1}(a\,x) \cdot \cos(a\,x) \cdot a$
	$= 2 \cdot n \sin^{n-2}(a\,x) \sin(a\,x) \cdot \cos(a\,x)\,a$
	$= a \cdot n \cdot \sin^{n-2}(a\,x) \sin(2\,a\,x)$
481. $y = \frac{1}{\sin x} = \frac{u}{v}$	$= -\frac{\cos x}{\sin^2 x}$
482. $y = \frac{1}{\sin^2 x}$	$= -\frac{2 \sin x \cos x}{\sin^4 x} = -\frac{2 \cos x}{\sin^3 x}$ oder
	$= -\frac{\sin(2x)}{\sin^4 x}$
483. $y = \frac{1}{2}\,x^2 + 2 \sin x$	$= x + 2 \cos x$

	y'
484. $y = 3\sin x - 4\sin^3 x$	$= 3\cos x - 12\sin^2 x\cos x$
	$= 3(\cos x - 4\cos x\sin^2 x)$
	$= 3[\cos x - 4\cos x(1-\cos^2 x)]$
	$= 3[\cos x - 4\cos x + 4\cos^3 x]$
	$= 3\cdot[4\cos^3 x - 3\cos x] = 3\cdot\cos(3x)$
485. $y = \frac{1}{2}\sin x + \sin\left(\frac{x}{2}\right)$	$= \frac{1}{2}\cos x + \cos\left(\frac{x}{2}\right)\cdot\frac{1}{2}$
	$= \frac{1}{2}\left(\cos x + \cos\left(\frac{x}{2}\right)\right)$ oder
	$= \frac{1}{2}\cdot 2\cdot\cos\left(\frac{x+\frac{x}{2}}{2}\right)\cdot\cos\left(\frac{x-\frac{x}{2}}{2}\right)$
	$= \cos\left(\frac{3x}{4}\right)\cdot\cos\left(\frac{x}{4}\right)$
486. $y = \sin\left(\frac{5}{x^2-4}\right)$	$= \cos\left(\frac{5}{x^2-4}\right)\cdot\frac{(-5\cdot 2x)}{(x^2-4)^2}$
	$= -\frac{10x}{(x^2-4)^2}\cdot\cos\left(\frac{5}{x^2-4}\right)$
487. $y = \frac{x}{2} + \frac{1}{4}\sin(2x)$	$= \frac{1}{2} + \frac{1}{4}\cos(2x)\cdot 2 = \frac{1}{2}(1+\cos(2x))$
	$= \frac{1}{2}(1+\cos^2 x - \sin^2 x)$
	$= \frac{1}{2}(\cos^2 x + \cos^2 x) = \cos^2 x$
488. $y = \sin x - \frac{2}{3}\sin^3 x + \frac{1}{5}\sin^5 x$	$= \cos x - \frac{2}{3}\cdot 3\sin^2 x\cos x + \sin^4 x\cos x$
	$= \cos x(1 - 2\sin^2 x + \sin^4 x)$
	$= \cos x(1-\sin^2 x)^2$
	$= \cos x\cdot(\cos^2 x)^2 = \cos x\cdot\cos^4 x = \cos^5 x$
489. $y = \frac{3}{\sin^2 x} - \frac{5}{\sin x}$	$= \frac{-3\cdot 2\sin x\cos x}{\sin^4 x} + \frac{5\cos x}{\sin^2 x}$
	$= \frac{-6\cos x}{\sin^3 x} + \frac{5\cos x\sin x}{\sin^3 x}$
	$= \frac{\cos x(5\sin x - 6)}{\sin^3 x}$
490. $y = 2\sin^2(ax)$	$= 2\cdot 2\sin(ax)\cos(ax)\cdot a = 2a\sin(2ax)$
491. $y = a\sin^2(bx)$	$= a\cdot 2\sin(bx)\cdot\cos(bx)\cdot b = a\cdot b\sin(2bx)$
492. $y = \sin^5(3x+4) = z^5$	$= 5\sin^4(3x+4)\cdot\cos(3x+4)\cdot 3$
	$= 15\sin^4(3x+4)\cos(3x+4)$
493. $y = \sin(3x+4)^5$	$= \cos(3x+4)^5\cdot 5(3x+4)^4\cdot 3$
	$= 15(3x+4)^4\cdot\cos(3x+4)^5$
494. $y = b\sin(ax^n)$	$= b\cdot\cos(ax^n)\cdot a\cdot n x^{n-1} = a\cdot b\cdot nx^{n-1}\cos(ax^n)$
495. $y = \sqrt{\sin x}$	$= \frac{\cos x}{2\sqrt{\sin x}}$
496. $y = \frac{1}{\sqrt{\sin x}} = \sin^{-\frac{1}{2}} x$	$= -\frac{1}{2}\sin^{-\frac{3}{2}} x\cos x = -\frac{\cos x}{2\sqrt{\sin^3 x}}$

		y'
497.	$y = \frac{3}{8}x + \frac{1}{4}\sin(2x) + \frac{1}{32}\sin(4x)$	$= \frac{3}{8} + \frac{1}{4}\cos(2x)\cdot 2 + \frac{1}{32}\cos(4x)\cdot 4$
		$= \frac{3}{8} + \frac{1}{2}(\cos^2 x - \sin^2 x) +$
		$+ \frac{1}{8}(\cos^2(2x) - \sin^2(2x))$
		$= \frac{3}{8} + \frac{1}{2}\cos^2 x - \frac{1}{2}\sin^2 x +$
		$+ \frac{1}{8}(2\cos^2(2x) - 1)$
		$= \frac{3}{8} + \frac{1}{2}\cos^2 x - \frac{1}{2}(1 - \cos^2 x) +$
		$+ \frac{1}{4}\cdot\cos^2(2x) - \frac{1}{8}$
		$= \frac{1}{4} + \frac{1}{2}\cos^2 x - \frac{1}{2} + \frac{1}{2}\cos^2 x +$
		$+ \frac{1}{4}(2\cos^2 x - 1)^2$
		$= -\frac{1}{4} + \cos^2 x + \frac{1}{4}(4\cos^4 x - 4\cos^2 x + 1)$
		$= -\frac{1}{4} + \cos^2 x + \cos^4 x - \cos^2 x + \frac{1}{4} = \cos^4 x$
498.	$y = \cos(2x)$	$= -2\sin(2x)$
499.	$y = \cos(mx)$	$= -m\sin(mx)$
500.	$y = \cos(a - bx^2)$	$= 2bx\sin(a - bx^2)$
501.	$y = \cos(4x^2 + 2x - 3)$	$= -(8x + 2)\sin(4x^2 + 2x - 3)$
502.	$y = \cos\sqrt{ax}$	$= -\frac{a\cdot\sin\sqrt{ax}}{2\sqrt{ax}}$
503.	$y = a\cdot\cos x$	$= -a\sin x$
504.	$y = a\cdot\cos(bx + c)$	$= -ab\sin(bx + c)$
505.	$y = a\cdot\cos\left(\frac{x}{a}\right)$	$= -\sin\left(\frac{x}{a}\right)$
506.	$y = a\cdot\cos\left(\frac{1}{x}\right)$	$= \frac{a}{x^2}\sin\left(\frac{1}{x}\right)$
507.	$y = m\cos(nx)$	$= -mn\sin(nx)$
508.	$y = \cos(ax - b)$	$= -a\sin(ax - b)$
509.	$y = \cos(x^4 - 3x)$	$= -(4x^3 - 3)\sin(x^4 - 3x)$
510.	$y = \cos\left(\frac{x^4}{4(x+1)}\right)$	$= -\sin\left(\frac{x^4}{4(x+1)}\right)\cdot\frac{4(x+1)\cdot 4x^3 - x^4\cdot 4}{4^2(x+1)^2}$
		$= \frac{-x^3(3x+4)}{4(x+1)^2}\cdot\sin\left(\frac{x^4}{4(x+1)}\right)$
511.	$y = \cos^2 x$	$= 2\cdot\cos x\cdot(-\sin x) = -\sin(2x)$
512.	$y = \frac{1}{\cos^2 x}$	$= +\frac{2\cos x\sin x}{\cos^4 x} = \frac{\sin(2x)}{\cos^4 x}$ oder $\frac{2\sin x}{\cos^3 x}$
513.	$y = \cos^3 x$	$= -3\cos^2 x\sin x$

	y'
514. $y = \cos^4 x$	$= -4 \cos^3 x \sin x$
515. $y = \cos (x^4)$	$= -4 x^3 \sin (x^4)$
516. $y = \cos^2 (a x)$	$= 2 \cos (a x) \cdot (-\sin (a x)) \cdot a = -a \sin (2 a x)$
517. $y = \cos^2 \left(\frac{1}{x}\right)$	$= 2 \cos \left(\frac{1}{x}\right) \cdot \left(-\sin \left(\frac{1}{x}\right)\right) \cdot \left(-\frac{1}{x^2}\right)$
	$= \frac{1}{x^2} \sin \left(\frac{2}{x}\right)$
518. $y = \cos^n \left(\frac{a}{x}\right)$	$= n \cos^{n-1} \left(\frac{a}{x}\right) \cdot \left(-\sin \left(\frac{a}{x^2}\right)\right) \cdot \left(-\frac{a}{x^2}\right)$
	$= \frac{a n}{x^2} \cos^{n-1} \left(\frac{a}{x}\right) \sin \left(\frac{a}{x}\right)$
519. $y = 1 - \sin^2 x - \cos^2 x$	$= -2 \sin x \cos x - 2 \cos x \cdot (-\sin x) = 0$
oder	
$y = 1 - (\sin^2 x + \cos^2 x) = 1 - 1 = 0$	
520. $y = \frac{\cos^3 x}{3} - \cos x$	$= \frac{1}{3} 3 \cos^2 x \cdot (-\sin x) + \sin x$
	$= \sin x (1 - \cos^2 x) = \sin^3 x$
521. $y = \frac{1}{\cos x} = \frac{u}{v}$	$= \frac{-1 \cdot (-\sin x)}{\cos^2 x} = \frac{\sin x}{\cos^2 x}$
oder	
$y = \cos^{-1} x$	$= -1 \cdot \cos^{-2} x \cdot (-\sin x) = \frac{\sin x}{\cos^2 x}$
522. $y = \frac{1}{\cos^2 x} = \frac{u}{v}$	$= \frac{2 \sin x}{\cos^3 x}$ oder $= \frac{\sin (2 x)}{\cos^4 x}$
523. $y = \left(\frac{1}{\cos x}\right)^n = \cos^{-n} x$	$= -n \cos^{-n-1} x \cdot (-\sin x) = \frac{n \cdot \sin x}{\cos^{n+1} x}$
524. $y = (1 - \cos (2 x))^2$	$= 2 (1 - \cos (2 x)) \sin (2 x) \cdot 2$
oder	$= 4 (1 - \cos (2 x)) \cdot \sin (2 x)$
524a. $y = [1 - (1 - 2 \sin^2 x)]^2 = (2 \sin^2 x)^2$	$= 4 \cdot (1 - (1 - 2 \sin^2 x)) \cdot 2 \sin x \cos x$
	$= 16 \sin^3 x \cdot \cos x$
$= 4 \cdot \sin^4 x$	$= 16 \sin^3 x \cdot \cos x$
$y = \sin x \pm \cos x$	$= \cos x \mp \sin x$
525. $y = \sin^2 x - \cos^2 x$	$= 2 \sin x \cos x - 2 \cos x \cdot (-\sin x)$
$y = -\cos 2 x$	$= 2 \sin (2 x)$
526. $y = 2 \cos^2 x - \cos (2 x)$ oder	$= 2 \cdot 2 \cos x \cdot (-\sin x) + \sin (2 x) \cdot 2$
$y = 2 \cos^2 x - \cos^2 x + \sin^2 x$	$= -2 \sin (2 x) + 2 \sin (2 x) = 0$
$= \cos^2 x + \sin^2 x = 1$	
527. $y = 2 \cos^2 (x + a) - \cos (2 x)$	$= 2 \cdot 2 \cos (x + a) \cdot (-\sin (x + a)) +$
	$+ \sin (2 x) \cdot 2$
	$= -2 (\sin (2 x + 2 a) - \sin (2 x))$
	$= -2 \cdot 2 \cdot \cos \frac{2 x + 2 a + 2 x}{2} \cdot \sin \frac{2 x + 2 a - 2 x}{2}$
	$= -4 \cdot \cos (a + 2 x) \cdot \sin a$
528. $y = \cos \sqrt{x}$	$= -\frac{1}{2 \sqrt{x}} \sin \sqrt{x}$
529. $y = \cos (a - x)$	$= -\sin (a - x) \cdot (-1) = \sin (a - x)$

y'

530. $y = \sqrt{\cos x} = \cos^{\frac{1}{2}} x$ $\quad = -\frac{1}{2}\cdot\cos^{-\frac{1}{2}}\cdot x \sin x = -\frac{1}{2}\,\frac{\sin x}{\cos^{\frac{1}{2}} x}$

$= -\frac{1}{2}\tan x\cdot\sqrt{\cos x}$

531. $y = \frac{1}{12}\cos(3x) - \frac{1}{4}\cos x$ $\quad = \frac{1}{12}(-\sin(3x))\cdot 3 - \frac{1}{4}(-\sin x)$

$= -\frac{1}{4}(\sin(3x) - \sin x)$

$= -\frac{1}{4}\cdot 2\cdot\cos\frac{3x+x}{2}\cdot\sin\frac{3x-x}{2}$

$= -\frac{1}{2}\cos(2x)\cdot\sin x$

532. $y = \cos x - \cos^3 x + \frac{3}{5}\cos^5 x - \frac{1}{7}\cos^7 x$ $\quad = -\sin x - 3\cos^2 x\cdot(-\sin x) + 3\cos^4 x\cdot(-\sin x) - \cos^6 x\cdot(-\sin x)$

$= -\sin x\,(1 - 3\cos^2 x + 3\cos^4 x - \cos^6 x)$

$= -\sin x\,(1-\cos^2 x)^3$

$= -\sin x\cdot(\sin^2 x)^3 = -\sin^7 x$

533. $y = \sqrt[5]{(\sin x + \cos x)^3}$ $\quad = \frac{3}{5}(\sin x + \cos x)^{-\frac{2}{5}}(\cos x - \sin x)$

$= \frac{3(\cos x - \sin x)}{5\sqrt[5]{(\sin x + \cos x)^2}} = \frac{3(\cos x - \sin x)}{5\sqrt[5]{1 + \sin(2x)}}$

534. $y = \tan(2x)$ $\quad = \frac{2}{\cos^2(2x)}$

535. $y = \tan(ax)$ $\quad = \frac{a}{\cos^2(ax)}$

536. $y = \tan(abx)$ $\quad = \frac{ab}{\cos^2(abx)}$

537. $y = \tan\left(\frac{x}{2}\right)$ $\quad = \frac{1}{\cos^2\left(\frac{x}{2}\right)}\cdot\frac{1}{2} = \frac{1}{2}\left(1 + \tan^2\left(\frac{x}{2}\right)\right)$

538. $y = \tan\left(\frac{x}{5}\right)$ $\quad = \frac{1}{5}\left(1 + \tan^2\left(\frac{x}{5}\right)\right)$

539. $y = \tan^m x$ $\quad = m\cdot\tan^{m-1} x\cdot\frac{1}{\cos^2 x}$

oder $= m\cdot\tan^{m-1} x\,(1 + \tan^2 x)$

540. $y = \tan(\alpha x + \beta)$ $\quad = \frac{\alpha}{\cos^2(\alpha x + \beta)}$

oder $= \alpha\,[1 + \tan^2(\alpha x + \beta)]$

541. $y = a\cdot\tan\left(\frac{x}{a}\right)$ $\quad = a\cdot\frac{1}{\cos^2\left(\frac{x}{a}\right)}\cdot\frac{1}{a}$ oder $= 1 + \tan^2\left(\frac{x}{a}\right)$

542. $y = a\cdot\tan\left(\frac{a}{x}\right)$ $\quad = a\cdot\frac{1}{\cos^2\left(\frac{a}{x}\right)}\cdot\left(\frac{-a}{x^2}\right) = -\frac{a^2}{x^2}\left[1 + \tan^2\left(\frac{a}{x}\right)\right]$

543. $y = a\cdot\tan(bx + c)$ $\quad = a\cdot b\,[1 + \tan^2(bx + c)]$

		y'
544.	$y = \tan^2 x$	$= 2 \tan x \cdot \frac{1}{\cos^2 x}$ oder $2 \frac{\sin x}{\cos^3 x}$ oder $2 \tan x\,(1+\tan^2 x)$
545.	$y = \tan^4 x$	$= 4 \frac{\tan^3 x}{\cos^2 x} = 4 \cdot \frac{\sin^3 x}{\cos^5 x}$
546.	$y = 1+\tan^2 x$	$= 2 \tan x\,(1+\tan^2 x)$ oder $2 \tan x + 2 \tan^3 x$
547.	$y = \tan(\sqrt{x}-3)$	$= \frac{1}{2\sqrt{x} \cdot \cos^2(\sqrt{x}-3)}$
548.	$y = \tan^3(a+x)$	$= \frac{3 \tan^2(a+x)}{\cos^2(a+x)}$ oder $3 \cdot \frac{\sin^2(a+x)}{\cos^4(a+x)}$
549.	$y = \tan 4^{(x^2+1)}$	$= \frac{1}{\cos^2 4^{(x^2+1)}} \cdot 4^{(x^2+1)} \cdot \ln 4 \cdot 2x$ $= \frac{2x \cdot \ln 4 \cdot 4^{(x^2+1)}}{\cos^2 4^{(x^2+1)}}$
550.	$y = \tan\left(\frac{x-2}{x+2}\right)$	$= \left[1+\tan^2\left(\frac{x-2}{x+2}\right)\right] \cdot \frac{x+2-(x-2)}{(x+2)^2}$ $= \frac{4}{(x+2)^2}\left[1+\tan^2\left(\frac{x-2}{x+2}\right)\right]$
551.	$y = \tan x - x$	$= 1+\tan^2 x - 1 = \tan^2 x$
552.	$y = 5 \ln x + 6 \tan x - \frac{4}{x}$	$= \frac{5}{x} + \frac{6}{\cos^2 x} + \frac{4}{x^2}$
553.	$y = \frac{\tan x}{3} - 3 \sin x$	$= \frac{1}{3 \cos^2 x} - 3 \cos x$
554.	$y = 4 \tan^3 x - 3 \tan^2 x + 6 \tan x$	$= (12 \tan^2 x - 6 \tan x + 6)(1+\tan^2 x)$ $= 6\,(2 \tan^4 x - \tan^3 x + 3 \tan^2 x - \tan x + 1)$
555.	$y = 3 \tan^5 x - 2 \tan^4 x - 5 \tan^3 x + 4 \tan^2 x$	$= 15 \tan^6 x - 8 \tan^5 x - 15 \tan^2 x + 8 \tan x$
556.	$y = \cot(3x)$	$= -\frac{1}{\sin^2(3x)} \cdot 3 = -\frac{3}{\sin^2(3x)}$ oder $= -3\,[1+\cot^2(3x)]$
557.	$y = \cot x + \frac{1}{3} \cot^3 x$	$= -\frac{1}{\sin^2 x} + \frac{1}{3} \cdot 3 \cdot \cot^2 x \cdot \left(-\frac{1}{\sin^2 x}\right)$ $= -\frac{\sin^2 x}{\sin^4 x} - \frac{\cos^2 x}{\sin^4 x}$ $= -\frac{\sin^2 x + \cos^2 x}{\sin^4 x} = -\frac{1}{\sin^4 x}$
558.	$y = \cot\left(\frac{x}{2}\right)$	$= -\frac{1}{2 \sin^2\left(\frac{x}{2}\right)}$ oder $-\frac{1}{2}\left[1+\cot^2\left(\frac{x}{2}\right)\right]$
559.	$y = \cot(\alpha - 2x)$	$= \frac{2}{\sin^2(\alpha - 2x)}$
560.	$y = \cot^2 x$	$= -\frac{2 \cot x}{\sin^2 x} = -\frac{2 \cos x}{\sin^3 x}$

	y'
561. $y = \tan x - \cot x$	$= \dfrac{1}{\cos^2 x} + \dfrac{1}{\sin^2 x} = \dfrac{\sin^2 x + \cos^2 x}{\sin^2 x \cos^2 x}$
	$= \dfrac{1}{\sin^2 x \cos^2 x}$
	oder
	$= \dfrac{2 \cdot 2}{2 \sin x \cos x \cdot 2 \sin x \cos x} = \dfrac{4}{\sin^2 (2x)}$
oder	
561a. $y = \tan \alpha - \cot x = \dfrac{\sin x}{\cos x} - \dfrac{\cos x}{\sin x}$	
$= \dfrac{\sin^2 x - \cos^2 x}{\sin x \cos x} = \dfrac{-\cos (2x)}{\sin x \cos x}$	
$= \dfrac{-2 \cdot \cos (2x)}{2 \sin x \cos x}$	
$= -\dfrac{2 \cos (2x)}{\sin (2x)} = -2 \cot (2x)$	$= -2 \cdot \dfrac{(-1) \cdot 2}{\sin^2 (2x)} = \dfrac{4}{\sin^2 (2x)}$
562. $y = x \cdot \sin x$	$= \sin x + x \cos x$
563. $y = x \cdot \cos x$	$= \cos x - x \sin x$
564. $y = \sqrt{x} \sin x$	$= \dfrac{\sin x}{2\sqrt{x}} + \sqrt{x} \cos x$
565. $y = x^2 \sin x$	$= 2x \sin x + x^2 \cos x$
566. $y = \ln x \cos x$	$= \dfrac{\cos x}{x} - \ln x \sin x$
567. $y = \sin x - x \cos x$	$= x \sin x$
568. $y = \sin x \cos x$	$= \cos (2x)$
569. $y = \sin x \cos x + \sin^2 x$	$= \cos (2x) + \sin (2x)$
570. $y = \sin x \cdot \sin (x - a)$	$= \sin (x - a) \cos x + \sin x \cdot \cos (x - a)$
	$= \sin (x - a + x) = \sin (2x - a)$
571. $y = \sin x \cdot \sin (a - x)$	$= \sin (a - 2x)$
572. $y = \sin x \cdot \sin (1 - x)$	$= \sin (1 - 2x)$
573. $y = \sin^3 x \cos x$	$= \cos x \cdot 3 \sin^2 x \cdot \cos x + \sin^3 x (-\sin x)$
	$= \sin^2 x (3 \cos^2 x - \sin^2 x)$
	$= \sin^2 x (3 - 3 \sin^2 x - \sin^2 x)$
	$= \sin^2 x (3 - 4 \sin^2 x)$ oder
	$= \sin x (3 \sin x - 4 \sin^3 x) = \sin x \cdot \sin (3x)$
574. $y = (a + b\sqrt{x}) \tan x$	$= \dfrac{b}{2\sqrt{x}} \tan x + \dfrac{a + b\sqrt{x}}{\cos^2 x}$
	oder $= (1 + \tan^2 x)(a + b\sqrt{x}) + \dfrac{b \tan x}{2\sqrt{x}}$
575. $y = (x^4 - 3x^2 + 11) \sin x$	$= \sin x (4x^3 - 6x) + (x^4 - 3x^2 + 11) \cos x$
576. $y = (a + b \cos x) \sin x$	$= \sin x \cdot (-b \sin x) + (a + b \cos x) \cos x$
	$= a \cos x + b \cos^2 x - b \sin^2 x$
	$= a \cos x + b \cdot \cos (2x)$
577. $y = \sqrt{1 + x^2} \sin x$	$= \dfrac{x \cdot \sin x}{\sqrt{1 + x^2}} + \sqrt{1 + x^2} \cdot \cos x$

y'

578. $y = \sqrt{x^2+5} \cdot \cos(2x)$ $\quad = \dfrac{x \cdot \cos(2x)}{\sqrt{x^2+5}} - 2 \cdot \sin(2x)\sqrt{x^2+5}$

579. $y = (a + b \sin x) \cos x$ $\quad = \cos x \cdot b \cos x + (a + b \sin x) \cdot (-\sin x)$

$= b \cos^2 x - a \sin x - b \sin^2 x$

$= b \cos(2x) - a \sin x$

580. $y = \sqrt{a + b \tan x} \cdot \sin x$ $\quad = \sin x \cdot \dfrac{1}{2\sqrt{a + b \tan x}} \cdot \dfrac{b}{\cos^2 x}$

$+ \sqrt{a + b \tan x} \cdot \cos x$

$= \dfrac{b \cdot \sin x}{2 \cos^2 x \sqrt{a + b \tan x}} + \cos x \sqrt{a + b \tan x}$

$= \dfrac{b \tan x}{2 \cos x \sqrt{a + b \tan x}} + \cos x \sqrt{a + b \tan x}$

581. $y = \sin x + x \cot x$ $\quad = \cos x + \cot x - \dfrac{x}{\sin^2 x}$

582. $y = (4 \sin x - 8 \sin^3 x) \cos x$ $\quad = \cos x\,(4 \cos x - 24 \sin^2 x \cos x)$

$+ (4 \sin x - 8 \sin^3 x)(-\sin x)$

$= 4(\cos^2 x - 6 \sin^2 x \cos^2 x - \sin^2 x + 2 \sin^4 x)$

$= 4(\cos^2 x - \sin^2 x - 2 \sin^2 x\,(3 \cos^2 x - \sin^2 x))$

$= 4(\cos(2x) - 2 \sin^2 x\,(\cos^2 x - \sin^2 x +$

$+ 2 \cos^2 x))$

$= 4(\cos(2x) - 2 \sin^2 x \cos(2x) -$

$- 4 \sin^2 x \cdot \cos^2 x)$

$= 4(\cos(2x)(1 - 2 \sin^2 x) - (2 \sin x \cos x)^2)$

$= 4(\cos^2(2x) - \sin^2(2x)) = 4 \cdot \cos(4x)$

583. $y = (1 + 2 \sin x) \cos x$ $\quad = \cos x \cdot 2 \cos x + (1 + 2 \sin x) \cdot (-\sin x)$

$= 2 \cos^2 x - \sin x - 2 \sin^2 x = 2 \cos(2x) - \sin x$

584. $y = \cos x \cdot \cos(x + b)$ $\quad = \cos(x + b) \cdot (-\sin x) + \cos x \cdot (-\sin(x + b))$

$= -[\sin x \cdot \cos(x + b) + \cos x \cdot \sin(x + b)]$

$= -\sin(x + x + b) = -\sin(2x + b)$

585. $y = \sin(\cos(x^3 + 2))$ $\quad = \cos(\cos(x^3 + 2)) \cdot (-\sin(x^3 + 2)) \cdot 3x^2$

$= -3x^2 \cdot \cos(\cos(x^3 + 2)) \cdot \sin(x^3 + 2)$

586. $y = \cos \sqrt{\sin(6x + 2)}$ $\quad = -\sin \sqrt{\sin(6x + 2)} \cdot \dfrac{1}{2\sqrt{\sin(6x + 2)}}$

$\times \cos(6x + 2) \cdot 6$

$= \dfrac{3 \cos(6x + 2) \cdot \sin \sqrt{\sin(6x + 2)}}{\sqrt{\sin(6x + 2)}}$

587. $y = 3 \sin x \cos^2 x + \sin^3 x$ $\quad = 3(\cos^2 x \cos x + \sin x \cdot 2 \cos x \cdot (-\sin x)) +$

$+ 3 \sin^2 x \cos x$

$= 3 \cos x\,(\cos^2 x - 2 \sin^2 x + \sin^2 x)$

$= 3 \cos x\,(\cos^2 x - \sin^2 x) = 3 \cos x \cos(2x)$

y'

587a. $y = \sin x\,(3\cos^2 x + \sin^2 x)$

$= (3\cos^2 x + \sin^2 x)\cos x +$
$+ \sin x\,(6\cos x\cdot(-\sin x) + 2\sin x\cos x)$
$= 3\cos^3 x + \sin^2 x\cos x - 6\sin^2 x\cos x +$
$+ 2\sin^2 x\cos x$
$= 3\cos^3 x - 3\cos x\sin^2 x$
$= 3\cos x\,(\cos^2 x - \sin^2 x) = 3\cos x\cos(2x)$

588. $y = x^5\tan x - 7$

$= \tan x\cdot 5x^4 + \dfrac{x^5}{\cos^2 x} = x^4\left(5\tan x + \dfrac{x}{\cos^2 x}\right)$

589. $y = \cos x\cdot\tan x$

$= \tan x\cdot(-\sin x) + \cos x\cdot\dfrac{1}{\cos^2 x}$
$= \dfrac{-\sin^2 x}{\cos x} + \dfrac{1}{\cos x}$
$= \dfrac{1-\sin^2 x}{\cos x} = \dfrac{\cos^2 x}{\cos x} = \cos x$

oder

589a. $y = \cos x\cdot\dfrac{\sin x}{\cos x} = \sin x$

$= \cos x$

590. $y = (x\cdot\sin x)^2$

$= 2x\sin x\,[\sin x + x\cos x]$
$= 2x\sin^2 x + 2x^2\sin x\cos x$
$= 2x\sin^2 x + x^2\sin(2x)$

oder

590a. $y = x^2\sin^2 x$

$= \sin^2 x\cdot 2x + x^2\, 2\sin x\cos x$
$= 2x\sin^2 x + x^2\sin(2x)$

591. $y = (x\cdot\tan x)^2$

$= 2x\tan x\left(\tan x + \dfrac{x}{\cos^2 x}\right)$
$= x\tan x\left(\dfrac{2\sin x\cos x + 2x}{\cos^2 x}\right)$
$= x\tan x\cdot\dfrac{\sin(2x) + 2x}{\cos^2 x}$

oder

591a. $y = x^2\tan^2 x$

$= \tan^2 x\cdot 2x + x^2\cdot\dfrac{2\tan^2 x}{\cos^2 x}$
$= x\cdot\tan x\left(2\tan x + \dfrac{2x}{\cos^2 x}\right)$
$= x\cdot\tan x\cdot\dfrac{\sin(2x) + 2x}{\cos^2 x}$

592. $x = e^{-\lambda t}\cdot\sin(\omega t + \varphi)$

$\dfrac{dx}{dt} = \sin(\omega t + \varphi)\cdot e^{-\lambda t}\cdot(-\lambda) +$
$+ e^{-\lambda t}\cdot\cos(\omega t + \varphi)\cdot\omega$
$= e^{-\lambda t}[\omega\cdot\cos(\omega t + \varphi) - \lambda\sin(\omega t + \varphi)]$
$= \dfrac{1}{e^{\lambda t}}[\omega\cdot\cos(\omega t + \varphi) - \lambda\sin(\omega t + \varphi)]$

593. $x = e^{-\frac{\lambda}{a-t}}\cdot\sin\left(\dfrac{2\pi}{T}\cdot\dfrac{b\cdot t}{a-t}\right)$

$\dfrac{dx}{dt} = \sin\left(\dfrac{2\pi}{T}\cdot\dfrac{b\cdot t}{a-t}\right)e^{-\frac{\lambda}{a-t}}\cdot\left(-\dfrac{\lambda}{(a-t)^2}\right)$
$+ e^{-\frac{\lambda}{a-t}}\cdot\cos\left(\dfrac{2\pi}{T}\cdot\dfrac{b\cdot t}{a-t}\right)\cdot\dfrac{2\pi}{T}\cdot\dfrac{(a-t)\,b + b\,t}{(a-t)^2}$

y'

$$= \frac{1}{e^{-\frac{\lambda}{a-t}}} \cdot \frac{1}{(a-t)^2} \left[a \cdot b \cdot \frac{2\pi}{T} \cos\left(\frac{2\pi}{T} \cdot \frac{b\,t}{a-t}\right) - \right.$$

$$\left. - \lambda \sin\left(\frac{2\pi}{T} \cdot \frac{b\,t}{a-t}\right)\right]$$

594. $y = \frac{\sin x}{x}$ $\quad = \frac{x \cdot \cos x - \sin x}{x^2}$

595. $y = \frac{\sin^2 x}{x^2 - 1}$ $\quad = \frac{(x^2-1)\, 2 \sin x \cos x - \sin^2 x \cdot 2x}{(x^2-1)^2}$

$$= \frac{(x^2-1) \sin(2x) - 2x \sin^2 x}{(x^2-1)^2}$$

596. $y = \frac{\sin x}{\cos x}$ $\quad = \frac{\cos x \cdot \cos x - \sin x \cdot (-\sin x)}{\cos^2 x}$

$$= \frac{1}{\cos^2 x} = 1 + \tan^2 x$$

oder

596a. $y = \tan x$ $\quad = \frac{1}{\cos^2 x} = 1 + \tan^2 x$

597. $y = \frac{\cos x}{\sin x}$ $\quad = \frac{\sin x \cdot (-\sin x) - \cos x \cos x}{\sin^2 x}$

$$= -\frac{\sin^2 x + \cos^2 x}{\sin^2 x} = -\frac{1}{\sin^2 x}$$

oder

597a. $y = \cot x$ $\quad = -\frac{1}{\sin^2 x} = -(1 + \cot^2 x)$

598. $y = \frac{1}{2 \sin^2 x} - \frac{1}{4 \sin^4 x}$ $\quad = \frac{-4 \sin x \cos x}{4 \sin^4 x} - \frac{-16 \sin^3 x \cos x}{16 \sin^8 x}$

$$= \frac{\cos x}{\sin^5 x} - \frac{\cos x}{\sin^3 x}$$

$$= \frac{\cos x}{\sin^5 x} - \frac{\cos x \sin^2 x}{\sin^5 x} = \frac{\cos^3 x}{\sin^5 x}$$

599. $y = \frac{a \cdot \sin x}{1 + \cos x}$ $\quad = \frac{(1 + \cos x)\, a \cos x - a \sin x \cdot (-\sin x)}{(1 + \cos x)^2}$

$$= \frac{a \cos x + a \cos^2 x + a \sin^2 x}{(1 + \cos x)^2}$$

$$= \frac{a \cos x + a}{(1 + \cos x)^2} = \frac{a\,(1 + \cos x)}{(1 + \cos x)^2} = \frac{a}{1 + \cos x}$$

600. $y = \frac{2 \sin x}{1 + \cos x}$ $\quad = \frac{2}{1 + \cos x}$

601. $y = \frac{1 + \cos x}{1 - \cos x}$ $\quad = \frac{(1 - \cos x) \cdot (-\sin x) - (1 + \cos x) \sin x}{(1 - \cos x)^2}$

$$= \frac{-\sin x + \sin x \cos x - \sin x - \sin x \cos x}{(1 - \cos x)^2}$$

$$= -\frac{2 \sin x}{(1 - \cos x)^2}$$

y'

602. $y = \frac{1-\cos x}{1+\cos x}$ $\qquad = \frac{2\sin x}{(1+\cos x)^2}$

603. $y = \frac{\sin x + \cos x}{\sin x \cos x}$

$$y' = \frac{\sin x \cos x\,(\cos x - \sin x) - (\sin x + \cos x)\cdot(\cos^2 x - \sin^2 x)}{\sin^2 x \cos^2 x}$$

$$= \frac{\sin x \cos^2 x - \sin^2 x \cos x - \sin x\cdot\cos^2 x + \sin^3 x - \cos^3 x + \cos x \sin^2 x}{\sin^2 x\cos^2 x}$$

$$= \frac{\sin^3 x - \cos^3 x}{\sin^2 x \cos^2 x} = \frac{\sin x}{\cos^2 x} - \frac{\cos x}{\sin^2 x}$$

603a. $y = \frac{1}{\cos x} + \frac{1}{\sin x}$ $\qquad = \frac{\sin x}{\cos^2 x} - \frac{\cos x}{\sin^2 x} = \frac{\sin^3 x - \cos^3 x}{\sin^2 x \cos^2 x}$

604. $y = \frac{a - b\cos x}{a + b\cos x}$ $\qquad = \frac{(a+b\cos x)\, b\sin x - (a - b\cos x)\cdot(-b\sin x)}{(a+b\cos x)^2}$

$$= \frac{b\cdot\sin x\,(a + b\cos x + a - b\cos x)}{(a+b\cos x)^2}$$

$$= \frac{2\,a\,b\sin x}{(a+b\cos x)^2}$$

605. $y = \sin(\ln x)$ $\qquad = \cos(\ln x)\cdot\frac{1}{x} = \frac{\cos(\ln x)}{x}$

606. $y = \cos(\ln x)$ $\qquad = -\frac{\sin(\ln x)}{x}$

607. $y = \tan(\ln x)$ $\qquad = \frac{1}{\cos^2(\ln x)}\cdot\frac{1}{x} = \frac{1}{x\cdot\cos^2(\ln x)}$

608. $y = \sin\ln(3\,x+4)$ $\qquad = \frac{\cos\ln(3\,x+4)\cdot 3}{3\,x+4} = 3\cdot\frac{\cos\ln(3\,x+4)}{3\,x+4}$

609. $y = \sin\ln e^{\sin x}$ $\qquad = \cos x\cdot\cos\ln e^{\sin x} = \sin x\cdot\sin(\cos x)$

$= \sin(\sin x)$

610. $y = \cos\ln e^{\cos x}$ $\qquad = \sin x\cdot\sin\ln e^{\cos x} = \cos x\cdot\cos(\sin x)$

$= \cos(\cos x)$

611. $y = \ln(\sin x)$ $\qquad = \frac{1}{\sin x}\cdot\cos x = \cot x$

612. $y = \ln\left(\frac{5}{\sin x}\right) = \ln 5 - \ln(\sin x)$ $\qquad = -\frac{\cos x}{\sin x} = -\cot x$

613. $y = \ln\left(\frac{3\,x}{\sin x}\right) = \ln u$ $\qquad = \frac{\sin x}{3\,x}\cdot\frac{\sin x\cdot 3 - 3\,x\cos x}{\sin^2 x} = \frac{1}{x} - \cot x$

oder

613a. $y = \ln(3\,x) - \ln(\sin x)$

$= \ln 3 + \ln x - \ln(\sin x)$ $\qquad = \frac{1}{x} - \cot x$

614. $y = \ln\sin\cos x$ $\qquad = \frac{1}{\sin\cos x}\cdot\cos\cos x\cdot(-\sin x)$

$= -\sin x\cdot\cot\cdot\cos x$

	y'
615. $y = 3 \ln(\sin^3 x)$	$= 3 \cdot \frac{1}{\sin^3 x} \cdot 3 \sin^2 x \cos x = 9 \cot x$
oder	
615a. $y = 3 \cdot 3 \cdot \ln(\sin x) = 9 \ln(\sin x)$	$= 9 \frac{1}{\sin x} \cos x = 9 \cot x$
616. $y = \ln(\sin(p x + q))$	$= \frac{1}{\sin(p x+q)} \cdot \cos(p x+q) \cdot p = p \cdot \cot(p x+q)$
617. $y = \ln(\sin x) + \frac{1}{2} \cos^2 x$	$= \frac{\cos x}{\sin x} + \frac{1}{2} \cdot 2 \cos x \cdot (-\sin x)$
	$= \frac{\cos x}{\sin x} - \frac{\cos x \sin^2 x}{\sin x}$
	$= \frac{\cos x (1-\sin^2 x)}{\sin x} = \frac{\cos^3 x}{\sin x}$
618. $y = \ln(\sin x) + \frac{1}{2} \cos^2 x + \frac{1}{4} \cos^4 x$	$= \frac{\cos x}{\sin x} + \cos x \cdot (-\sin x) + \cos^3 x \cdot (-\sin x)$
	$= \frac{\cos x - \cos x \cdot \sin^2 x - \cos^3 x \cdot \sin^2 x}{\sin x}$
	$= \frac{\cos x (1-\sin^2 x) - \cos^3 x \sin^2 x}{\sin x}$
	$= \frac{\cos^3 x - \cos^3 x \sin^2 x}{\sin x} = \frac{\cos^5 x}{\sin x}$
619. $y = \ln\left(\sin\left(\frac{x-a}{x}\right)\right)$	$= \frac{1}{\sin\left(\frac{x-a}{x}\right)} \cdot \cos\left(\frac{x-a}{x}\right) \cdot \frac{x-(x-a)}{x^2}$
	$= \frac{a}{x^2} \cot\left(\frac{x-a}{x}\right)$
620. $y = \ln(\sin\sqrt{a+b x})$	$= \frac{1}{\sin\sqrt{a+b x}} \cdot \cos\sqrt{a+b x} \cdot \frac{b}{2\sqrt{a+b x}}$
	$= \frac{b}{2\sqrt{a+b x}} \cdot \cot\sqrt{a+b x}$
621. $y = \ln(\cos x)$	$= \frac{1}{\cos x} \cdot (-\sin x) = -\tan x$
622. $y = \frac{1}{4} \tan^4 x - \frac{1}{2} \tan^2 x - \ln \cos x$	$= \tan^3 x (1+\tan^2 x) - \tan x (1+\tan^2 x) + \frac{\sin x}{\cos x}$
	$= \tan^3 x + \tan^5 x - \tan x - \tan^3 x + \tan x$
	$= \tan^5 x$
623. $y = \ln(\cos x + \sin x)$	$= \frac{-\sin x + \cos x}{\cos x + \sin x} = \frac{\cos x - \sin x}{\cos x + \sin x}$
	$= \frac{\cos^2 x - \sin^2 x}{(\cos x + \sin x)^2} = \frac{\cos(2x)}{(\cos x + \sin x)^2}$
	$= \frac{\cos(2x)}{1+\sin(2x)}$
624. $y = \ln(\cot x + 6 x - 5)$	$= \frac{1}{\cot x + 6 x - 5} \cdot \left(-\frac{1}{\sin^2 x} + 6\right)$
625. $y = \ln\sqrt{\cos x}$	$= \frac{1}{\sqrt{\cos x}} \cdot \frac{1}{2\sqrt{\cos x}} \cdot (-\sin x) = -\frac{\sin x}{2 \cos x}$
	$= -\frac{1}{2} \tan x$

oder

625a. $y = \frac{1}{2} \ln (\cos x)$ $\quad = \frac{1}{2} \cdot \frac{1}{\cos x} \cdot (-\sin x) = -\frac{1}{2} \tan x$

626. $y = \ln 5^{\sin x}$ $\quad = \frac{1}{5^{\sin}} \cdot 5^{\sin x} \cdot \ln 5 \cdot \cos x = \ln 5 \cdot \cos x$

oder

626a. $y = \sin x \cdot \ln 5$ $\quad = \ln 5 \cdot \cos x$

627. $y = \ln \left(\cos \left(\frac{x}{2}\right)\right)^2$

$$= \frac{1}{\left(\cos \left(\frac{x}{2}\right)\right)^2} \cdot 2 \cdot \cos \left(\frac{x}{2}\right) \cdot \left(-\sin \left(\frac{x}{2}\right)\right) \cdot \frac{1}{2}$$

$$= -\frac{\sin \left(\frac{x}{2}\right)}{\cos \left(\frac{x}{2}\right)} = -\tan \left(\frac{x}{2}\right)$$

oder

627a. $y = 2 \ln \cos \left(\frac{x}{2}\right)$ $\quad = 2 \cdot \frac{-\sin \left(\frac{x}{2}\right)}{\cos \left(\frac{x}{2}\right)} \cdot \frac{1}{2} = -\tan \left(\frac{x}{2}\right)$

628. $y = \ln \cos \sqrt{\frac{1}{x}}$ $\quad = \frac{-\sin \sqrt{\frac{1}{x}}}{\cos \sqrt{\frac{1}{x}}} \cdot \left(-\frac{1}{2} x^{-\frac{3}{2}}\right) = \frac{1}{2x\sqrt{x}} \cdot \tan \sqrt{\frac{1}{x}}$

629. $y = \ln \sqrt{\sin x} + \ln \sqrt{\cos x}$ $\quad = \frac{1}{2} \frac{\cos x}{\sin x} - \frac{\sin x}{2 \cos x} = \frac{\cos^2 x - \sin^2 x}{2 \sin x \cos x}$

$= \frac{1}{2} \ln (\sin x) + \frac{1}{2} \ln (\cos x)$ $\quad = \frac{\cos (2x)}{\sin (2x)} = \cot (2x)$

630. $y = \ln \sqrt{\frac{1-\cos t}{1+\cos t}}$ $\quad y' = \frac{dy}{dt} = \frac{1}{2} \cdot \frac{\sin t}{1-\cos t} + \frac{\sin t}{2(1+\cos t)}$

$= \frac{1}{2} \ln (1-\cos t) - \frac{1}{2} \ln (1+\cos t)$ $\quad = \frac{\sin t}{2} \cdot \frac{1+\cos t + 1 - \cos t}{1-\cos^2 t}$

$$= \frac{\sin t}{2} \cdot \frac{2}{\sin^2 t} = \frac{1}{\sin t}$$

631. $y = \ln \sqrt{\frac{1-\cos m x}{1+\cos m x}}$ $\quad = \frac{1}{2} \frac{\sin (mx) \cdot m}{1-\cos (mx)} + \frac{1}{2} \frac{\sin (mx) \cdot m}{1+\cos (mx)}$

$= \frac{1}{2} \ln (1-\cos m x) -$ $\quad = \frac{1}{2} m \sin (mx) \left[\frac{1}{1-\cos (mx)} + \right.$

$- \frac{1}{2} \ln (1+\cos m x)$ $\quad \left. + \frac{1}{1+\cos (mx)}\right] = \frac{1}{2} m \sin (mx) \cdot$

$$\times \left[\frac{1+\cos (mx) + 1 - \cos (mx)}{1-\cos^2 (mx)}\right]$$

$$= \frac{m \cdot \sin (mx)}{\sin^2 (mx)} = \frac{m}{\sin (mx)}$$

$$632.\quad y = \ln\left|\frac{\sqrt{b+a}+\sqrt{b-a}\tan\left(\frac{x}{2}\right)}{\sqrt{b+a}-\sqrt{b-a}\tan\left(\frac{x}{2}\right)}\right|$$

$$y' = \frac{\sqrt{b+a}-\sqrt{b-a}\tan\left(\frac{x}{2}\right)}{\sqrt{b+a}+\sqrt{b-a}\tan\left(\frac{x}{2}\right)}\cdot$$

$$\times\frac{\left(\sqrt{b+a}-\sqrt{b-a}\cdot\tan\left(\frac{x}{2}\right)\right)\cdot\frac{\sqrt{b-a}}{2}\cdot\frac{1}{\cos^2\left(\frac{x}{2}\right)}+\left(\sqrt{b+a}+\sqrt{b-a}\tan\left(\frac{x}{2}\right)\right)\cdot\frac{\sqrt{b-a}}{2\cos^2\left(\frac{x}{2}\right)}}{\left(\sqrt{b+a}-\sqrt{b-a}\tan\left(\frac{x}{2}\right)\right)^2}$$

$$= \frac{\left(\sqrt{b+a}-\sqrt{b-a}\tan\left(\frac{x}{2}\right)\right)\cdot\sqrt{b-a}\left(\sqrt{b+a}-\sqrt{b-a}\tan\left(\frac{x}{2}\right)+\sqrt{b+a}+\sqrt{b-a}\tan\left(\frac{x}{2}\right)\right)}{\left(\sqrt{b+a}+\sqrt{b-a}\tan\left(\frac{x}{2}\right)\right)\cdot 2\cos^2\left(\frac{x}{2}\right)\left(\sqrt{b+a}-\sqrt{b-a}\tan\left(\frac{x}{2}\right)\right)^2}$$

$$= \frac{\sqrt{b-a}\cdot 2\sqrt{b+a}}{\left(\sqrt{b+a}+\sqrt{b-a}\tan\left(\frac{x}{2}\right)\right)\left(\sqrt{b+a}-\sqrt{b-a}\tan\left(\frac{x}{2}\right)\right)\cdot 2\cos^2\left(\frac{x}{2}\right)}$$

$$= \frac{\sqrt{b^2-a^2}}{\cos^2\left(\frac{x}{2}\right)\left[b+a-(b-a)\tan^2\left(\frac{x}{2}\right)\right]}$$

$$= \frac{\sqrt{b^2-a^2}}{b\cos^2\left(\frac{x}{2}\right)+a\cos^2\left(\frac{x}{2}\right)-b\sin^2\left(\frac{x}{2}\right)+a\sin^2\left(\frac{x}{2}\right)}$$

$$= \frac{\sqrt{b^2-a^2}}{b\left(\cos^2\left(\frac{x}{2}\right)-\sin^2\left(\frac{x}{2}\right)\right)+a\left(\cos^2\left(\frac{x}{2}\right)+\sin^2\left(\frac{x}{2}\right)\right)} = \frac{\sqrt{b^2-a^2}}{a+b\cos x}$$

oder

$$632a.\quad y = \ln\left(\sqrt{b+a}+\sqrt{b-a}\tan\left(\frac{x}{2}\right)\right)-\ln\left(\sqrt{b+a}+\sqrt{b-a}\tan\left(\frac{x}{2}\right)\right)$$

$$y' = \frac{1}{\sqrt{b+a}+\sqrt{b-a}\tan\left(\frac{x}{2}\right)}\cdot\frac{\sqrt{b-a}}{2\cos^2 x\left(\frac{x}{2}\right)}+\frac{1}{\sqrt{b+a}-\sqrt{b-a}\tan\left(\frac{x}{2}\right)}\cdot\frac{\sqrt{b-a}}{2\cos^2\left(\frac{x}{2}\right)}$$

$$= \frac{\sqrt{b-a}}{2\cos^2\left(\frac{x}{2}\right)}\cdot\frac{\sqrt{b+a}-\sqrt{b-a}\tan\left(\frac{x}{2}\right)+\sqrt{b+a}+\sqrt{b-a}\tan\left(\frac{x}{2}\right)}{b+a-(b-a)\tan^2\left(\frac{x}{2}\right)}$$

$$= \frac{\sqrt{b-a}\cdot 2\sqrt{b+a}}{2\cos^2\left(\frac{x}{2}\right)\left[b+a-b\tan^2\left(\frac{x}{2}\right)+a\tan^2\left(\frac{x}{2}\right)\right]}$$

$$= \frac{\sqrt{b^2-a^2}}{b\cos^2\left(\frac{x}{2}\right)+a\cos^2\left(\frac{x}{2}\right)-b\sin^2\left(\frac{x}{2}\right)+a\sin^2\left(\frac{x}{2}\right)} = \frac{\sqrt{b^2-a^2}}{a+b\cos x}$$

y'

633. $y = \ln\left(\frac{1+\cos x}{1+\cos x}\right)$

$= \ln(1+\cos x) - \ln(1-\cos x)$

$$y' = \frac{-\sin x}{1+\cos x} - \frac{\sin x}{1-\cos x}$$
$$= -\sin x \frac{1-\cos x+1+\cos x}{1-\cos^2 x}$$
$$= \frac{-2\sin x}{\sin^2 x} = -\frac{2}{\sin x}$$

634. $y = \ln\sqrt[4]{\sin^3 x \cos^3 x}$

$$y' = \frac{1}{\sqrt[4]{\sin^3 x\cos^3 x}} \cdot \frac{3}{4}(\sin x\cos x)^{-\frac{1}{4}}.$$
$$\times(\cos^2 x - \sin^2 x)$$
$$= \frac{3\cos(2x)}{4\sin x\cos x} = \frac{3\cos(2x)}{2\sin(2x)} = \frac{3}{2}\cot(2x)$$

oder

634a. $y = \frac{3}{4}\ln(\sin x) + \frac{3}{4}\ln(\cos x)$

$$y' = \frac{3}{4}\,\frac{\cos x}{\sin x} + \frac{3(-\sin x)}{4\cos x} = \frac{3}{4}\,\frac{\cos^2 x - \sin^2 x}{\sin x\cos x}$$
$$= \frac{3\cos(2x)}{2\cdot\sin(2x)} = \frac{3}{2}\cot(2x)$$

635. $y = \ln(\tan x)$

$$y' = \frac{1}{\tan x}\cdot\frac{1}{\cos^2 x} = \frac{1}{\sin x\cos x} = \frac{2}{\sin(2x)}$$

636. $y = \ln\left(\tan\left(\frac{x}{2}\right)\right)$

$$y' = \frac{1}{\tan\left(\frac{x}{2}\right)}\cdot\frac{1}{\cos^2\left(\frac{x}{2}\right)}\cdot\frac{1}{2}$$
$$= \frac{1}{2\sin\left(\frac{x}{2}\right)\cos\left(\frac{x}{2}\right)} = \frac{1}{\sin x}$$

637. $y = \frac{\ln\left(\tan\left(\frac{2}{x}\right)\right)}{8}$

$$y' = \frac{1}{8}\cdot\frac{1}{\tan\left(\frac{2}{x}\right)}\cdot\frac{1}{\cos^2\left(\frac{2}{x}\right)}\cdot\left(-\frac{2}{x^2}\right)$$
$$= -\frac{1}{2x^2\sin\left(\frac{4}{x}\right)}$$

638. $y = \ln(\tan e^{\sin x})$

$$y' = \frac{1}{\tan e^{\sin x}}\cdot\frac{1}{\cos^2 e^{\sin x}}\cdot e^{\sin x}\cdot\cos x$$
$$= \frac{\cos x\cdot e^{\sin x}}{\tan e^{\sin x}\cdot\cos^2 e^{\sin x}}$$

639. $y = \ln\left(\frac{1+\tan x}{1-\tan x}\right)$

$= \ln(1+\tan x) - \ln(1-\tan x)$

$$y' = \frac{1}{1+\tan x}\cdot\frac{1}{\cos^2 x} + \frac{1}{1-\tan x}\cdot\frac{1}{\cos^2 x}$$
$$= \frac{1}{\cos^2 x+\sin x\cos x} + \frac{1}{\cos^2 x - \sin x\cos x}$$
$$= \frac{\cos x - \sin x + \cos x + \sin x}{\cos x(\cos^2 x - \sin^2 x)}$$
$$= \frac{2\cos x}{\cos x\cos(2x)} = \frac{2}{\cos(2x)}$$

oder $$y' = \frac{1}{1+\tan x}\cdot\frac{1}{\cos^2 x} + \frac{1}{1-\tan x}\cdot\frac{1}{\cos^2 x}$$
$$= \frac{1+\tan^2 x}{1+\tan x} + \frac{1+\tan^2 x}{1-\tan x}$$

$$y'$$

$$= \frac{(1+\tan^2 x)(1-\tan x)+(1+\tan^2 x)(1+\tan x)}{1-\tan^2 x}$$

$$= \frac{(1+\tan^2 x)\,(1-\tan x+1+\tan x)}{1-\frac{\sin^2 x}{\cos^2 x}}$$

$$= \frac{2\,\frac{1}{\cos^2 x}}{\frac{\cos^2 x-\sin^2 x}{\cos^2 x}} = \frac{2}{\cos(2x)}.$$

640. $y = \frac{1}{2}\ln\left[\tan\left(\frac{x}{2}\right)\right]-\frac{\cos x}{2\sin^2 x}$

$$= \frac{1}{2}\,\frac{1}{\tan\left(\frac{x}{2}\right)}\cdot\frac{1}{\cos^2\left(\frac{x}{2}\right)}\cdot\frac{1}{2} - \frac{2\sin^2 x\cdot(-\sin x)-\cos x\cdot 4\sin x\cos x}{4\sin^4 x}$$

$$= \frac{1}{2\cdot 2\sin\left(\frac{x}{2}\right)\cos\left(\frac{x}{2}\right)} - \frac{-2\sin^3 x-4\sin x\cos^2 x}{4\sin^4 x}$$

$$= \frac{1}{2\sin x}+\frac{1}{2\sin x}+\frac{\cos^2 x}{\sin^3 x}$$

$$= \frac{1}{\sin x}+\frac{\cos^2 x}{\sin^3 x} = \frac{1}{\sin^3 x}$$

641. $y = 15\ln\left(\tan\left(\frac{x}{2}\right)\right)+\frac{\cos x}{\sin^4 x}\,(8\cos^4 x-25\cos^2 x+15)$

$$y' = 15\cdot\frac{1}{\tan\left(\frac{x}{2}\right)\cos^2\left(\frac{x}{2}\right)\cdot 2}+(8\cos^4 x-25\cos^2 x+15)\,\cdot$$

$$\times\frac{\sin^4 x\cdot(-\sin x)-\cos x\cdot 4\sin^3 x\cos x}{\sin^8 x}+\frac{\cos x}{\sin^4 x}\begin{pmatrix}32\cos^3 x\cdot(-\sin x)-\\ -50\cos x\cdot(-\sin x)\end{pmatrix}$$

$$= \frac{15}{2\sin\left(\frac{x}{2}\right)\cos\left(\frac{x}{2}\right)}+\frac{(8\cos^4 x-25\cos^2 x+15)\,(-\sin^2 x-4\cos^2 x)}{\sin^5 x}+$$

$$+\frac{\cos x\cdot\sin^2 x\,(50\cos x-32\cos^3 x)}{\sin^5 x}$$

$$= \frac{15\sin^4 x-8\cos^4 x\sin^2 x+25\cos^2 x\sin^2 x-15\sin^2 x-32\cos^6 x}{\sin^5 x}+$$

$$+\frac{100\cos^4 x-60\cos^2 x+50\cos^2 x\sin^2 x-32\cos^4 x\sin^2 x}{\sin^5 x}$$

$$= \frac{-15\sin^2 x\,(1-\sin^2 x)-60\cos^2 x\,(1-\cos^2 x)}{\sin^5 x}+$$

$$+\frac{40\cos^4 x\,(1-\sin^2 x)-32\cos^6 x+75\cos^2 x\sin^2 x}{\sin^5 x}$$

$$= \frac{-15\sin^2 x\cos^2 x-60\cos^2 x\sin^2 x+40\cos^6 x-32\cos^6 x+75\cos^2 x\sin^2 x}{\sin^5 x}$$

$$= \frac{8\cos^6 x}{\sin^5 x}$$

y'

642. $y = \ln\left(\frac{a+b\tan x}{a-b\tan x}\right)$ $= \frac{1}{a+b\tan x}\cdot\frac{b}{\cos^2 x}+\frac{1}{a-b\tan x}\cdot\frac{b}{\cos^2 x}$

$= \ln(a+b\tan x)-\ln(a-b\tan x)$ $= \frac{(a-b\tan x)\,b+(a+b\tan x)\,b}{(a^2-b^2\tan^2 x)\cos^2 x}$

$= \frac{2\,a\,b}{a^2\cos^2 x-b^2\sin^2 x}$

oder

$= \frac{2\,a\,b}{a^2-a^2\sin^2 x-b^2\sin^2 x}$

$= \frac{2\,a\,b}{a^2-(a^2+b^2)\sin^2 x}$

oder

$= \frac{2\,a\,b}{a^2\cos^2 x-b^2+b^2\cos^2 x}$

$= \frac{2\,a\,b}{(a^2+b^2)\cos^2 x-b^2}$

643. $y = \ln(\tan x)+\ln(\cos x)$ $= \frac{\cos x}{\sin x} = \cot x$

$= \ln(\sin x)$

644. $y = \ln\left(\tan\left(\frac{x}{2}\right)\right)$ $= \frac{1}{\tan\frac{x}{2}}\cdot\frac{1}{\cos^2\frac{x}{2}}\cdot\frac{1}{2} = \frac{1}{2\sin\frac{x}{2}\cos\frac{x}{2}} = \frac{1}{\sin x}$

645. $y = \ln(\cot x)$ $= \frac{1}{\cot x}\cdot\left(-\frac{1}{\sin^2 x}\right) = -\frac{1}{\cos x\sin x}$

$= -\frac{2}{\sin(2\,x)}$

646. $y = \ln(\cot x+5\,x-3)$ $= \frac{1}{\cot x+5\,x-3}\cdot\left(-\frac{1}{\sin^2 x}+5\right)$

647. $y = \ln\left(\cot\left(\frac{x}{2}\right)\right)$ $= \frac{1}{\cot\left(\frac{x}{2}\right)}\cdot\left(-\frac{1}{\sin^2\left(\frac{x}{2}\right)}\right)\cdot\frac{1}{2}$

$= -\frac{1}{2\sin\left(\frac{x}{2}\right)\cos\left(\frac{x}{2}\right)} = -\frac{1}{\sin x}$

648. $y = \ln\left(\cot\left(\frac{\pi}{4}-\frac{x}{2}\right)\right)$ $= \frac{1}{\cot\left(\frac{\pi}{4}-\frac{x}{2}\right)}\cdot\left(-\frac{1}{\sin^2\left(\frac{\pi}{4}-\frac{x}{2}\right)}\right)\cdot\left(-\frac{1}{2}\right)$

$= \frac{\sin\left(\frac{\pi}{4}-\frac{x}{2}\right)}{2\cos\left(\frac{\pi}{4}-\frac{x}{2}\right)\cdot\sin^2\left(\frac{\pi}{4}-\frac{x}{2}\right)}$

$= \frac{1}{\sin\left(\frac{\pi}{2}-x\right)} = \frac{1}{\cos x}$

649. $y = e^{\sin x}$ $= e^{\sin x}\cdot\cos x$

650. $y = e^{\cos}$ $= -\sin x\, e^{\cos x}$

	y'
651. $y = e^{\sin^2 x}$	$= e^{\sin^2 x} \cdot 2 \sin x \cos x = \sin (2x) \cdot e^{\sin^2 x}$
652. $y = e^{\sin \sqrt{x^2-1}}$	$= e^{\sin \sqrt{x^2-1}} \cdot \cos \sqrt{x^2-1} \cdot \dfrac{x}{\sqrt{x^2-1}}$
	$= \dfrac{x \cdot \cos \sqrt{x^2-1} \cdot e^{\sin \sqrt{x^2-1}}}{\sqrt{x^2-1}}$
653. $y = a^{\sin x}$	$= \cos x \ln a \cdot a^{\sin x}$
654. $y = a^{\cos (x^2+2)}$	$= a^{\cos (x^2+2)} \cdot \ln a \cdot (-\sin (x^2+2)) \cdot 2x$
	$= -2x \ln a \cdot \sin (x^2+2) \cdot a^{\cos (x^2+2)}$
655. $y = a^{\ln x}$	$= \dfrac{a^{\ln x} \cdot \ln a}{x}$

oder

$\ln y = \ln x \cdot \ln a$ $\qquad \dfrac{1}{y} \dfrac{dy}{dx} = \dfrac{\ln a}{x} + \ln x \cdot 0 \qquad | \cdot y$

$$y' = \frac{a^{\ln x} \cdot \ln a}{x}$$

656. $y = a^{\tan x}$	$= \dfrac{a^{\tan x} \cdot \ln a}{\cos^2 x}$
657. $y = \ln x \sin x - 5$	$= \dfrac{\sin x}{x} + \ln x \cos x$
658. $y = e^x \sin x$	$= \sin x\, e^x + e^x \cos x = e^x (\sin x + \cos x)$
659. $y = e^x \cos x$	$= e^x (\cos x - \sin x)$
660. $y = x \cdot e^{\cos x}$	$= e^{\cos x} + x \cdot e^{\cos x} \cdot (-\sin x) = e^{\cos x}(1 - x \sin x)$
661. $y = e^{-x} \sin x$	$= e^{-x} (\cos x - \sin x)$
662. $y = e^{-\alpha x} \sin (\beta x)$	$= e^{-\alpha x} (\beta \cos (\beta x) - \alpha \sin (\beta x))$
663. $y = \dfrac{1}{e^{\tan x}} = e^{-\tan x}$	$= e^{-\tan x} \cdot \left(-\dfrac{1}{\cos^2 x}\right) = -\dfrac{1}{\cos^2 x \cdot e^{\tan x}}$
664. $y = \sin e^{\cos x}$	$= -\sin x\, e^{\cos x} \cdot \cos e^{\cos x}$
665. $y = \cos e^{\cos x}$	$= \sin x\, e^{\cos x} \cdot \sin e^{\cos x}$
666. $y = \cos x \cdot e^{\sin x}$	$= e^{\sin x} (\cos^2 x - \sin x)$
667. $y = e^{2x} \sin^2 x$	$= e^{2x} (2 \sin^2 x + \sin (2x))$
668. $y = e^{ax} \cos (mx)$	$= e^{ax} (a \cos (mx) - m \cdot \sin (mx))$
669. $y = \dfrac{a \cos (bx) + b \sin (bx)}{a^2+b^2} \cdot e^{ax}$	$= \dfrac{1}{a^2+b^2} [e^{ax} (-a \sin (bx)\, b + b^2 \cos (bx)) +$
	$+ (a \cos (bx) + b \sin (bx))\, e^{ax} \cdot a]$
	$= \dfrac{e^{ax}}{a^2+b^2} [-ab \sin (bx) + b^2 \cos (bx) +$
	$+ a^2 \cos (bx) + ab \sin (bx)]$
	$= \dfrac{e^{ax}}{a^2+b^2} \cos (bx) (a^2+b^2) = e^{ax} \cos (bx)$
670. $y = e^{x \cos \alpha} \cdot \cos (x \cdot \sin \alpha) = u \cdot v$	$= \cos (x \sin \alpha) \cdot e^{x \cos \alpha} \cos \alpha -$
$u' = e^{x \cos \alpha} \cdot \cos \alpha$;	$- e^{x \cos \alpha} \cdot \sin (x \sin \alpha) \cdot \sin \alpha$
$v' = -\sin (x \sin \alpha) \cdot \sin \alpha$	$= e^{x \cos \alpha} [\cos \alpha \cdot \cos (x \sin \alpha) -$
	$- \sin \alpha \cdot \sin (x \sin \alpha)]$
	$= e^{x \cos \alpha} \cdot \cos (\alpha + x \cdot \sin \alpha)$

y'

671. $y = x^{\sin x}$ $\qquad \frac{1}{y}\frac{dy}{dx} = \ln x \cdot \cos x + \sin x \cdot \frac{1}{x} \quad | \cdot y$

$\ln y = \sin x \cdot \ln x$ $\qquad y' = x^{\sin x}\left[\ln x \cos x + \frac{\sin x}{x}\right]$

672. $y = (\cos x)^{\sin x}$ $\qquad \frac{1}{y}\frac{dy}{dx} = \ln(\cos x)\cos x + \sin x \cdot \frac{1}{\cos x} \cdot (-\sin x) \quad | \cdot y$

$\ln y = \sin x \ln(\cos x)$ $\qquad y' = (\cos x)^{\sin x}\left[\cos x \ln(\cos x) - \frac{\sin^2 x}{\cos x}\right]$

$$= (\cos x)^{\sin x - 1}(\cos^2 x \ln(\cos x) - \sin^2 x)$$

673. $y = (\sin x)^x$ $\qquad \frac{1}{y}\frac{dy}{dx} = \ln(\sin x) + x \cdot \frac{\cos x}{\sin x} \quad | \cdot y$

$\ln y = x \cdot \ln(\sin x)$ $\qquad y' = (\sin x)^x [\ln(\sin x) + x \cdot \cot x]$

674. $y = (\sin x)^{\cos x}$ $\qquad \frac{1}{y}\frac{dy}{dx} = \ln(\sin x) \cdot (-\sin x) + \frac{\cos x}{\sin x}\cos x$

$\ln y = \cos x \ln(\sin x)$ $\qquad y' = \sin x^{\cos x} \cdot \frac{1}{\sin x}[-\ln(\sin x)\sin^2 x + \cos^2 x]$

$$= \sin x^{\cos x} \cdot \frac{1}{\sin x}[\cos^2 x - \sin^2 x \cdot \ln(\sin x)]$$

$$= \sin x^{\cos x - 1}[\cos^2 x - \sin^2 x \ln(\sin x)]$$

675. $y = (\sin x)^{\sin x}$ $\qquad \frac{1}{y}\frac{dy}{dx} = \ln(\sin x)\cos x + \frac{\sin x}{\sin x}\cos x$

$\ln y = \sin x \cdot \ln(\sin x)$ $\qquad = \cos x(1 + \ln(\sin x)) \quad | \cdot y$

$$\frac{dy}{dx} = (\sin x)^{\sin x} \cdot \cos x(1 + \ln(\sin x))$$

676. $y = \frac{e^x}{\sin x}$ $\qquad y' = \frac{\sin x\, e^x - e^x \cos x}{\sin^2 x} = \frac{e^x(\sin x - \cos x)}{\sin^2 x}$

677. $y = \frac{\sin e^x}{4^{\sin x}}$ $\qquad y' = \frac{4^{\sin x} \cdot \cos e^x \cdot e^x - \sin e^x \cdot 4^{\sin x} \ln 4 \cos x}{(4^{\sin x})^2}$

$$= \frac{e^x \cos e^x - \ln 4 \cos x \sin e^x}{4^{\sin x}}$$

5.8 Beispiele der Form $y = \operatorname{arc\,sin} x$ ($\operatorname{arc\,cos} x$; $\operatorname{arc\,tan} x$; $\operatorname{arc\,cot} x$)

678. $y = \operatorname{arc\,sin}(4x)$ $\qquad = \frac{1}{\sqrt{1-16x^2}} \cdot 4 = \frac{4}{\sqrt{1-16x^2}}$

oder

678a. $4x = \sin y$ $\qquad 4\,dx = \cos y\,dy; \quad \frac{dy}{dx} = \frac{4}{\cos y} = \frac{4}{\sqrt{1-16x^2}}$

679. $y = \operatorname{arc\,sin}(\alpha x)$ $\qquad = \frac{1}{\sqrt{1-\alpha^2 x^2}} \cdot \alpha = \frac{\alpha}{\sqrt{1-\alpha^2 x^2}}$

680. $y = \operatorname{arc\,sin}\left(\frac{x}{a}\right)$ $\qquad = \frac{1}{\sqrt{1-\frac{x^2}{a^2}}} \cdot \frac{1}{a} = \frac{1}{\sqrt{a^2-x^2}}$

oder

680a. $\frac{x}{a} = \sin y$ $\qquad \frac{1}{a}dx = \cos y\,dy; \quad \frac{dy}{dx} = \frac{1}{a \cdot \cos y} = \frac{1}{a\sqrt{1-\frac{x^2}{a^2}}} = \frac{1}{\sqrt{a^2-x^2}}$

	y'
681. $y = 2 \arc\sin\left(\frac{x}{2}\right)$	$= 2\cdot\frac{1}{\sqrt{1-\frac{x^2}{4}}}\cdot\frac{1}{2} = \frac{2}{\sqrt{4-x^2}}$
682. $y = \arc\sin(m\cos x)$	$= \frac{1}{\sqrt{1-m^2\cos^2 x}}\cdot(-m\sin x)$ $= -\frac{m\cdot\sin x}{\sqrt{1-m^2\cos^2 x}}$
683. $y = \arc\sin\left(\frac{1}{x}\right)$	$= \frac{1}{\sqrt{1-\frac{1}{x^2}}}\cdot\left(-\frac{1}{x^2}\right) = -\frac{1}{x^2\sqrt{\frac{x^2-1}{x^2}}}$ $= -\frac{1}{x\sqrt{x^2-1}}$
684. $y = \arc\sin(1-x)$	$= \frac{1}{\sqrt{1-(1-x)^2}}\cdot(-1)$ $= -\frac{1}{\sqrt{1-1+2x-x^2}} = -\frac{1}{\sqrt{2x-x^2}}$
685. $y = \arc\sin\sqrt{1-x^2}$	$= \frac{1}{\sqrt{1-(1-x^2)}}\cdot\left(\frac{-2x}{2\sqrt{1-x^2}}\right)$ $= -\frac{x}{x\sqrt{1-x^2}} = -\frac{1}{\sqrt{1-x^2}}$
686. $y = \arc\sin\left(\frac{x}{\sqrt{1+x^2}}\right)$	$= \frac{1}{\sqrt{1-\frac{x^2}{1+x^2}}}\cdot\frac{\sqrt{1+x^2}-\frac{x\cdot x}{\sqrt{1+x^2}}}{1+x^2}$ $= \frac{\sqrt{1+x^2}}{(1+x^2)}\cdot\frac{1}{\sqrt{1+x^2}} = \frac{1}{1+x^2}$
687. $y = \arc\sin\left(\frac{x}{\sqrt{a^2+x^2}}\right)$	$= \frac{1}{\sqrt{1-\frac{x^2}{a^2+x^2}}}\cdot\frac{(a^2+x^2)^{\frac{1}{2}}-\frac{x\cdot x}{\sqrt{a^2+x^2}}}{a^2+x^2}$ $= \frac{\sqrt{a^2+x^2}}{a}\cdot\frac{a^2}{(a^2+x^2)\cdot\sqrt{a^2+x^2}} = \frac{a}{a^2+x^2}$

688. $y = \arc\sin\sqrt{\frac{1-x}{1+x}}$

$$y' = \frac{1}{\sqrt{1-\frac{1-x}{1+x}}}\cdot\frac{(1+x)^{\frac{1}{2}}\cdot(-1)\cdot(1-x)^{-\frac{1}{2}}\cdot\frac{1}{2}-(1-x)^{\frac{1}{2}}\cdot\frac{1}{2}(1+x)^{-\frac{1}{2}}}{1+x}$$

$$= -\frac{1}{\sqrt{\frac{2x}{1+x}}}\cdot\frac{\frac{1}{2}(1+x)^{-\frac{1}{2}}(1-x)^{-\frac{1}{2}}(1+x+1-x)}{1+x}$$

$$y' = -\frac{\sqrt{1+x}}{\sqrt{2x}} \cdot \frac{1}{(1+x)\sqrt{1+x}\sqrt{1-x}} = -\frac{1}{(1+x)\sqrt{2x-2x^2}}$$

oder

688a. $$\frac{(1-x)^{\frac{1}{2}}}{(1+x)^{\frac{1}{2}}} = \sin y$$

$$\frac{(1+x)^{\frac{1}{2}} \cdot \frac{1}{2}(1-x)^{-\frac{1}{2}} \cdot (-1) - (1-x)^{\frac{1}{2}} \cdot \frac{1}{2}(1+x)^{-\frac{1}{2}}}{1+x}\, dx = \cos y\, dy$$

$$\frac{dy}{dx} = \frac{-\frac{1}{2}(1+x)^{-\frac{1}{2}}(1-x)^{-\frac{1}{2}}(1+x+1-x)}{(1+x) \cdot \sqrt{1-\frac{1-x}{1+x}}}$$

$$= -\frac{\frac{1}{2} \cdot 2 \cdot \sqrt{1+x}}{(1+x)\sqrt{2x}\sqrt{1-x} \cdot \sqrt{1+x}} = -\frac{1}{(1+x)\sqrt{2x-2x^2}}$$

689. $y = \arcsin\left(\frac{a^2-x^2}{a^2+x^2}\right)$

$$y' = \frac{1}{\sqrt{1-\frac{(a^2-x^2)^2}{(a^2+x^2)^2}}} \cdot \frac{(a^2+x^2)(-2x) - (a^2-x^2)\, 2x}{(a^2+x^2)^2}$$

$$= \frac{(a^2+x^2) \cdot (-2x)(a^2+x^2+a^2-x^2)}{\sqrt{a^4+2a^2x^2+x^4-a^4+2a^2x^2-x^4} \cdot (a^2+x^2)^2}$$

$$= -\frac{2x \cdot 2a^2}{2ax(a^2+x^2)} = -\frac{2a}{a^2+x^2}$$

690. $y = x \cdot \arcsin x + \sqrt{1-x^2}$

$$y' = \arcsin x + \frac{x}{\sqrt{1-x^2}} + \frac{-2x}{2\sqrt{1-x^2}} = \arcsin x$$

691. $y = x\sqrt{1-x^2} + \arcsin x$

$$y' = \sqrt{1-x^2} + x \cdot \frac{-2x}{2\sqrt{1-x^2}} + \frac{1}{\sqrt{1-x^2}} = \frac{1-x^2}{\sqrt{1-x^2}} - \frac{x^2}{\sqrt{1-x^2}} + \frac{1}{\sqrt{1-x^2}} = \frac{2-2x^2}{\sqrt{1-x^2}}$$

$$= \frac{2(1-x^2)}{\sqrt{1-x^2}} = 2\sqrt{1-x^2}$$

692. $y = 5\sqrt{x} \cdot \arcsin x$

$$y' = 5\left[\frac{\arcsin x}{2\sqrt{x}} + \frac{\sqrt{x}}{\sqrt{1-x^2}}\right] = 5\left[\frac{\arcsin x\sqrt{1-x^2} + 2x}{2\sqrt{x}\sqrt{1-x^2}}\right]$$

693. $y = \sqrt[6]{(\arcsin x)^7}$

$$y' = \frac{7}{6}(\arcsin x)^{\frac{1}{6}} \cdot \frac{1}{\sqrt{1-x^2}} = \frac{7\sqrt[6]{\arcsin x}}{6\sqrt{1-x^2}}$$

694. $y = x\sqrt{1-x^2} + (2x^2-1)\arcsin x$

$$= \sqrt{x^2-x^4} + (2x^2-1)\arcsin x$$

	y'
	$= \frac{2x-4x^3}{2\sqrt{x^2-x^4}} + \arcsin x \cdot 4x + (2x^2-1) \cdot \frac{1}{\sqrt{1-x^2}}$
	$= \frac{1-2x^2}{\sqrt{1-x^2}} + 4x \cdot \arcsin x + \frac{2x^2-1}{\sqrt{1-x^2}}$
	$= 4x \arcsin x$
695. $y = a \cdot \arcsin\left(\frac{x}{a}\right) - \sqrt{a^2-x^2}$	$= a \cdot \frac{1}{\sqrt{1-\frac{x^2}{a^2}}} \cdot \frac{1}{a} - \frac{(-2x)}{2\sqrt{a^2-x^2}}$
	$= \frac{a}{\sqrt{a^2-x^2}} + \frac{x}{\sqrt{a^2-x^2}} = \frac{a+x}{\sqrt{a^2-x^2}} = \sqrt{\frac{a+x}{a-x}}$
696. $y = \frac{1}{\sqrt{b}} \arcsin\left(x\sqrt{\frac{b}{a}}\right)$	$= \frac{1}{\sqrt{b}} \cdot \frac{1}{\sqrt{1-\frac{x^2 b}{a}}} \cdot \sqrt{\frac{b}{a}} = \frac{1}{\sqrt{a-bx^2}}$
697. $y = a \cdot \arcsin\left(\frac{\sqrt{2ax-x^2}}{a}\right) -$ $-\sqrt{2ax-x^2}$	$= a \frac{1}{\sqrt{1-\frac{2ax-x^2}{a^2}}} \cdot \frac{1}{a} \cdot \frac{2a-2x}{2\sqrt{2ax-x^2}} -$
	$-\frac{2a-2x}{2\sqrt{2ax-x^2}}$
	$= \frac{a \cdot (a-x)}{\sqrt{a^2-2ax+x^2} \cdot \sqrt{2ax-x^2}} - \frac{a-x}{\sqrt{2ax-x^2}}$
	$= \frac{x}{\sqrt{2ax-x^2}}$
698. $y = \arcsin\left[\tan\left(\frac{a-x}{a+x}\right)\right]$	$= \frac{1}{\sqrt{1-\tan^2\left(\frac{a-x}{a+x}\right)}} \cdot \frac{1}{\cos^2\left(\frac{a-x}{a+x}\right)} \cdot$
	$\times \frac{(a+x)(-1)-(a-x)}{(a+x)^2}$
Setzt man $\frac{a-x}{a+x} = z$, so ist	
	$= \frac{1}{\sqrt{1-\tan^2 z}} \cdot \frac{1}{\cos^2 z} \cdot \frac{(-2a)}{(a+x)^2}$
	$= \frac{1}{\sqrt{\frac{\cos^2 z - \sin^2 z}{\cos^2 z}}} \cdot \frac{1}{\cos^2 z} \cdot \frac{-2a}{(a+x)^2}$
	$= \frac{\cos z \cdot (-2a)}{\sqrt{\cos(2z)} \cdot \cos^2 z \cdot (a+x)^2}$
	$= \frac{-2a}{(a+x)^2 \cdot \cos\left(\frac{a-x}{a+x}\right) \cdot \sqrt{\cos\left(\frac{2(a-x)}{a+x}\right)}}$

oder

y'

698a. $y = \text{arc sin}\left[\tan\left(\frac{a-x}{a+x}\right)\right]$

Ist $\sin y = \tan z$, so ist differenziert

$\tan\left(\frac{a-x}{a+x}\right) = \sin y$

$$\cos y \frac{dy}{dx} = \frac{1}{\cos^2 z}\frac{dz}{dx} = \frac{1}{\cos^2 z}\cdot\frac{(-2a)}{(a+x)^2}$$

Setzt man $\frac{a-x}{a+x} = z$, so ist

Ist $\sin y = \tan z$, so ist $\sin^2 y = \tan^2 z$;

$\tan z = \sin y$

$$\underbrace{\sin^2 y + \cos^2 y}_{1} = \tan^2 z + \cos^2 y$$

$$\cos^2 y = 1 - \tan^2 z$$

$$= \frac{\cos^2 z - \sin^2 z}{\cos^2 z} = \frac{\cos(2z)}{\cos^2 z}$$

$$\cos y = \sqrt{\frac{\cos(2z)}{\cos^2 z}} = \frac{\sqrt{\cos(2z)}}{\cos z}$$

oben eingesetzt

$$\frac{dy}{dx} = \frac{1}{\cos^2 z}\cdot\frac{(-2a)}{(a+x)^2}\cdot\frac{\cos z}{\sqrt{\cos(2z)}}$$

$$= \frac{-2a}{(a+x)^2 \cos z \sqrt{\cos(2z)}}$$

$$\frac{dy}{dx} = \frac{-2a}{(a+x)^2 \cos\left(\frac{a-x}{a+x}\right)\sqrt{\cos\left(\frac{2(a-x)}{a+x}\right)}}$$

699. $y = \text{arc cos}(5x)$ $\quad = -\frac{1}{\sqrt{1-25x^2}}\cdot 5 = -\frac{5}{\sqrt{1-25x^2}}$

700. $y = \text{arc cos}(a-x)$ $\quad = \frac{1}{\sqrt{1-(a-x)^2}}$

701. $y = \text{arc cos}(p\cdot\tan x)$ $\quad = -\frac{p}{\cos^2 x\sqrt{1-p^2\tan^2 x}}$

702. $y = \text{arc cos}\left(\frac{1}{x}\right)$ $\quad = -\frac{1}{\sqrt{1-\frac{1}{x^2}}}\cdot\left(-\frac{1}{x^2}\right) = \frac{1}{x\sqrt{x^2-1}}$

703. $y = \text{arc cos}\left(\frac{a}{x}\right)$ $\quad = \frac{a}{x\sqrt{x^2-a^2}}$

704. $y = \text{arc cos}\left(\frac{a-x}{x}\right)$ $\quad = -\frac{1}{\sqrt{1-\frac{(a-x)^2}{x^2}}}\cdot\left(-\frac{a}{x^2}\right)$

$$= \frac{a}{x\sqrt{x^2-a^2+2ax-x^2}} = \frac{a}{x\sqrt{2ax-a^2}}$$

705. $y = \text{arc cos}\sqrt{x}$ $\quad = -\frac{1}{\sqrt{1-x}}\cdot\frac{1}{2\sqrt{x}} = -\frac{1}{2\sqrt{x-x^2}}$

y'

706. $y = \arc\cos \frac{x^4-1}{x^4+1}$

$$= -\frac{1}{\sqrt{1-\left(\frac{x^4-1}{x^4+1}\right)^2}} \cdot$$
$$\times \frac{(x^4+1)\,4\,x^3-(x^4-1)\cdot 4\,x^3}{(x^4+1)^2}$$
$$= -\frac{x^4+1}{\sqrt{(x^4+1)^2-(x^4-1)^2}} \cdot \frac{4\,x^3\cdot 2}{(x^4+1)^2}$$
$$= -\frac{2\cdot 4\,x^3}{2\,x^2\,(x^4+1)} = -\frac{4\,x}{x^4+1}$$

707. $y = \arc\cos(\sin x)$

$$= -\frac{1}{\sqrt{1-\sin^2 x}}\cdot \cos x = -1$$

708. $y = a\cdot \arc\cos \frac{a-x}{a} - \sqrt{2\,a\,x-x^2}$

$$= -\frac{a}{\sqrt{1-\frac{(a-x)^2}{a^2}}}\cdot\left(-\frac{1}{a}\right) - \frac{2\,a-2\,x}{2\sqrt{2\,a\,x-x^2}}$$
$$= \frac{a}{\sqrt{2\,a\,x-x^2}} - \frac{a-x}{\sqrt{2\,a\,x-x^2}}$$
$$= \frac{x}{\sqrt{2\,a\,x-x^2}}$$

709. $y = \arc\cos\left(\frac{b+a\cos x}{a+b\cos x}\right)$

$$y' = -\frac{1}{\sqrt{1-\frac{(b+a\cos x)^2}{(a+b\cos x)^2}}}\cdot\frac{(a+b\cos x)(-a\sin x)-(b+a\cos x)(-b\sin x)}{(a+b\cos x)^2}$$
$$= -\frac{(a+b\cos x)\cdot(-a^2\sin x - a\,b\sin x\cos x + b^2\sin x + a\,b\sin x\cos x)}{\sqrt{a^2+2\,a\,b\cos x+b^2\cos^2 x-b^2-2\,a\,b\cos x-a^2\cos^2 x}\cdot(a+b\cos x)^2}$$
$$= -\frac{1}{\sqrt{(a^2-b^2)-\cos^2 x\,(a^2-b^2)}}\cdot\frac{-\sin x\,(a^2-b^2)}{a+b\cos x}$$
$$= \frac{\sin x\,(a^2-b^2)}{\sqrt{(a^2-b^2)(1-\cos^2 x)}\cdot(a+b\cos x)} = \frac{\sqrt{a^2-b^2}}{a+b\cos x}$$

710. $y = \arc\tan(7\,x)$

$$= \frac{7}{1+49\,x^2}$$

711. $y = \frac{3}{\arc\tan x}$

$$= -3\,\frac{1}{1+x^2}\cdot\frac{1}{(\arc\tan x)^2}$$
$$= -\frac{3}{(1+x^2)(\arc\tan x)^2}$$

712. $y = \arc\tan\left(\frac{1}{x}\right)$

$$= \frac{1}{1+\frac{1}{x^2}}\cdot\left(-\frac{1}{x^2}\right) = -\frac{1}{1+x^2}$$

713. $y = \arc\tan\left(\frac{x}{a}\right)$

$$= \frac{1}{1+\frac{x^2}{a^2}}\cdot\frac{1}{a} = \frac{a}{a^2+x^2}$$

oder

713a. $\frac{x}{a} = \tan y$

$$\frac{1}{a}\,dx = \frac{1}{\cos^2 y}\,dy;\quad \frac{dy}{dx} = \frac{\cos^2 y}{a} = \frac{1}{a\,(1+\tan^2 y)}$$

	y'
	$= \dfrac{1}{a\left(1+\dfrac{x^2}{a^2}\right)} = \dfrac{a}{a^2+x^2}$
714. $y = \operatorname{arc\,tan}(a^x)$	$= \dfrac{1}{1+a^{2x}} \cdot a^x \ln a = \dfrac{\ln a \cdot a^x}{1+a^{2x}}$
715. $y = \operatorname{arc\,tan} \sqrt{x}$	$= \dfrac{1}{2(1+x)\sqrt{x}}$
716. $y = \operatorname{arc\,tan} \sqrt{a\,x}$	$= \dfrac{a}{2(1+a\,x)\sqrt{a\,x}}$
717. $y = \operatorname{arc\,tan} \dfrac{1}{x-2}$	$= \dfrac{1}{1+\left(\dfrac{1}{x-2}\right)^2} \cdot \left(-\dfrac{1}{(x-2)^2}\right)$
	$= -\dfrac{1}{(x-2)^2+1}$
718. $y = \operatorname{arc\,tan} \dfrac{x}{a-x}$	$= \dfrac{1}{1+\dfrac{x^2}{(a-x)^2}} \cdot \dfrac{(a-x)-x\cdot(-1)}{(a-x)^2}$
	$= \dfrac{a}{(a-x)^2+x^2}$
719. $y = \operatorname{arc\,tan} \sqrt{\dfrac{x}{a+x}}$	$= \dfrac{1}{1+\dfrac{x}{a+x}} \cdot \dfrac{(a+x)^{\frac{1}{2}} \cdot \frac{1}{2}\, x^{-\frac{1}{2}} - x^{\frac{1}{2}} \cdot \frac{1}{2}\,(a+x)^{-\frac{1}{2}}}{a+x}$
	$= \dfrac{a+x}{a+2\,x} \cdot \dfrac{1}{2}\; \dfrac{x^{-\frac{1}{2}}\,(a+x)^{-\frac{1}{2}}\,(a+x-x)}{a+x}$
	$= \dfrac{a}{2(a+2\,x)\sqrt{x\,(a+x)}}$

oder

719a. $\dfrac{x}{a+x} = \tan^2 y$

$$\frac{(a+x)-x}{(a+x)^2}\,\mathrm{d}x = 2\tan y \cdot \frac{1}{\cos^2 y}\,\mathrm{d}y$$

$$\frac{\mathrm{d}y}{\mathrm{d}x} = \frac{a}{(a+x)^2} \cdot \frac{\cos^2 y}{2\tan y}$$

$$= \frac{a}{(a+x)^2\, 2\tan y\,(1+\tan^2 y)}$$

$$= \frac{a\sqrt{a+x}}{2(a+x)^2 \cdot \sqrt{x}\left(1+\dfrac{x}{a+x}\right)}$$

$$= \frac{a \cdot \sqrt{a+x}\,(a+x)}{2(a+x)^2 \cdot \sqrt{x} \cdot (a+2\,x)}$$

$$= \frac{a}{2\sqrt{a+x}\,\sqrt{x}\,(a+2\,x)}$$

$$= \frac{a}{2(a+2\,x)\sqrt{x\,(a+x)}}$$

	y'
720. $y = \frac{1}{a} \operatorname{arc\,tan} \left(\frac{x}{a}\right)$	$= \frac{1}{a^2 + x^2}$ s. Beisp. 713
721. $y = \operatorname{arc\,tan} (m \tan x)$	$= \frac{1}{1 + m^2 \tan^2 x} \cdot \frac{m}{\cos^2 x}$
	$= \frac{m}{\cos^2 x + m^2 \sin^2 x}$
	$= \frac{m}{\cos^2 x + m^2 - m^2 \cos^2 x}$
	$= \frac{m}{m^2 + \cos^2 x\,(1 - m^2)}$
	$= \frac{m}{1 - \sin^2 x + m^2 \sin^2 x}$
	$= \frac{m}{1 + \sin^2 x\,(m^2 - 1)}$
722. $y = \operatorname{arc\,tan} (m \cot x)$	$= \frac{1}{1 + m^2 \cot^2 x} \cdot \left(-\frac{m}{\sin^2 x}\right)$
	$= -\frac{m}{\sin^2 x + m^2 \cos^2 x}$
	$= -\frac{m}{m^2 + \sin^2 x\,(1 - m^2)}$
	$= -\frac{m}{1 + \cos^2 x\,(m^2 - 1)}$
723. $y = \operatorname{arc\,tan} \left(a \tan \left(\frac{x}{2}\right)\right)$	$= \frac{1}{1 + a^2 \tan^2 \left(\frac{x}{2}\right)} \cdot a \cdot \frac{1}{\cos^2 \left(\frac{x}{2}\right)} \cdot \frac{1}{2}$
	$= \frac{\frac{a}{2}}{\cos^2 \left(\frac{x}{2}\right) + a^2 \sin^2 \left(\frac{x}{2}\right)}$
	$= \frac{\frac{a}{2}}{1 + \sin^2 \left(\frac{x}{2}\right) (a^2 - 1)}$
	$= \frac{\frac{a}{2}}{a^2 + \cos^2 \left(\frac{x}{2}\right) (1 - a)^2}$
724. $y = \operatorname{arc\,tan} \left(\frac{2x}{1 - x^2}\right)$	$= \frac{1}{1 + \left(\frac{2x}{1 - x^2}\right)^2} \cdot \frac{(1 - x^2) \cdot 2 - 2x \cdot (-2x)}{(1 - x^2)^2}$
	$= \frac{(1 - x^2)^2 \cdot (2 + 2x^2)}{(1 - 2x^2 + x^4 + 4x^2)(1 - x^2)^2}$
	$= \frac{2(1 + x^2)}{(1 + x^2)^2} = \frac{2}{1 + x^2}$

y'

725. $y = \arc\tan\left(\frac{2x}{\sqrt{1-4x^2}}\right)$ $\quad = \frac{1}{1+\frac{4x^2}{1-4x^2}} \cdot \frac{2\sqrt{1-4x^2}+\frac{2x\cdot 8x}{2\sqrt{1-4x^2}}}{1-4x^2}$

$$= \frac{(1-4x^2)\cdot(2(1-4x^2)+8x^2)}{(1-4x^2)\sqrt{1-4x^2}} = \frac{2}{\sqrt{1-4x^2}}$$

726. $y = \arc\tan\sqrt{\frac{1-x}{1+x}}$

$$y' = \frac{1}{1+\frac{1-x}{1+x}} \cdot \frac{(1+x)^{\frac{1}{2}}\cdot\frac{1}{2}(1-x)^{-\frac{1}{2}}\cdot(-1)-(1-x)^{\frac{1}{2}}\cdot\frac{1}{2}(1+x)^{-\frac{1}{2}}}{1+x}$$

$$= \frac{1+x}{2} \cdot \frac{-\frac{1}{2}(1+x)^{-\frac{1}{2}}(1-x)^{-\frac{1}{2}}(1+x+1-x)}{1+x}$$

$$= -\frac{2}{2\cdot 2\cdot\sqrt{1+x}\sqrt{1-x}} = -\frac{1}{2\sqrt{1-x^2}}$$

727. $y = \arc\tan\sqrt{\frac{a-x}{a+x}}$ $\quad = -\frac{1}{2\sqrt{a^2-x^2}}$

728. $y = \arc\tan\frac{\sqrt{1+u^2}+\sqrt{1-u^2}}{\sqrt{1+u^2}-\sqrt{1-u^2}}$

$$\frac{dy}{du} = \frac{1}{1+\frac{(\sqrt{1+u^2}+\sqrt{1-u^2})^2}{(\sqrt{1+u^2}-\sqrt{1-u^2})^2}} \cdot$$

$$\times\frac{(\sqrt{1+u^2}-\sqrt{1-u^2})\cdot\left(\frac{u}{\sqrt{1+u^2}}-\frac{u}{\sqrt{1-u^2}}\right)-(\sqrt{1+u^2}+\sqrt{1-u^2})\left(\frac{u}{\sqrt{1+u^2}}+\frac{u}{\sqrt{1-u^2}}\right)}{(\sqrt{1+u^2}-\sqrt{1-u^2})^2}$$

$$y' = \frac{(\sqrt{1+u^2}-\sqrt{1-u^2})^2}{(\sqrt{1+u^2}-\sqrt{1-u^2})^2+(\sqrt{1+u^2}+\sqrt{1-u^2})^2} \cdot$$

$$\times\frac{u-u\frac{\sqrt{1+u^2}}{\sqrt{1-u^2}}-u\frac{\sqrt{1-u^2}}{\sqrt{1+u^2}}+u-u-u\frac{\sqrt{1+u^2}}{\sqrt{1-u^2}}-u\frac{\sqrt{1-u^2}}{\sqrt{1+u^2}}-u}{(\sqrt{1+u^2}-\sqrt{1-u^2})^2}$$

$$= \frac{-2u\frac{\sqrt{1+u^2}}{\sqrt{1-u^2}}-2u\frac{\sqrt{1-u^2}}{\sqrt{1+u^2}}}{1+u^2+1-u^2-2\sqrt{1-u^4}+1+u^2+1-u^2+2\sqrt{1-u^4}}$$

$$= \frac{-2u\left(\frac{\sqrt{1+u^2}}{\sqrt{1-u^2}}+\frac{\sqrt{1-u^2}}{\sqrt{1+u^2}}\right)}{4}$$

$$= \frac{-2u(1+u^2+1-u^2)}{4\sqrt{1-u^4}} = \frac{-4u}{4\sqrt{1-u^4}} = -\frac{u}{\sqrt{1-u^4}}$$

729. $y = \arc\tan(\ln x+3)$ $\quad = \frac{1}{x[1+(\ln x+3)^2]}$

y'

730. $y = 2\sqrt{3}\arctan\left(\frac{x}{\sqrt{3}}\right) + \frac{1}{2}\ln(x^2+3)$ $= 2\sqrt{3}\cdot\frac{1}{1+\frac{x^2}{3}}\cdot\frac{1}{\sqrt{3}} + \frac{1}{2}\cdot\frac{2x}{x^2+3}$

$$= \frac{2\cdot 3}{3+x^2} + \frac{x}{x^2+3} = \frac{x+6}{x^2+3}$$

731. $y = \frac{x\cdot\arcsin x}{\sqrt{1-x^2}} + \ln\sqrt{1-x^2}$

$$y' = \frac{\sqrt{1-x^2}\left(\arcsin x + \frac{x}{\sqrt{1-x^2}}\right) - x\cdot\arcsin x\cdot\left(\frac{-x}{\sqrt{1-x^2}}\right)}{1-x^2} +$$

$$+ \frac{1}{\sqrt{1-x^2}}\cdot\left(-\frac{x}{\sqrt{1-x^2}}\right)$$

$$= \frac{\arcsin x\sqrt{1-x^2} + x + \frac{x^2\arcsin x}{\sqrt{1-x^2}}}{1-x^2} - \frac{x}{1-x^2}$$

$$= \frac{\arcsin x\,(1-x^2) + x^2\arcsin x}{(1-x^2)\sqrt{1-x^2}} = \frac{\arcsin x}{\sqrt{(1-x^2)^3}}$$

732. $y = \ln(\arctan x)$ $= \frac{1}{(1+x^2)\arctan x}$

733. $y = x\arctan x - \ln\sqrt{1+x^2}$ $= \arctan x + \frac{x}{1+x^2} - \frac{1}{\sqrt{1+x^2}}\cdot\frac{x}{\sqrt{1+x^2}}$

$$= \arctan x + \frac{x}{1+x^2} - \frac{x}{1+x^2} = \arctan x$$

734. $y = \sqrt{\ln\arcsin x}$ $= \frac{1}{2\sqrt{\ln\arcsin x}}\cdot\frac{1}{\arcsin x}\cdot\frac{1}{\sqrt{1-x^2}}$

735. $y = (2x - \arctan x)\arctan x -$
$- \ln(1+x^2)$ $= \arctan x\left(2 - \frac{1}{1+x^2}\right) +$

$$+ (2x - \arctan x)\cdot\frac{1}{1+x^2} - \frac{1}{1+x^2}\cdot 2x$$

$$= 2\arctan x - \frac{\arctan x}{1+x^2} + \frac{2x}{1+x^2} - \frac{\arctan x}{1+x^2} -$$

$$- \frac{2x}{1+x^2} = \frac{2x^2\arctan x}{1+x^2}$$

736. $y = \left(x - \frac{1}{2}\arctan x\right)\arctan x$ $= \arctan x\left(1 - \frac{1}{2}\cdot\frac{1}{1+x^2}\right) +$

$$+ \left(x - \frac{1}{2}\arctan x\right)\frac{1}{1+x^2}$$

$$= \arctan x\left(\frac{2+2x^2-1}{2(1+x^2)}\right) + \frac{2x}{2(1+x^2)} - \frac{\arctan x}{2(1+x^2)}$$

$$= \frac{2x^2\arctan x + \arctan x - \arctan x + 2x}{2(1+x^2)}$$

$$= \frac{x + x^2\arctan x}{1+x^2}$$

$$y'$$

737. $y = \ln(\cos x + \operatorname{arc\,cos} x)$

$$= \frac{1}{\cos x + \operatorname{arc\,cos} x} \cdot \left(-\sin x + \left(-\frac{1}{\sqrt{1-x^2}}\right)\right)$$

$$= -\frac{1}{\cos x + \operatorname{arc\,cos} x} \cdot \left(\sin x + \frac{1}{\sqrt{1-x^2}}\right)$$

738. $y = \ln(x-1) + 3\ln(x+1) + \ln(x^2+1) + 5 \operatorname{arc\,tan} x$

$$= \frac{1}{x-1} + \frac{3}{x+1} + \frac{2x}{x^2+1} + \frac{5}{1+x^2}$$

$$= \frac{x+1+3x-3}{x^2-1} + \frac{2x+5}{x^2+1}$$

$$= \frac{4x-2}{x^2-1} + \frac{2x+5}{x^2+1}$$

$$= \frac{(4x-2)(x^2+1)+(2x+5)(x^2-1)}{x^4-1}$$

$$= \frac{6x^3+3x^2+2x-7}{x^4-1}$$

739. $y = \frac{3}{4}\ln\left(\frac{x^2+1}{x^2-1}\right) + \frac{1}{4}\ln\left(\frac{x-1}{x+1}\right) + \frac{1}{2}\operatorname{arc\,tan} x$

$$= \frac{3}{4}[\ln(x^2+1) - \ln(x^2-1)] + \frac{1}{4}[\ln(x-1) - \ln(x+1)] + \frac{1}{2}\operatorname{arc\,tan} x$$

$$y' = \frac{3}{4}\left[\frac{2x}{x^2+1} - \frac{2x}{x^2-1}\right] + \frac{1}{4}\left[\frac{1}{x-1} - \frac{1}{x+1}\right] + \frac{1}{2}\cdot\frac{1}{1+x^2}$$

$$= \frac{3\cdot 2x}{4}\left(\frac{-2}{x^4-1}\right) + \frac{1}{4}\cdot\frac{2}{x^2-1} + \frac{1}{2(1+x^2)}$$

$$= -\frac{3x}{x^4-1} + \frac{1}{2(x^2-1)} + \frac{1}{2(x^2+1)}$$

$$= \frac{-6x+x^2+1+x^2-1}{2(x^4-1)} = \frac{2x^2-6x}{2(x^4-1)}$$

$$= \frac{x^2-3x}{x^4-1}$$

740. $y = \operatorname{arc\,tan} e^x - \frac{e^x}{e^{2x}+1}$

$$y' = \frac{e^x}{1+e^{2x}} - \frac{(e^{2x}+1)e^x - e^x\cdot e^{2x}\cdot 2}{(e^{2x}+1)^2} = \frac{e^x(e^{2x}+1) - e^x(1-e^{2x})}{(e^{2x}+1)^2}$$

$$= \frac{e^x(e^{2x}+1-1+e^{2x})}{(e^{2x}+1)^2} = \frac{2e^{3x}}{(e^{2x}+1)^2}$$

741. $y = \sqrt{ax-x^2} - a\cdot\operatorname{arc\,tan}\sqrt{\frac{a-x}{x}}$

$$y' = \frac{a-2x}{2\sqrt{ax-x^2}} - a\cdot\frac{1}{1+\frac{a-x}{x}}\cdot\frac{x^{\frac{1}{2}}\cdot\frac{1}{2}(a-x)^{-\frac{1}{2}}\cdot(-1) - (a-x)^{\frac{1}{2}}\cdot\frac{1}{2}x^{-\frac{1}{2}}}{x}$$

$$= \frac{a-2x}{2\sqrt{ax-x^2}} - x\cdot\frac{-\frac{1}{2}x^{-\frac{1}{2}}\cdot(a-x)^{-\frac{1}{2}}(x+a-x)}{x}$$

$$= \frac{a-2x}{2\sqrt{ax-x^2}} + \frac{a}{2\sqrt{ax-x^2}} = \frac{2(a-x)}{2\sqrt{x}\sqrt{a-x}} = \sqrt{\frac{a-x}{x}}$$

742. $y = \frac{\sqrt{3}}{7} \text{ arc tan} \left(\frac{x}{\sqrt{3}}\right) + \frac{1}{7} \ln \left(\frac{x-2}{x+2}\right)$

$= \frac{\sqrt{3}}{7} \text{ arc tan} \left(\frac{x}{\sqrt{3}}\right) + \frac{1}{7} [\ln (x-2) - \ln (x+2)]$

$$y' = \frac{\sqrt{3}}{7} \cdot \frac{1}{1+\frac{x^2}{3}} \cdot \frac{1}{\sqrt{3}} + \frac{1}{7} \left(\frac{1}{x-2} - \frac{1}{x+2}\right)$$

$$= \frac{3}{7(x^2+3)} + \frac{1}{7} \cdot \frac{4}{x^2-4} = \frac{3(x^2-4)+4(x^2+3)}{7(x^2+3)(x^2-4)}$$

$$= \frac{3x^2-12+4x^2+12}{7(x^4-x^2-12)} = \frac{x^2}{x^4-x^2-12}$$

743. $y = e^{\text{arc tan } x}$ $\qquad y' = \frac{e^{\text{arc tan } x}}{1+x^2}$

744. $y = e^{\text{arc cos}\left(\frac{1}{x}\right)}$ $\qquad y' = e^{\text{arc cos}\left(\frac{1}{x}\right)} \cdot \left(-\frac{1}{\sqrt{1-\frac{1}{x^2}}}\right) \cdot \left(-\frac{1}{x^2}\right) = \frac{e^{\text{arc cos}\left(\frac{1}{x}\right)}}{x\sqrt{x^2-1}}$

745. $y = x \cdot e^{\text{arc tan } x}$ $\qquad y' = e^{\text{arc tan } x} + \frac{x \cdot e^{\text{arc tan } x}}{1+x^2} = \frac{1+x^2+x}{1+x^2} \cdot e^{\text{arc tan } x}$

746. $y = (\text{arc tan } x)^x$ $\qquad \frac{1}{y}\frac{\mathrm{d}y}{\mathrm{d}x} = \ln(\text{arc tan } x) + x \cdot \frac{1}{\text{arc tan } x} \cdot \frac{1}{1+x^2}$

$\ln y = x \cdot \ln(\text{arc tan}(x))$ $\qquad \frac{\mathrm{d}y}{\mathrm{d}x} = (\text{arc tan } x)^x \left[\ln(\text{arc tan } x) + \frac{x}{\text{arc tan } x} \cdot \frac{1}{1+x^2}\right]$

747. $y = \text{arc cot}(2x)$ $\qquad y' = -\frac{2}{1+4x^2}$

748. $y = \text{arc cot}(1-x)$ $\qquad = -\frac{1}{1+(1-x)^2} \cdot (-1) = \frac{1}{2-2x+x^2}$

749. $y = \text{arc cot}\left(\frac{1}{x}\right)$ $\qquad = +\frac{1}{1+\frac{1}{x^2}} \cdot \left(-\frac{1}{x^2}\right) = \frac{1}{1+x^2}$

750. $y = \text{arc cot } \frac{1}{\sqrt{x}}$ $\qquad = -\frac{1}{1+\frac{1}{x}} \cdot \left(-\frac{1}{2}x^{-\frac{3}{2}}\right) = \frac{1}{2(1+x)\sqrt{x}}$

751. $y = \text{arc cot } \sqrt{2-x}$ $\qquad = -\frac{1}{1+2-x} \cdot \left(-\frac{1}{2\sqrt{2-x}}\right)$

$$= \frac{1}{2(3-x)\sqrt{2-x}}$$

752. $y = \text{arc cot } e^x$ $\qquad = -\frac{1 \cdot e^x}{1+e^{2x}} = -\frac{e^x}{1+e^{2x}}$

753. $y = \operatorname{arc\,cot} \dfrac{x}{\sqrt{1-x^2}}$

$$y' = -\frac{1}{1+\dfrac{x^2}{1-x^2}} \cdot \frac{(1-x^2)^{\frac{1}{2}} - x \cdot \dfrac{1}{2}(1-x^2)^{-\frac{1}{2}} \cdot (-2x)}{1-x^2}$$

$$= -\frac{1-x^2}{1} \cdot \frac{(1-x^2)^{-\frac{1}{2}}(1-x^2+x^2)}{1-x^2}$$

$$= -\frac{1}{\sqrt{1-x^2}}$$

754. $y = \operatorname{arc\,cot} \dfrac{x}{\sqrt{a^2-x^2}}$

$$= -\frac{1}{1+\dfrac{x^2}{a^2-x^2}} \cdot \frac{(a^2-x^2)^{\frac{1}{2}} - x \cdot \dfrac{1}{2}(a^2-x^2)^{-\frac{1}{2}} \cdot (-2x)}{a^2-x^2}$$

$$= -\frac{a^2-x^2}{a^2} \cdot \frac{(a^2-x^2)^{-\frac{1}{2}}(a^2-x^2+x^2)}{a^2-x^2}$$

$$= -\frac{1}{\sqrt{a^2-x^2}}$$

755. $y = \operatorname{arc\,cot} \left(\dfrac{\sqrt{1+x^2}-1}{x}\right)$

$$= -\frac{1}{1+\dfrac{(\sqrt{1+x^2}-1)^2}{x^2}} \cdot \frac{x \cdot \dfrac{1}{2}(1+x^2)^{-\frac{1}{2}} \cdot 2x - \left((1+x^2)^{\frac{1}{2}}-1\right)}{x^2}$$

$$= -\frac{x^2}{x^2+1+x^2+1-2\sqrt{1+x^2}} \cdot \frac{(1+x^2)^{-\frac{1}{2}} \cdot (x^2-1-x^2)+1}{x^2}$$

$$= -\frac{1-\dfrac{1}{\sqrt{1+x^2}}}{2\left(x^2+1-\sqrt{1+x^2}\right)}$$

$$= -\frac{\sqrt{1+x^2}-1}{2\left(x^2+1-\sqrt{1+x^2}\right) \cdot \sqrt{1+x^2}} \cdot \frac{\sqrt{1+x^2}+1}{\sqrt{1+x^2}+1}$$

$$= -\frac{1+x^2-1}{2\left(x^2+1-\sqrt{1+x^2}\right)\left(x^2+1+\sqrt{1+x^2}\right)}$$

$$= -\frac{x^2}{2(x^4+1+2x^2-1-x^2)}$$

$$= -\frac{x^2}{2(x^4+x^2)} = -\frac{1}{2(1+x^2)}$$

756. $y = x^{5 \operatorname{arc\,tan} x}$
$\ln y = 5 \operatorname{arc\,tan} x \cdot \ln x$

$$= \frac{1}{y}\frac{dy}{dx} = 5\left[\frac{\ln x}{1+x^2} + \frac{\operatorname{arc\,tan} x}{x}\right]$$

$$\frac{dy}{dx} = 5 \cdot x^{5 \operatorname{arc\,tan} x}\left[\frac{\ln x}{1+x^2} + \frac{\operatorname{arc\,tan} x}{x}\right]$$

757. $y = x^{\operatorname{arc\,sin} x}$
$\ln y = \operatorname{arc\,sin} x \ln x$

$$= \frac{1}{y}\frac{dy}{dx} = \frac{\ln x}{\sqrt{1-x^2}} + \frac{\operatorname{arc\,sin} x}{x}$$

$$\frac{dy}{dx} = x^{\operatorname{arc\,sin} x}\left[\frac{\ln x}{\sqrt{1-x^2}} + \frac{\operatorname{arc\,sin} x}{x}\right]$$

6. ABLEITUNGEN HÖHERER ORDNUNG

Die 2.; 3.; 4. usw. Ableitungen bildet man nach denselben Regeln wie die 1. Ableitung. Man betrachtet die 1. Ableitung als Stammfunktion und führt die Ableitung durch, um die 2. Ableitung zu erhalten. Für die nachfolgenden Ableitungen verfährt man entsprechend. Jede Potenzfunktion $x \rightarrow y \mid y = x^n$ hat n von 0 verschiedene Ableitungen. Stammfunktion, 1. und 2. Ableitung sind hier in einigen Beispielen nebeneinandergestellt.

1. $y = a \cdot x^n \qquad y' = a \cdot n \cdot x^{n-1} \qquad y'' = a \cdot n \cdot (n-1) \cdot x^{n-2}$

2. $y = x^4 - 2x^3 + 5x^2 + 2 \qquad = 4x^3 - 6x^2 + 10x \qquad = 12x^2 - 12x + 10$

3. $y = a^2 - b^2 x + c x^2 \qquad = -b^2 + 2cx \qquad = 2c$

4. $\boldsymbol{y = (a - bx)^4 \qquad = -4b(a - bx)^3 \qquad = 12b^2(a - bx)^2}$

5. $y = a + \frac{b^2}{x} - \frac{c^2}{x^2} \qquad = -\frac{b^2}{x^2} + \frac{2c^2}{x^3} \qquad = \frac{2b^2}{x^3} - \frac{6c^2}{x^4}$

6. $y = \sqrt[3]{x^2} = x^{\frac{2}{3}} \qquad = \frac{2}{3\sqrt[3]{x}} \qquad = \frac{2}{3} \cdot \left(-\frac{1}{3} x^{-\frac{4}{3}}\right)$

$$= -\frac{2}{9\sqrt[3]{x^4}} = -\frac{2}{9x\sqrt[3]{x}}$$

7. $y = \sqrt{a^2 - x^2} \qquad = -\frac{x}{\sqrt{a^2 - x^2}} = -x(a^2 - x^2)^{-\frac{1}{2}}$

$$= -\left[(a^2 - x^2)^{-\frac{1}{2}} + x \cdot \left(-\frac{1}{2}\right) \cdot \times (a^2 - x^2)^{-\frac{3}{2}} \cdot (-2x)\right]$$

$$= -\left[(a^2 - x^2)^{-\frac{1}{2}} + x^2 (a^2 - x^2)^{-\frac{3}{2}}\right]$$

$$= -\left[(a^x - x^2)^{-\frac{3}{2}} (a^2 - x^2 + x^2)\right]$$

$$= -\frac{a^2}{\sqrt{(a^2 - x^2)^3}}$$

8. $y = \sqrt{2px} = (2px)^{\frac{1}{2}} \qquad = \frac{1}{2}(2px)^{-\frac{1}{2}} \cdot 2p = -\frac{p}{\sqrt{2px}} \qquad = -\frac{p^2}{\sqrt{(2px)^3}}$

9. $y = \frac{1}{\sqrt[3]{a + bx}} = (a + bx)^{-\frac{1}{3}} \qquad = -\frac{1}{3}(a + bx)^{-\frac{4}{3}} \cdot b = -\frac{b}{3\sqrt[3]{(a + bx)^4}} \qquad = \frac{4b^2}{9\sqrt[3]{(a + bx)^7}}$

10. $y = x + \sqrt[3]{(x - a)^5} \qquad = 1 + \frac{5}{3}\sqrt[3]{(x - a)^2} \qquad = \frac{10}{9\sqrt[3]{x - a}}$

11. $y = x(a + x) = ax + x^2 \qquad = a + 2x \qquad = 2$

	y	y'	y''
12.	$y = x+\frac{1}{x}$	$y' = 1-\frac{1}{x^2}$	$y'' = \frac{2}{x^3}$
13.	$y = x^n+\frac{a}{x^m}$ $= x^n+a\cdot x^{-m}$	$= n\,x^{n-1}-\frac{a\,m}{x^{m+1}}$	$= n\,(n-1)\,x^{n-2}+\frac{a\,m\,(m+1)}{x^{m+2}}$
14.	$y = \frac{1}{x^a}-\frac{1}{x^b}$	$= -\frac{a}{x^{a+1}}+\frac{b}{x^{b+1}}$	$= \frac{a\,(a+1)}{x^{a+2}}-\frac{b\,(b+1)}{x^{b+2}}$
15.	$y = \frac{x}{(a-x)^2}$	$= \frac{a+x}{(a-x)^3}$	$= \frac{4\,a+2\,x}{(a-x)^4}$
16.	$y = \ln x$	$= \frac{1}{x}$	$= -\frac{1}{x^2}$
17.	$y = \ln\,(1+x^2)$	$= \frac{2\,x}{1+x^2}$	$= \frac{2\,(1-x^2)}{(1+x^2)^2}$
18.	$y = x\ln x$	$= 1+\ln x$	$= \frac{1}{x}$
19.	$y = x^2\ln x$	$= 2\,x\ln x+x$	$= 3+2\ln x$
20.	$y = \frac{\ln x}{x}$	$= \frac{1-\ln x}{x^2}$	$= \frac{2\ln x-3}{x^3}$
21.	$y = e^x$	$= e^x$	$= e^x$
22.	$y = e^{-x}$	$= -e^{-x}$	$= e^{-x}$
23.	$y = e^{m\,x}$	$= m\cdot e^{m\,x}$	$= m^2\cdot e^{m\,x}$
24.	$y = a^{m\,x}$	$= m\cdot a^{m\,x}\ln a$	$= m\cdot\ln a\;a^{m\,x}\ln a\cdot m$ $= a^{m\,x}\cdot(m\cdot\ln a)^2$
25.	$y = 4^x$	$= 4^x\ln 4$	$= 4^x\,(\ln 4)^2$
26.	$y = e^{\alpha(x)}$	$= e^{\alpha(x)}\cdot\alpha'(x)$	$= \alpha'(x)\,e^{\alpha(x)}\,\alpha'(x)+e^{\alpha(x)}\,\alpha''(x)$ $= e^{\alpha(x)}\left[(\alpha'(x))^2+\alpha''(x)\right]$
27.	$y = e^{-x^2}$	$= -\frac{2\,x}{e^{x^2}}$	$= \frac{2\,(2\,x^2-1)}{e^{x^2}}$
28.	$y = \sin x$	$= \cos x$	$= -\sin x$
29.	$y = \sin\,(\alpha-2\,x)$	$= -2\cos\,(\alpha-2\,x)$	$= -4\sin\,(\alpha-2\,x)$
30.	$y = \tan x$	$= \frac{1}{\cos^2 x} = \cos^{-2} x$	$= \frac{2\sin x}{\cos^3 x}$
31.	$y = \frac{1-\cos x}{\sin x}$	$= \frac{\sin x\cdot\sin x-(1-\cos x)\cos x}{\sin^2 x}$ $= \frac{\sin^2 x-\cos x+\cos^2 x}{\sin^2 x}$ $= \frac{1-\cos x}{\sin^2 x}$	$= \frac{\sin^2 x\cdot\sin x}{\sin^4 x}-\frac{(1-\cos x)\,2\sin x\cos x}{\sin^4 x}$ $= \frac{\sin^2 x-2\cos x+2\cos^2 x}{\sin^3 x}$

oder

31a. $y = \dfrac{1-\cos x}{\sin x} = \tan\left(\dfrac{x}{2}\right)$ $y' = \dfrac{1}{2\cdot\cos^2\left(\dfrac{x}{2}\right)}$ $y'' = \dfrac{+2\cdot 2\cos\left(\dfrac{x}{2}\right)\cdot\sin\left(\dfrac{x}{2}\right)\cdot\dfrac{1}{2}}{4\cos^4\left(\dfrac{x}{2}\right)}$

$$= \frac{\sin\left(\frac{x}{2}\right)}{2\cdot\cos^3\left(\frac{x}{2}\right)} = \frac{\tan\left(\frac{x}{2}\right)}{2\cos^2\left(\frac{x}{2}\right)}$$

$$= \frac{\sin x}{4\cos^4\left(\frac{x}{2}\right)}$$

zu y': Umformung: $\dfrac{1-\cos x}{\sin^2 x} =$

$$= \frac{1-\cos x}{\sin x \sin x} = \tan\frac{x}{2}\cdot\frac{1}{\sin x} = \frac{\sin\left(\frac{x}{2}\right)}{\cos\left(\frac{x}{2}\right)\cdot 2\sin\left(\frac{x}{2}\right)\cos\left(\frac{x}{2}\right)} = \frac{1}{2\cos^2\left(\frac{x}{2}\right)}$$

zu y'': Umformung:

$$\frac{\sin^2 x - 2\cos x + 2\cos^2 x}{\sin^3 x} = \frac{\sin^2 x - 2\cos x + 2 - 2\sin^2 x}{\sin^3 x} = \frac{2(1-\cos x) - \sin^2 x}{\sin^3 x} =$$

$$= \frac{2}{\sin^2 x}\cdot\tan\left(\frac{x}{2}\right) - \frac{1}{\sin x} = \frac{2\sin\left(\frac{x}{2}\right)}{\sin^2 x\cos\left(\frac{x}{2}\right)} - \frac{1}{\sin x} = \frac{2\sin\left(\frac{x}{2}\right)}{4\sin^2\left(\frac{x}{2}\right)\cos^2\left(\frac{x}{2}\right)\cdot\cos\left(\frac{x}{2}\right)} -$$

$$- \frac{1}{2\sin\left(\frac{x}{2}\right)\cos\left(\frac{x}{2}\right)} = \frac{1}{2\sin\left(\frac{x}{2}\right)\cos^3\left(\frac{x}{2}\right)} - \frac{\cos^2\left(\frac{x}{2}\right)}{2\sin\left(\frac{x}{2}\right)\cos^3\left(\frac{x}{2}\right)} =$$

$$= \frac{\sin^2\left(\frac{x}{2}\right)}{2\sin\left(\frac{x}{2}\right)\cos^3\left(\frac{x}{2}\right)} = \frac{\sin\left(\frac{x}{2}\right)}{2\cos^3\left(\frac{x}{2}\right)}$$

32. $y = x\cdot e^{\sin x}$ $y' = e^{\sin x}(1 + x\cos x)$ $y'' = e^{\sin x}(\cos x - x\sin x) +$
$+ (1 + x\cos x)\, e^{\sin x}\cdot\cos x$
$= e^{\sin x}(2\cos x + x\cos^2 x -$
$- x\sin x)$

33. $y = \text{arc}\sin x$ $= \dfrac{1}{\sqrt{1-x^2}}$ $= \dfrac{x}{\sqrt{(1-x^2)^3}}$

34. $y = \text{arc}\cos x$ $= -\dfrac{1}{\sqrt{1-x^2}}$ $= -\dfrac{x}{\sqrt{(1-x^2)^3}}$

35. $y = \text{arc}\sin\dfrac{x}{\sqrt{1+x^2}}$ $= \dfrac{1}{1+x^2}$ $= -\dfrac{2x}{(1+x^2)^2}$

36. $y = \text{arc}\sin\dfrac{1-x^2}{1+x^2}$ $= \dfrac{1}{\sqrt{1-\dfrac{(1-x^2)^2}{(1+x^2)^2}}}$ $= \dfrac{4x}{(1+x^2)^2}$

$$\times\frac{(1+x^2)(-2x) - (1-x^2)\,2x}{(1+x^2)^2}$$

$$= \frac{1+x^2}{2x}\cdot\frac{-4x}{(1+x^2)^2} = -\frac{2}{1+x^2}$$

37. $y = \operatorname{arc\,tan} x \qquad = \frac{1}{1+x^2} \qquad = -\frac{2x}{(1+x^2)^2}$

38. $y = \operatorname{arc\,tan}\left(\frac{x}{a}\right) \qquad = \frac{a}{a^2+x^2} \qquad = -\frac{2ax}{(a^2+x^2)^2}$

39. $y = \left(\frac{1}{x}\right)^x$

$$\ln y = x \ln\left(\frac{1}{x}\right)$$

$$\frac{1}{y}\frac{dy}{dx} = \ln\frac{1}{x} + x\cdot\frac{1}{\frac{1}{x}}\cdot\left(-\frac{1}{x^2}\right) = \ln\left(\frac{1}{x}\right) - 1$$

$$y' = \frac{dy}{dx} = \left(\frac{1}{x}\right)^x\left[\ln\left(\frac{1}{x}\right) - 1\right]$$

$$\ln y' = x\ln\left(\frac{1}{x}\right) + \ln\left[\ln\left(\frac{1}{x}\right) - 1\right]$$

$$\frac{1}{y'}y'' = \ln\left(\frac{1}{x}\right) - 1 + \frac{1}{\ln\left(\frac{1}{x}\right) - 1}\cdot \times \frac{1}{\frac{1}{x}}\cdot\left(-\frac{1}{x^2}\right)$$

$$= \ln\left(\frac{1}{x}\right) - 1 - \frac{1}{\ln\left(\frac{1}{x}\right) - 1}\cdot\frac{1}{x}$$

$$y'' = \left(\frac{1}{x}\right)^x\left[\ln\left(\frac{1}{x}\right) - 1\right]\cdot \times\left[\ln\left(\frac{1}{x}\right) - 1 - \frac{1}{\ln\left(\frac{1}{x}\right) - 1}\cdot\frac{1}{x}\right]$$

$$= \left(\frac{1}{x}\right)^x\left[\left(\ln\frac{1}{x} - 1\right)^2 - \frac{1}{x}\right]$$

$$= \left(\frac{1}{x}\right)^x\left[(\ln 1 - \ln x - 1)^2 - \frac{1}{x}\right]$$

$$= \left(\frac{1}{x}\right)^x\left[(1 + \ln x)^2 - \frac{1}{x}\right]$$

oder

39a. $y = \left(\frac{1}{x}\right)^x$

$$\ln y = x(\ln 1 - \ln x) = x\cdot(-\ln x) = -x\ln x$$

$$\frac{1}{y}y' = -[\ln x + 1] = -\ln x - 1$$

$$y' = \left(\frac{1}{x}\right)^x(-\ln x - 1) = -\left(\frac{1}{x}\right)^x(1 + \ln x)$$

$$\ln y' = x(\ln 1 - \ln x) + \ln(-1 - \ln x) = -x\ln x + \ln(-1 - \ln x)$$

$$\frac{1}{y'}y'' = -[\ln x + 1] + \frac{1}{-1 - \ln x}\cdot\left(-\frac{1}{x}\right) = -(1 + \ln x) + \frac{1}{x(1 + \ln x)}$$

$$y'' = -\left(\frac{1}{x}\right)^x(1 + \ln x)\cdot \times\left[-[1 + \ln x] + \frac{1}{x(1 + \ln x)}\right]$$

$$= \left(\frac{1}{x}\right)^x\left[(1 + \ln x)^2 - \frac{1}{x}\right]$$

7. PARTIELLE ABLEITUNG

Ist die Gleichung $\frac{x^2}{a^2}+\frac{y^2}{b^2} = 1$ als implizite Funktion gegeben, so lautet die explizite Form $y = \frac{b}{a}\sqrt{a^2-x^2}$. Differenziert man diese Gleichung nach x, so ist

$$\frac{\mathrm{d}y}{\mathrm{d}x} = -\frac{b\,x}{a\sqrt{a^2-x^2}}$$

Aus der obigen Gleichung ergibt sich $\sqrt{a^2-x^2} = \frac{a\cdot y}{b}$. Setzt man diesen Wert in die abgeleitete Funktion ein, so ist

$$\frac{\mathrm{d}y}{\mathrm{d}x} = -\frac{b\cdot x\,b}{a\cdot a\cdot y} = -\frac{b^2\,x}{a^2\,y}$$

Den Differentialquotienten kann man aber auch bestimmen, wenn man die Gleichung auf die Form bringt:

$$f(x,\,y) = \frac{1}{a^2}\,x^2+\frac{1}{b^2}\,y^2-1 = 0$$

Es ist dann der Differentialquotient von $\frac{1}{a^2}\,x^2$ gleich $\frac{2\,x}{a^2}$. Das Glied $\frac{1}{b^2}\,y^2$ muß man aber als mittelbare Funktion auffassen, und es ist der Differentialquotient

$$\frac{1}{b^2}\,2\,y\,\frac{\mathrm{d}y}{\mathrm{d}x} = \frac{2y}{b^2}\,\frac{\mathrm{d}y}{\mathrm{d}x}. \qquad \text{Also wird}$$

$$\frac{2\,x}{a^2}+\frac{2\,y}{b^2}\,\frac{\mathrm{d}y}{\mathrm{d}y} = 0.$$

$$\frac{\mathrm{d}y}{\mathrm{d}x} = -\frac{2\,x}{a^2}\,\frac{b^2}{2\,y} = -\frac{b^2\,x}{a^2\,y}$$

Soll der Differentialquotient nur x enthalten, so muß y, wie oben gezeigt, aus der gegebenen Gleichung ausgerechnet und hier eingesetzt werden. Das Ergebnis bleibt aber oft einfacher, wenn y nicht ersetzt wird. Man erkennt also, daß man zum selben Ergebnis kommt wie bei der Differentiation der expliziten Form der Funktion, wenn man in der gegebenen impliziten Funktion zunächst y als konstant ansieht und x differenziert, dann x als konstant ansieht und y differenziert. Die beiden so gebildeten Differentialquotienten nennt man partielle Differentialquotienten, die man zum Unterschied mit einem „∂" schreibt, also $\frac{\partial f}{\partial x}$ und $\frac{\partial f}{\partial y}$. Zwischen diesen und $\frac{\mathrm{d}y}{\mathrm{d}x}$ besteht dann nach der obigen Entwicklung die Beziehung:

$$\frac{\partial f}{\partial x}+\frac{\partial f}{\partial y}\cdot\frac{\mathrm{d}y}{\mathrm{d}x} = 0, \qquad \text{oder es ist} \qquad \frac{\mathrm{d}y}{\mathrm{d}x} = -\frac{\frac{\partial f}{\partial x}}{\frac{\partial f}{\partial y}}.$$

8. BEISPIELE ZUR PARTIELLEN ABLEITUNG

1. $f(x, y) = x^2 b^2 + y^2 a^2 - 1 = 0$ $\qquad \frac{\partial f(x, y)}{\partial x} = 2 b^2 x \qquad \frac{\partial f(x, y)}{\partial y} = 2 a^2 y$ oder

$$2 b^2 x \, dx + 2 a^2 y \, dy = 0$$

$$\frac{dy}{dx} = -\frac{2 b^2 x}{2 a^2 y} = -\frac{b^2 x}{a^2 y}$$

2. $f(x, y) = \frac{x}{a} + \frac{y^2}{b} = 1$ $\qquad \frac{\partial f(x, y)}{\partial x} = \frac{1}{a} \qquad \frac{\partial f(x, y)}{\partial x} = \frac{2 y}{b}$

$$\frac{dy}{dx} = -\frac{\frac{\partial f}{\partial x}}{\frac{\partial f}{\partial y}} = -\frac{\frac{1}{a}}{\frac{2 y}{b}} = -\frac{b}{2 a y}$$

3. $f(x, y) = x^3 + y^3 - 3 a x y = 0$ $\qquad \frac{\partial f(x, y)}{\partial x} = 3 x^2 - 3 a y$

$$\frac{dy}{dx} = -\frac{3 x^2 - 3 a y}{3 y^2 - 3 a x} \qquad \frac{\partial f(x, y)}{\partial y} = 3 y^2 - 3 a x$$

$$= -\frac{x^2 - a y}{y^2 - a x} = \frac{a y - x^2}{y^2 - a x}$$

4. $f(x, y) = x^2 y^4 + \sin y = 0$

$$\frac{dy}{dx} = -\frac{2 x y^4}{4 x^2 y^3 + \cos y}$$

5. $f(x, y) = e^y - e^x + x y = 0$ $\qquad \frac{\partial f(x, y)}{\partial x} = -e^x + y; \qquad \frac{\partial f(x, y)}{\partial y} = e^y + x$

$$\frac{dy}{dx} = -\frac{-e^x + y}{e^y + x} = \frac{e^x - y}{e^y + x}$$

6. $f(x, y) = x^2 + y^2 - r^2 = 0 \Rightarrow x^2 + y^2 = r^2$

$$2 x \, dx + 2 y \, dy = 0$$

$$\frac{dy}{dx} = -\frac{2 x}{2 y} = -\frac{x}{y} = -\frac{x}{\sqrt{r^2 - x^2}}$$

7. $f(x, y) = x^3 - y^2 = 0$

$$3 x^2 \, dx - 2 y \, dy = 0 \qquad \frac{dy}{dx} = \frac{3 x^2}{2 y}$$

8. $f(x, y) = y^2 - 2 p x = 0$

$$2 y \, dy - 2 p \, dx = 0 \qquad \frac{dy}{dx} = \frac{p}{y} = \pm\sqrt{\frac{p}{2 x}}$$

9. $f(x, y) = x^2 + 2 y^2 - r^2 = 0$ $\qquad \frac{dy}{dx} = -\frac{x}{2 y}$

10. $f(x, y) = b x + 3 y^2 - a y = 0$

$$b \, d x + 6 y \, dy - a \, dy = 0 \qquad \frac{dy}{dx} = \frac{b}{a - 6 y}$$

11. $f(x, y) = x^{\frac{2}{3}} + y^{\frac{2}{3}} - a^{\frac{2}{3}} = 0$

$$\frac{2}{3} x^{-\frac{1}{3}} + \frac{2}{3} y^{-\frac{1}{3}} \cdot \frac{dy}{dx} = 0 \qquad \frac{dy}{dx} = \frac{-\frac{2}{3} x^{-\frac{1}{3}}}{\frac{2}{3} y^{-\frac{1}{3}}} = -\sqrt[3]{\frac{y}{x}}$$

12. $f(x, y) = x^5 + a x^3 y + b x y^3 + c y^5 = 0 \qquad \frac{dy}{dx} = -\frac{5 x^4 + 3 a x^2 y + b y^3}{a x^3 + 3 b x y^2 + 5 c y^4}$

13. $f(x, y) = x^2 - 3 x y + y^2 - 2 x - 3 y + 1 = 0 \qquad \frac{dy}{dx} = \frac{2 x - 3 y - 2}{3 x - 2 y + 3}$

14. $f(x, y) = x^2 + y^2 - x^3 = 0 \qquad \frac{dy}{dx} = -\frac{2 x - 3 x^2}{2 y} = \frac{3 x - 2}{2\sqrt{x - 1}}$

15. $f(x, y) = a^2 y^2 - (a - x)(a + x)^3 = 0$

$$2 a^2 y \frac{dy}{dx} + (a + x)^3 - 3 (a - x)(a + x)^2 = 0$$

$$\frac{dy}{dx} = \frac{3 (a - x)(a + x)^2 - (a + x)^3}{2 a^2 y} = \frac{(a + x)^2 [3 a - 3 x - a - x]}{2 a^2 y}$$

$$= \frac{(a + x)^2 (a - 2 x) 2}{2 a^2 y} = \frac{a - 2 x}{a^2} \cdot \frac{(a + x)^2}{\sqrt{\frac{(a - x)(a + x)^3}{a^2}}}$$

$$= \frac{a - 2 x}{a} \sqrt{\frac{(a + x)^4}{(a - x)(a + x)^3}} = \frac{a - 2 x}{a} \sqrt{\frac{a + x}{a - x}}$$

16. $f(x, y) = (x - a)^2 + (y - b)^2 - r^2 = 0$

$$2 (x - a) + 2 (y - b) \frac{dy}{dx} = 0 \qquad \frac{dy}{dx} = -\frac{x - a}{y - b}$$

17. $f(x, y) = x^2 + x y + y^2 = 0 \qquad \frac{dy}{dx} = -\frac{2 x + y}{2 y + x}$

18. $f(x, y) = y^3 + x y^2 + 3 x^2 - 2 = 0 \qquad \frac{dy}{dx} = -\frac{y^2 + 6 x}{3 y^2 + 2 x y}$

19. $f(x, y) = x^2 y^2 + 5 x^2 + 3 y - 4 = 0 \qquad \frac{dy}{dx} = -\frac{2 x y^2 + 10 x}{2 x^2 y + 3}$

20. $f(x, y) = 2 x^2 y^4 + 4 y^2 + 2 x = 0 \qquad \frac{dy}{dx} = -\frac{2 x y^4 + 1}{4 x^2 y^3 + 4 y}$

21. $f(x, y) = \frac{x}{y} + x^2 y + 5 = 0 \qquad \frac{dy}{dx} = \frac{y (1 + 2 x y^2)}{x (1 - x y^2)}$

22. $f(x, y) = x^3 + x y + 3 y^4 + 3 x - 7 = 0 \qquad \frac{dy}{dx} = -\frac{3 x^2 + y + 3}{x + 12 y^3}$

23. $f(x, y) = \frac{y^2}{x} - y^3 x^2 + 3 = 0 \qquad \frac{dy}{dx} = \frac{y (1 + 2 x^3 y)}{x (2 - 3 y x^3)}$

24. $f(x, y) = \frac{x^2}{a^2} - \frac{y^2}{b^2} - 1 = 0 \Rightarrow \qquad \frac{dy}{dx} = \frac{b^2 x}{a^2 y}$

$$x^2 b^2 - y^2 a^2 - a^2 b^2 = 0$$

$$2 b^2 x \, dx - 2 a^2 y \, dy = 0$$

25. $f(x, y) = (x + y)^3 - a x y = 0 \qquad \frac{dy}{dx} = -\frac{3 (x + y)^2 - a y}{3 (x + y)^2 - a x}$

26. $f(x, y) = 3x^4 - \frac{4x}{y} + \frac{4}{x^2} = 0$ $\qquad \frac{dy}{dx} = -\frac{3x^6y^2 - x^3y - 2y^2}{x^4}$

27. $f(x, y) = \sqrt{x^2 - y^2} - 1 = 0$ $\qquad \frac{dy}{dx} = \frac{x}{y}$

28. $f(x, y) = (2x - 5y^2)^3 - 27 = 0$ $\qquad \frac{dy}{dx} = \frac{1}{5y}$

29. $f(x, y) = x \sin y + 3y^2 - 5 = 0$ $\qquad \frac{dy}{dx} = -\frac{\sin y}{x \cos y + 6y}$

30. $f(x, y) = \sin(xy) + 3 = 0$ $\qquad \frac{dy}{dx} = -\frac{y}{x}$

31. $f(x, y) = y \sin x + yx^2 + 3y + 5 = 0$ $\qquad \frac{dy}{dx} = -\frac{y \cos x + 2xy}{\sin x + x^2 + 3}$

32. $f(x, y) = x^2 - a^y = 0$ $\qquad \frac{dy}{dx} = -\frac{2x}{-a^y \ln a} = -\frac{2x}{-x^2 \ln a} = \frac{2}{x \ln a}$

33. $f(x, y) = x^y - 3x + 5 = 0$ $\qquad \frac{dy}{dx} = -\frac{yx^{y-1} - 3}{x^y \ln x} = -\frac{yx^{y-1} - 3}{(3x - 5) \ln x}$

$$= \frac{yx^{y-1} - 3}{\ln x\,(5 - 3x)}$$

34. $f(x, y) = x \ln y - 3x = 0$ $\qquad \frac{dy}{dx} = -\frac{(\ln y - 3)\,y}{x}$

35. $f(x, y) = \sqrt{xy} - 4 = 0$ $\qquad \frac{dy}{dx} = -\frac{y}{x}$

36. $f(x, y) = \ln x^2 y - 2 = 0$ $\qquad \frac{dy}{dx} = -\frac{2y}{x}$

37. $f(x, y) = y^{3x} - 3 = 0$ $\qquad \frac{dy}{dx} = -\frac{3y^{3x} \ln y}{3xy^{3x-1}}$

38. $f(x, y) = xy - e^x - 0$ $\qquad \frac{dy}{dx} = -\frac{y - e^x}{x}$

39. Kommen bei den expliziten Funktionen Wurzeln, Brüche oder Potenzen mit gebrochenem Exponenten vor, so kommt man oft leichter zum Ziel, wenn man auf die implizite Form übergeht

$$y = \frac{1}{\sqrt[4]{x^3}} \qquad f(x, y) = y^4x^3 - 1 = 0 \qquad \frac{dy}{dx} = -\frac{3x^2y^4}{4y^3x^3} = -\frac{3y}{4x} = -\frac{3}{4x\sqrt[4]{x^3}}$$

Lösung auch direkt aus der entwickelten Funktion

$$y = x^{-\frac{3}{4}} \qquad \frac{dy}{dx} = -\frac{3}{4} \cdot x^{-\frac{7}{4}} = -\frac{3}{4\sqrt[4]{x^7}} = -\frac{3}{4x\sqrt[4]{x^3}}$$

40. $$y = \frac{(x+a)^{\frac{3}{2}}}{(x-a)^{\frac{1}{2}}} \qquad f(x, y) = y^2(x-a) - (x+a)^3 = 0$$

$$\frac{\partial f}{\partial x} = y^2 - 3(x+a)^2; \qquad \frac{\partial f}{\partial y} = 2y(x-a)$$

$$\frac{dy}{dx} = \frac{3(x+a)^2 - y^2}{2y(x-a)} = \frac{3(x+a)^2}{2y(x-a)} - \frac{y^2}{2y(x-a)}$$

$$\frac{\mathrm{d}y}{\mathrm{d}x} = \frac{3\,(x+a)^2\,(x-a)^{\frac{1}{2}}}{2\,(x-a)\,(x+a)^{\frac{3}{2}}} - \frac{(x+a)^{\frac{3}{2}}}{2\,(x-a)\,(x-a)^{\frac{1}{2}}} = \frac{3}{2}\sqrt{\frac{x+a}{x-a}} - \frac{1}{2}\sqrt{\left(\frac{x+a}{x-a}\right)^3}$$

41. $f(x, y) = \sin x - \cos y = 0$ $\qquad \frac{\mathrm{d}y}{\mathrm{d}x} = -\frac{\cos x}{\sin y} = -1$

42. $f(x, y) = a^{x-y} - x^y = 0$ $\qquad \frac{\mathrm{d}y}{\mathrm{d}x} = -\frac{a^{x-y}\ln a - y\,x^{y-1}}{-a^{x-y}\ln a - x^y \ln x} = \frac{x^y \ln a - y\,x^{y-1}}{x^y \ln a + x^y \ln x}$

$a^{x-y} = x^y$ $\qquad = \frac{x^{y-1}\,(x \ln a - y)}{x^y\,(\ln a + \ln x)} = \frac{x \ln a - y}{x \cdot \ln (a\,x)}$

43. $f(x, y) = e^{x+y} - a^x = 0$ $\qquad \frac{\mathrm{d}y}{\mathrm{d}x} = -\frac{e^{x+y} - a^x \ln a}{e^{x+y}}$

$$= -\frac{a^x - a^x \ln a}{a^x} = -1 + \ln a$$

44. $f(x, y) = e^{a\,x+b\,y} - c = 0$ $\qquad \frac{\mathrm{d}y}{\mathrm{d}x} = -\frac{a \cdot e^{a\,x+b\,y}}{b \cdot e^{a\,x+b\,y}} = -\frac{a}{b}$

45. $f(x, y) = (e^x - 1)\,(e^y - 1) - 1 = 0$ $\qquad \frac{\mathrm{d}y}{\mathrm{d}x} = -\frac{e^x\,(e^y - 1)}{e^y\,(e^x - 1)} = -\frac{e^x}{e^y}\,(e^y - 1)^2$

46. $f(x, y) = b\,y - e^{\sqrt{c-x}} = 0$ $\qquad \frac{\mathrm{d}y}{\mathrm{d}x} = -\frac{e^{\sqrt{c-x}}}{2\sqrt{c-x} \cdot b} = -\frac{b\,y}{2\sqrt{c-x} \cdot b} = -\frac{y}{2\sqrt{c-x}}$

47. $f(x, y) = 2\,x^3 + 6\,x^2 y - 2\,x y^2 + 4\,y^3 = 0$

$$\frac{\partial f(x, y)}{\partial x} = 6\,x^2 + 12\,x y - 2\,y^2$$

$$\frac{\partial f(x, y)}{\partial y} = 6\,x^2 - 4\,x y + 12\,y^2 \qquad \frac{\mathrm{d}y}{\mathrm{d}x} = -\frac{6\,x^2 + 12\,x y - 2\,y^2}{6\,x^2 - 4\,x y + 12\,y^2}$$

oder auch:

$$6\,x^2\,\mathrm{d}x + (12\,x\,\mathrm{d}x \cdot y + 6\,x^2 \cdot \mathrm{d}y) - (2\,\mathrm{d}x\,y^2 + 4\,x\,y \cdot \mathrm{d}y) + 12\,y^2\,\mathrm{d}y = 0$$

$$\mathrm{d}x\,(6\,x^2 + 12\,x\,y - 2\,y^2) + \mathrm{d}y\,(6\,x^2 - 4\,x\,y + 12\,y^2) = 0$$

$$\frac{\mathrm{d}y}{\mathrm{d}x} = -\frac{6\,x^2 + 12\,x y - 2\,y^2}{6\,x^2 - 4\,x y + 12\,y^2}$$

48. $f(x, y) = \frac{x - y}{x + y} = 0$ (Quotientenregel!)

$$\frac{\partial f(x, y)}{\partial x} = \frac{1\,(x + y) - (x - y) \cdot 1}{(x + y)^2} = \frac{2\,y}{(x + y)^2} \qquad \frac{\mathrm{d}y}{\mathrm{d}x} = -\frac{\frac{2\,y}{(x + y)^2}}{\frac{-2\,x}{(x + y)^2}} = \frac{y}{x}$$

$$\frac{\partial f(x, y)}{\partial y} = \frac{-1\,(x + y) - (x - y) \cdot 1}{(x + y)^2} = \frac{-2\,x}{(x + y)^2}$$

oder auch:

$$\frac{(\mathrm{d}x - \mathrm{d}y)\,(x + y) - (x - y)\,(\mathrm{d}x + \mathrm{d}y)}{(x + y)^2} = 0$$

$$\frac{x\,\mathrm{d}x + y\,\mathrm{d}x - x\,\mathrm{d}y - y\,\mathrm{d}y - x\,\mathrm{d}x + y\,\mathrm{d}x - x\,\mathrm{d}y + y\,\mathrm{d}y}{(x + y)^2} = \frac{2\,(y\,\mathrm{d}x - x\,\mathrm{d}y)}{(x + y)^2} = 0 \qquad \frac{\mathrm{d}y}{\mathrm{d}x} = \frac{y}{x}$$

9. KURVENUNTERSUCHUNGEN

Bei den nachfolgenden Kurvenuntersuchungen werden folgende Abkürzungen verwendet:

x_{01}; x_{02} ... x_{0n}	x-Wert (Argument) der Schnittpunkte Graph — x-Achse (Nullstellen)		
y_{01}; y_{02} ... y_{0n}	Funktionswert der Schnittpunkte Graph- y-Achse.		
N_1; N_2 ... N_n	Nullstellen, Schnittpunkte Graph-x-Achse		
x_{11}; x_{12} ... x_{1n}	x-Wert (Argument) der Schnittpunkte 1. Ableitung-x-Achse, zugleich x-Wert der Extremstellen		
y_{11}; y_{12} ... y_{1n}	Ordinaten; Funktionswerte der Extremstellen		
E_1; E_2 ...	Extremstellen		
$H\,(x_{11}\,\vert\,y_{11})$	Hochpunkt Maximum	$T\,(x_{12}\,\vert\,y_{12})$	Tiefpunkt Minimum
x_{21}; y_{21} usw.	x-Wert und Funktionswert der Wendestellen		
W_1	Wendepunkt	S Sattenpunkt	W_{tg} Wendetangente
As	Asymptoten	D Definitionsbereich	W Wertebereich
$P_1\,(x_1\,\vert\,y_1;\,m_1)$	Bei der Angabe der Kurvenpunkte gibt der Wert nach dem Semikolon die Steigung in diesem Punkt an.		

9.1 Ganze rationale Funktionen

$$x \to y\,|\,y = a_0\,x^n + a_1 x^{n-1} + a_2\,x^{n-2} \ldots + a_{m-1}\,x + a_m$$

$$D = \{x\,|\,-\infty < x < +\infty\} \quad W = \{y\,|\,0 \leqq y < \infty\} \quad m, n \in N$$

Funktionen der Art: $y = c$ und $x = a$ sind konstante Funktionen. Ihre Graphen sind Parallelen zur y bzw. x-Achse im Abstand c bzw. a.

Die Graphen der Funktionen erster Ordnung mit der Form $x \to y\,|\,y = m\,x + b$ sind Geraden. Dabei gibt m die Steigung, d. h. den Wert der Tangensfunktion des Winkels an, den die Gerade mit der positiven Richtung der x-Achse bildet. b ist der Achsenabschnitt auf der y-Achse. Ist $b = 0$ lautet die Funktionsgleichung $x \to y\,|\,y = m\,x$, die Gerade geht durch den Ursprung.

Den Schnittpunkt Gerade — x-Achse findet man, indem man in $y = m\,x + b$ $y = 0$ setzt und die Gleichung nach x auflöst. $x_{01} = -\dfrac{b}{m}$

Parallele Geraden haben gleiche Steigung, d. h. gleiches m. ($y = 2\,x + 4$ u. $y = 2\,x - 6$ sind parallel).

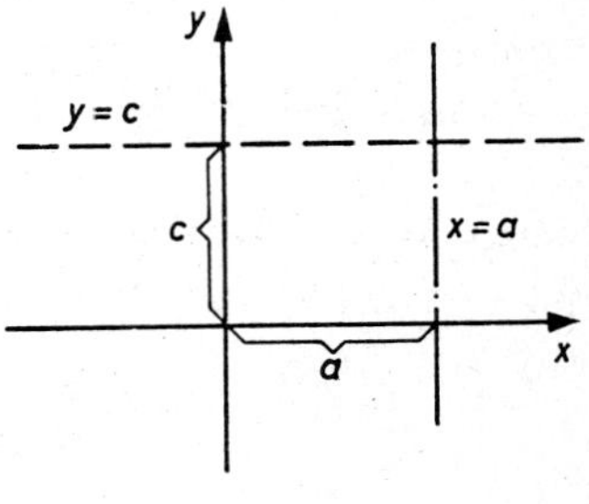

Stehen zwei Geraden senkrecht aufeinander, ist die Steigung der einen Geraden gleich dem negativ reziproken Wert der Steigung der anderen Geraden, oder, anders ausgedrückt: Das Produkt beider Steigungen ist -1.

$\left(y = 2\,x + 4\right.$ u. $y = -\dfrac{1}{2}\,x - 2$ stehen senkrecht aufeinander. $m_1 = 2$; $m_2 = -\dfrac{1}{2}$; $m_1 \cdot m_2 = -1$ oder $\left. m_1 = -\dfrac{1}{m_2}\right)$

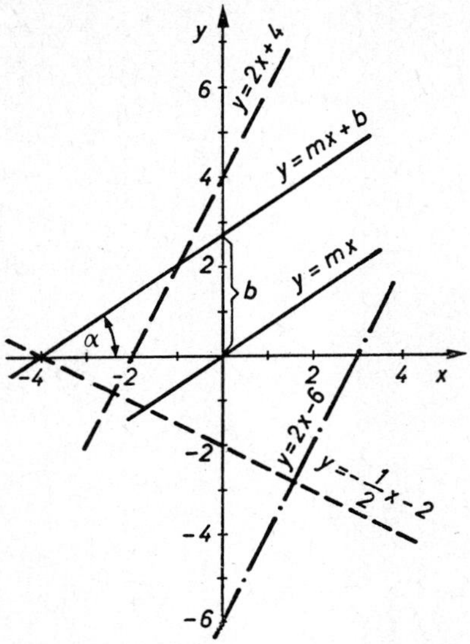

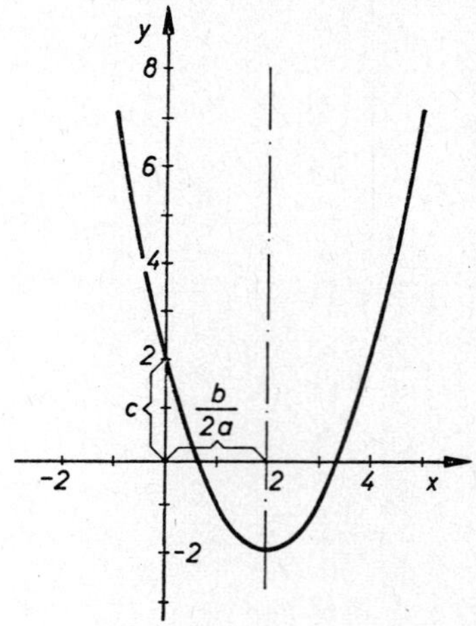

$x \to y \mid y = a\,x^2 + b\,x + c$ sind Funktionen oder Parabeln 2. Ordnung. Ist a positiv, sind diese Parabeln nach oben, ist a negativ, sind sie nach unten geöffnet. c, das absolute Glied (weil es die Variable x nicht enthält) gibt den Achsenabschnitt auf der y-Achse an und $\frac{b}{2\,a}$ nennt die Verschiebung der Parabelachse parallel zur y-Achse. Bei negativem Wert nach rechts, bei positivem Wert nach links.

Beispiele

1.

$y = x^2$ (Normalparabel)	$y' = 2\,x$	$y'' = 2$
Nullstellen: $y = 0$:	Extremstellen:	Wendestellen
$x_{01/02} = 0$	$y' = 0: x_{11} = 0$	$y'' = 0$
$N_{1/2}\,(0 \mid 0)$	$E_1\,(0 \mid 0)$	Keine Wendest.
	$f''\,(x_{11}) = +2 > 0 \Rightarrow T$	
	$T\,(0 \mid 0)$	

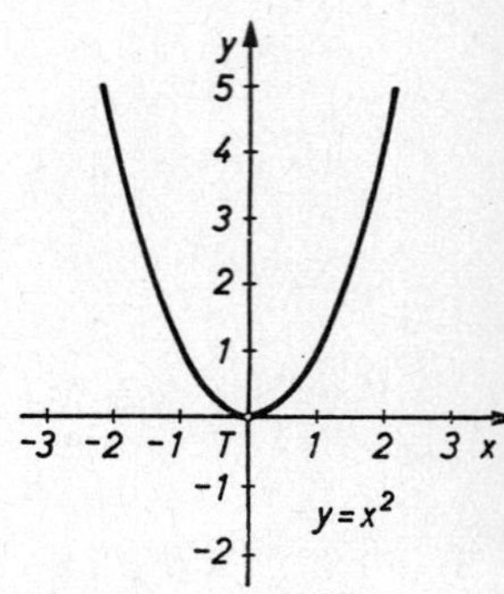

2.

$y = x^2 - x - 12$	$y' = 2\,x - 1$	$y'' = 2$
Schnittpunkt	Extremstellen:	Keine Wendest.
$y =$ Achse: $x = 0$	$y' = 0: x_{11} = 0{,}5$	
$y_{01} = 12$	$E_1\left(0{,}5 \,\middle|\, -\frac{49}{4}\right)$	
Nullstellen: $y = 0$:		
$x_{01} = -3 \vee x_{02} = +4$	$f''\,(x_{11}) = 2 > 0 \Rightarrow T$	
$N_1\,(-3 \mid 0)$ $N_2\,(4 \mid 0)$	$T\left(0{,}5 \,\middle|\, -\frac{49}{4}\right)$	

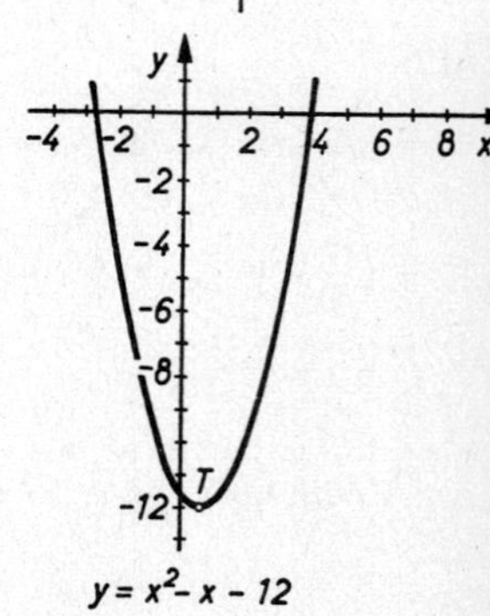

3.

$y = 2x^2 - 12x + 10$	$y' = 4x - 12$	$y'' = 4$
$y_{01} = +10$	$y' = 0{:}\quad x_{11} = 3$	Keine Wendest.
Nullstellen: $y = 0$:	$f''(x_{11}) = 4 > 0 \Rightarrow T$	
$x_{01} = 1 \vee x_{02} = 5$	$T(3 \mid -8)$	
$N_1(1 \mid 0)\quad N_2(5 \mid 0)$		

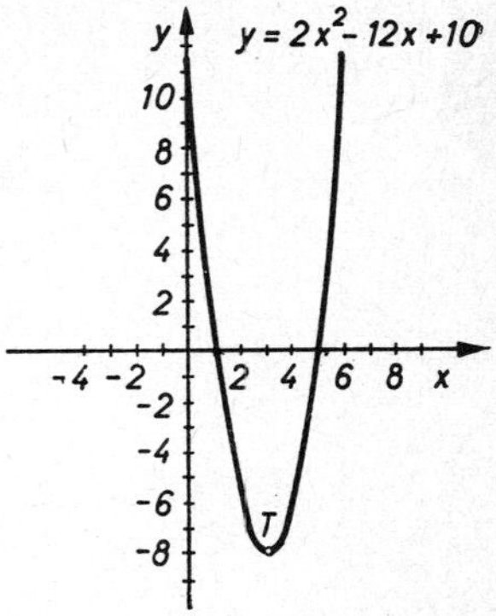

4.

$y = -4x^2 + 4x + 3$	$y' = -8x + 4$	$y'' = -8$
$y_{01} = 3$	$y' = 0: x_{11} = \frac{1}{2}$	Keine Wendest.
Nullstellen: $y = 0$:	$f''(x_{11}) = -8 < 0 \Rightarrow H$	
$x_{01} = -\frac{1}{2} \vee x_{02} = \frac{3}{2}$	$H\left(\frac{1}{2} \middle| 4\right)$	
$N_1\left(-\frac{1}{2} \middle| 0\right)\quad N_2\left(\frac{3}{2} \middle| 0\right)$		

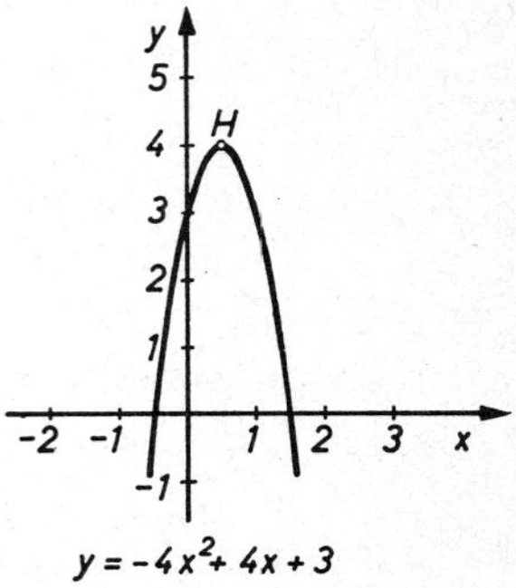

5.

$y = 4x^2 - 12x + \frac{35}{4}$	$y' = 8x - 12$	$y'' = 8$
$y_{01} = \frac{35}{4}$	$y' = 0: x_{11} = \frac{3}{2}$	Keine Wendest.
Nullstellen: $y = 0$:	$f''(x_{11}) = 8 > 0 \Rightarrow T$	
$x_{01} = \frac{5}{4} \vee x_{02} = \frac{7}{4}$	$T\left(\frac{3}{2} \middle| -\frac{1}{4}\right)$	
$N_1\left(\frac{5}{4} \middle| 0\right)\quad N_2\left(\frac{7}{4} \middle| 0\right)$		

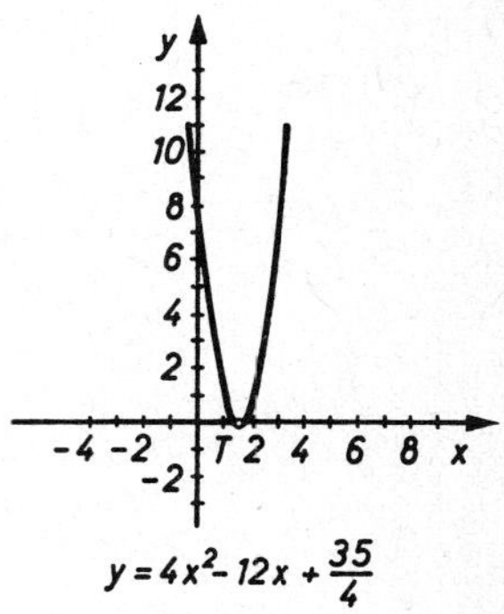

Funktionen höherer Ordnung können mehrere Extremstellen und Wendestellen haben.

■ Eine Funktion n-ter Ordnung hat höchstens n reelle Nullstellen, höchstens $n-1$
■ Extremstellen und höchstens $n-2$ Wendestellen. $n \in N$.

Das in den ersten Beispielen eingeführte Schema soll bei allen Kurvenuntersuchungen angewendet werden. Dabei können die Zwischenrechnungen nur angedeutet werden. Trotzdem läßt sich diese Kurzform leicht in eine ausführliche Kurvenuntersuchung verwandeln, die nach folgendem Muster aufgebaut werden kann:

6. $\quad y = \frac{1}{8}x^3 + \frac{3}{8}x^2 - \frac{9}{8}x + \frac{5}{8} \quad \Big| \quad y' = \frac{3}{8}x^2 + \frac{3}{4}x - \frac{9}{8} \quad \Big| \quad y'' = \frac{3}{4}x + \frac{3}{4}$

a) Schnittpunkt y-Achse: $x = 0: y_{01} = \frac{5}{8}$; $\left(0 \middle| \frac{5}{8}\right)$

b) Schnittpunkte mit der x-Achse (Nullstellen): $y = 0$

$$\frac{1}{8}x^3 + \frac{3}{8}x^2 - \frac{9}{8}x + \frac{5}{8} = 0 \Leftrightarrow x^3 + 3x^2 - 9x + 5 = 0 \Rightarrow$$

$x_{01/02} = 1 \vee x_{03} = -5$ „Doppelte" Nullstelle bei $+1$ bedeutet, daß die x-Achse nicht geschnitten, sondern berührt wird. Dort ist eine Extremstelle.

$$N_{1/2}(1|0) \quad N_3(-5|0)$$

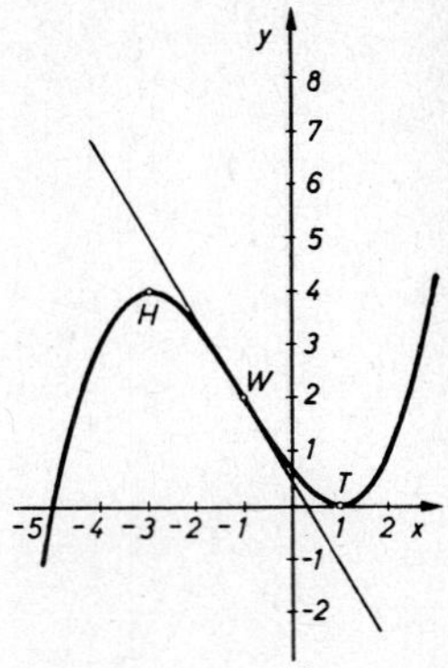

c) Extremstellen haben waagerechte Tangenten, deshalb $y' = 0$:

$$\frac{3}{8}x^2 + \frac{3}{4}x - \frac{9}{8} = 0 \Leftrightarrow 3x^2 + 6x - 9 = 0 \Leftrightarrow x^2 + 2x - 3 = 0 \Rightarrow$$

$$x_{11} = -3 \vee x_{12} = 1$$

Mit der 2. Ableitung kann man die Art der Extremstelle ermitteln: $f''(x_{11}) = -\frac{3}{2} < 0$. Dort hat der Graph eine Rechtskrümmung, liegt ein Hochpunkt, hat die Funktion ein Maximum. $f''(x_{12}) = \frac{3}{2} > 0$. Der Graph ist linksgekrümmt, hat dort einen Tiefpunkt, die Funktion ein Minimum.

$$H(-3|4) \quad T(1|0)$$

d) Wendestellen sind dort, wo $y'' = 0$.

$\frac{3}{4}x + \frac{3}{4} = 0 \Rightarrow x_{21} = -1$ $W\left(-1|2; -\frac{3}{2}\right)$ Setzt man x_{21} in die 1. Ableitung ein, erhält man die Steigung der Tangente im Wendepunkt.

e) Wendetangente = Tangente im Wendepunkt, d. h. Gerade durch $W(-1 | 2)$ mit $m = -\frac{3}{2}$. Nach Punktrichtungsform: $y = -\frac{3}{2}x + \frac{1}{2}$ oder $3x + 2y - 1 = 0$.

f) Symmetrie zu Achsen, Winkelhalbierenden und Ursprung ist keine vorhanden.

7.

$y = x^3 - 2x^2 + x - 12$

$y = 0 \quad x_{01} = 3$

$N_1(3 | 0)$

$y_{01} = -12$

$y' = 3x^2 - 4x + 1$

$y' = 0$

$(3x + 1)(x - 1) = 0$

$x_{11} = \frac{1}{3} \quad x_{12} = 1$

$f''(x_{11}) = -2 < 0 \Rightarrow H$

$f''(x_{12}) = 2 > 0 \Rightarrow T$

$H\left(\frac{1}{3} \middle| -11\frac{23}{27}\right)$

$T(1 | -12)$

$y'' = 6x - 4$

$y'' = 0 \quad x_{12} = \frac{2}{3}$

$W\left(\frac{2}{3} \middle| -11\frac{25}{27}; -\frac{1}{3}\right)$

Wendetangente:

$y = -\frac{1}{3}x - 11\frac{19}{27}$

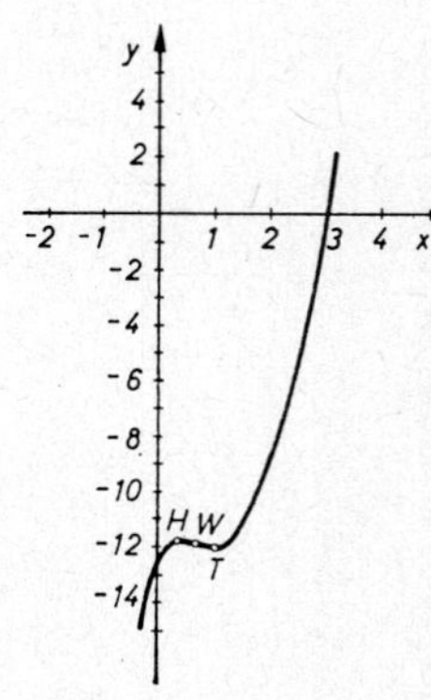

8.

$y = x^3 - 12x^2 + 36x - 12$	$y' = 3x^2 - 24x + 36$	$y'' = 6x - 24$
$y = 0 \quad x_{01} = 0{,}379$	$= 3(x^2 - 8x + 12)$	$= 6(x - 4)$
$x_{02} = 4{,}342$	$= 3(x-2)(x-6)$	$y'' = 0 \quad x_{21} = 4$
$x_{03} = 7{,}282$	$y' = 0 \quad x_{11} = 2 \quad x_{12} = 6$	$W(4 \mid 4;\ -12)$
$N_1(0{,}379 \mid 0)$	$f''(x_{11}) = -72 < 0 \Rightarrow H$	Wendetangente:
$N_2(4{,}342 \mid 0)$	$f''(x_{12}) = +72 > 0 \Rightarrow T$	$y = -12x + 52$
$N_3(7{,}282 \mid 0)$	$T(6 \mid 12) \quad H(2 \mid 20)$	

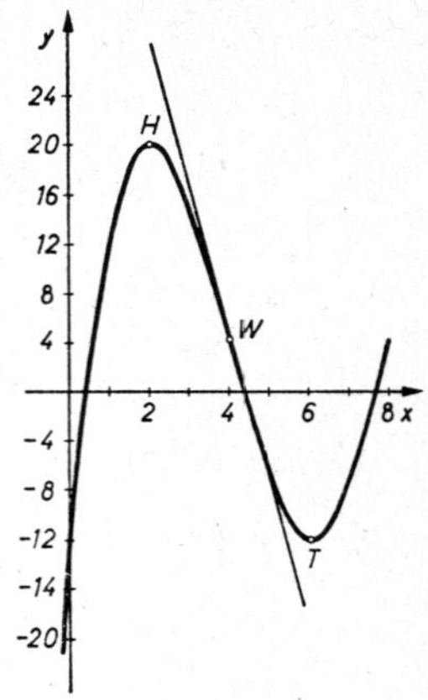

9.

$y = x^3 + 6x^2 - 15x$	$y' = 3x^2 + 12x - 15$	$y'' = 6x + 12$
$= x(x^2 + 6x^2 - 15)$	$= 3(x^2 + 4x - 5)$	$= 6(x + 2)$
$y = 0: x_{01} = 0$	$= 3(x+5)(x-1)$	$y'' = 0: x_{21} = -2$
$x^2 + 6x - 15 = 0$	$y' = 0; x_{11} = -5, x_{12} = 1$	$W(-2 \mid 46;\ -27)$
$x_{02} = -3 + 2\sqrt{6}$	$f''(x_{11}) = -18 < 0 \Rightarrow H$	W_{tg}
$= 1{,}89898$	$f''(x_{12}) = 18 > 0 \Rightarrow T$	$y = -27x - 6$
$x_{03} = -3 - 2\sqrt{6}$	$H(-5 \mid 100)$	
$= -7{,}89898$	$T(1 \mid -8)$	
$N_1(0 \mid 0);$		
$N_2(+1{,}89898 \mid 0)$		
$N_3(-7{,}89898 \mid 0)$		

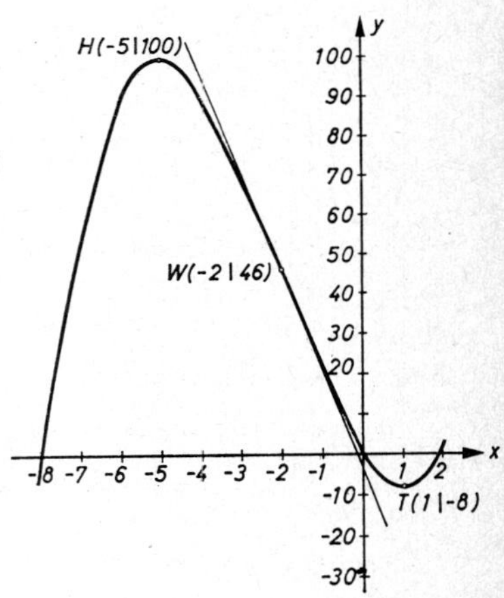

10.

$y = 2x^3 + 5x^2 + 4x + 1$	$y' = 6x^2 + 10x + 4$	$y'' = 12x + 10$
$y = 0; \quad x_{01/02} = -1$	$= 2(3x^2 + 5x + 2)$	$= 2(6x + 5)$
$x_{03} = -\frac{1}{2}$	$= 2(3x+2)(x+1)$	$y'' = 0: x_{21} = -\frac{5}{6}$
$N_1(-1 \mid 0)$	$y' = 0: x_{11} = -\frac{2}{3};$	$W\left(-\frac{5}{6} \middle\vert -\frac{1}{54};\ -\frac{1}{6}\right)$
$N_2\left(-\frac{1}{2} \middle\vert 0\right)$	$x_{12} = -1$	W_{tg}
	$f''(x_{11}) = 2 > 0 \Rightarrow T$	$y = -\frac{1}{6}x^2 - \frac{17}{108}$
	$f''(x_{12}) = -2 < 0 \Rightarrow H$	
	$H(-1 \mid 0)\ T\left(-\frac{2}{3} \middle\vert -\frac{1}{27}\right)$	

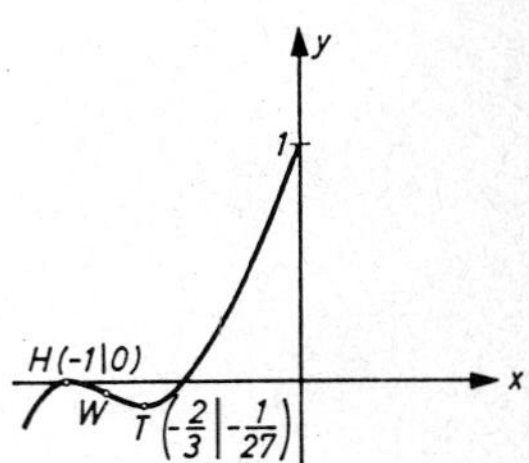

11.

$y = \frac{x^3}{3} - \frac{x^2}{2} - 2x + 5$

$y = 0 \quad x_{01} = -2{,}7243$

$N(-2{,}7243 \mid 0)$

$y' = x^2 - x - 2$

$= (x-2)(x+1)$

$y' = 0: x_{11} = 2;$

$x_{12} = -1$

$f''(x_{11}) = 3 > 0 \Rightarrow T$

$f''(x_{12}) = -3 < 0 \Rightarrow H$

$T\left(2 \,\middle|\, \frac{5}{3}\right)$

$H\left(-3 \,\middle|\, 6\frac{1}{6}\right)$

$y'' = 2x - 1$

$y'' = 0: x_{21} = \frac{1}{2}$

$W\left(\frac{1}{2} \,\middle|\, \frac{67}{12};\ -\frac{9}{4}\right)$

W_{tg}

$y = -\frac{9}{4}x^2 + \frac{121}{24}$

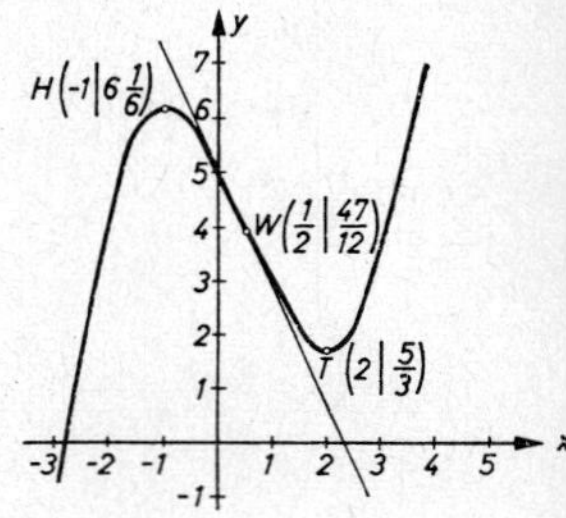

12.

$y = \frac{1}{5}x^3 - \frac{12}{5}x + 1$

$= \frac{1}{5}(x^3 - 12x + 5)$

$y = 0: x_{01} = 0{,}4222$

$x_{02} = 3{,}233 \quad x_{03} = -3{,}656$

$N_1(0{,}4222 \mid 0)$

$N_2(3{,}233 \mid 0)$

$N_3(-3{,}656 \mid 0)$

$y' = \frac{3}{5}x^2 - \frac{12}{5}$

$= \frac{3}{5}(x^2 - 4)$

$y' = 0 \quad x_{11} = +2;$

$x_{12} = -2$

$f''(x_{11}) = \frac{12}{5} > 0 \Rightarrow T$

$f''(x_{12}) = -\frac{12}{5} < 0 \Rightarrow H$

$T\left(2 \,\middle|\, -\frac{11}{5}\right) \quad H\left(-2 \,\middle|\, \frac{21}{5}\right)$

$y' = \frac{6}{5}x^2 \quad y'' = 0$

$x_{21} = 0$

$W\left(0 \mid 1;\ -\frac{12}{5}\right)$

W_{tg}

$y = -\frac{12}{5}x^2 + \frac{121}{24}$

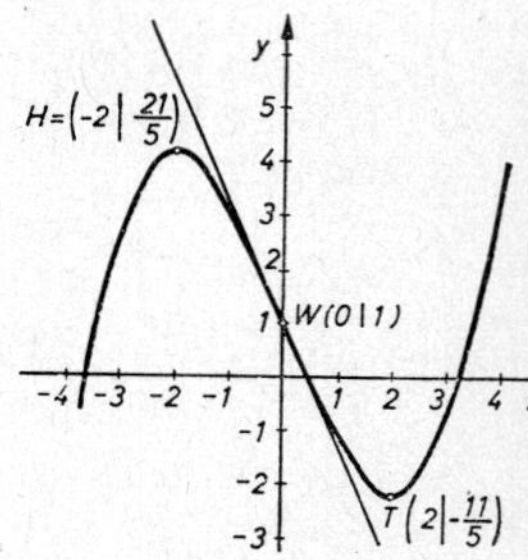

13.

$y = 8x^3 - 60x^2 - 66x + 17$

$y = 0: x_{01} = 0{,}217$

$x_{02} = -1{,}163$

$x_{03} = 8{,}448$

$N_1(0{,}217 \mid 0)$

$N_2(-1{,}163 \mid 0)$

$N_3(8{,}448 \mid 0)$

$y' = 24x^2 - 120x - 66$

$= (6x - 33)(4x + 2)$

$y' = 0: x_{11} = \frac{11}{2}$

$x_{12} = -\frac{1}{2}$

$f''(x_{11}) = 144 > 0 \Rightarrow T$

$f''(x_{12}) = -144 < 0 \Rightarrow T$

$T(5{,}5 \mid -830)$

$H(-0{,}5 \mid 34)$

$y'' = 48x^2 - 120$

$= 24(2x - 5)$

$y'' = 0: x_{21} = 2{,}5$

$W(2{,}5 \mid -398;$

$-216)$

W_{tg}

$y = -216x^2 + 142$

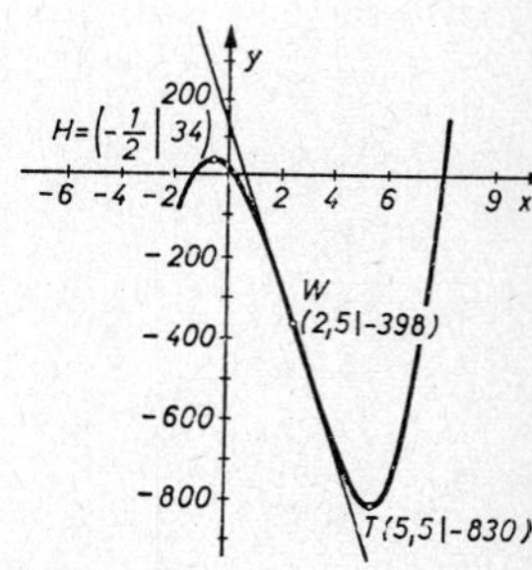

14.

$y = 4x^3 + 6x^2 - 105x +$
$+ 95 = (x-1)\cdot$
$\times(4x^2 + 10x - 95)$
$y = 0: x_{01} = +1$
$x_{02} = -6{,}281$
$x_{03} = 3{,}781$
$N_1(1|0)$ $N_2(-6{,}281|0)$
$N_3(3{,}781|0)$

$y' = 12x^2 + 12x - 105$
$= (2x+7)(6x-15)$
$y' = 0: x_{11} = -\frac{7}{2};$
$x_{12} = \frac{5}{2}$
$f''(x_{11}) = -72 < 0 \Rightarrow H$
$f''(x_{12}) = +72 > 0 \Rightarrow T$
$H(-3{,}5|364{,}5)$
$T(2{,}5|-67)$

$y'' = 24x + 12$
$y'' = 0: x_{21} = 0{,}5$
$W(0{,}5|148{,}5;$
$-108)$
W_{tg}
$y = -108x^2$
$= 94{,}5$

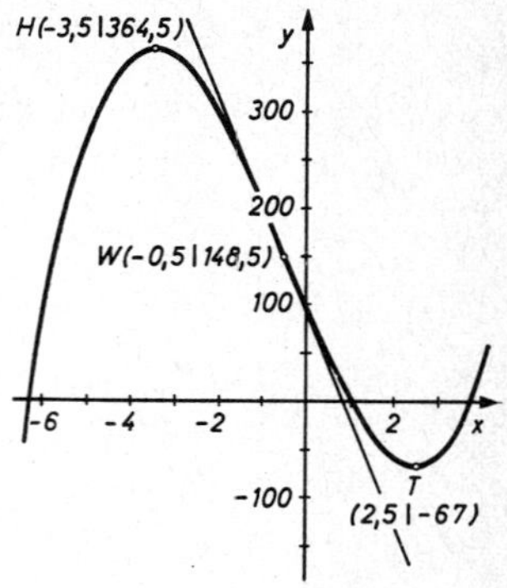

15.

$y = x^3 - 3x^2 - x + 3$
$= (x^2 - 1)(x-3)$
$= (x+1)(x-1)(x-3)$
$y = 0: x_{01} = 1;\ x_{02} = 1;$
$x_{03} = +3$
$N_1(-1|0)\ N_2(1|0)$
$N_3(3|0)$

$y' = 3x^2 - 6x - 1$
$= 3\left(x^2 - 2x - \frac{1}{3}\right)$
$y' = 0: x_{11} = 1 + \frac{2}{3}\sqrt{3}$
$\approx 2{,}1546$
$x_{12} = 1 - \frac{2}{3}\sqrt{3}$
$\approx -0{,}1546$
$f''(x_{11}) = 6\cdot 1{,}1546$
$> 0 \Rightarrow T$
$f''(x_{12}) = 6\cdot(-1{,}1546)$
$< 0 \Rightarrow H$
$H(-0{,}1546|3{,}079)$
$T(2{,}1546|-3{,}079)$

$y'' = 6x - 6$
$= 6(x-1)$
$y'' = 0: x_{21} = 1$
$W(1|0;\ -4)$
W_{tg}
$y = -4x + 4$

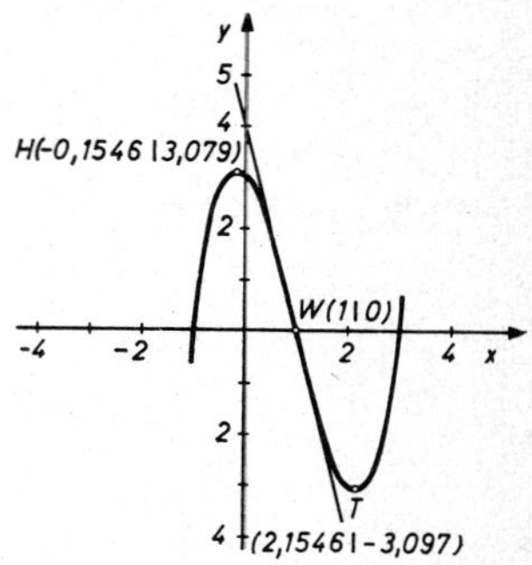

16.

$y = x^3 - 3x^2 - 9x + 11$
$= (x-1)(x^2 + 2x - 11)$
$y = 0: x_{01} = 1;$
$x_{02} = 1 + 2\sqrt{3} = 4{,}464;$
$x_{03} = 1 - 2\sqrt{3} = -2{,}464$
$N_1(1|0) = W$
$N_2(4{,}464|0)$
$N_3(-2{,}464|0)$

$y' = 3x^2 - 6x - 9$
$= 3(x-3)(x+1)$
$y' = 0: x_{11} = 3;$
$x_{12} = -1$
$f''(x_{11}) = 12 > 0 \Rightarrow T$
$f''(x_{12}) = -12 < 0 \Rightarrow H$
$H(-1|16);$
$T(3|-16)$

$y'' = 6x - 6$
$= 6(x-1)$
$y'' = 0: x_{21} = 1$
$W(1|0;\ -12)$
$W_{tg}:$
$y = -12x + 12$

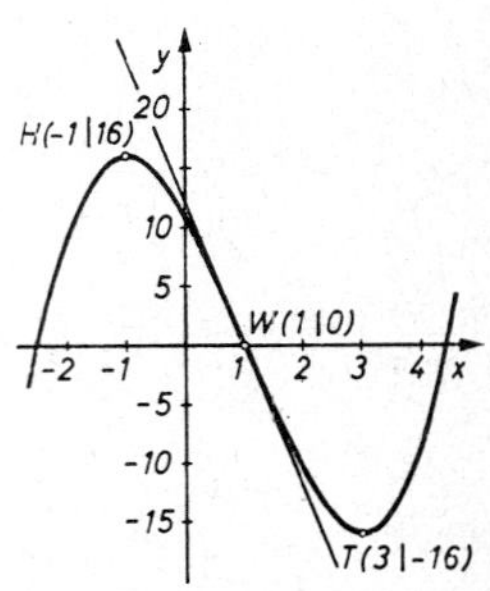

17.

$y = \frac{1}{3}x^3 - \frac{5}{2}x^2 + 6x -$

$-4\frac{2}{3}$

$y = 0: x_{01/02} = 2;$

$x_{02} = 3{,}5$

$N_{1/2}(2 \mid 0) = H$

$N_3(3{,}5 \mid 0)$

$y' = x^2 - 5x + 6$

$= (x-2)(x-3)$

$y' = 0: x_{11} = 2;$

$x_{12} = 3$

$f''(x_{11}) = -1 < 0 \Rightarrow H$

$f''(x_{12}) = 1 > 0 \Rightarrow T$

$H(2 \mid 0);\ T\left(3 \mid -\frac{1}{6}\right)$

$y'' = 2x - 5$

$y'' = 0: x_{21} = \frac{5}{2}$

$W\left(2{,}5 \mid -\frac{1}{12};\ -\frac{1}{4}\right)$

W_{tg}:

$y = -\frac{1}{4}x + \frac{13}{24}$

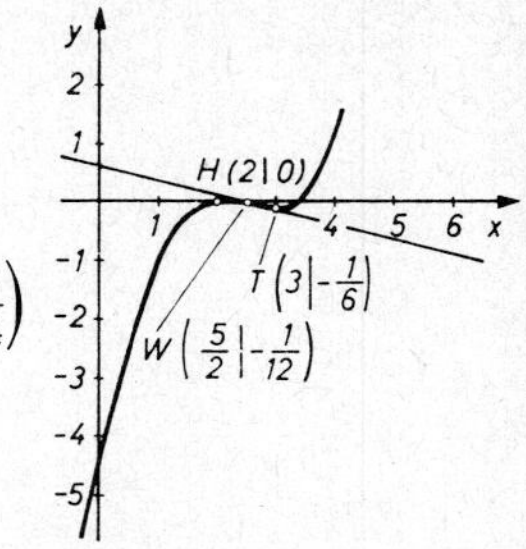

18.

$y = x^3 - 9x^2 + 27x - 19$

$y = 0: x_{01} = 1$

$N_1(1 \mid 0)$

$y' = 3x^2 - 18x + 27$

$= 3(x^2 - 6x + 9)$

$= 3(x-3)^2$

$y' = 0: x_{11/12} = 3$

$f''(x_{11/12}) = 0$

keine Extremstelle

$y'' = 6x - 18$

$= 6(x-3)$

$y'' = 0: x_{21} = 3$

Bei $x = 3$:

$f'(x) = f''(x) = 0$

$\wedge f'''(x) \neq 0$

Sattelpunkt:

$S(3 \mid 8)$

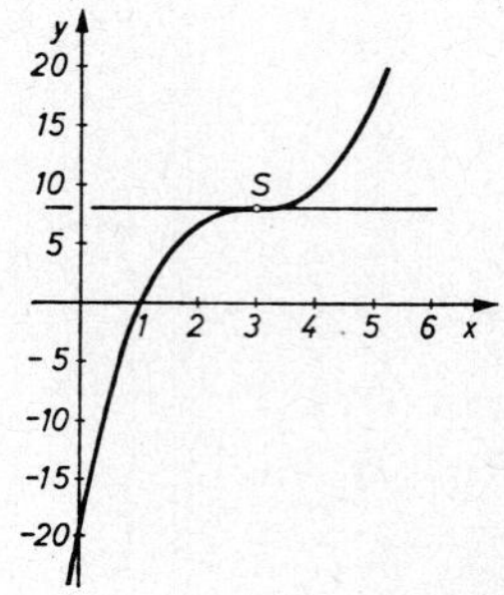

19.

$y = -x^3 + 12x^2 -$

$-48x + 56$

$y = 0: x_{01} = 2$

$N_1(2 \mid 0)$

$y' = -3x^2 + 24x - 48$

$= -3(x^2 - 8x + 16)$

$= -3(x-4)^2$

$y' = 0: x_{11/12} = 4$

$f''(x_{11/12}) = 0$

kein Extremwert

$y'' = -6x + 24$

$= -6(x-4)$

$y'' = 0: \quad x_{21} = 4$

für $x = 4$:

$f'(x) = f''(x) = 0 \wedge$

$f'''(x) \neq 0$

$S(4 \mid -8)$

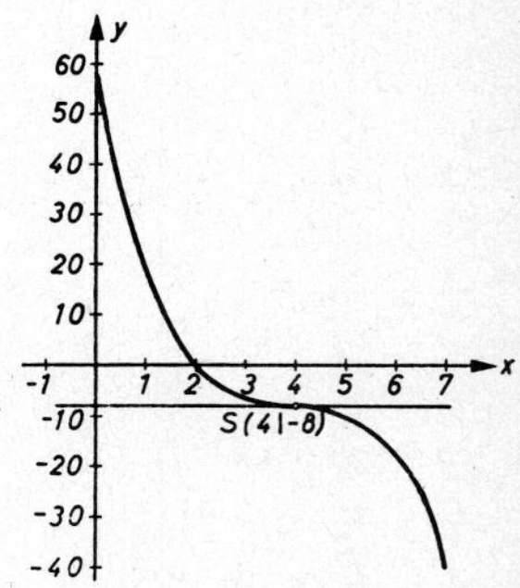

20.

$y = x^3 - 15x^2 + 75x - 117$

$y = 0: x_{01} = 3$

$N_1(3 \mid 0)$

$y' = 3x^2 - 30x + 75$

$= 3(x^2 - 10x + 25)$

$= 3(x-5)^2$

$y' = 0: x_{11/12} = 5$

$f''(x_{11/12}) = 0$

kein Extremwert

$y'' = 6x - 30$

$= 6(x-5)$

$y'' = 0: x_{21} = 5$

für $x = 5$

$f'(x) = f''(x)$

$= 0 \wedge f'''(x) \neq 0$

$S(5 \mid 8;\ 0)$

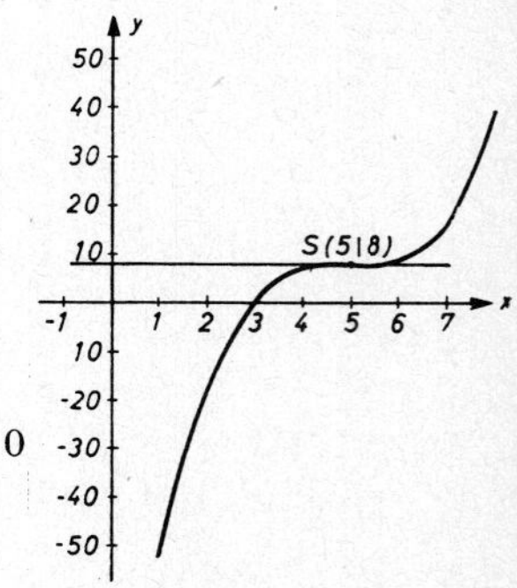

21.

$$y = x^4 - 2\,a\,x^3 + a^2 x^2$$
$$= x^2 (x^2 - 2\,a\,x + a^2)$$
$$= x^2 (x-a)^2$$
$$y = 0 : x_{01/02} = 0$$
$$x_{03/04} = +a$$
$$N_{1/2}(0\,|\,0) = T;$$
$$N_{3/4}(a\,|\,0) = T$$

$$y' = 4x^3 - 6\,a\,x^2 + 2a^2 x$$
$$= 2x(2x^2 - 3\,a\,x + a^2)$$
$$= 2x(a - 2x)(a - x)$$
$$y' = 0 : x_{11} = 0;$$
$$x_{12} = \frac{a}{2}; \quad x_{13} = a$$
$$f''(x_{11}) = 2a^2 > 0 \Rightarrow T$$
$$f''(x_{12}) = 2a^2 - 6a^2 + $$
$$+ 3a^2 = -a^2 < 0 \Rightarrow H$$
$$f''(x_{13}) = 2a^2 > 0 \Rightarrow T$$
$$T_1(0\,|\,0); \quad T_2(a\,|\,0);$$
$$H\left(\frac{a}{2}\,\middle|\,\frac{a^4}{16}\right)$$

$$y'' = 12\,x^2 - 12\,a\,x + $$
$$+ 2\,a^2 = 2(6\,x^2 - $$
$$- 6\,a\,x + a^2)$$
$$y'' = 0$$
$$x_{21} = \frac{a}{2}\left(1 + \frac{1}{3}\sqrt{3}\right)$$
$$x_{22} = \frac{a}{2}\left(1 - \frac{1}{3}\sqrt{3}\right)$$
$$W_1\left(\frac{a}{2}\left(1 - \frac{1}{3}\sqrt{3}\right)\,\middle|\,\frac{a^4}{36}\right)$$
$$W_2\left(\frac{a}{2}\left(1 + \frac{1}{3}\sqrt{3}\right)\,\middle|\,\frac{a^4}{36}\right)$$

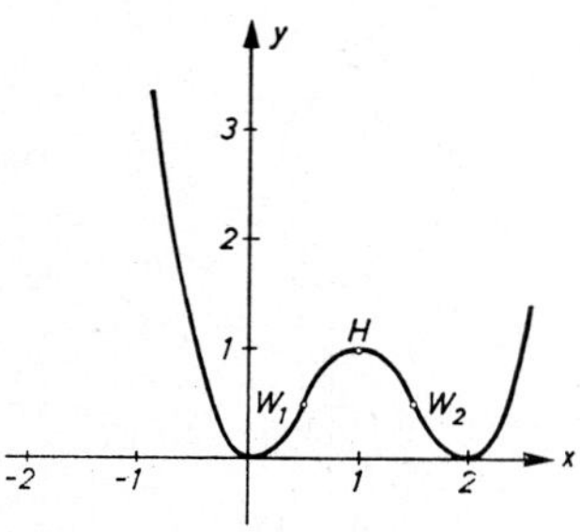

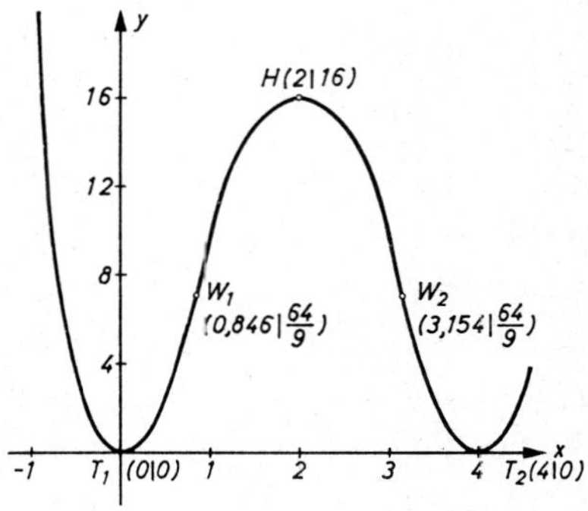

22.

$$y = x^4 - 8\,x^3 + 16\,x^2$$
$$= x^2 (x-4)^2$$
$$y = 0 : x_{01/02} = 0$$
$$x_{03/04} = 4$$
$$N_{1/2}(0\,|\,0) = T_1$$
$$N_{3/4}(4\,|\,0) = T_2$$

$$y' = 4\,x^3 - 24\,x^2 + 32\,x$$
$$= 4\,x(x^2 - 6\,x + 8)$$
$$= 4\,x(x-2)(x-4)$$
$$y' = 0; \quad x_{11} = 0;$$
$$x_{12} = +2 \quad x_{13} = +4$$
$$f''(x_{11}) = 32 > 0 \Rightarrow T$$
$$f''(x_{12}) = -16 < 0 \Rightarrow H$$
$$f''(x_{13}) = 32 > 0 \Rightarrow T$$
$$T_1(0\,|\,0) \quad T_2(4\,|\,0)$$
$$H(2\,|\,16)$$

$$y'' = 12\,x^2 + 48\,x + $$
$$+ 32$$
$$y'' = 4\,(3\,a^2 - 12\,x + $$
$$+ 8)$$
$$y'' = 0 :$$
$$x_{21} = 2 - \frac{2}{3}\sqrt{3}$$
$$\approx 0{,}846$$
$$x_{22} = 2 + \frac{2}{3}\sqrt{3}$$
$$\approx 3{,}154$$
$$W_1\left(0{,}846\,\middle|\,\frac{64}{9}\right)$$
$$W_2\left(3{,}154\,\middle|\,\frac{64}{9}\right)$$

23.

$y = -x^4 + 4x^2$
$= x^2(4 - x^2)$
$y = 0;\quad x_{01/02} = 0;$
$x_{03} = +2 \quad x_{04} = -2$
$N_1(0|0) = T;$
$N_2(-2|0) \quad N_3(+2|0)$

$y' = -4x^3 + 8x$
$= 4x(2 - x^2)$
$y' = 0;\quad x_{11} = 0;$
$x_{12} = -\sqrt{2};\quad x_{13} = +\sqrt{2}$
$f''(x_{11}) = 8 > 0 \Rightarrow T$
$f''(x_{12}) = 8 - 24$
$= -16 < 0$
$\Rightarrow H$
$f''(x_{13}) = 8 - 24$
$= -16 < 0$
$\Rightarrow H$
$T(0|0);\quad H_1(-\sqrt{2}|4)$
$H_2(+\sqrt{2}|4)$

$y'' = -12x^2 + 8$
$= 4(2 - 3x^2)$
$y'' = 0:$
$x_{21/22} = \pm\sqrt{\frac{2}{3}}$
$x_{21} = +\frac{1}{3}\sqrt{6}$
$\approx 0{,}8165;$
$x_{22} = -\frac{1}{3}\sqrt{6}$
$\approx -0{,}8165$
$W_1(-0{,}8165|2{,}22\overline{2})$
$= \left(-\frac{1}{3}\sqrt{6}\,\middle|\,\frac{20}{9};\right.$
$\left.-\frac{16}{9}\sqrt{6}\right)$
$W_2\left(+\frac{1}{3}\sqrt{6}\,\middle|\,\frac{20}{9};\right.$
$\left.+\frac{16}{9}\sqrt{6}\right)$
Wendetangenten:
$y = \pm\frac{16}{9}\sqrt{6}\,x - \frac{4}{3}$

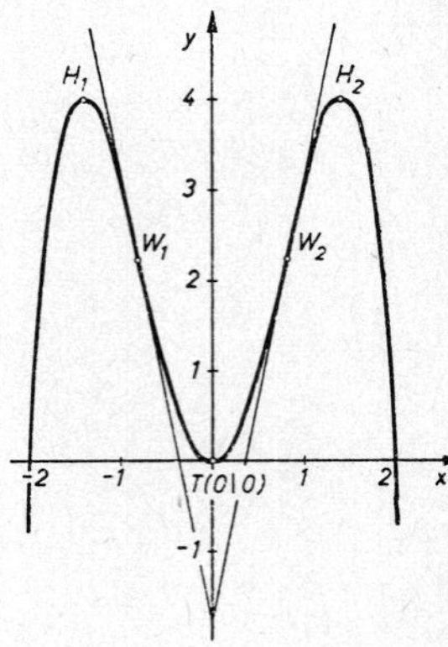

Nur gerade Potenzen von x: symmetrisch zur y-Achse.

24.

$y = x^4 - 8x^3 + 18x^2 + 17$
keine Nullstellen

$y' = 4x^3 - 24x^2 + 36x$
$= 4x(x^2 - 6x + 9)$
$= 4x(x - 3)^2$
$y' = 0: x_{11} = 0;$
$x_{12/13} = 3$
$f''(x_{11}) = 36 > 0 \Rightarrow T;$
$f''(x_{12}) = 0$
$T(0|17)$

$y'' = 12x^2 - 48x +$
$+ 36$
$- 12(x^2 - 4x + 3)$
$= 12(x - 1)(x - 3)$
$y' = 0: x_{21} = 1;$
$x_{22} = 3$
bei $x = 3$:
$f'(x) = f''(x) = 0$
$\wedge f''' \neq 0$
Sattel- o.
Terassenpunkt
$S(3|44)$
$W(1|28;\ 16)$
Wendetangente:
$y = 16x + 12$

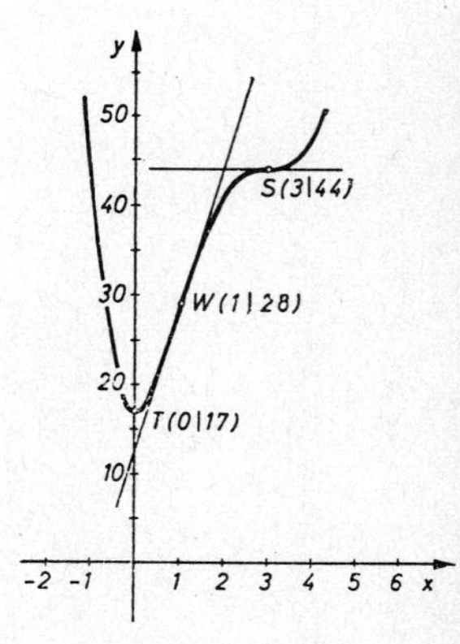

25

$y = x^4 - 8x^3 + 14x^2 +$
$+ 8x - 15$
$= (x^2 - 1)(x^2 - 8x + 15)$
$= (x+1)(x-1)(x-3) \cdot$
$\times (x-5)$
$y' = 0;\ x_{01} = -1;$
$x_{02} = +1$
$x_{03} = +3;\ x_{04} = +5$
$N_1(-1|0);\ N_2(+1|0);$
$N_3(+3|0);\ N_4(+5|0)$

$y' = 4x^3 - 24x^2 +$
$+ 28x + 8$
$= 4(x^3 - 6x^2 + 7x + 2)$
$= 4(x-2)(x^2 - 4x - 1)$
$y' = 0: x_{11} = +2;$
$x_{12} = 2 - \sqrt{5} \approx -0{,}2360$
$x_{13} = 2 + \sqrt{5} \approx +4{,}2360$
$f''(x_{11}) = -20 < 0 \Rightarrow H$
$f''(x_{12}) = 40 > 0 \Rightarrow T_1$
$f''(x_{13}) = 40 > 0 \Rightarrow T_2$
$H(2|9);$
$T_1(-0{,}236|-16)$
$T_2(4{,}236|-16)$

$y'' = 12x^2 - 48x + 28$
$= 12\left(x^2 - 4x + \frac{7}{3}\right)$
$y'' = 0:$
$x_{21} = 2 - \frac{1}{3}\sqrt{15}$
$\approx 0{,}70901;$
$x_{22} = 2 + \frac{1}{3}\sqrt{15}$
$\approx 3{,}29099$
$W_1\left(0{,}709 \,\middle|\, -\frac{44}{9}\right)$
$W_2\left(3{,}29099 \,\middle|\, -\frac{44}{9}\right)$

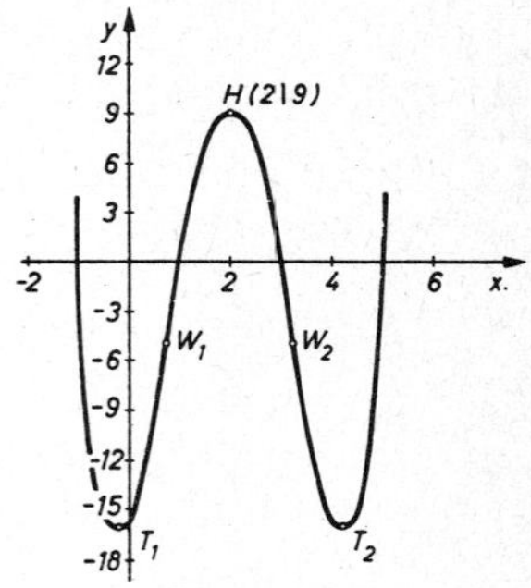

26.

$y = x^4 - \frac{16}{3}x^3 - 6x^2 +$
$+ 72x + 45$
$y' = 0:$
$x_{01} = -3;\ x_{02} = -0{,}615$
$N_1(-3|0);$
$N_2(-0{,}615|0)$

$y' = 4x^3 - 16x^2 -$
$- 12x + 72$
$= 4(x^3 - 4x^2 - 3x +$
$+ 18)$
$= 4(x+2)(x-3)^2$
$y' = 0;$
$x_{11} = -2;\ = x_{12/13} = +3$
$f''(x_{11}) = 100 > 0 \Rightarrow T$
$f''(x_{12/13}) = 0$
$T\left(-2 \,\middle|\, -64\frac{1}{3}\right)$

$y'' = 12x^2 - 32x - 12$
$= 4(3x^2 - 8x - 3)$
$= 4(3x+1)(x-3)$
$y'' = 0:\ x_{21} = -\frac{1}{3};$
$x_{22} = 3$
für $x = 3: f'(x) =$
$= f''(x) = 0$
$\wedge f''' \neq 0,$
$S(3|144)$
$W\left(-\frac{1}{3} \,\middle|\, 20\frac{44}{81};\right.$
$\left.74\frac{2}{27}\right)$

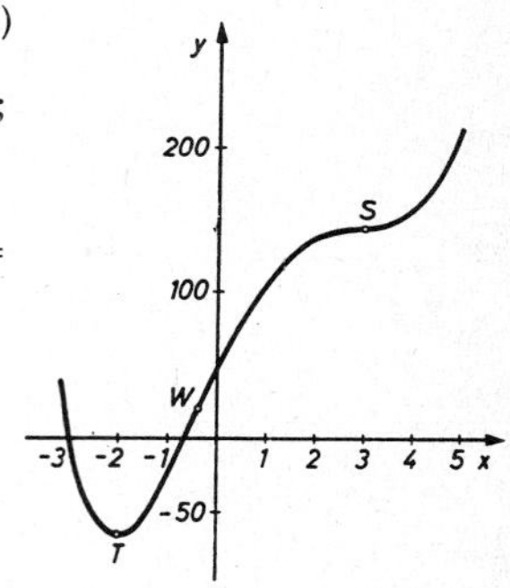

27.

$y = x^4 - \frac{28}{3}x^3 + 32x^2 -$
$- 48x + \frac{64}{3}$
$y = 0:$
$x_{01} = 4;\ x_{02} = 0{,}73$
$N_1(4|0);\ N_2(0{,}73|0)$

$y' = 4x^3 - 28x^2 + 64x -$
$- 48$
$= 4(x^3 - 7x^2 + 16x -$
$- 12)$
$= 4(x-3)(x-2)^2$
$y' = 0:\ x_{11} = 3;$
$x_{12/13} = 2$
$f''(x_{11}) = 4 > 0 \Rightarrow T$
$f''(x_{12/13}) = 0$
$T(3|-6{,}333)$

$y'' = 12x^2 - 56x +$
$+ 64$
$= 4(3x-8)(x-2)$
$y'' = 0:\ x_{21} = 2;$
$x_{22} = \frac{8}{3}$
für $x = 2:$
$f'(x) = f''(x) = 0$
$\wedge f''' \neq 0$
$S(2|-4{,}734)$
$W\left(\frac{8}{3} \,\middle|\, -5{,}865\right)$

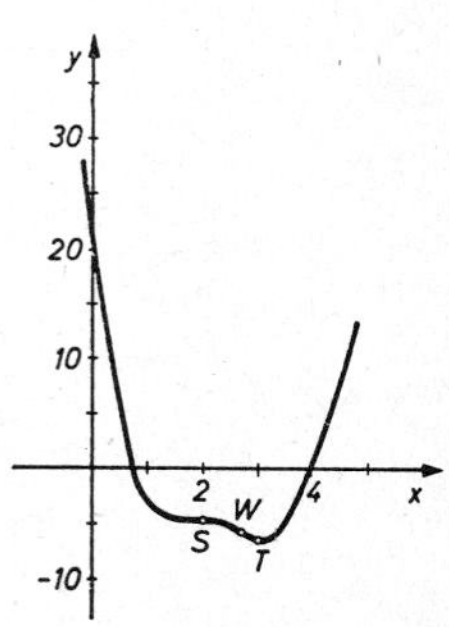

28.

$y = -\frac{1}{9}x^5 + x^3$

$= x^3\left(1 - \frac{1}{9}x^2\right)$

$y = 0: x_{01} = 0;$

$x_{02} = +3; \quad x_{03} = -3$

$N_1(0|0) = S$

$N_2(+3|0); \; N_3(-3|0)$

$y' = -\frac{5}{9}x^4 + 3x^2$

$= x^2\left(3 - \frac{5}{9}x^2\right);$

$y' = 0:$

$x_{11/12} = 0; \; x_{13/14} =$

$= \pm\sqrt{\frac{27}{5}} = \pm\sqrt{5{,}4}$

$= \pm 2{,}32379$

$f''(x_{11/12}) = 0$

$f''(x_{13}) = -13{,}806$

$< 0 \Rightarrow H$

$f''(x_{14}) = +13{,}806$

$> 0 \Rightarrow T$

$H(+2{,}32379 | +5{,}019)$

$T(-2{,}32379 | -5{,}019)$

$y'' = 6x - \frac{20}{9}x^3$

$= 2x\left(3 - \frac{10}{9}x^2\right)$

$y'' = 0: \; x_{21} = 0;$

$x_{22/23} = \pm\sqrt{2{,}7}$

$= \pm 1{,}643$

für $x = 0$:

$f'(x) = f''(x) = 0$

$\wedge f'''(x) \neq 0$

$S(0|0)$

$W_1(+1{,}643 |$
$+3{,}105)$

$W_2(-1{,}643 |$
$-3{,}105)$

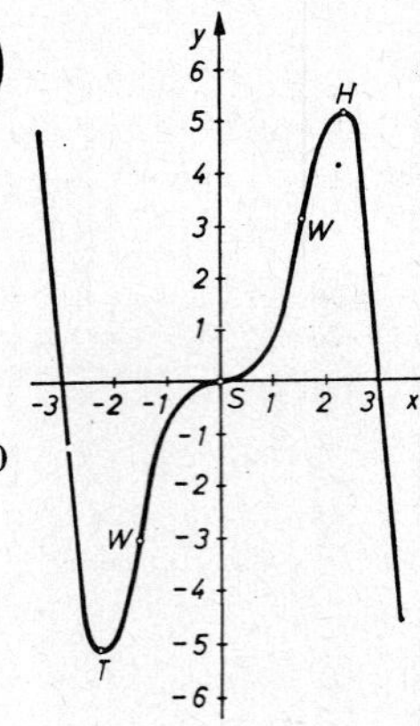

Nur ungerade Potenzen von x; zentrische Symmetrie zu $(0|0)$

9.2 Gebrochene rationale Funktion $x \to y \,\Big|\, y = \dfrac{ax^n + bx^{n-1} + \ldots z}{Ax^m + Bx^{m-1} + \ldots Z}$

29. $x \to f(x) = \dfrac{2x^3 - 6x + 4}{x^3 - 3x}$ – Ausführliches Beispiel –

$$y = \frac{2x^3 - 6x + 4}{x^3 - 3x} \qquad y' = -12\frac{x^2 - 1}{(x^3 - 3x)^2} \qquad y'' = 24\frac{2x^4 - 3x^2 + 3}{(x^3 - 3x)^3}$$

$$= \frac{2(x-1)(x-1)(x+2)}{x(x^2 - 3)} \qquad = -12\frac{(x+1)(x-1)}{x^2(x^2-3)^2}$$

Definitionsmenge $D = \{x \mid -\infty < x < -\sqrt{3} \wedge -\sqrt{3} < x < 0 \wedge 0 < x < +\sqrt{3} \wedge +\sqrt{3} < x < \infty\}$ d. h. die Funktion ist für alle reellen Werte von x definiert, ausgenommen $-\sqrt{3}$; 0; $+\sqrt{3}$. *Unendlichkeitsstellen/Asymptoten:* Für $x = -\sqrt{3}$; $x = 0$; $x = +\sqrt{3}$ wird der Nenner des Bruches 0. Der Zähler ist gleichzeitig $\neq 0$. An dieser Stellen strebt der Wert der Funktion $y \to \pm\infty$. Die Funktion ist an den Stellen $x = -\sqrt{3}$; $x = 0$; $x = +\sqrt{3}$ nicht definiert, der Graph nicht in einem Zuge über diese Stellen hinweg zeichenbar. Da der Funktionswert hier gegen ∞ strebt, nennt man diese Stellen *Unendlichkeitsstellen* oder *Pole*. Der Graph hat an diesen Stellen senkrechte Asymptoten mit den Gleichungen $x = -\sqrt{3}$; $x = 0$; $x = +\sqrt{3}$. Diese Asymptoten grenzen einen Kurvenast gegen den andern ab.

Dividieren wir den Zähler durch den Nenner; so erhalten wir: $y = 2 + \dfrac{4}{x^3 - 3x}$. Strebt

$x \to \pm\infty$, so konvergiert der Bruch $\frac{4}{x^3-3x^2}$ gegen 0. $\frac{4}{x^3-3x} = \frac{\frac{4}{x^3}}{1-\frac{3}{x^2}} \to \frac{0}{1} = 0$. Bei größer werdenden x-Werten nähert sich die Funktion immer mehr der Geraden $y = 2$. Der Graph schmiegt sich immer stärker dieser linearen Funktion an. Wir bezeichnen diese Gerade auch mit *Asymptote.*

As: $y = 2$.

Nullstellen: Der Funktionswert ist 0, wenn der Zähler 0 ist, vorausgesetzt, daß dort der Nenner nicht gleichzeitig 0 wird. $2(x-1)(x-1)(x+2) = 0: x_{01/02} = 1;\ x_{03} = -2$. Der Graph berührt die X-Achse in $(+1\,|\,0)$ und schneidet sie in $(2\,|\,0)$.

Extremwerte (Hoch- und Tiefpunkte): Wo $y' = 0$.

$x^2 - 1 = 0: x_{11} + 1;\ x_{12} = -1$. Durch Einsetzen in die Stammfunktion erhalten wir: $y_{11} = 0;\ y_{12} = +4$. Durch Überprüfen mit der 2. Ableitung ergibt sich:

$$f''(x_{11}) = -6 < 0 \Rightarrow H; \qquad f''(x_{12}) = +6 > 0 \Rightarrow T$$

Hochpunkt o. Maximum bei $(-1\,|\,4)$; Tiefpunkt o. Minimum bei $(1\,|\,0)$.
Wendepunkte: Aus $y'' = 0$ folgt $2x^4 - 3x^2 + 3 = 0$. Diese Gleichung liefert keine reelle Lösung. Wendepunkte sind keine vorhanden.

Kurvenverlauf: Die Kurve existiert — ausgenommen bei $x = -\sqrt{3}$; $x = 0$; $x = +\sqrt{3}$ im ganzen Bereich $-\infty < x + < \infty$. Durch die senkrechten Asymptoten bei $x = -\sqrt{3}$; $x = 0$; $x = +\sqrt{3}$ und die waagerechte Asymptote $y = +2$ wird die Kurve in vier stetige Teilkurven zerlegt.

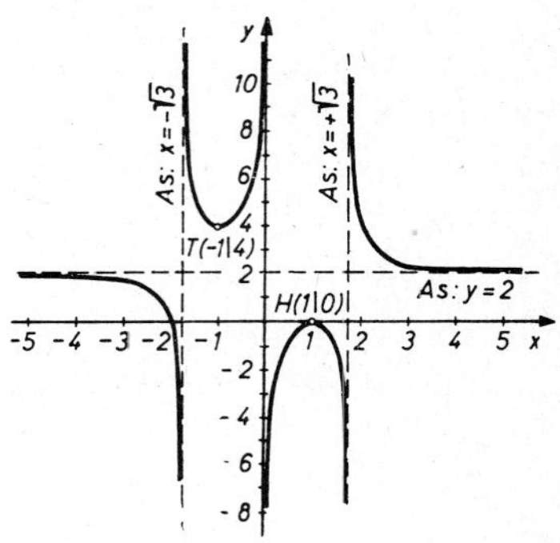

Wertetabelle: (Auszug)

x	-4	-3	-2				
y	1,92	1,78	0				
x	-1	$-0{,}5$	$+0{,}5$	1	2	3	4
y	4	4,91	$-0{,}91$	0	4	2,21	2,08

30.

$y = \frac{3x^3 - 12x}{x^2 - 2}$

$= \frac{3x(x^2-4)}{x^2-2}$

$y = 0: x_{01} = 0;$

$x_{02} = -2;\quad x_{03} = +2$

$N_1(0\,|\,0) = W$

$N_2(-2\,|\,0);\quad N_3(2\,|\,0)$

$D = \{x \mid -\infty < x < -\sqrt{2} \wedge -\sqrt{2} < x < +\sqrt{2} \wedge +\sqrt{2} < x < +\infty\}$. Nicht definiert für: $x = -\sqrt{2}$; $x = +\sqrt{2}$. $(-\sqrt{2};\ +\sqrt{2} \notin D)$

$y' = 3\frac{x^4 - 2x^2 + 8}{(x^2-2)^2}$

$y' = 0: Z = 0$: keine reellen Lösungen, keine Extrema

$y'' = -12x\frac{x^2+6}{(x^2-2)^3}$

$y'' = 0: x_{21} = 0$

$W(0\,|\,0;\ 6)$

Wendetangente:

$y = 6x$

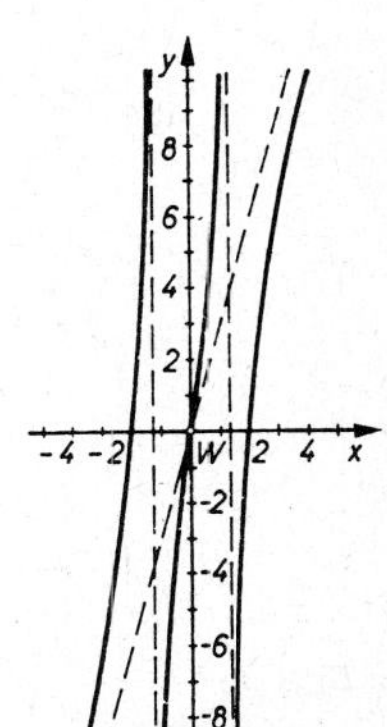

Unstetigkeitsstellen: $N = 0 \Rightarrow x = +\sqrt{2} \vee x = -\sqrt{2}$.
Bei $x = -\sqrt{2} \vee x = +\sqrt{2}: N = 0;\quad Z \neq 0 \Rightarrow$ Pol m. Vorz. Wechsel.
Division Zähler: Nenner führt zu:

$$y = 3x - \frac{6x}{x^2-2}$$

Asymptote: $y = 3x$.

Verhalten bei $x \to \pm\infty$: $y = \dfrac{3 - \dfrac{12}{x^2}}{\dfrac{1}{x} - \dfrac{2}{x^3}}$ $\lim\limits_{x \to \pm\infty} y = \pm\infty$.

x	0	$\pm 0{,}5$	± 1	± 2	± 3	± 4
y	0	$\pm 3{,}21$	± 9	0	$\pm 6{,}43$	$\pm 10{,}3$

Punktsymmetrie zu $(0 \mid 0)$

31.

$y = x + \dfrac{1}{x} = \dfrac{x^2+1}{x}$ | $y' = \dfrac{x^2-1}{x^2} = 1 - \dfrac{1}{x^2}$ | $y'' = \dfrac{2}{x^3}$

$D = \{x \mid -\infty < x < 0 \wedge 0 < x < +\infty\}$ für $x = 0$ nicht definiert $(0 \notin D)$

$y = 0 \Rightarrow Z = 0$:

keine Nullstellen

Verhalten, bei $x \to \pm\infty$:

$y = \dfrac{1 + \dfrac{1}{x^2}}{\dfrac{1}{x^2}}$;

$\lim\limits_{x \to \pm\infty} y = \pm\infty$

$y' = 0 \Rightarrow Z = 0$:

$x^2 = 1 \; x_{11} = +1$

$x_{12} = -1$

$f''(x_{11}) = 2 > 0 \Rightarrow T$

$f''(x_{12}) = -2 < 0 \Rightarrow H$

$H(-1 \mid -2)$;

$T(1 \mid +2)$

$y'' = 0$ kein W

Unstetigkeitsstellen:

$N = 0 \Rightarrow x = 0$.

Bei $x = 0$: $N = 0$

$\wedge Z \neq 0 \Rightarrow$ Pol m.

Vorz. Wechsel.

Asympt. Näh.

Kurve: $\dfrac{Z}{N} \Rightarrow$

$(x^2+1) : x = x + \dfrac{1}{x^2}$

$\Rightarrow$ für große x nähert sich die Kurve der Geraden $y = x$

As: $y = x^2$

32.

$y = \dfrac{x^3 - 2x^2 - 13x - 10}{x^2 - 9}$ | $y' = \dfrac{x^4 - 14x^2 - 56x + 117}{(x^2-9)^2}$ | $y'' = \dfrac{-8(x^3 + 21x^2 + 27x + 63)}{(x^2-9)^3}$

$D = \{x \mid -\infty < x < -3 \wedge -3 < x < +3 \wedge +3 < x < +\infty\}$

nicht def. f. $x = -3 \wedge +3$

$(-3;\ +3 \notin D)$

$y = \dfrac{(x+1)(x+2)(x-5)}{(x+3)(x-3)}$

$y = 0 \Rightarrow Z = 0$:

$x_{01} = -2$; $x_{02} = -1$;

$x_{03} = 5$

$N_1(-2 \mid 0)$; $N_2(-1 \mid 0)$

$N_3(5 \mid 0)$

Schnittpt. y = Achse

$P_0\left(0 \,\middle|\, +\dfrac{10}{9}\right)$

$y' = 0: x_{11} \approx 1{,}5778$;

$x_{12} \approx -4{,}545$

$(-1{,}5778 \mid -0{,}247)\ T$

$(-4{,}545 \mid -7{,}39)\ H$

$y'' = 0: x_{21} \approx -19{,}797$

Pole m. Vorz. Wechsel

b. $x = -3 \wedge x = +3$

As: $y = x - 2$; $x = -3$; $x = +3$

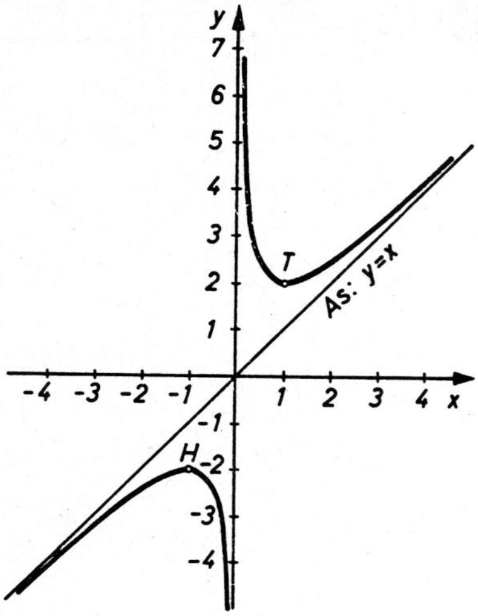

zu 31

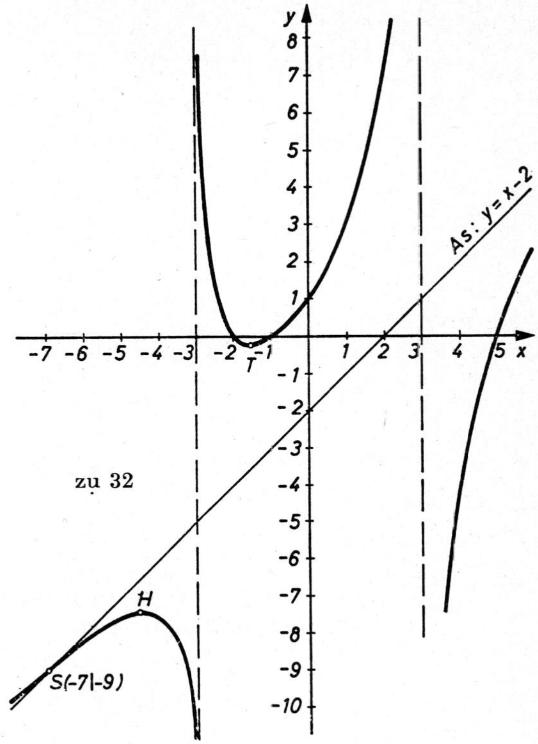

zu 32

Die Überprüfung der Extrema durch die 2. Ableitung ist in Fällen wie Beispiel 32 recht umständlich und schwierig.

Dafür hier eine Vereinfachung der Bestimmung von $f''(x)$, wenn $f'(x)$ eine gebrochene Funktion ist.

Hat $f'(x)$ die Form $f'(x) = \frac{u}{v}$, so wird $f''(x)$ gleich Null, wenn der Zähler u Null ist.

Ist nun festzustellen, ob $f(x)$ für einen Wert von x, für welchen u gleich Null ist, ein Max. oder Min. wird, so ist das Vorzeichen von $f''(x) = \frac{v\,u' - u\,v'}{v^2}$ zu bestimmen.

Nun ist aber für diesen zu untersuchenden Ausdruck u gleich Null, folglich wird $f''(x)\Big|_{y'=0} = \frac{u'}{v}$. Das Vorzeichen dieses Bruches ist aber verhältnismäßig leicht zu bestimmen.

Auf Beispiel 32 angewandt:

$$f''(x_{11})\Big|_{y'=0} = 4\,\frac{x^3 - 7\,x = 14}{(x^2 - 9)^2}$$

Das Vorzeichen dieses Ausdruckes ist ganz allein vom Zähler abhängig. Für

$x_{11} = -1{,}5778$ ist $f''(x_{11}) > 0 \Rightarrow T$; für $x_{12} = -4{,}545$: $f''(x_{12}) < 0 \Rightarrow H$.

33.

$y = \dfrac{x}{x^2+1}$ | $y' = \dfrac{1-x^2}{(x^2+1)^2}$ | $y'' = \dfrac{-2x(3-x^2)}{(x^2+1)^3}$

$D = \{x \mid -\infty < x < +\infty\}$ keine Pole, keine senkr. Asymptoten, asympt. Näherungskurve: $y = \dfrac{1}{x}$

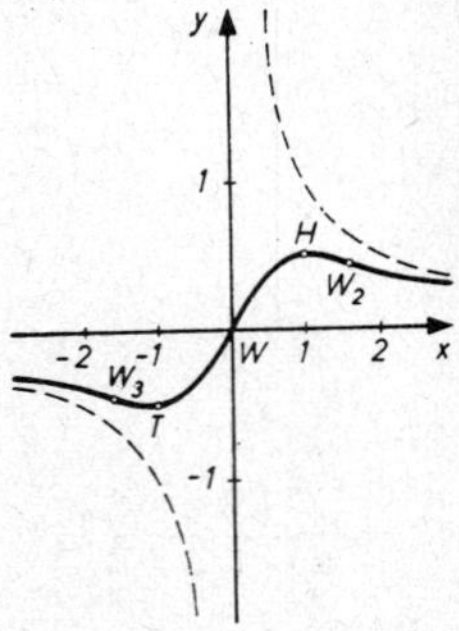

$y = 0 : x_{01} = 0$

$N_1(0 \mid 0) = W_1$

$y' = 0 \Rightarrow Z = 0$:

$x_{11} = +1;\quad x_{12} = -1$

$f''(x_{11}) = -\dfrac{1}{2} < 0 \Rightarrow H$

$f''(x_{12}) = +\dfrac{1}{2} > 0 \Rightarrow T$

$H\left(+1 \,\middle|\, +\dfrac{1}{2}\right)$;

$T\left(-1 \,\middle|\, -\dfrac{1}{2}\right)$

$y'' = 0 \quad Z = 0$:

$x_{21} = 0$

$x_{22} = +\sqrt{3}$

$x_{23} = -\sqrt{3}$

$f'''(x_{21/22/23}) \neq 0$

$W_1(0 \mid 0)$

$W_2(+\sqrt{3} \mid +0{,}443)$

$W_3(-\sqrt{3} \mid -0{,}433)$

$y = -\dfrac{1}{8}x \pm \dfrac{3}{8}\sqrt{3}$

34.

$y = x + \dfrac{a^2}{x}$ | $y' = \dfrac{x^2-a^2}{x^2} = \dfrac{(x+a)(x-a)}{x^2}$ | $y'' = \dfrac{2a^2}{x^3}$

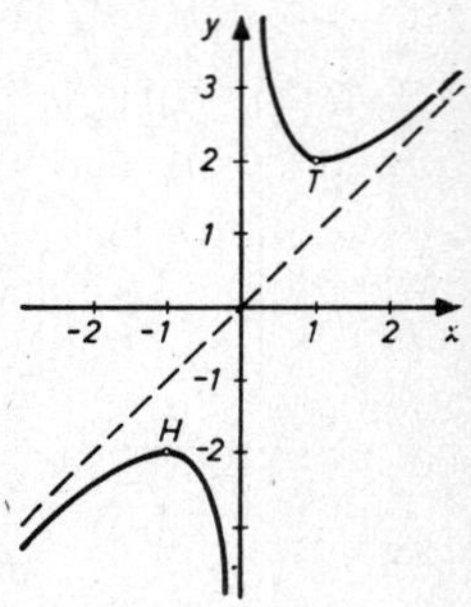

$y = \dfrac{x^2+a^2}{x}$ $\quad D = \{x \mid -\infty < x < 0 \wedge 0 < x < -\infty\}$ $\quad (0 \notin D)$

$y = 0 \quad Z = 0$;

keine Nullstellen

$y' = 0 \quad Z = 0 : x_{11} = -a$;

$x_{12} = +a$

$f''(x_{11}) = -\dfrac{2}{a} < 0 \Rightarrow H$

$f''(x_{12}) = +\dfrac{2}{a} > 0 \Rightarrow T$

$H(-a \mid -2a)$; $T(a \mid 2a)$

kein Wendepunkt

As: $y = x^2$

Pol: $x = 0$,

senkr. Asympt.

35.

$y = \dfrac{x}{x^2+2x+4}$ | $y' = \dfrac{4-x^2}{(x^2+2x+4)^2}$ | $y'' = 2\dfrac{x^3-24x-16}{(x^2+2x+4)^3}$

$D = \{x \mid -\infty < x < +\infty\}$; keine Pole, keine senkr. Asymptoten

$y = 0 : x_{01} = 0$

$N_1(0 \mid 0)$

Asympt. Näh. Ku.

$y = \dfrac{1}{x}$

$y' = 0;\quad Z = 0 : x_{11} = -2$

$x_{12} = +2$;

$f''(x_{11}) = \dfrac{4}{64} > 0 \Rightarrow T$

$f''(x_{12}) = -\dfrac{4}{144} < 0 \Rightarrow H$

$T\left(-2 \,\middle|\, -\dfrac{1}{2}\right)$; $H\left(2 \,\middle|\, \dfrac{1}{6}\right)$

$y'' = 0 : x_{21} \approx 0{,}68$;

$x_{22} \approx 5{,}20$; $\quad x_{23} \approx -4{,}5221$

$W_1(-0{,}68 \mid -0{,}22)$

$W_2(5{,}20 \mid 0{,}122)$

$W_3(-4{,}5221 \mid -0{,}294)$

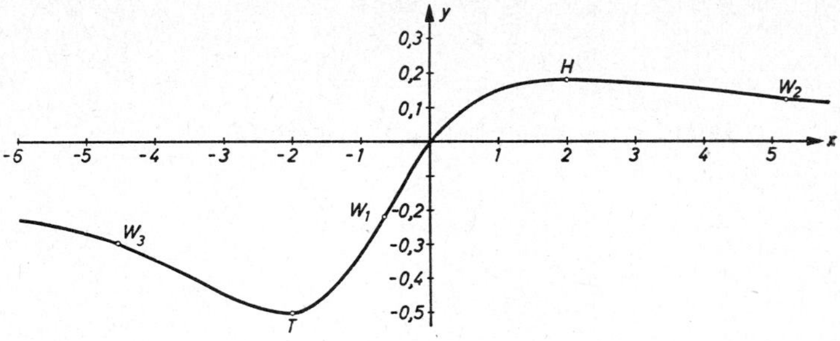

36.

$$y = \frac{x^2 - 3x + 2}{x^2 + 3x + 2} \quad \Big| \; y' = \frac{6x^2 - 12}{(x^2 + 3x + 2)^2} \quad \Big| \; y'' = -12 \cdot \frac{x^3 - 6x - 6}{(x^2 + 3x + 2)^3}$$

$D = \{x \mid -\infty < x < -2 \wedge -2 < x < -1 \wedge -1 < x < +\infty\}$

$(-2;\ -1 \notin D)$

$y = \dfrac{(x-2)(x-1)}{(x+2)(x+1)}$

$y = 0 \quad Z = 0:$

$x_{01} = +2;$

$x_{02} = +1$

$N_1(2 \mid 0) \quad N_2(1 \mid 0)$

Schnittpt.

y – Achse $(0 \mid 1)$

$y' = 0: x_{11} = +\sqrt{2};$

$x_{12} = -\sqrt{2}$

$f''(x_{11}) = + > 0 \Rightarrow T$

$f''(x_{12}) = - < 0 \Rightarrow H$

$T(\sqrt{2} \mid -0{,}0234)$

$H(-\sqrt{2} \mid -33{,}97)$

$y'' = 0: x_{21} \approx 2{,}848:$

$W(2{,}848 \mid 0{,}084)$

Pole u. senkr. Asympt.:

bei $x = -2$ u. $x = -1$

As: $y = 1$

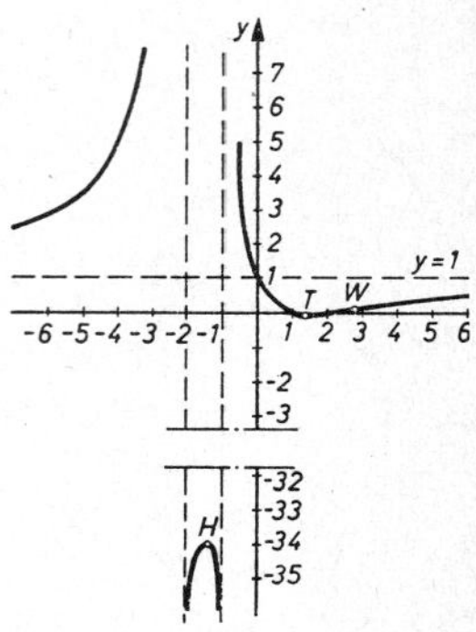

37.

$y = \dfrac{x^2 - 5x + 9}{x - 5}$

$y = 0:$

$x^2 - 5x + 9 = 0$

keine Nullstelle

Schnittpunkt

y-Achse: $\left(0 \,\middle|\, -\dfrac{9}{5}\right)$

$$y' = \frac{(x-5)(2x-5) - (x^2 - 5x + 9)}{(x-5)^2}$$

$$y' = \frac{x^2 - 10x + 16}{(x-5)^2} = \frac{(x-2)(x-8)}{(x-5)^2}$$

$y' = 0: x_{11} = 2; \quad x_{12} = 8$

$f''(x_{11}) = -\dfrac{54}{81} < 0 \Rightarrow H$

$f''(x_{12}) = +\dfrac{54}{81} > 0 \Rightarrow T$

$H(2 \mid -1); \quad T(8 \mid 11)$

$$y'' = \frac{(x-5)^2(2x-10) - (x^2 - 10x + 16)(2x - 10)}{(x-5)^4}$$

$$= 18\,\frac{x-5}{(x-5)^4} = \frac{18}{(x-5)^3}$$

$y'' = 0$: kein Wendepunkt

Pol u. senkr. Asympt. bei

$x = 5$

As.: $y = x$

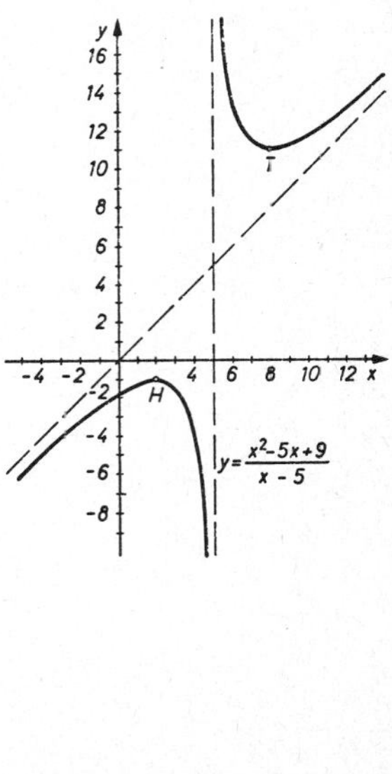

38.

$y = \frac{x+2}{\sqrt{x}}$

$y = 0 : x_{01} = -2$

$x_{01} \notin D$

keine Nullstelle

$y' = \frac{\sqrt{x} - (x+2)\,\frac{1}{2\sqrt{x}}}{x}$

$= \frac{2x - x - 2}{2\sqrt{x^3}}$

$= \frac{x-2}{2\sqrt{x^3}} \quad y' = 0$

$x_{11} = +2$

$f''(x_{11}) = \frac{1}{4\sqrt{2}}$

$> 0 \wedge < 0 \Rightarrow T \wedge H$

$T/H\,(2 \mid \pm 2\sqrt{2})$

$y'' = \frac{2\sqrt{x^3} - (x-2)\cdot 2 \cdot \frac{3}{2}\sqrt{x^2}}{4x^3}$

$= \frac{\sqrt{x}\,(2x - 3x + 6)}{4x^3}$

$= \frac{6-x}{4\sqrt{x^5}}; \quad y'' = 0:$

$x_{21} = +6; \; f'''(x_{21}) \neq 0$

Wendepunkt:

$W\left(6 \,\middle|\, \begin{matrix} +8 \\ -\sqrt{6} \end{matrix}\right)$ Pol u. senkr.

$As: x = 0; \quad As: y = \pm\sqrt{x}$

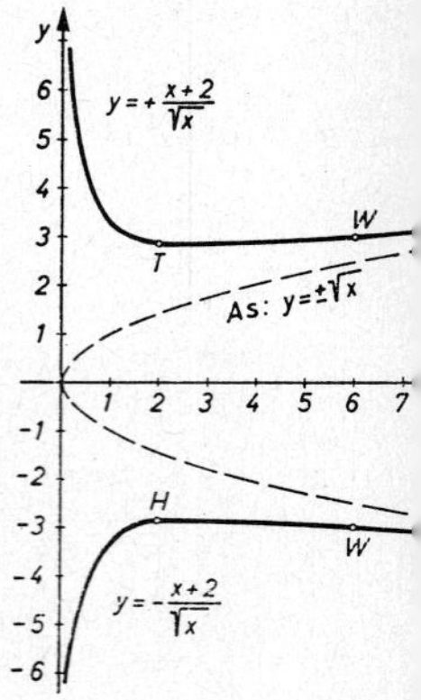

Die Funktion ist reell für $x > 0$. Sie ist für diesen Bereich definiert!

$D = \{x \mid 0 < x < +\infty\} \quad W\,\{y \mid 2\sqrt{2} \leqq y < \infty\}$

39.

$y = \frac{2x-1}{x^2}$

$y = 0: \quad x_{01} = +\frac{1}{2}$

$N\left(\frac{1}{2} \,\middle|\, 0\right)$

$y' = -\frac{2}{x^3}\,(x-1)$

$y' = 0 : x_{11} = +1$

$f''(x_{11}) = -2 < 0 \Rightarrow H$

$H\,(+1 \mid 1)$

$y'' = \frac{2}{x^4}\,(2x-3)$

$y'' = 0 : x_{21} = \frac{3}{2}$

$W\left(\frac{3}{2} \,\middle|\, \frac{8}{9} \; ; -\frac{8}{27}\right)$

Pol u. senkr. As bei $x = 0$

Asympt. Näherungskurve: $y = \frac{2}{x}$

$W_{tg}: y = -\frac{8}{27}\,x + \frac{4}{3}$

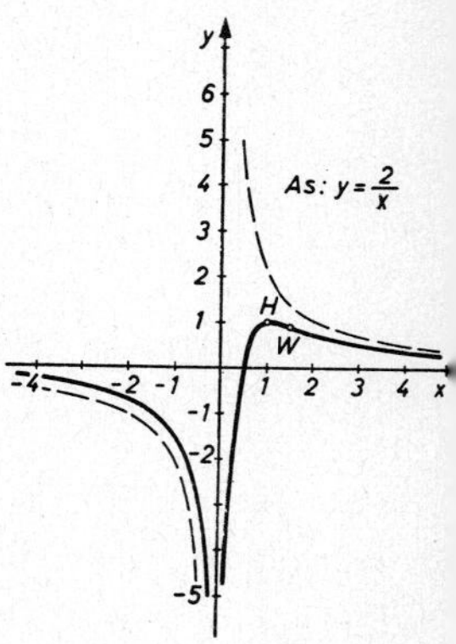

40.

$y = \frac{6}{3+x^2}$

keine Nullstelle
Symmetrie zur y-Achse

$y' = \frac{-12x}{(3+x^2)^2}$

$y' = 0 : x_{11} = 0$

$f''(x_{11}) = -\frac{4}{3} < 0 \Rightarrow H$

$H\,(0 \mid 2)$

$y'' = \frac{36\,(x^2-1)}{(3+x^2)^3}$

$y'' = 0 : x_{21} = +1;$

$x_{22} = -1$

$W_1\left(+1 \,\middle|\, \frac{3}{2}\right)$

$W_2\left(-1 \,\middle|\, \frac{3}{2}\right)$

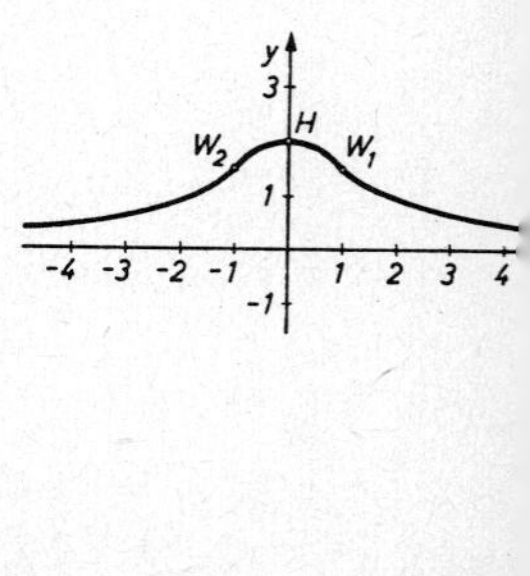

41.

$y = \frac{x^2}{x^2+12}$

$y = 0 : x_{01/02} = 0$

$N(0|0) = T$

$As\colon\ y = 1$

Symmetrie zur y-Achse

$y' = \frac{(x^2+12)\cdot 2x - x^2\cdot 2x}{(x^2+12)^2}$

$y' = \frac{24x}{(x^2+12)^2}$

$y' = 0 : x_{11} = 0$

$f''(x_{11}) = \frac{1}{6} > 0 \Rightarrow T$

$T(0|0)$

$y'' = \frac{72(4-x^2)}{(x^2+12)^3}$

$y'' = 0 : x_{21} = +2;$

$x_{22} = -2$

$W_1\left(2\left|\frac{1}{4}\right.\right)$

$W_2\left(-2\left|\frac{1}{4}\right.\right)$

$W_{tg}\colon y = \pm\frac{3}{16}x - \frac{1}{8}$

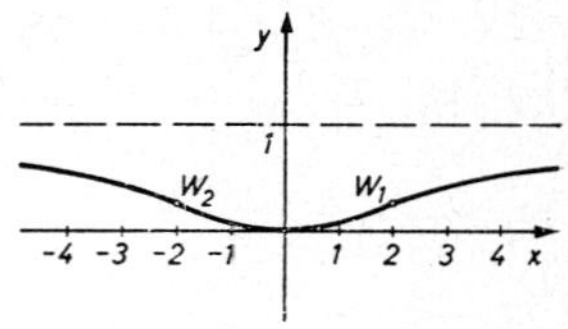

42.

$y = \frac{x^4-1}{x^2}$

$y = 0 : x_{01} = +1$

$x_{02} = -1$

$N_1(1|0)\quad N_2(-1|0)$

$y' = \frac{2(x^4+1)}{x^3}$

keine Extrema

$y' = 0 \Rightarrow x^4 = -1$

$y'' = \frac{2(x^4-3)}{x^4};$

$y'' = 0:$

$x_{21} = +\sqrt[4]{3}\quad x_{22} = -\sqrt[4]{3}$

$W_1\left(+\sqrt[4]{3}\left|\frac{2}{\sqrt{3}}\right.\right)$

$W_2\left(-\sqrt[4]{3}\left|\frac{2}{\sqrt{3}}\right.\right)$

$As.$ Näherungskurve: $y = x^2$ Pol bei $x = 0 \Rightarrow As.\ x = 0$ (y-Achse)

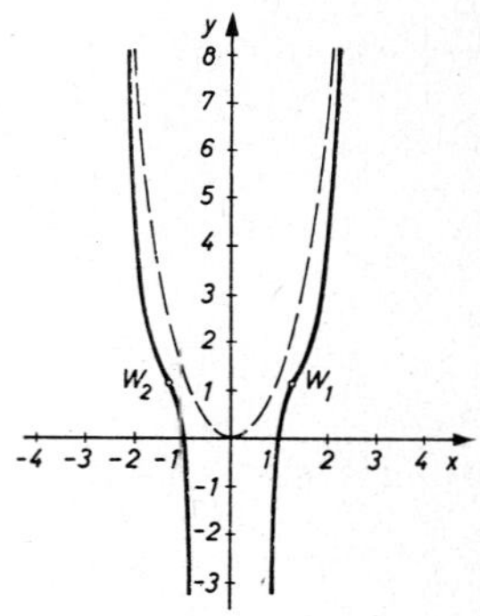

43.

$y = \frac{10x}{x^2+4}$

$y = 0 : x_{01} = 0$

$N_1(0|0)\ Z = W$

keine Pole

Näherungskurve:

$y = \frac{10}{x}$

$y' = \frac{10(4-x^2)}{(x^2+4)^2}$

$y' = 0 : x_{11} = +2;$

$x_{12} = -2$

$f''(x_{11}) = -\frac{5}{8} < 0 \Rightarrow H$

$f''(x_{12}) = \frac{5}{8} > 0 \Rightarrow T$

$H\left(2\left|\frac{5}{2}\right.\right)$

$T\left(-2\left|-\frac{5}{2}\right.\right)$

$y'' = \frac{20x(x^2-12)}{(x^2+4)^3}$

$y'' = 0 : x_{21} = +2\sqrt{3};$

$x_{22} = -2\sqrt{3}$

$W_1\left(2\sqrt{3}\left|+\frac{5}{4}\sqrt{3}\right.\right)$

$W_2\left(-2\sqrt{3}\left|-\frac{5}{4}\sqrt{3}\right.\right)$

$W_3\ (0\ |\ 0)$

Zentrisch symmetrisch zu 0.

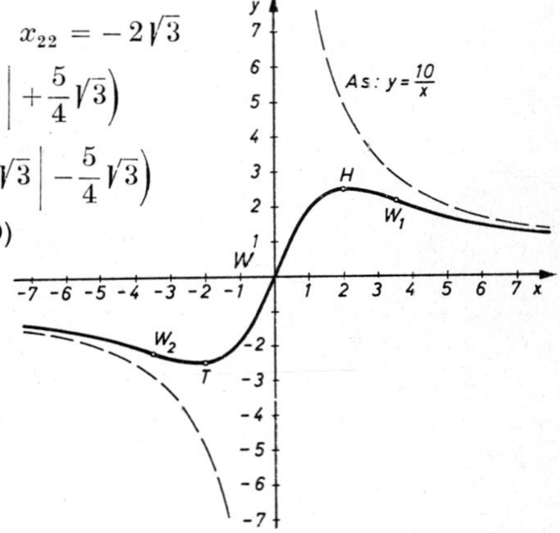

9.3 Untersuchung von (Wurzelfunktionen) Relationen der Form $y = \sqrt{x-b}$

44. $y^2 = x(x^2-9)$. Diese Relation kann umgeformt werden in: $y^2 - x(x^2-9) = 0$. Sie ist in den binomischen Term: $\left(y+\sqrt{x(x^2-9)}\right)\left(y-\sqrt{x(x^2-9)}\right) = 0$ zerlegbar. Damit ist offensichtlich, daß die gegebene Relation in die beiden Funktionen: $y = +\sqrt{x(x^2-9)}$ und $y = -\sqrt{x(x^2-9)}$ zerlegt werden kann. Beide Funktionen sind einander zur x-Achse symmetrisch.

Reelle Funktionswerte ergeben sich für $D = \{x \mid -3 \leqq x \leqq 0 \wedge +3 \leqq x < +\infty\}$. Man findet die Definitionsmenge, indem man den Radikanten untersucht. Er muß in jedem Fall $\geqq 0$ sein. Daraus läßt sich die Wertemenge $W = \{y \mid 0 \leqq y < \infty\}$ ermitteln. In dem offenen Intervall $]\,0;\,3\,[$ existiert die Kurve nicht.

Nullstellen: $y = 0: x_{01} = 0$, zugleich Schnittpunkt mit der y-Achse. $x_{02} = -3$ und $x_{03} = +3$

Extrema:

$$y' = \frac{3(x^2-3)}{2\sqrt{x(x^2-9)}} \qquad y' = 0 \Rightarrow Z = 0: x_{11} = +\sqrt{3} \vee x_{12} = -\sqrt{3}$$

$$f''(x_{11/12}) = \pm\frac{3}{4\sqrt{2\sqrt{3}}}$$

d. h. an der Stelle x_{12} liegt sowohl ein Hoch- als auch ein Tiefpunkt.

Da x_{11} nicht zur Definitionsmenge der Funktion gehört, liegt bei $+\sqrt{3}$ weder ein Hoch-, noch ein Tiefpunkt.

$$+\sqrt{3} \notin D.$$

$$H/T\left(-\sqrt{3} \,\middle|\, \pm\sqrt{6\sqrt{3}}\right) \quad \text{oder} \quad (-1{,}732 \mid \pm 3{,}224)$$

Wendepunkte:

$$y'' = +\frac{3(x^4-18x^2-27)}{4\left(\sqrt{x(x^2-9)}\right)^3}$$

$$y'' = 0: x_{21} = +4{,}404; \quad x_{22} = -4{,}404;$$

Nur x_{21} gehört zur Definitionsmenge.

$$W_1(\pm 4{,}404 \mid 6{,}75)$$

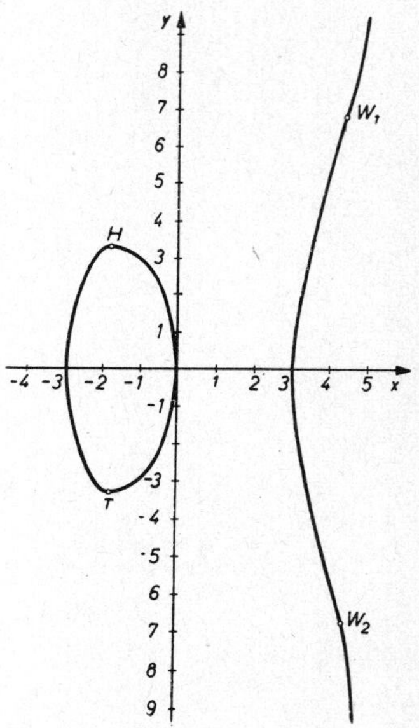

45.
$$16\,y^2 = 9\,x^2 - x^3 \Rightarrow y_1 = +\frac{x}{4}\sqrt{9-x} \wedge y_2 = -\frac{x}{4}\sqrt{9-x}$$

$$D = \{x \mid -\infty < x \leqq 9\} \quad W = \left\{y \mid 0 \leqq y \leqq \frac{3}{2}\sqrt{3}\right\}$$

$y = +\frac{x}{4}\sqrt{9-x}$

$y = 0: x_{01} = 0;$

$x_{02} = +9$

$N_1(0|0); \quad N_2(9|0)$

Tg. in N_1: $y = \pm\frac{3}{4}x$

Tg. in N_2: $x = 9$

$y' = \frac{1}{4}\left(\sqrt{9-x} - \frac{x}{2\sqrt{9-x}}\right)$

$y' = \frac{3}{8} \cdot \frac{6-x}{\sqrt{9-x}}$

$y' = 0 \Rightarrow Z = 0:$

$x_{11} = +6$

$f''(x_{11}) = \mp\frac{\sqrt{3}}{8} \Rightarrow H \wedge T$

$H\left(6 \left| \frac{3}{2}\sqrt{3}\right.\right)$

$T\left(6 \left| -\frac{3}{2}\sqrt{3}\right.\right)$

$y'' = \frac{3}{8} \cdot$

$\times \frac{-18+2x+6-x}{2\sqrt{(9-x)^3}}$

$y'' = \frac{3}{16} \cdot \frac{x-12}{\sqrt{(9-x)^3}}$

$y'' = 0 \Rightarrow Z = 0:$

$x_{21} = +12$

$x_{21} \notin D$; kein Wendepunkt

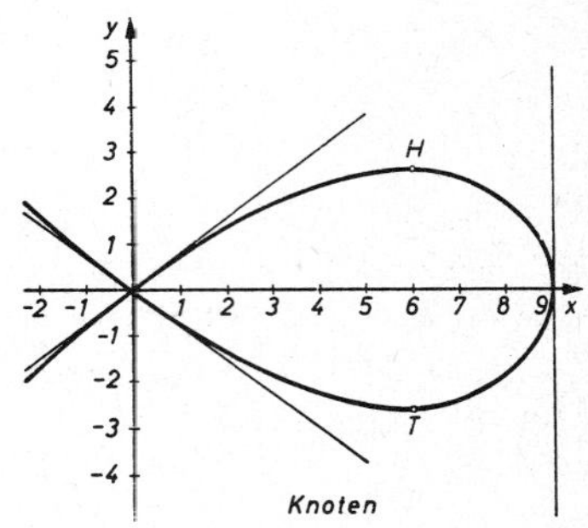

46.
$$2\,y^2 = 9\,x^2 + 2\,x^3 \Rightarrow y_1 = +x\sqrt{\frac{9+2\,x}{2}} \wedge y_2 = -x\sqrt{\frac{9+2\,x}{2}}$$

$$D = \left\{x \left| -\frac{9}{2} \leqq x < +\infty\right.\right\} \quad W = \{y \mid 0 \leqq y < \infty\}$$

$y = +x\sqrt{\frac{9}{2}+x^2}$

$y = 0: x_{01} = 0;$

$x_{02} = -\frac{9}{2}$

$N_1(0|0);$

$N_2\left(-\frac{9}{2}\middle|0\right)$

Tg. in $N_1: y = \pm\frac{3}{2}\sqrt{2}\cdot x$

Tg. in $N_2: x = -\frac{9}{2}$

$y' = \frac{1}{2}\sqrt{2}\left[\sqrt{9-2\,x} + x \cdot \frac{1}{2}(9+2\,x)^{-\frac{1}{2}} \cdot 2\right]$

$y' = \frac{1}{2}\sqrt{2} \cdot \frac{9+3\,x}{\sqrt{9+2\,x}}$

$y' = 0 \Rightarrow Z = 0:$

$x_{11} = -3$

$f''(x_{11}) = \pm\sqrt{1{,}5}$

$\Rightarrow H \wedge T$

$H\left(-3 \left| \frac{3}{2}\sqrt{6}\right.\right);$

$T\left(-3 \left| -\frac{3}{2}\sqrt{6}\right.\right)$

$y'' = \frac{1}{2}\sqrt{2}\,\frac{18+3\,x}{\sqrt{(9+2\,x)^3}}$

$y'' = 0 \Rightarrow Z = 0:$

$x_{21} = -6$

$x_{21} \notin D$ kein W.

Tg. in 0: $y = \pm\, 3\sqrt{2}\cdot x$

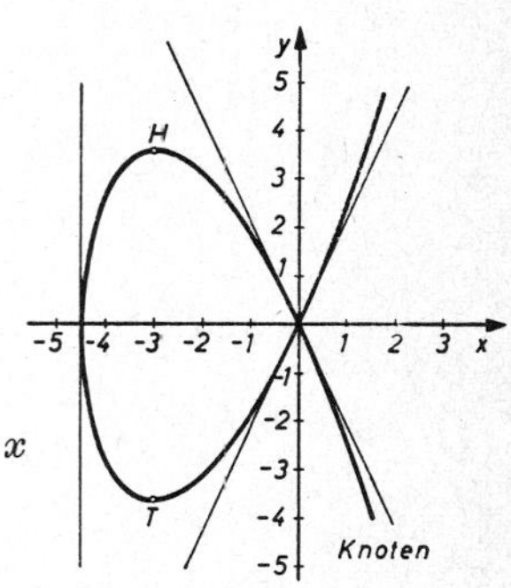

47. $100\,y^2 = x\,(15-4\,x)^2 \Rightarrow y_1 = +\frac{15-4\,x}{10}\sqrt{x} \wedge y_2 = -\frac{15-4\,x}{10}\sqrt{x}$

$D = \{x \mid 0 \leqq x < +\infty\} \quad W = \{y \mid 0 \leqq |y| < \infty\}$

$y = +\frac{15-4\,x}{10}\sqrt{x}$

$y = 0$:

$x_{01} = 0; \quad x_{02} = \frac{15}{4}$

$N_1\,(0|0); \quad N_2\left(\frac{15}{4}\middle|\,0\right)$

Tg. in N_1: $\quad x = 0$

Tg. in N_2:

$y = \pm\frac{1}{5}\sqrt{15}\cdot x$

$\mp\frac{3}{4}\sqrt{15}$

$y' = \frac{1}{10}\left[\sqrt{x}\,(-4) + \right.$

$\left. + \frac{1}{2\sqrt{x}}\,(15-4\,x)\right]$

$y' = \frac{1}{10}\cdot$

$\times\frac{-8\,x+15-4\,x}{2\sqrt{x}}$

$y' = -\frac{3}{20}\cdot\frac{4\,x-5}{\sqrt{x}}$

$y' = 0 \Rightarrow Z = 0$:

$x_{11} = \frac{5}{4}$

$f''\,(x_{11}) = \mp\frac{6}{25}\cdot\sqrt{5}$

$\Rightarrow H \wedge T$

$H\left(\frac{5}{4}\middle| +\frac{1}{2}\sqrt{5}\right)$

$T\left(\frac{5}{4}\middle| -\frac{1}{2}\sqrt{5}\right)$

$y'' = -\frac{3}{40}\cdot\frac{4\,x+5}{\sqrt{x^3}}$

$y'' = 0 \Rightarrow Z = 0$:

$x_{21} = -\frac{5}{4}$

$x_{21} \notin D$: $\quad$ kein W

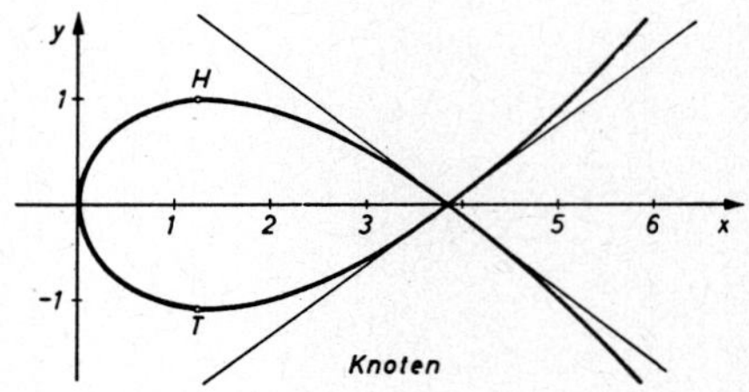

48. $4\,y^2 = 16\,x^2 - x^4 \Rightarrow y_1 = +\frac{x}{2}\sqrt{16-x^2} \wedge y_2 = -\frac{x}{2}\sqrt{16-x^2}$

$D = \{x \mid -4 \leqq x \leqq +4\} \quad W = \{y \mid 0 \leqq |y| \leqq 4\}$

$y = +\frac{x}{2}\sqrt{16-x^2}$

$y = 0 : x_{01} = 0;$

$x_{02} = -4; \quad x_{03} = +4$

$N_1\,(0|0) = W = Z$

$N_2\,(-4|0);$

$N_3\,(+4|0)$

Tg. in $N_1 : y = \pm 2\,x$

Tg. in $N_2 : x = -4$

Tg. in $N_3 : x = +4$

$y' = \frac{1}{2}\left(\sqrt{16-x^2} - \right.$

$\left. - \frac{x^2}{\sqrt{16-x^2}}\right)$

$= \frac{1}{2}\,\frac{16-2\,x^2}{\sqrt{16-x^2}}$

$= \frac{8-x^2}{\sqrt{16-x^2}}$

$y' = 0 : Z = 0$:

$x_{11} = +2\sqrt{2};$

$x_{12} = -2\sqrt{2}$

$f''\,(x_{11}) = +2 \Rightarrow T$

$f''\,(x_{12}) = -2 \Rightarrow H$

$H_1\,(2\sqrt{2}\,|+4)$

$T_1\,(-2\sqrt{2}\,|-4)$

$H_2\,(-2\sqrt{2}\,|+4)$

$T_2\,(+2\sqrt{2}\,|-4)$

$y'' = \frac{x\,(x^2-24)}{\sqrt{(16-x^2)^3}}$

$y'' = 0 : x_{21} = 0$

$\wedge x_{22} = -2\sqrt{6}$

$\wedge x_{23} = +2\sqrt{6}$

$x_{22}, x_{23} \notin D$

$W\,(0|0)$

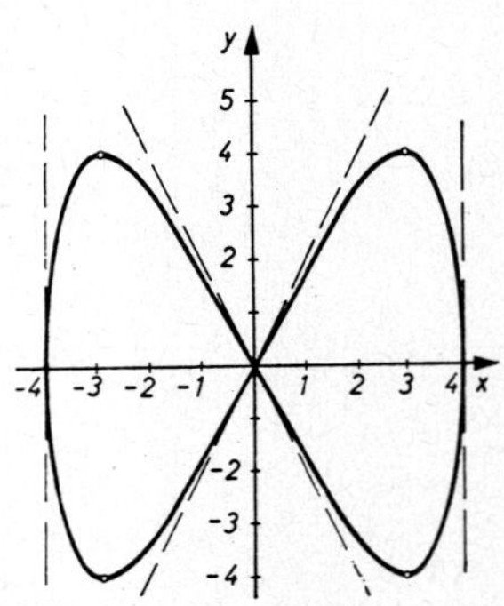

49.

$$27\,y^2 = (x+3)^3 \Rightarrow y_1 = +\frac{x+3}{3}\sqrt{\frac{x+3}{3}} \wedge y_2 = -\frac{x+3}{3}\sqrt{\frac{x+3}{3}}$$

$$D = \{x \mid -3 \leqq x < \infty\} \quad W = \{y \mid 0 \leqq |y| < \infty\}$$

$y = +\frac{x+3}{3}\sqrt{\frac{x+3}{3}}$	$y' = \pm\frac{1}{2}\sqrt{\frac{x+3}{3}}$	$y'' = \frac{\sqrt{3}}{12\cdot\sqrt{x+3}}$
$y = 0 : x_{01} = -3$	$y' = 0 : x_{11} = -3$	kein Wendepunkt
$N_1(-3\mid 0)$	$f''(x_{11}) = 0$	Symmetrie zur x-Achse
Schnittpt. y-Achse	keine Extremstellen	
$(0 \mid \pm 1)$		

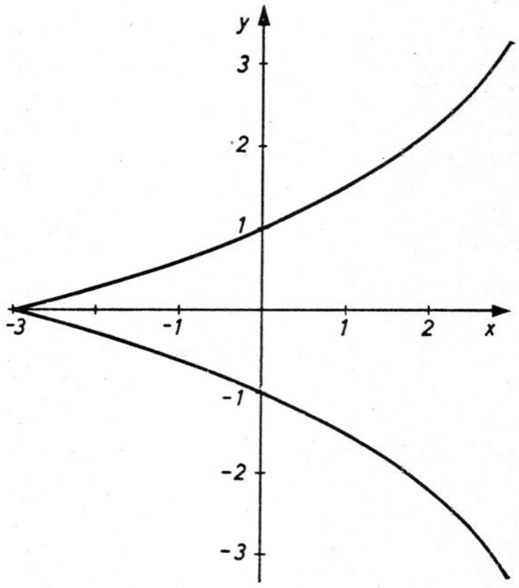

50.

$$y^2 = 2\,x^2 - x^4 \Rightarrow y_1 = +x\sqrt{2-x^2} \wedge y_2 = -x\sqrt{2-x^2}$$

$$D = \{x \mid -\sqrt{2} \leqq x \leqq +\sqrt{2}\} \quad W = \{y \mid 0 \leqq |y| \leqq 1\}$$

$y = +x\sqrt{2-x^2}$	$y' = 2\frac{1-x^2}{\sqrt{2-x^2}}$	$y'' = 2\,x\frac{x^2-3}{\sqrt{(2-x^2)^3}}$
$y = 0 : x_{01} = 0;$		
$x_{02} = -\sqrt{2};$	$y' = 0 \Rightarrow Z = :$	$y'' = 0 \Rightarrow x_{21} = 0;$
$x_{03} = +\sqrt{2}$	$x_{11} = +1; \quad x_{12} = -1$	$x_{22} = +\sqrt{3};$
$N_1(0\mid 0) \quad W = Z$	$f''(x_{11}) = -4 \Rightarrow H$	$x_{23} = -\sqrt{3}$
$N_2(-\sqrt{2}\mid 0);$	$f''(x_{12}) = +4 \Rightarrow T$	$W(0\mid 0)$
$N_3(+\sqrt{2}\mid 0)$	$H_1(+1\mid +1);$	$x_{22}, x_{23} \notin D$
Tg. in $N_1 : y = \pm\sqrt{2}\,x$	$T_1(-1\mid -1)$	
Tg. in $N_2 : x = -\sqrt{2}$	$H_2(-1\mid +1);$	
Tg. in $N_3 : x = +\sqrt{}$	$T_2(+1\mid -1)$	

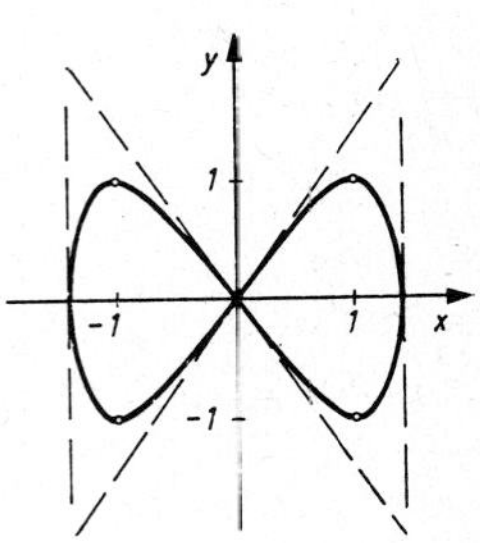

51.

$y = \sin x + \cos x \quad | y' = \cos x - \sin x \quad | y'' = -\sin x - \cos x$

$D = \{x \mid -\infty < x < +\infty\} \quad W = \{y \mid 0 \leqq |y| \leqq \sqrt{2}\}$

$y = \sin x + \cos x$

$y = 0 : \sin x = -\cos x$

$x_{01} = \frac{3}{4}\pi;\; x_{02} = \frac{7}{4}\pi$

$N_1\left(\frac{3}{4}\pi \,\middle|\, 0\right) W_1$

$N_2\left(\frac{7}{4}\pi \,\middle|\, 0\right) W_2$

$y' = \cos x - \sin x$

$y' = 0:$

$x_{11} = \frac{\pi}{4};\; x_{12} = \frac{5}{4}\pi$

$f''(x_{11}) = -\sqrt{2} \Rightarrow H$

$f''(x_{12}) = +\sqrt{2} \Rightarrow T$

$H\left(\frac{\pi}{4} \,\middle|\, \sqrt{2}\right)$

$T\left(\frac{5}{4}\pi \,\middle|\, -\sqrt{2}\right)$

$y'' = 0:$

$x_{21} = \frac{3}{4}\pi;$

$x_{22} = \frac{7}{4}\pi$

$W_1 = N_1;\; m_1 = -\sqrt{2}$

$W_2 = N_2;\; m_2 = +\sqrt{2}$

Wendetangente_1:

$y = -\sqrt{2}\,x + \frac{3}{4} \cdot \sqrt{2} \cdot \pi$

Wendetangente_2:

$y = +\sqrt{2}\,x - \frac{7}{4} \cdot \sqrt{2} \cdot \pi$

Periode: 2π

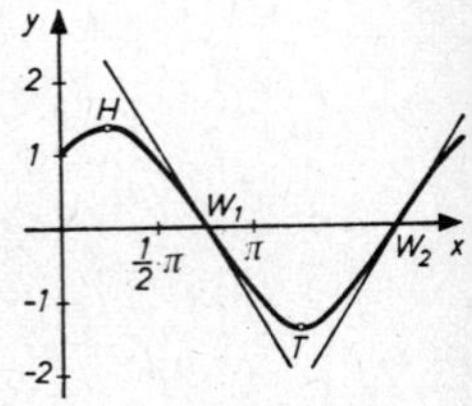

52.

$y = 2\cos x + \sin 2x \quad | y' = -2\sin x + 2\cos 2x \,|\, y'' = -2\cos x\,(1 + 4\sin x)$

$D = \{x \mid -\infty < x < +\infty\} \quad W\{y \mid -1{,}453 \leqq |y| \leqq +1{,}453\}$

$y = 0 : x_{01} = \frac{\pi}{2};$

$x_{02} = \frac{3}{2}\pi$

$N_1\left(\frac{\pi}{2} \,\middle|\, 0\right) = W_1$

$N_2\left(\frac{3}{2}\pi \,\middle|\, 0\right) = S\,(W_2)$

Tg. in W_1:

$y = -4x + 2\pi$

in W_3:

$y = 2{,}25x - 6{,}19$

in W_4:

$y = 2{,}25x - 9{,}09$

$y' = 0 : x_{11} = \frac{\pi}{6};$

$x_{12} = \frac{5}{6}\pi;\; x_{13} = \frac{3}{2}\pi$

$f''(x_{11}) = -\frac{3}{4}\sqrt{3} \Rightarrow H$

$f''(x_{12}) = +\frac{3}{4}\sqrt{3} \Rightarrow T$

$f''(x_{13}) = 0$

$H\left(\frac{\pi}{6} \,\middle|\, \frac{3}{2}\sqrt{3}\right)$

$T\left(\frac{5}{6}\pi \,\middle|\, -\frac{3}{2}\sqrt{3}\right)$

$y'' = 0 : x_{21} = \frac{\pi}{2};$

$x_{22} = \frac{3}{2}\pi;\; x_{23} = 3{,}39;$

$x_{24} = 6{,}03$

$W_1\left(\frac{\pi}{2} \,\middle|\, 0\right);\; W_2 = S$

$W_3\,(3{,}39 \mid -1{,}452)$

$W_4\,(6{,}03 \mid +1{,}452)$

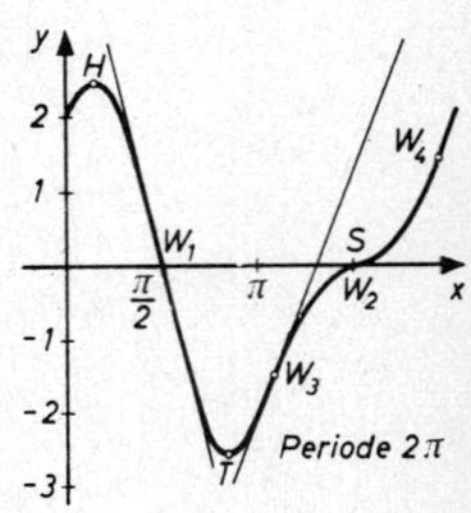

53.

$y = x - \sin x \qquad y' = 1 - \cos x \qquad y'' = +\sin x \qquad y''' = +\cos x$

$D = \{x \mid -\infty < x < +\infty\} \qquad W\{y \mid 0 \leqq y < \infty\}$

$y = 0 : x_{01} = 0$	$y' = 0 : x_{11} = 0;$	$y'' = 0 : x_{21} = 0;$
$N_1(0 \mid 0) = S$	$x_{12} = 2\pi; \quad x_{13} = 4\pi \ldots$	$x_{22} = \pi; \quad x_{23} = 2\pi;$
	$f''(x_{11}) = 0;$	$x_{24} = 3\pi \wedge x_{25} = 4\pi$
	$f''(x_{12}) = 0$	$W_1(\pi \mid \pi) \quad W_2(3\pi \mid 3\pi)$
	$f''(x_{13}) = 0$	$S_1(0 \mid 0)\, W_3$
	keine Extremstellen	$S_2(2\pi \mid 2\pi)\, W_4$

Bei $(0 \mid 0)$, $(2\pi \mid 2\pi) \ldots$ sind Wendepunkte mit waagerechter Tg.

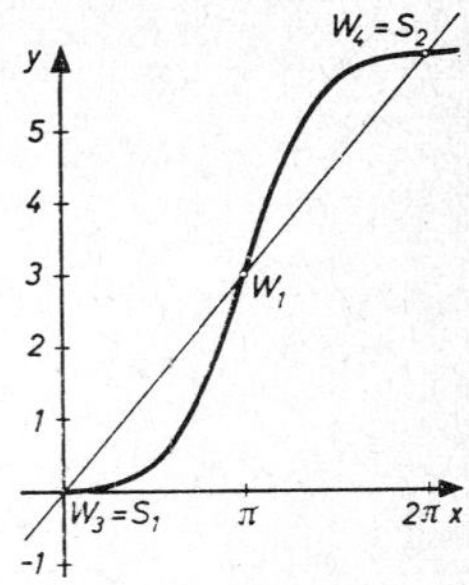

54.

$y = \sin^2 x + 2\sin x + 1$	$y' = 2(\sin x + 1)\cos x$	$y'' = 2[\cos^2 x + (\sin x +$
$y = (\sin x + 1)^2$	$y' = 0 : \cos x = 0;$	$+ 1)(-\sin x)]$
Schnittpunkt y-Achse.	$\sin x + 1 = 0$	$= 2[-2\sin^2 x -$
$(0 \mid 1)$	$x_{11} = \frac{\pi}{2}; \; x_{12} = \frac{3}{2}\pi;$	$-\sin x + 1]$
Nullstellen: $y = 0$:		$y'' = 0$:
$\sin x = -1$	$x_{13} = \frac{3}{2}\pi$ (wie x_{12})	$2\sin^2 x + \sin x - 1 = 0$
$x_{01} = \frac{3}{2}\pi\ (270°)$	$f''(x_{11}) = -4 \Rightarrow H$	$\Rightarrow \sin x = \frac{1}{2}$
$N\left(2n\cdot\pi + \frac{3}{2}\pi \,\middle|\, 0\right)$	$f''(x_{12}) = 0 \wedge f^{(3)}(x_{12}) = 0$	$\wedge \sin x = -1$
	$\wedge f^{(4)}(x_{12}) = 6 \Rightarrow T$	$x_{21} = \frac{\pi}{6}; \quad x_{22} = \frac{5}{6}\pi;$
	$H\left(\frac{\pi}{2} \,\middle|\, +4\right)$	$x_{23} = \frac{3}{2}\pi$
	$T\left(\frac{3}{2}\pi \,\middle|\, 0\right)$	
$y^{(3)} = -2[2\cdot\sin 2x$		$f^{(3)}(x_{21}) \neq 0 \Rightarrow W$
$+ \cos x]$		$f^{(3)}(x_{22}) \neq 0 \Rightarrow W$
$y^{(4)} = -2[4\cos 2x$		$f^{(3)}(x_{23}) = 0$
$-\sin x]$		$W_1\left(\frac{\pi}{6} \,\middle|\, \frac{9}{4}; \frac{3}{2}\sqrt{3}\right)$
		$W_2\left(\frac{5}{6}\pi \,\middle|\, \frac{9}{4}; -\frac{3}{2}\sqrt{3}\right)$

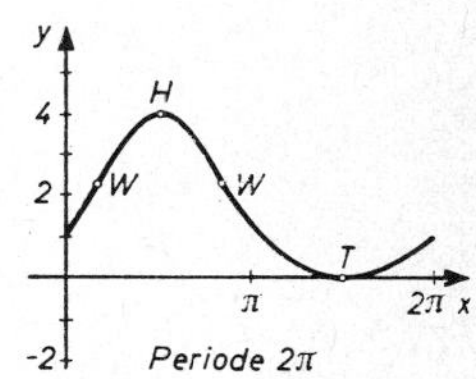

55.

$y = x\cdot\sin x$	$y' = \sin x + x\cdot\cos x$	$y'' = 2\cdot\cos x - x\cdot\sin x$
Schnittpunkt y-Achse:	$y' = 0 \Rightarrow \sin x$	$y'' = 0$ nach Nähe-
$(0 \mid 0)$	$= -x\cdot\cos x$	rungsverfahren:
Nullstellen $y = 0$:	Nach Newton'schem	$x_{21} = 1{,}077;$
$x_{01} = 0; \sin x = 0$:	Näherungsverfahren:	$x_{22} = 3{,}644;$
$x_{02} = \pi; \; x_{03} = 2\pi \ldots$	$x_{11} = 2{,}029;$	$x_{23} = 6{,}578$
$N_1(0 \mid 0); \; N_2(\pi \mid 0)$	$x_{12} = 4{,}913$	$W_1(1{,}077\ 0{,}948; 1{,}391)$
$N_3(2\pi \mid 0) \ldots$	$H(2{,}029 \mid 1{,}820)$	$W_2(3{,}644 \mid -1{,}754;$
As: $y = \pm x$	$T(4{,}913 \mid -4{,}814)$	$-3{,}675)$
		$W_3(6{,}578\ 1{,}913; 6{,}585)$

Graph durch Ordinatenmultiplikation

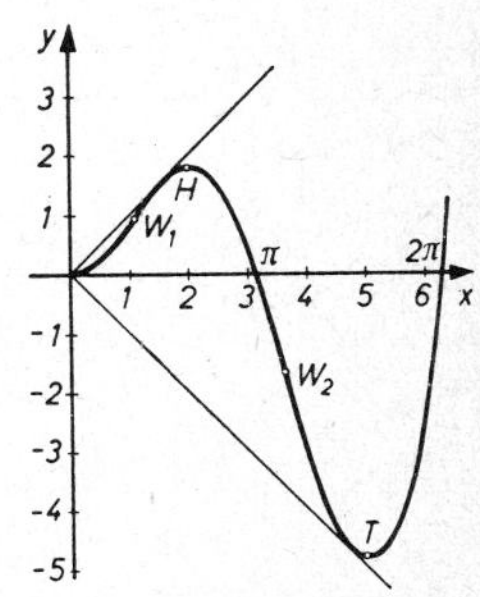

56.

$y = x \cdot e^x$

$y = 0 : x_{01} = 0$

$N_1 (0|0;\ 1)$

Tang. in $N_1 \equiv y = x$

$y' = e^x + x \cdot e^x$

$y' = e^x (1+x)$

$y' = 0 : x_{11} = -1$

$f''(x_{11}) = \frac{1}{e} \Rightarrow T$

$T(-1|-0{,}36788)$

$y'' = e^x + x \cdot e^x + e^x$

$\quad = e^x (2+x)$

$y'' = 0 : x_{21} = -2$

$W(-2|-0{,}27048;$
$-0{,}13534)$

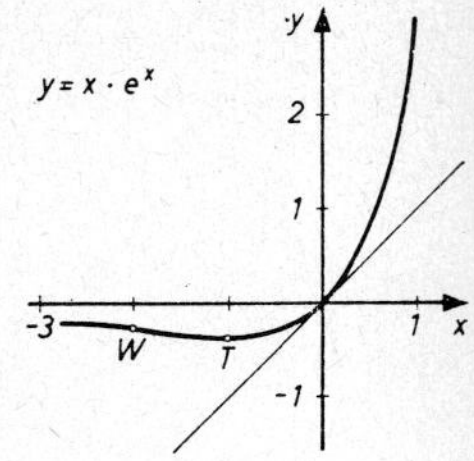

57.

$y = \frac{x}{e^x} = x \cdot e^{-x}$

$y = 0 : x_{01} = 0$

$N_1 (0|0;\ 1)$

$y' = \frac{1-x}{e^x}$

$y' = 0 : x_{11} = 1$

$f''(x_{11}) = -\frac{1}{e} \Rightarrow H$

$H(1|+0{,}36788)$

$y'' = -(1-x)e^{-x} - e^{-x}$

$y'' = \frac{x-2}{e^x}$

$y'' = 0 : x_{21} = 2$

$W(2|+0{,}27048;$
$-0{,}13534)$

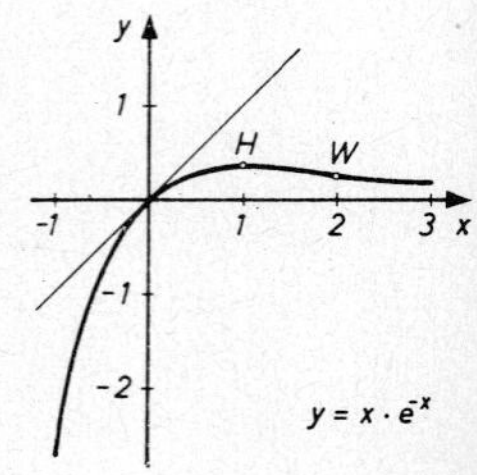

58.

$y = \frac{x^2}{e^x} = x^2 \cdot e^{-x}$

$y = 0 : x_{01} = 0$

$N_1 (0|0;\ 0)\ T$

$y' = \frac{x(2-x)}{e^x}$

$y' = 0 : x_{11} = 0;$

$x_{12} = 2$

$f''(x_{11}) = 2 \Rightarrow T$

$f''(x_{12}) = \frac{-2}{e^2} \Rightarrow H$

$H(2|0{,}54136)$

$T(0|0)$

$y'' = \frac{2 - 4x - x^2}{e^x}$

$y'' = 0 : x_{21/22} = 2 \pm \sqrt{2}$

$W_1(3{,}4142/0{,}3836;\ -0{,}159)$

$W_2(0{,}586/0{,}191;\ 0{,}461)$

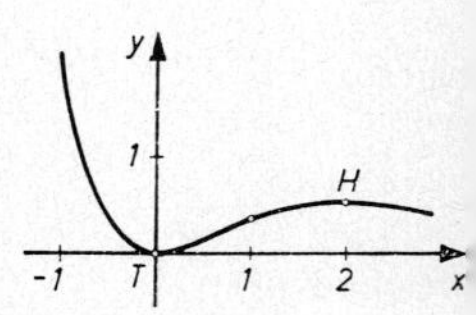

59.

$y = e^{-\frac{1}{2}x^2}$

$y = 0$

keine Nullstelle

Schnittpt. y-Achse

$(0|1)$

$y' = e^{-\frac{1}{2}x^2} \cdot (-x)$

$y' = -x \cdot e^{-\frac{1}{2}x^2}$

$y' = 0 : x_{11} = 0$

$f''(x_{11}) = -1 \Rightarrow H$

$H(0|1)$

$y'' = (x^2 - 1) \cdot e^{-\frac{1}{2}x^2}$

$y'' = 0 : x_{21} = +1;$

$x_{22} = -1$

$W_1(1|0{,}60653)$

$W_2(-1|0{,}60653)$

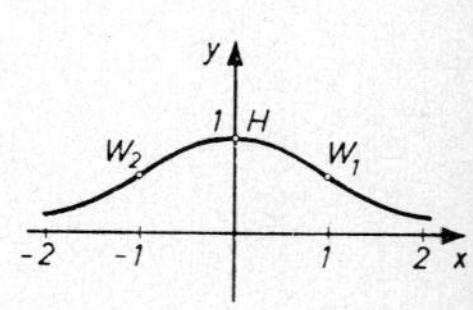

60.

$y = \frac{\ln x}{x}$

$y = 0 \Rightarrow \ln x = 0$

$\Rightarrow x_{01} = 1$

$N_1\,(1\,|\,0)$

$y' = \frac{1 - \ln x}{x^2}$

$y' = 0 \Rightarrow \ln x = 1$

$x_{11} = e = 2{,}71828$

$f''\,(x_{11}) = -\frac{1}{19{,}8} \Rightarrow H$

$H\left(e \,\middle|\, \frac{1}{e}\right)$

$= (2{,}71828\,|\,0{,}368)$

$y'' = \frac{-3 + 2\ln x}{x^3}$

$y'' = 0 \Rightarrow \ln x = 1{,}5$

$x_{21} = 4{,}482$

$W\,(4{,}482\,|\,0{,}3347;$
$-0{,}02)$

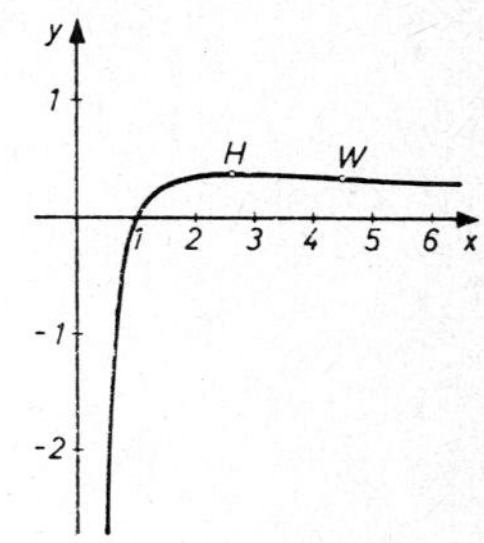

$D = \{x\,|\,0 \leqq x < +\infty\}$ $W = \{y\,|\,6 \leqq y < \infty\}$

61.

$y = \frac{x}{\ln x}$

$y = 0 : x_{01} = 0$

$N_1\,(0\,|\,0)$

bei $x = 1$ ist $f\,(x)$ nicht definiert

$y' = \frac{1 \cdot \ln x - \frac{1}{x} \cdot x}{(\ln x)^2}$

$= \frac{\ln x - 1}{(\ln x)^2}$

$y' = 0 : \ln x = 1$

$x_{11} = e$

$f''\,(x_{11}) = \frac{1}{e} \Rightarrow T$

$T\,(e|e)$

$= (2{,}71828\,|\,2{,}71828)$

$y'' = \frac{\frac{1}{x}(\ln x)^2 - \frac{2}{x} \cdot \ln x\,(\ln x - 1)}{(\ln x)^4}$

$= \frac{-\ln x + 2}{x \cdot (\ln x)^3}$

$y'' = 0 : \ln x = 2$

$x_{21} = 7{,}36$

$W(7{,}36\,|\,3{,}68)$

$D = \{x\,|\,0 \leqq x \leqq 1 \wedge 1 \leqq x < \infty\}$

$W = \{y\,|\,0 \leqq y < \infty\}$

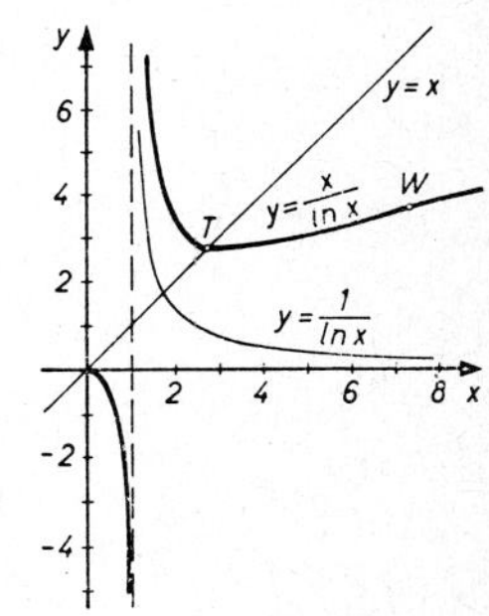

Graph zu $y = \frac{x}{\ln x}$ durch Ordinatenmultiplikation aus:

$$y = x \wedge y = \frac{1}{\ln x}$$

62.

$y = x^x$

Keine Nullstelle

$y' = x^x\,(1 + \ln x)$

$y' = 0 : 1 + \ln x = 0$

$\ln e + \ln x = \ln 1$

$\ln x = \ln\left(\frac{1}{e}\right)$

$x_{11} = \frac{1}{e}$

$f''\,(x_{11}) = e\left(\frac{1}{e}\right)^{\frac{1}{e}} \Rightarrow T$

$T\,(0{,}368\,|\,0{,}692)$

$y'' = (1 + \ln x)^2 \cdot x^x + x^x \cdot \frac{1}{x}$

$= x^x\left[(1 + \ln x)^2 + \frac{1}{x}\right]$

keine Wendestelle

[Nur für $x > 0$ untersucht!]

Definiert für $x \geqq 0 \wedge x \in Z^+$.

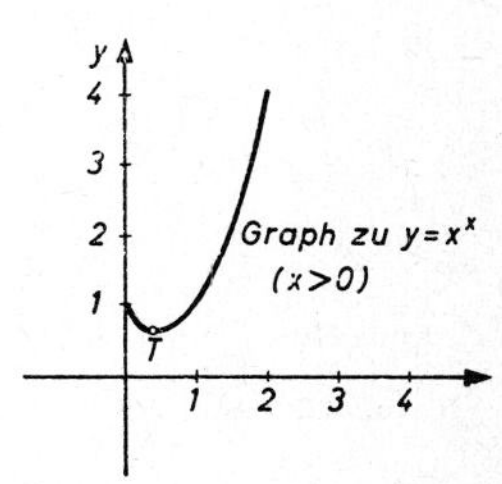

63.

$y = 4x \cdot e^{-\frac{1}{8}x^2}$

$y = 0 : x_{01} = 0$

$N(0|0;4)Z$

$y' = 4 \cdot e^{-\frac{1}{8}x^2} - 4x \cdot$

$\times \frac{1}{4} x \cdot e^{-\frac{1}{8}x^2}$

$= e^{-\frac{1}{8}x^2}(4 - x^2)$

$y' = 0 : x_{11} = +2;$

$x_{12} = -2$

$f''(x_{11}) = -2{,}426 \Rightarrow H$

$f''(x_{12}) = +2{,}426 \Rightarrow T$

$H(2|4{,}85224)$

$T(-2|-4{,}85224)$

$y'' = -\frac{1}{4} x \cdot e^{-\frac{1}{8}x^2}(12 - x^2)$

$y'' = 0: \quad x_{21} = +2\sqrt{3};$

$x_{22} = -2\sqrt{3}; \quad x_{23} = 0$

$W_1(3{,}464|3{,}093; -1{,}785)$

$W_2(-3{,}464|-3{,}093; -1{,}785)$

$W_3(0|0)$

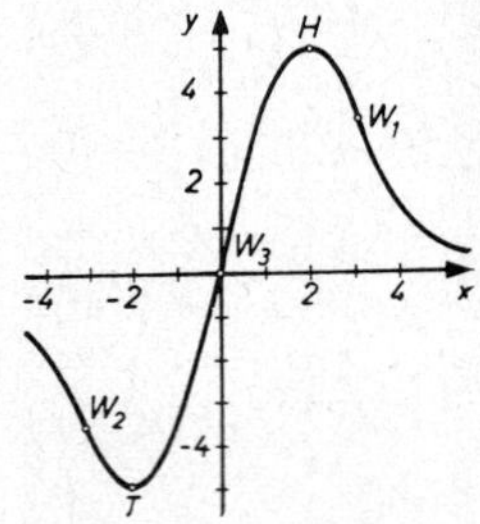

64.

$y = e^x \cdot \cos x$

$y = 0 : \cos x = 0$

$x_{01} = \frac{\pi}{2};$

$x_{02} = \frac{3}{2}\pi$

$N_1\left(\frac{\pi}{2}\middle|0\right)$

$N_2\left(\frac{3}{2}\pi\middle|0\right)$

$y' = \cos x \cdot e^x +$

$+ e^x(-\sin x)$

$y' = e^x(\cos x - \sin x)$

$y = 0 : \cos x = \sin x$

$x_{11} = \frac{\pi}{4}; \quad x_{12} = \frac{5}{4}\pi$

$f''(x_{11}) = -e^{\frac{\pi}{4}} \cdot \sqrt{2} \Rightarrow H$

$f''(x_{12}) = +e^{\frac{5}{4}\pi}\sqrt{2} \Rightarrow T$

$H\left(\frac{\pi}{4}\middle|\frac{\sqrt{2}}{2} \cdot e^{\frac{\pi}{4}}\right)$

$T\left(\frac{5}{4}\pi\middle|-\frac{\sqrt{2}}{2} \cdot e^{\frac{5}{4}\pi}\right)$

$y'' = (\cos x - \sin x)\, e^x +$

$+ e^x(-\sin x - \cos x)$

$= e^x(-2\sin x)$

$= -2\sin x \cdot e^x$

$y'' = 0 : x_{21} = 0; \quad x_{22} = \pi$

$W_1(0|1); \quad W_2(\pi|-e^{\pi})$

$W_3(2\pi|e^{2\pi})$

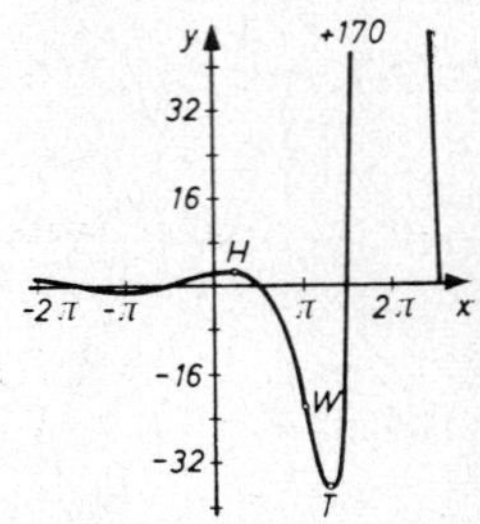

65.

$y = \cos^4\frac{x}{2} - \sin^4\frac{x}{2}$

$= \cos 2x$

$y = 0; \ \cos 2x = 0$

$x_{01} = \frac{\pi}{4}; \ x_{02} = \frac{3\pi}{4};$

$x_{03} = \frac{5}{4}\pi; \ x_{04} = \frac{7}{4}\pi$

$N_1\left(\frac{\pi}{4}|0; \ -2\right) = W_1$

$N_2\left(\frac{3}{4}\pi|0; \ +2\right) = W_2$

$N_3\left(\frac{5}{4}\pi|0; \ -2\right) = W_3$

$N_4\left(\frac{7}{4}\pi|0; \ +2\right) = W_4$

$y' = -2\sin 2x$

$y' = 0; \ \sin 2x = 0$

$x_{11} = 0; \ x_{12} = \frac{\pi}{2}$

$x_{13} = \pi; \ x_{14} = \frac{3}{2}\pi$

$H(0|1)$

$T\left(\frac{\pi}{2}|-1\right)$

$H(\pi|+1)$

$T\left(\frac{3}{2}\pi|-1\right)$

$y'' = -4\cos 2x$

$y'' = 0; \ \cos 2x = 0$

$x_{21} = \frac{\pi}{4} = x_{01}$

$x_{22} = \frac{3}{4}\pi = x_{02}$

usw.

W_{tg1}:

$y = -2x + \frac{\pi}{2}$

$D = R; \ W = \{y \mid y \leqq |1|\}$

Periode: π

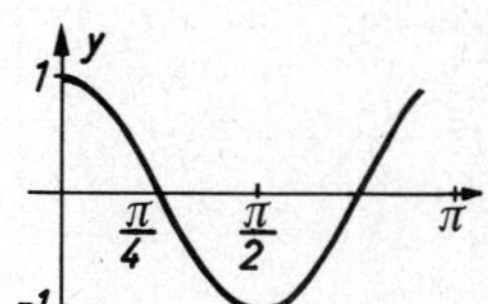

10. AUFBAU VON FUNKTIONEN MIT VORGEGEBENEN EIGENSCHAFTEN

Das Verfahren der Kurvenuntersuchung ist umkehrbar. Sind genügend Angaben von einer Funktion vorhanden, läßt sich die Funktionsgleichung aufstellen. Wie viele Angaben jeweils erforderlich sind, hängt von der Art und dem Grad der F u n k t i o n ab.

10.1 Ganze rationale Funktionen

1. Eine Funktion 3. Ordnung hat in $(0 \mid 4)$ einen Hochpunkt und bei $(1 \mid 2)$ einen Wendepunkt.

Lösung: Die allg. Funktionsgleichung 3. Ordnung lautet:

$$y = a x^3 + b x^2 + c x + \mathrm{d}.$$

Ihre Ableitungen lauten: $y' = 3 a x^2 + 2 b x + c, \quad y'' = 6 a x + 2 b.$

Zur Bestimmung der 4 Koeffizienten a, b, c, d benötigt man 4 Bestimmungsgleichungen.

I. $(0 \mid 4)$ ist ein Kurvenpunkt, seine Koordinaten müssen die allg. Funktionsgleichung erfüllen: $4 = 0+0+0+d$: $d = 4$

II. Pt. $(1 \mid 2)$ ist auch Kurvenpunkt: $2 = a+b+c+4.$

III. Pt. $(0 \mid 4)$ ist Hochpunkt, Extremwert. Da man das Argument des Hochpunktes durch die notwendige Bedingung: $y' = 0$ bekommt, muß umgekehrt das Argument die 0-gesetzte 1. Ableitung der Funktionsgleichung erfüllen: $0 = 0+0+c : c = 0.$

IV. Die Wendestelle erhält man durch deren notwendige Bedingung: $y'' = 0$. Umgekehrt muß das Argument der Wendestelle in die 0-gesetzte 2. Ableitung eingesetzt werden und sie erfüllen: $0 = 6a + 2b.$

Die Koeffizienten c und d wurden bereits bestimmt. Für a und b benötigen wir noch die beiden Gleichungen:

II. $2 = a+b+4$ oder $-2 = a+b$

IV. $0 = 6a+2b$ oder $0 = 3a+b \quad (-)$

$-2 = -2a \qquad a=1; \quad b=-3$

Die Funktionsgleichung lautet also:

$$y = x^3 - 3x^2 + 4$$

$y = x^3 - 3x^2 + 4$	$y' = 3x^2 - 6x$	$y'' = 6x - 6$
$y = 0 : x_{01} = -1;$	$y' = 0 : 3x(x-2) = 0$	$y'' = 0 : x_{21} = 1$
$x_{02} = +2$	$x_{11} = 0; \quad x_{12} = 2$	$W(1 \mid 2; \ -3)$
$N_1(-1 \mid 0)$	$f''(x_{12}) = -6 \Rightarrow H$	$W_{tg}: y = -3x + 5$
$N_2(2 \mid 0)\ T$	$f''(x_{12}) = +6 \Rightarrow T$	
	$H(0 \mid 4); \quad T(2 \mid 0)$	

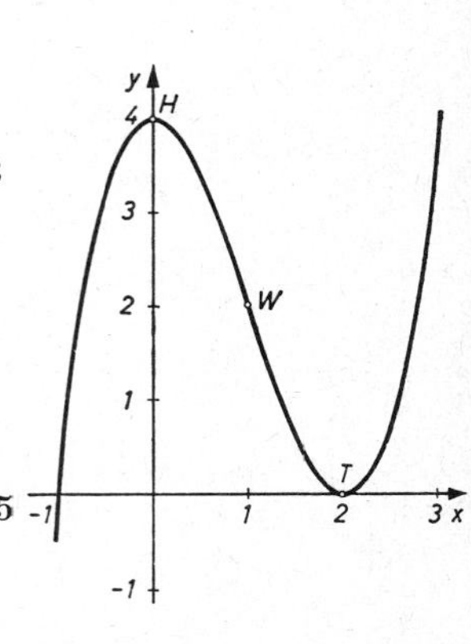

2. Eine Funktion 3. Ordnung hat einen Extremwert in $E(-1 \mid 4)$ und schneidet in $N(-2 \mid 0)$ mit der Steigung $m = +9$ die x-Achse.

$y = ax^3 + bx^2 + cx + d$	4 Bestimmungsgleichungen sind erforderlich.	
$y' = 3ax^2 + 2bx + c$	I. $(-1 \mid 4)$ ist Kurvenpt:	$4 = -a + b - c + d$
$y'' = 6ax + 2b$	II. bei $x = -1$ Extremstelle $(y' = 0)$:	$0 = +3a - 2b + c$
	III. $(2- \mid 0)$ ist Kurvenpunkt:	$0 = -8a + 4b - 2c + d$
	IV. bei $x = -2$ ist $m = 9$ (1. Abl. Wert 9)	$9 = 12a - 4b + c$

$$\left.\begin{array}{ll} \text{III} - \text{I}: & -4 = -7a + 3b - c \\ (\text{III} - \text{I}) + \text{IV}: & 5 = 5a - b \\ (\text{III} - \text{I}) + \text{II}: & -4 = -4a - b \end{array}\right\} - \qquad a = 1;\ b = 0;\ c = -3;\ d = 2$$

$y = x^3 - 3x + 2$	$y' = 3x^2 - 3$	$y'' = 6x$
$y = 0: x_{01} = -2;$	$y' = 0: x_{11} = +1;$	$y'' = 0: x_{21} = 0$
$x_{02} = 1$	$x_{12} = -1$	$W(0 \mid 2; -3)$
$N_1(-2 \mid 0)$	$f''(x_{11}) = +6 \Rightarrow T$	Wendetangente:
$N_2(1 \mid 0)\ T$	$f''(x_{12}) = -6 \Rightarrow H$	$y = -3x + 2$
Schnittpt. y-Achse	$H(-1 \mid 4);\quad T(1 \mid 0)$	
$(0 \mid 2)$		

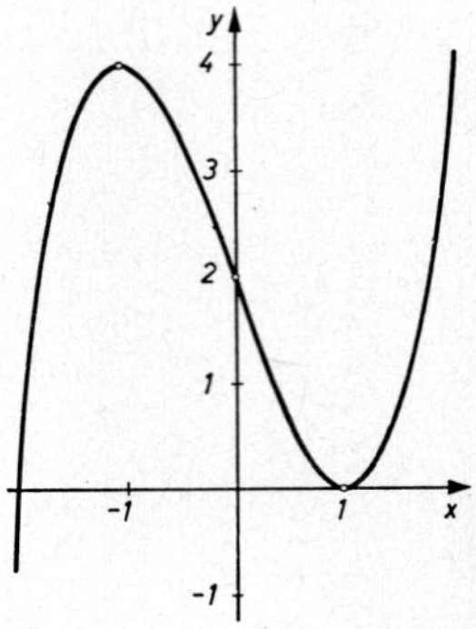

3. Bei $x = 1$ berührt der Graph einer Funktion 3. Ordnung die X-Achse und hat in $W(3 \mid -16)$ einen Wendepunkt.

$y = ax^3 + bx^2 + cx + d \quad y' = 3ax^2 + 2bx + c \quad y'' = 6ax + 2b$

Es sind 4 Bestimmungsgleichungen erforderlich:

I. $(1 \mid 0)$ ist Kurvenpunkt: $0 = a + b + c + d$

II. Wenn bei $x = 1$ die x-Achse berührt wird, ist die x-Achse zugleich Tangente, d. h. bei $x = 1$ ist eine Extremstelle: $x = 1$, wenn $y' = 0$: $0 = 3a + 2b + c$.

III. $W(3 \mid -16)$ ist Kurvenpunkt: $-16 = 27a + 9b + 3c + d$

IV. Bei $x = 3$ ist eine Wendestelle: $x = 3$ u. $y'' = 0$:

$$0 = 18a + 2b$$

$$a = 1;\quad b = -9;\quad c = 15;\quad d = -7$$

$y = x^3 - 9x^2 + 15x - 7$	$y' = 3x^2 - 18x + 15$	$y'' = 6x - 18$
$y = 0:$	$y' = 0:$	$y'' = 0:$
$x_{01} = +1;\quad x_{02} = +7$	$x_{11} = +1;\quad x_{12} = +5$	$x_{21} = 3$
$N_1(1 \mid 0)\ H$	$f''(x_{11}) = -12 \Rightarrow H$	$W(3 \mid -16; -12)$
$N_2(+7 \mid 0)$	$f''(x_{12}) = +12 \Rightarrow T$	$W_{tg}: y = -12x + 20$
	$H(1 \mid 0)\quad T(5 \mid -32)$	

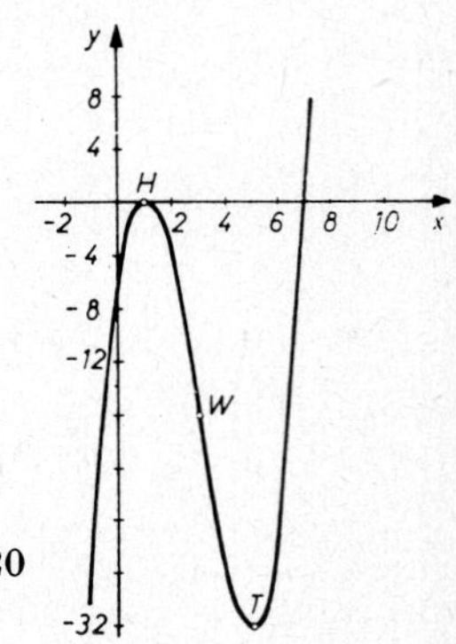

3a. Eine Parabel 3. Ordnung ist punktsymmetrisch zu $(0 \mid 3)$ und berührt die x-Achse in $N\,(2 \mid 0)$.

Zentrisch symmetrisch zu 0 bedeutet, daß die Funktion nur Glieder mit ungeraden Potenzen von x besitzt und kein absolutes Glied hat. Punktsymmetrisch oder zentrisch symmetrisch zu $(0|3)$ heißt, daß in $(0|3)$ ein Wendepunkt vorhanden ist, außerdem, daß die Funktionsgleichung nur Glieder mit ungeraden Potenzen von x und das absolute Glied $+3$ enthält.

$y = ax^3+bx+3 \quad y' = 3ax^2+b \quad y'' = 6ax$

Es werden nur 2 Bestimmungsgleichungen benötigt:

I. $N\,(2|0)$ ist Kurvenpunkt: $0 = 8\,a+2\,c+3$

II. Da der Graph in $(2|0)$ die x-Achse berührt, ist bei $x = 2$ eine Extremstelle: $0 = 12\,a+c$

$a = \frac{3}{16}; \; b = -\frac{9}{4}$

$y = \frac{3}{16}x^3 - \frac{9}{4}x+3$

$y = 0 : x_{01} = +2;$

$x_{02} = -4$

$N_1(+2|0)\,T$

$N_2(-4|0)$

$y' = \frac{9}{16}x^2 - \frac{9}{4}$

$y' = 0 : x_{11} = -2;$

$x_{12} = +2$

$f''(x_{11}) = -\frac{9}{4} \Rightarrow H$

$f''(x_{12}) = +\frac{9}{4} \Rightarrow T$

$H(-2|6)$

$T(2|0)$

$y'' = \frac{9}{8}x$

$y'' = 0 : x_{21} = 0$

$W\left(0|3; -\frac{9}{4}\right)$

$W_{tg} : y = -\frac{9}{4}x+3$

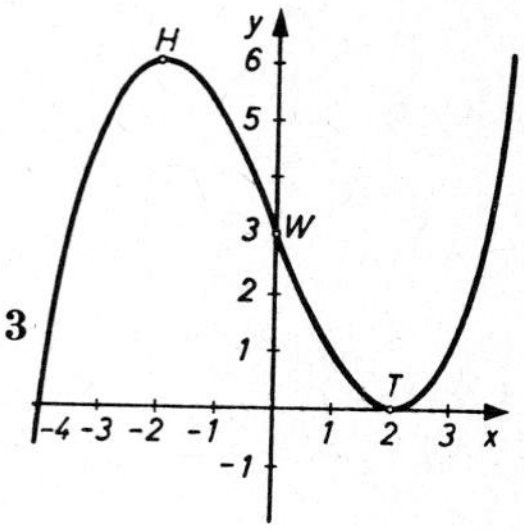

4. Eine Parabel 3. Ordnung ist punktsymmetrisch zu 0, hat im Wendepunkt die Steigung -3 und im Hochpunkt einen Funktionswert von $+2$.

$$y = ax^3+bx \quad y' = 3ax^2+b \quad y'' = 6ax$$

I. Aus der zentrischen Symmetrie in 0 folgt: Wendestelle bei $x=0$, dort $m=-3$: $-3=0+b; b = -3$.

II. Die Lage der Extremstellen erhält man durch $y'=0$. $0 = 3\,a\,x^2-3; \; x_{11/12} = \pm\sqrt{+\frac{1}{a}}$
Den Funktionswert $+2$ erhält man, indem man in der Stammfunktion für $y = 2$ und für x den ermittelten Wert einsetzt.

$$2 = a\left(\sqrt{\frac{1}{a}}\right)^3 - 3\sqrt{\frac{1}{a}}; \quad 2 = \sqrt{\frac{1}{a}} - 3\cdot\sqrt{\frac{1}{a}}; \quad 2 = -2\sqrt{\frac{1}{a}}; \quad 1 = -\sqrt{\frac{1}{a}}; \quad a = 1$$

Gleichgültig, ob man für $x = +\sqrt{\frac{1}{a}}$ oder $-\sqrt{\frac{1}{a}}$ einsetzt, in jedem Fall erhält man für

$a = +1$

$y = x^3 - 3\,x$

$y = 0 : x_{01} = 0;$

$x_{02} = +\sqrt{3};$

$x_{03} = -\sqrt{3}$

$N_1(0|0)\,W$

$N_2(+\sqrt{3}|0)$

$N_3(-\sqrt{3}|0)$

$y' = 3\,x^2-3$

$y' = 0 : x_{11} = +1;$

$x_{12} = -1$

$f''(x_{11}) = +6 \Rightarrow T$

$f''(x_{12}) = -6 \Rightarrow H$

$H(-1|2)$

$T(+1|-2)$

$y''=6\,x$

$y'' = 0 : x_{21} = 0$

$W\,(0|0; -3)$

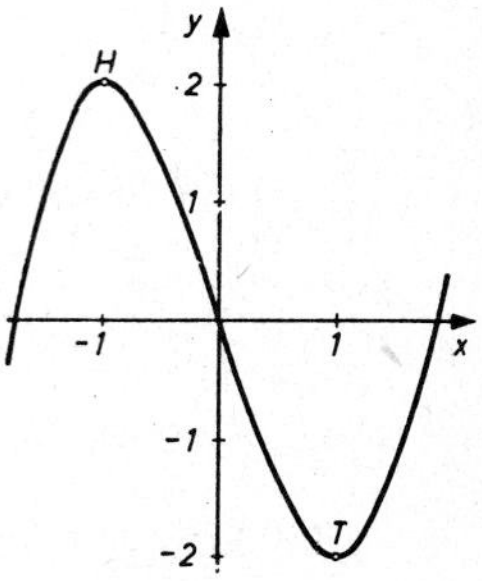

5. Eine Parabel 4. Ordnung berührt die x-Achse in $(2\,|\,0)$, hat in 0 einen Wendepunkt. Die Wendetangente bildet mit der positiven Richtung der x-Achse einen Winkel von 45°.

$$y = a\,x^4 + b\,x^3 + c\,x^2 + d\,x + e$$
$$y' = 4\,a\,x^3 + 3\,b\,x^2 + 2\,c\,x + d$$
$$y'' = 12\,a\,x^2 + 6\,b\,x + 2\,c$$

Man benötigt fünf Bestimmungsgleichungen.

I. Wendepunkt in $(0\,|\,0)$ zugleich Kurvenpunkt führt zu $e = 0$.

II. Wendepunkt bei $x = 0$ $(y'' = 0): 0 = 0 + 0 + c;\ c = 0$

III. $(2\,|\,0)$ ist Kurvenpunkt: $0 = 16\,a + 8\,b + 2\,d$

IV. Berührung der x-Achse in $(2\,|\,0)$: Extremstelle bei $x = 2$: $y' = 0 = 32\,a + 12\,b + d$

V. Wendetangente hat die Steigung: $\tan 45° = +1$; also y' hat den Wert $+1$ bei $x = 0$: $1 = 0 + 0 + d$: $d = 1$

$$a = \frac{1}{4}; \qquad b = -\frac{3}{4}$$

$y = \frac{1}{4}x^4 - \frac{3}{4}x^3 + x$ | $y' = x^3 - \frac{9}{4}x^2 + 1$ | $y'' = 3\,x^2 - \frac{9}{2}\,x$

$y = 0 : x_{01} = 0;$
$x_{02} = -1;$
$x_{03} = +2$
$N_1\,(0\,|\,0)\ W$
$N_2\,(-1\,|\,0)$
$N_3\,(2\,|\,0)\ T$

$y' = 0 : x_{11} = +2;$
$x_{12/13} = \frac{1}{8}\,(1 \pm 33);$
$x_{12} \approx \mathbf{0{,}843}$
$x_{13} \approx \mathbf{-0{,}593}$
$f''\,(x_{11}) = +3 \Rightarrow T;$
$f''\,(x_{12}) \approx -1{,}7 \Rightarrow H;$
$f''\,(x_{13}) \approx 3{,}7 \Rightarrow T$
$T_1\,(2|0$
$H\,(0{,}843|0{,}520)$
$T_2\,(-0{,}593|-0{,}41)$

$y'' = 0 : x_{21} = 0;$
$x_{22} = +\frac{3}{2}$
$W_1\,(0|0;\ 1)$
$W_2\left(\frac{3}{2}\,\middle|\,\frac{15}{64};\ -\frac{11}{16}\right)$

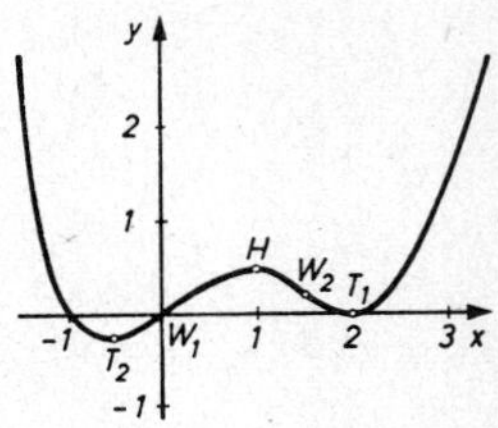

6. $P\,(2\,|\,0)$ ist Wendepunkt einer zur y-Achse symmetrischen Parabel 4. Ordnung. Die Wendetangente hat in P eine Steigung von $m = -2$.
Eine Symmetrie zur y-Achse ist dann vorhanden, wenn in der Funktionsgleichung nur gerade Potenzen von x vorkommen.

$$y = a\,x^4 + b\,x^2 + c$$
$$y' = 4\,a\,x^3 + 2\,b\,x$$
$$y'' = 12\,a\,x^2 + 2\,b$$

Es werden 3 Bestimmunsgleichungen benötigt:

I. $P\,(2\,|\,0)$ ist Kurvenpunkt: $0 = 16\,a + 4\,b + c$

II. bei $x = 2$ Wendestelle $(y'' = 0): 0 = 48\,a + 2\,b$

III. bei $x = 2$ Steigung $m = -2$; $y' = -2$; $-2 = 32\,a + 4\,b$

$$a = \frac{1}{32} \qquad b = -\frac{3}{4}; \qquad c = \frac{5}{2}$$

$y = \frac{1}{32}x^4 - \frac{3}{4}x^2 + \frac{5}{2}$

$y = 0: \quad x_{01} = 2;$

$x_{02} = -2;$

$x_{03} = +2\sqrt{5};$

$x_{04} = -2\sqrt{5}$

$N_1(2|0)\ W_1;$

$N_2(-2|0)\ W_2;$

$N_3(2\sqrt{5}|0; \ +2\sqrt{5})$

$N_4(-2\sqrt{5}|0; \ -2\sqrt{5})$

$y' = \frac{1}{8}x^3 - \frac{3}{2}x$

$y' = 0: x_{11} = 0;$

$x_{12} = +2\sqrt{3};$

$x_{13} = -2\sqrt{3}$

$f''(x_{11}) = -\frac{3}{2} \Rightarrow H$

$f''(x_{12}) = +3 \Rightarrow T$

$f''(x_{13}) = +3 \Rightarrow T$

$H\left(0 \,\middle|\, \frac{5}{2}\right)\ T_1(2\sqrt{3}|-2)$

$T_2(-2\sqrt{3}|-2)$

$y'' = \frac{3}{8}x^2 - \frac{3}{2}$

$y'' = 0: x_{21} = +2;$

$x_{22} = -2$

$W_1(+2|0; \ -2)$

$W_2(-2|0; \ +2)$

Wendetangenten

$y = \mp 2x + 4$

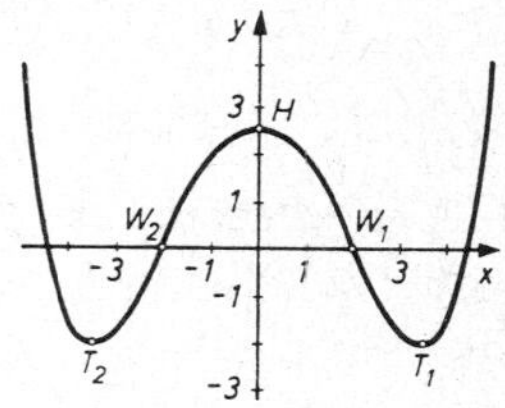

7. In $(0 \mid -4)$ hat eine zur y-Achse symmetrische Parabel 4. Ordnung ihren Tiefpunkt. Sie berührt die x-Achse in $x = \pm 2$.

$$y = a x^4 + b x^2 + c$$
$$y' = 4 a x^3 + 2 b x$$
$$y'' = 12 a x^2 + 2 b$$

Es sind 3 Bestimmungsgleichungen notwendig.

I. $(0|-4)$ ist Kurvenpunkt: $-4 = 0 + 0 + c$

$c = -4$

II. bei $x = 2$ Berührung x-Achse

Extremstelle ($y' = 0$): $0 = 32a + 4b$

III. $(2|0)$ Kurvenpunkt: $0 = 16a + 4b - 4 \qquad a = -\frac{1}{4} \qquad b = 2$

$y = -\frac{1}{4}x^4 + 2x^2 - 4$

$y' = 0: x_{01} = +2;$

$x_{02} = -2$

$N_1(2|0)\ H$

$N_2(-2|0)\ H$

$y' = -x^3 + 4x$

$y' = 0: x_{11} = 0;$

$x_{12} = +2; \quad x_{13} = -2$

$f''(x_{11}) = +4 \Rightarrow T$

$T(0|-4)$

$f''(x_{12}) = -8 \Rightarrow H$

$H_1(2|0)$

$f''(x_{13}) = -8 \Rightarrow H$

$H_2(-2|0)$

$y'' = -3x^2 + 4$

$y'' = 0: x_{21} = +\frac{2}{3}\sqrt{3};$

$x_{22} = -\frac{2}{3}\sqrt{3}$

$W_1\left(+\frac{2}{3}\sqrt{3} \,\middle|\, -\frac{16}{9}; \ -\frac{16}{9}\sqrt{3}\right)$

$W_2\left(-\frac{2}{3}\sqrt{3} \,\middle|\, -\frac{16}{9}; \ +\frac{16}{9}\cdot\sqrt{3}\right.$

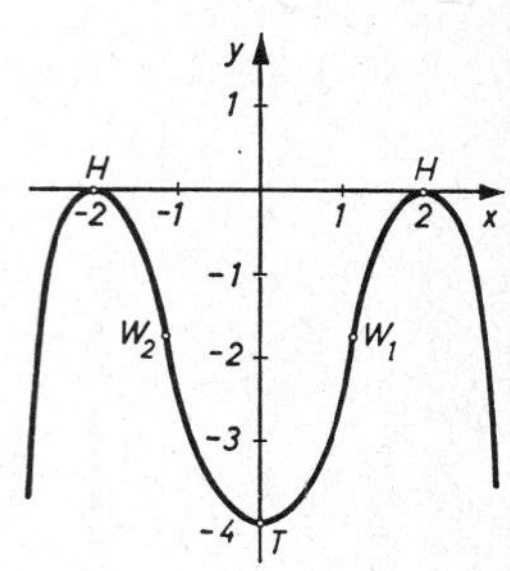

8. Eine Funktion 4. Ordnung hat in $W_2\,(-2 \mid -81)$ einen Wendepunkt mit der Steigung $+90$, eine weitere Wendestelle bei $x = +3$ und schneidet die x-Achse bei -1.

$$y = a\,x^4 + b\,x^3 + c\,x^2 + d\,x + e \quad y' = 4\,a\,x^3 + 3\,b\,x^2 + 2\,c\,x + d \quad y'' = 12\,a\,x^2 + 6\,b\,x + 2\,c$$

Um die fünf Koeffizienten zu bestimmen, benötigt man 5 Bestimmungsgleichungen.

I. Die Nullstelle $(-1 \mid 0)$ ist Kurvenpunkt: $\quad 0 = a - b + c - d + e$

II. $W\,(-2 \mid -81)$ ist Kurvenpunkt: $\quad -81 = 16\,a - 8\,b + 4\,c - 2\,d + e$

III. Bei $x = -2$ ist eine Wendestelle ($y'' = 0$): $\quad 0 = 48\,a - 12\,b + 2\,c$

IV. Bei $x = 3$ ist ebenfalls eine Wendestelle: $\quad 0 = 108\,a + 18\,b + 2\,c$

V. Bei $x = -2$ ist die Steigung $m = +90$: $\quad 90 = -32\,a + 12\,b - 4\,c + d$

$a = 1; \quad b = -2; \quad c = -36; \quad d = +2; \quad e = 35$

$$y = x^4 - 2\,x^3 - 36\,x^2 + 2\,x + 35 \quad y' = 4\,x^3 - 6\,x^2 - 72\,x + 2 \quad y'' = 12\,x^2 - 12\,x - 72$$

$y = 0: x_{01} = -5;$
$x_{02} = -1;$
$x_{03} = +1; \; x_{04} = +7$
$N_1\,(-5 \mid 0); \; N_2\,(-1 \mid 0)$
$N_3\,(1 \mid 0); \; N_4\,(7 \mid 0)$

$y' = 0: x_{11} = -3{,}575;$
$x_{12} = 0{,}027;$
$x_{13} = 5{,}047$
$f''(x_{11}) > 0 \Rightarrow T$
$f''(x_{12}) < 0 \Rightarrow H$
$f''(x_{13}) > 0 \Rightarrow T$
$T_1\,(-3{,}575 \mid \approx -177{,}6)$
$H\,(+0{,}027 \mid \approx 35{,}03)$
$T_2\,(5{,}047 \mid -480{,}3)$

$y'' = 0: x_{21} = -2;$
$x_{22} = +3$
$W_1\,(-2 \mid -81; \; +90)$
$W_2\,(+3 \mid -256)$

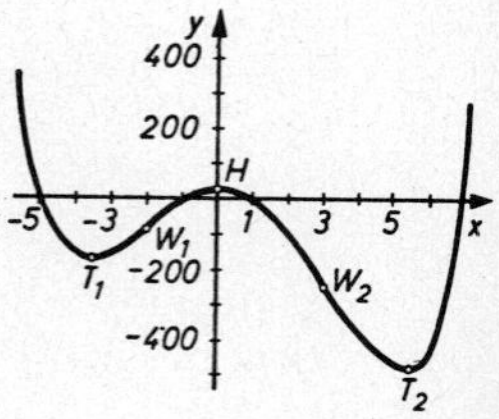

9. Eine zentrisch symmetrische Parabel 5. Ordnung hat in 0 einen Terassenpunkt, in $T\left(2 \,\middle|\, -\frac{16}{15}\right)$ einen Tiefpunkt.

Zentrische Symmetrie: nur ungerade Potenzen von x, kein absolutes Glied:

$$y = a\,x^5 + b\,x^3 + c\,x \quad y' = 5\,a\,x^4 + 3\,b\,x^2 + c \quad y'' = 20\,a\,x^3 + 6\,b\,x$$

3 Bestimmungsgleichungen sind erforderlich!

I. Terassenpunkt in $(0 \mid 0)$ bedeutet, daß dort die Tangentensteigung 0 ($y' = 0$) ist: $0 = 0 + 0 + c$: $c = 0$

II. Punkt $\left(2 \,\middle|\, -\frac{16}{15}\right)$ ist Kurvenpunkt: $-\frac{16}{15} = 32\,a + 8\,b$

III. Extremstelle bei $x = 2$ ($y' = 0$): $0 = 80\,a + 12\,b$

$$a = \frac{1}{20}; \quad b = -\frac{1}{3}$$

$y = \frac{1}{20}\,x^5 - \frac{1}{3}\,x^3$
$y = 0: x_{01} = 0;$
$x_{02} = +\frac{2}{3}\sqrt{15};$
$x_{03} = -\frac{2}{3}\sqrt{15}$
$N_1\,(0 \mid 0)\; T_1\, Z$
$N_2\left(\frac{2}{3}\sqrt{15} \,\middle|\, 0\right)$
$N_3\left(-\frac{2}{3}\sqrt{15} \,\middle|\, 0\right)$

$y' = \frac{1}{4}\,x^4 - x^2$
$y' = 0: x_{11} = 0$
$x_{12} = +2; \; x_{13} = -2$
$f''(x_{11}) = 0$
$f''(x_{12}) = 4 \Rightarrow T$
$f''(x_{13}) = -4 \Rightarrow H$
$T\left(2 \,\middle|\, -\frac{16}{15}\right)$
$H\left(-2 \,\middle|\, +\frac{16}{15}\right)$

$y'' = x^3 - 2\,x \quad y''' = 3\,x^2 - 2$
$y'' = 0: x_{21} = 0;$
$x_{22} = +\sqrt{2};$
$x_{23} = -\sqrt{2}$
$W_1\,(0 \mid 0)$ Terassenpt.
$W_2\left(+\sqrt{2} \,\middle|\, -\frac{7}{15}\sqrt{2}\right)$
$W_3\left(-\sqrt{2} \,\middle|\, +\frac{7}{15}\sqrt{2}\right)$

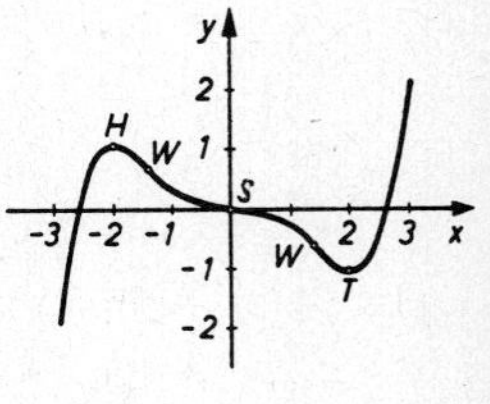

10. Der Graph einer Funktion 5. Ordnung geht durch $(0|0)$, hat in $W_1\left(-1\left|-\frac{2}{3}\right.\right)$ einen Wendepunkt mit der Steigung $m_1 = \frac{5}{4}$ und einen weiteren Wendepunkt bei $W_2\left(-2\left|-\frac{4}{3}\right.\right)$.

$$y = a\,x^5 + b\,x^4 + c\,x^3 + d\,x^2 + e\,x + f$$
$$y' = 5\,a\,x^4 + 4\,b\,x^3 + 3\,c\,x^2 + 2\,d\,x + e$$
$$y'' = 20\,a\,x^3 + 12\,b\,x^2 + 6\,c\,x + 2\,d$$

Um die sechs Koeffizienten zu bestimmen, werden 6 Bestimmungsgleichungen benötigt.

I. Graph geht durch $(0\,|\,0)$: $f = 0$

II. $W_1\left(-1\left|-\frac{2}{3}\right.\right)$ ist Kurvenpunkt: $-\frac{2}{3} = -a + b - c + d - e$

III. $W_2\left(-2\left|-\frac{4}{3}\right.\right)$ ist Kurvenpunkt: $-\frac{4}{3} = -32\,a + 16\,b - 8\,c + 4\,d - 2\,e$

IV. In $x = -1$ ist die Steigung $+\frac{5}{4}$: $\frac{5}{4} = +5\,a - 4\,b + 3\,c - 2\,d + e$

V. Bei $x = -1$ Wendestelle $(y''=0)$: $0 = -20\,a + 12\,b - 6\,c + 2\,d$

VI. Bei $x = -2$ Wendestelle: $0 = -160\,a + 48\,b - 12\,c + 2\,d$

$$a = \frac{1}{4}; \quad b = \frac{5}{4}; \quad c = \frac{5}{3}; \quad d = 0; \quad e = 0; \quad f = 0$$

$$y = \frac{1}{4}x^5 + \frac{5}{4}x^4 + \frac{5}{3}x^3 \qquad y' = \frac{5}{4}x^4 + 5\,x^3 + 5\,x^2 \qquad y'' = 5\,x^3 + 15\,x^2 + 10\,x$$

$y = 0 : x_{01} = 0$ keine weiteren reellen Nullstellen $N_1\,(0\|0)$	$y' = 0 : x_{11} = 0$; $x_{12} = -2$ keine weiteren reellen Extremstellen $f''\,(x_{11}) = 0 \Rightarrow$ weder Hoch- noch Tiefpunkt $f''\,(x_{12}) = 0 \Rightarrow$ weder Hoch- noch Tiefpunkt	$y'' = 0 : x_{21} = -1$; $x_{22} = -2$; $x_{23} = 0$ $W_1\left(-1\left\|-\frac{2}{3}; \frac{5}{4}\right.\right)$ $W_2\left(-2\left\|-\frac{4}{3}; 0\right.\right) S$ $W_3\,(0\|0)\,S$

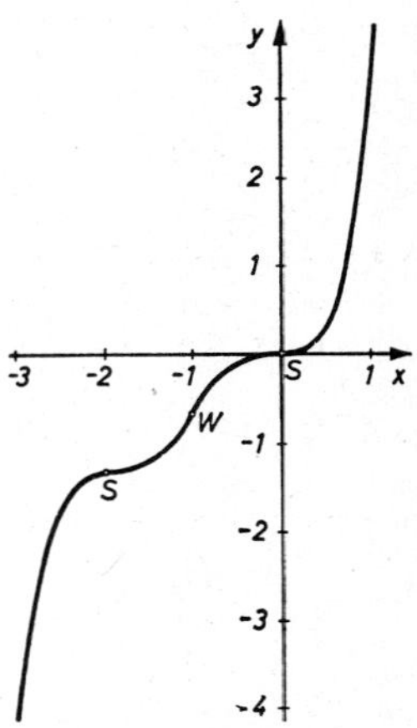

11. Eine ganze rationale Funktion 6. Grades ist zu bestimmen, deren Graph in $(0|1)$ einen Wendepunkt mit waagerechter Tangente, in $(1|0)$ einen Tiefpunkt besitzt und durch die beiden Punkte $P_1\,(-1|4)$ und $P_2\,(-2|81)$ geht.

$$y = a\,x^6 + b\,x^5 + c\,x^4 + d\,x^3 + e\,x^2 + f\,x + g$$
$$y' = 6\,a\,x^5 + 5\,b\,x^4 + 4\,c\,x^3 + 3\,d\,x^2 + 2\,e\,x + f$$
$$y'' = 30\,a\,x^4 + 20\,b\,x^3 + 12\,c\,x^2 + 6\,d\,x + 2\,e$$

Es sind 7 Bestimmungsgleichungen erforderlich.

I. $(0|1)$ ist Kurvenpunkt: $g = 1$

II. Wendestelle bei $x = 0\ (y'' = 0)$: $0 = 2\,e \qquad e = 0$

III. Steigung in W ist 0: $0 = f \qquad f = 0$

Damit sind die drei Koeffizienten e, f, g bestimmt und können beim Aufstellen weiterer Gleichungen eingesetzt werden:

IV. Tiefpunkt in $(1\,|\,0)$ ist Kurvenpunkt: $0 = a+b+c+d+1$

V. Steigung bei $x = 1$ ist 0; $y'=0$: $0 = 6a+5b+4c+3d$

VI. Punkt $(-1\,|\,4)$ ist Kurvenpunkt: $4 = a-b+c-d+1$

VII. Punkt $(-2\,|\,81)$ ist Kurvenpunkt: $81 = 64a-32b+16c-8d+1$

$a = 1;\quad b = 0;\quad c = 0;\quad d = -2;\quad e = 0;\quad f = 0;\quad g = 1$

$y = x^6-2x^3+1$	$y' = 6x^5-6x^2$	$y'' = 30x^4-12x$
$y = 0: x_{01/02} = 1$	$y' = 0: x_{11} = 0;$	$y'' = 0: x_{21} = 0;$
$N_1\,(1\,|\,0;\ 0)\,S$	$x_{12} = 1$	$x_{22} = \sqrt[3]{0,4}$
	$f''(x_{11}) = 0$	$W_1\,(0\,|\,1;\ 0)\,S$
	$f''(x_{12}) = +18 \Rightarrow T$	$W_2\left(\sqrt[3]{0,4}\,\middle|\,0,36;\ -0,72\sqrt[3]{20}\right)$
	$T\,(1\,|\,0)$	

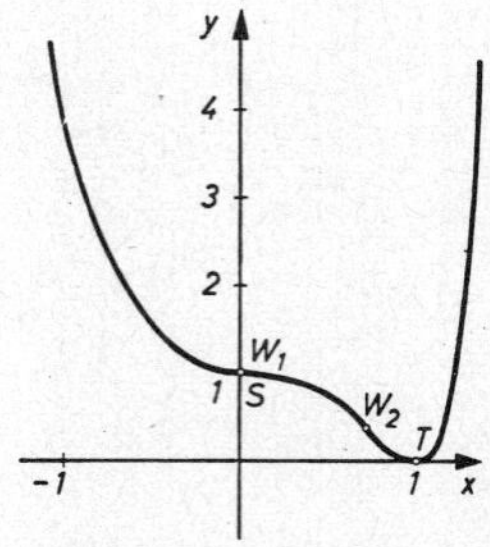

12. Eine ganze rationale Funktion 6. Grades ist zu bestimmen, deren Graph die X-Achse im Nullpunkt berührt und die in den Punkten $(1\,|\,1)$ und $(-1\,|\,1)$ waagerechte Wendetangenten besitzt.

allg. Funktionsgleichung wie 11: Aus: „berührt in 0" folgt: $g = 0$, desgl. $f = 0$, weil ja auch $y' = 0$ sein muß (Extremwert, da x-Achse Tangente).

I. Punkt $(1\,|\,1)$ ist Kurvenpunkt: $1 = a+b+c+d+e$

II. Punkt $(-1\,|\,1)$ ist Kurvenpunkt: $1 = a-b+c-d+e$

III. Bei $x = +1$ Wendepunkt $(y''=0)$: $0 = 30a+20b+12c+6d+2e$

IV. Bei $x = -1$ Wendepunkt $(y''=0)$: $0 = 30a-20b+12c-6d+2e$

V. Bei $x = +1$ ist die Tangentensteigung 0: $0 = 6a+5b+4c+3d+2e$

VI. Bei $x = -1$ ist die Tangentensteigung 0: $0 = -6a+5b-4c+3d-2e$

$a = 1;\quad b = 0;\quad c = -3;\quad d = 0;\quad e = +3;\quad f = 0;\quad g = 0$

$y = x^6-3x^4+3x^2$	$y' = 6x^5-12x^3+6x$	$y'' = 30x^4-36x^2+6$
$y = 0: x_{01} = 0$	$y' = 0: x_{11} = 0;$	$y'' = 0: x_{21} = +1;$
$N_1\,(0\,|\,0)\,T$	$x_{12} = +1;\quad x_{13} = -1$	$x_{22} = -1;$
Symmetrie zur	$f''(x_{11}) = +6 \Rightarrow T$	$x_{23} = +\frac{1}{5}\sqrt{5};$
y = Achse, da	$f''(x_{12}) = 0$	$x_{24} = -\frac{1}{5}\sqrt{5}$
nur gerade	$f''(x_{13}) = 0$	$W_1\,(+1\,|\,1)\,S;$
Potenzen von x^2.	$T\,(0\,|\,0)$	$W_2\,(-1\,|\,1)\,S$
		$W_3\left(\frac{1}{5}\sqrt{5}\,\middle|\,\frac{61}{125}\right)$
		$W_4\left(\frac{1}{5}-\sqrt{5}\,\middle|\,+\frac{61}{125}\right)$

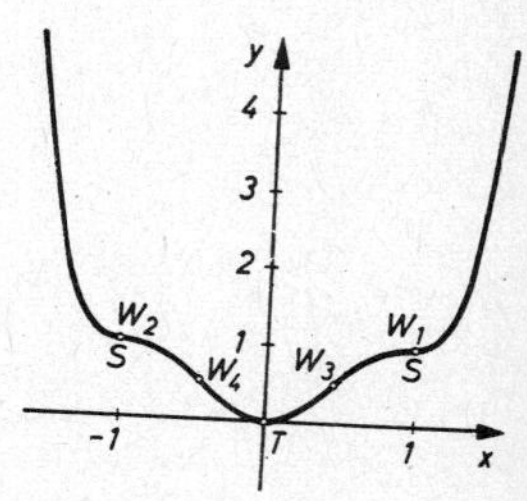

10.2 Gebrochene rationale Funktionen

13. Eine gebrochene rationale Funktion der Form $y = \dfrac{a\,x^4 + b\,x^2 + c}{x^2}$ hat die Nullstelle $N_1\,(1\,|\,0)$ mit der Steigung $m_1 = +8$. Sie geht durch den Punkt $P\,(2\,|\,5{,}25)$.
Solche Aufgaben werden genau so gelöst wie jene im vorangegangenen Abschnitt.

$$y = \frac{a\,x^4 + b\,x^2 + c}{x^2} = \frac{u}{v} \qquad u' = 4\,a\,x^3 + 2\,b\,x \qquad v' = 2\,x$$

$$y' = \frac{4\,a\,x^5 + 2\,b\,x^3 - 2\,a\,x^5 - 2\,b\,x^3 - 2\,c\,x}{x^4} = \frac{2\,a\,x^5 - 2\,c\,x}{x^4} = 2\,\frac{a\,x^4 - c}{x^3}$$

I. Punkt $\left(2\,\middle|\,\frac{21}{4}\right)$ ist Kurvenpunkt: $\dfrac{21}{4} = \dfrac{16\,a + 4\,b + c}{4} \Rightarrow 21 = 16\,a + 4\,b + c$

II. $(1\,|\,0)$ ist Kurvenpunkt: $0 = \dfrac{a + b + c}{1} \Rightarrow 0 = a + b + c$

III. Bei $x = 1$ Steigung $m_1 = 8$: $8 = 2\,\dfrac{a - c}{1} \Rightarrow 4 = a - c$

$$a = +1; \qquad b = 2; \qquad c = -3$$

$y = \dfrac{x^4 + 2\,x^2 - 3}{x^2}$

$y = 0 : x_{01} = +1;$

$x_{02} = -1$

$N_1\,(1\,|\,0)$

$N_2\,(-1\,|\,0)$

$y' = 2\,\dfrac{x^4 + 3}{x^3}$

$y' = 0$:

keine rellen Werte für x^2

$y'' = 2\,\dfrac{x^4 - 9}{x^4}$

$y'' = 0 : x_{21} = +\sqrt{3};$

$x_{22} = -\sqrt{3}$

$W_1\left(+\sqrt{3}\,\middle|\,4; \frac{4}{3}\sqrt{3}\right)$

$W_2\left(-\sqrt{3}\,\middle|\,4; -\frac{4}{3}\sqrt{3}\right)$

As.: $x = 0$; Symmetrie z. y-Achse

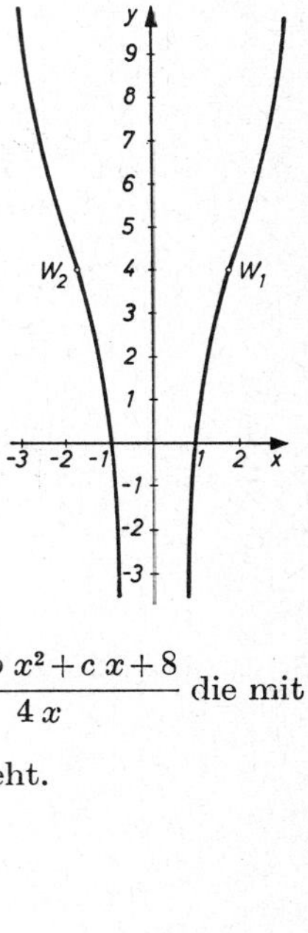

14. Ermittle die gebrochene rationale Funktion der Form $y = \dfrac{a\,x^3 + b\,x^2 + c\,x + 8}{4\,x}$ die mit $m = -\dfrac{3}{2}$ bei $N_1\,(-2\,|\,0)$ die x-Achse schneidet und durch $A\,(2\,|\,2)$ geht.

$$y = \frac{a\,x^3 + b\,x^2 + c\,x + 8}{4\,x} \qquad y' = \frac{2\,a\,x^3 + b\,x^2 - 8}{4\,x^2}$$

I. $A\,(2\,|\,2)$ Kurvenpunkt: $2 = \dfrac{8\,a + 4\,b + 2\,c + 8}{8} \Rightarrow 4 = 4\,a + 2\,b + c$

II. $N_1\,(-2\,|\,0)$ Kurvenpunkt: $0 = \dfrac{-8\,a + 4\,b - 2\,c + 8}{-8} \Rightarrow -4 = -4\,a + 2\,b - c$

III. Bei $x = -2$ ist $m = -\dfrac{3}{2}$: $-\dfrac{3}{2} = \dfrac{-16\,a + 4\,b - 8}{16} \Rightarrow -16 = -16\,a + 4\,b$

$$a = 1; \qquad b = 0; \qquad c = 0$$

$$y = \frac{x^3+8}{4x}$$
$$y = 0 : x_{01} = -2$$
$$N_1\left(-2\,|\,0;\ \frac{3}{2}\right) W$$

$$y' = \frac{x^3-4}{2x^2}$$
$$y' = 0 : x_{11} = \sqrt[3]{4}$$
$$f''(x_{11}) = +\frac{3}{2} \Rightarrow T$$
$$T\left(\sqrt[3]{4}\,\middle|\, +\frac{3}{2}\sqrt[3]{2}\right)$$

$$y'' = \frac{x^3+8}{2x^3}$$
$$y'' = 0 : x_{21} = -2$$
$$W\left(-2\,|\,0;\ -\frac{3}{2}\right)$$

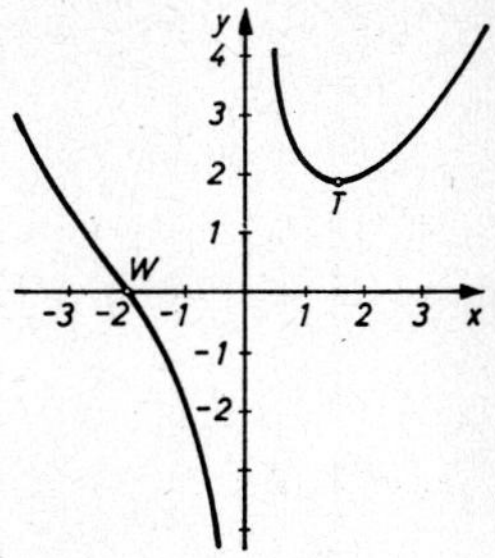

$$As.: x = 0;\ \text{Näherungskurve}: y = \frac{x^2}{4}$$

15. Welche Funktion der Form $y = \dfrac{a x^3 + b x^2 + c x + 1}{2 x^2}$ geht durch $A\,(1\,|\,1)$ und hat in $N_1\,(-1\,|\,0)$ eine Nullstelle mit $m_1 = +\dfrac{3}{2}$?

$$y = \frac{a x^3 + b x^2 + c x + 1}{2 x^2} = \frac{u}{v} \qquad u' = 3 a x^2 + 2 b x + c \qquad v' = 4 x$$

$$y' = \frac{2 x^2 (3 a x^2 + 2 b x + c) - (a x^3 + b x^2 + c x + 1) \cdot 4 x}{4 x^4} = \frac{a x^3 - c x - 2}{2 x^3}$$

I. $A\,(1\,|\,1)$ ist Kurvenpunkt: $\quad 1 = \dfrac{a+b+c+1}{2} \Rightarrow 1 = a+b+c$

II. $N_1\,(-1\,|\,0)$ ist Kurvenpunkt: $\quad 0 = \dfrac{-a+b-c+1}{2} \Rightarrow -1 = -a+b-c$

III. Bei $x = -1$ ist $m = +\dfrac{3}{2}$ $\quad +\dfrac{3}{2} = \dfrac{-a+c-2}{-2} \Rightarrow -1 = -a+c$

$$a = 1; \qquad b = 0; \qquad c = 0;$$

$$y = \frac{x^3+1}{2x^2}$$
$$y = 0 : x_{01} = -1$$
$$N_1(-1\,|\,0)$$

$$y' = \frac{x^3-2}{2x^3}$$
$$y' = 0 : x_{11} = +\sqrt[3]{2}$$
$$f''(x_{11}) = \frac{3}{4}\cdot\sqrt[3]{4} \Rightarrow T$$
$$T\left(\sqrt[3]{2}\,\middle|\,\frac{3}{4}\cdot\sqrt[3]{2}\right)$$

$$y'' = \frac{3}{x^4}$$
$y'' = 0$:
kein Wendepunkt

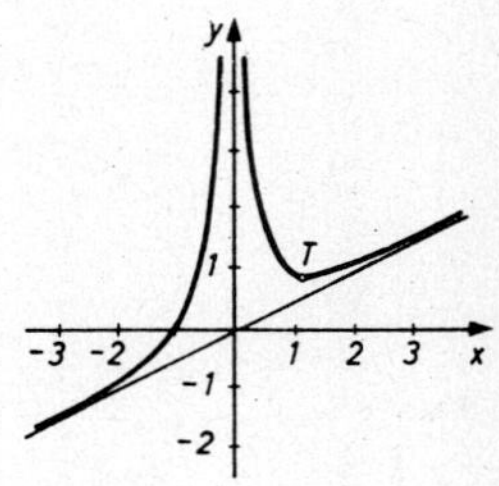

$$As.:\ y = \frac{1}{2}x^2; \qquad x = 0$$

16. Bestimme in der Funktion $y = \dfrac{a}{x^2+b}$ die Koeffizienten a u. b so, daß die Tangente in $P\,(2\,|\,2)$ die Steigung $m = -1$ hat.

$$y = \frac{a}{x^2+b} \qquad y' = \frac{-2 a x}{(x^2+b)^2}$$

I. P(2|2) ist Kurvenpunkt: $\quad 2 = \dfrac{a}{4+b} \quad \Rightarrow 8 = a - 2b \Rightarrow a = 8 + 2b$

II. Bei $x = 2$ ist $m = -1$: $\quad -1 = \dfrac{-4a}{16+8b+b^2} \Rightarrow -16 = -4a+8b+b^2$

$-16 = -32-8b+8b+b^2 \quad b^2 = 16 \quad b_{1/2} = \pm 4 \quad b_1 = +4 \Rightarrow a_1 = 16$

$b_2 = -4 \Rightarrow a_2 = 0$

$y = \dfrac{16}{x^2+4}$

$y = 0$

keine Nullstelle

$y' = \dfrac{-32x}{(x^2+4)^2}$

$y' = 0: x_{11} = 0$

$f''(x_{11}) = -2 \Rightarrow H$

$H(0|4)$

$W_{tg}: y = \mp \dfrac{3}{4}\sqrt{3}\,x + \dfrac{9}{2}$

$y'' = \dfrac{32(3x^2-4)}{(x^2+4)^3}$

$y'' = 0: x_{21} = \dfrac{2}{3}\sqrt{3}$;

$x_{22} = -\dfrac{2}{3}\sqrt{3}$

$W_1\left(\dfrac{2}{3}\sqrt{3}\,|\,3; -\dfrac{3}{4}\sqrt{3}\right)$

$W_2\left(-\dfrac{2}{3}\sqrt{3}\,|\,3; -\dfrac{3}{4}\sqrt{3}\right)$

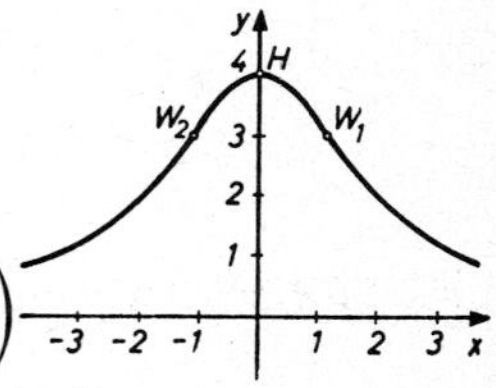

17. Die Funktion mit der Gleichung $y = \dfrac{ax^2+bx-3}{x^2}$ schneidet die x-Achse in $N_1(1|0)$ mit der Steigung $m_1 = 4$.

$$y = \frac{ax^2+bx-3}{x^2} = \frac{u}{v}; \quad u' = 2ax+b; \quad v' = 2x$$

$$y' = \frac{x^2\cdot(2ax+b)-(ax^2+bx-3)\cdot 2x}{x^4} = \frac{-bx+6}{x^3}$$

I. $N_1(1|0)$ ist Kurvenpunkt: $\quad 0 = \dfrac{a+b-3}{1} \Rightarrow 0 = a+b-3$

II. Bei $x = 1$, Steigung $m_1 = 4$: $\quad 4 = \dfrac{-b+6}{1} \Rightarrow 4 = -b+6 \Rightarrow b = 2 \quad b = 2,\ a = 1$

$y = \dfrac{x^2+2x-3}{x^2}$

$y = 0: x_{01} = 1$;

$x_{02} = -3$

$N_1(1|0;\ 4)$

$N_1\left(-3|0;\ -\dfrac{4}{9}\right)$

$y' = \dfrac{-2x+6}{x^3}$

$y' = 0: x_{11} = 3$

$f''(x_{11}) = -\dfrac{2}{27} \Rightarrow H$

$H\left(3\,\middle|\,\dfrac{4}{3}\right)$

$As.: x = 0;\ y = 1$

$y'' = \dfrac{4x-18}{x^4}$

$y'' = 0: x_{21} = \dfrac{9}{2}$

$W\left(\dfrac{9}{2}\,\middle|\,\dfrac{35}{27};\ -\dfrac{8}{243}\right)$

$W_{tg}: y = -\dfrac{8}{243}x + \dfrac{13}{9}$

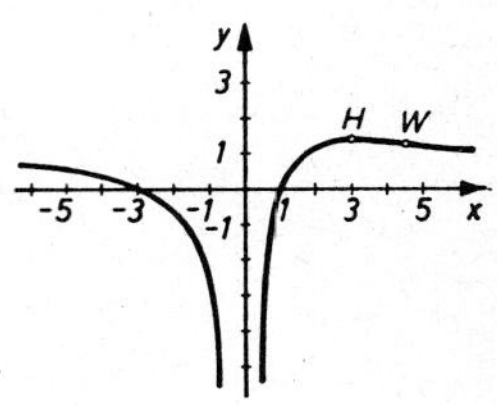

18. Der Graph einer gebrochenen rationalen Funktion der Form $y = \dfrac{ax^2+bx+c}{dx+e}$ geht durch die Punkte $A(2\,|\,5)$, $B(6\,|\,7)$, $C(-6\,|\,-11)$ $D(-1\,|\,14)$ und schneidet die y-Achse in $(0\,|\,7)$. a, b, c, d, e sollen möglichst kleine natürliche Zahlen sein. $a, b, c, d, e \in N$

$$y = \frac{ax^2+bx+c}{dx+e} = \frac{u}{v} \qquad u' = 2ax+b; \qquad v' = d$$

$$y' = \frac{adx^2+2aex+be-cd}{(dx+e)^2}$$

I. $A(2|5)$ ist Kurvenpunkt: $5 = \frac{4a+2b+c}{2d+e} \Rightarrow 4a+2b+c-10d-5e = 0$

II. $B(6|7)$ ist Kurvenpunkt: $7 = \frac{36a+6b+c}{6d+e} \Rightarrow 36a+6b+c-42d-7e = 0$

III. $C(-6|-11)$ ist Kurvenpunkt: $-11 = \frac{36a-6b+c}{-6d+e} \Rightarrow 36a-6b+c-66d+11e = 0$

IV. $D(-1|14)$ ist Kurvenpunkt: $14 = \frac{a-b+c}{-d+e} \Rightarrow a-b+c+14d-14e = 0$

V. Bei $(0|7)$ Schnittpunkt y-Achse: $7 = \frac{c}{e} \Rightarrow c = 7e$

Über $a = b = d$ und $c = 14a$, $e = 2a$ führt die Rechnung zur Gleichung $y = \frac{ax^2+ax+14a}{ax+2a}$. Die Bedingung $a \in N$ führt zu $y = \frac{x^2+x+14}{x+2}$.

$y = \frac{x^2+x+14}{x+2}$
$y = 0$: keine reelle Nullstelle
As.: $y = x-1$; $x = -2$

$y' = \frac{x^2+4x-12}{(x+2)^2}$
$y' = 0: x_{11} = -6$, $x_{12} = 2$
$f''(x_{11}) = -\frac{1}{2} \Rightarrow H$
$f''(x_{12}) = +\frac{1}{2} \Rightarrow T$
$H(-6|-11)$
$T(2|5)$

$y'' = \frac{32}{(x+2)^3}$
$y'' = 0$:
kein Wendepunkt

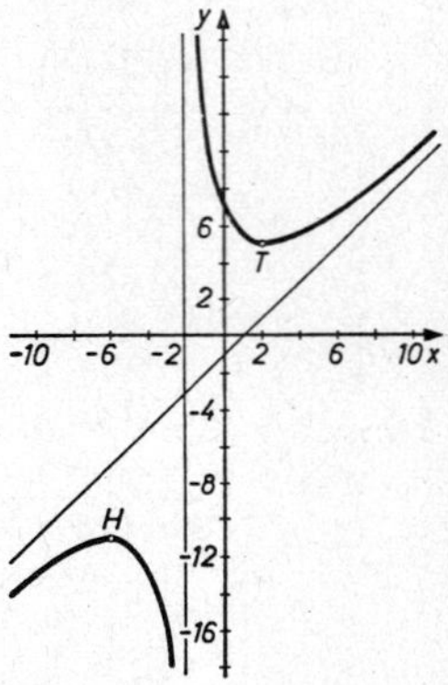

10.3 Sonstige Funktionen und Relationen

19. Der Graph der Relation $y^2 = ax^3+bx^2+cx$ hat bei $(4|0)$ eine Nullstelle, geht durch A $(1|\pm 3)$ und hat eine Extremstelle bei $x = +\frac{4}{3}$. Die Gleichung dieser Relation ist zu bestimmen.

$y^2 = ax^3+bx^2+cx$ I. Punkt $(1|+3)$ ist Kurvenpunkt: $9 = a+b+c$

$2yy' = 3ax^2+2bx+c$ II. $(4|0)$ ist Kurvenpunkt: $0 = 64a+16b+4c$

III. Extremstelle bei $x = \frac{4}{3}$: $0 = \frac{16}{3}a+\frac{8}{3}b+c$

$$a = 1; \quad b = -8; \quad c = 16$$

$y^2 = x^3-8x^2+16x$ Diese Relation läßt sich in die beiden Funktionen

$y = (x-4)\sqrt{x}$ und $y = -(x-4)\sqrt{x}$ zerlegen.

$D = \{x | 0 \leqq x < +\infty\}$ $W = \{y | 0 \leqq |y| < \infty\}$

$y = +(x-4)\sqrt{x}$

$y = 0: x_{01} = 0;$

$x_{02} = +4$

$N_1(0|0;\ \infty)$

$N_2(4|0;\ \pm 2)$

Tg. in N_2

$y = \pm 2x \mp 8$

$y' = \dfrac{3x-4}{2\sqrt{x}}$

$y' = 0: x_{11} = \dfrac{4}{3}$

$f''(x_{11}) = \pm\dfrac{3}{4}\sqrt{3}$

$\Rightarrow H \wedge T$

$H\left(\dfrac{4}{3}\middle| +\dfrac{16}{9}\sqrt{3}\right)$

$T\left(\dfrac{4}{3}\middle| -\dfrac{16}{9}\sqrt{3}\right)$

$y'' = \dfrac{21x+4}{16x\cdot\sqrt{x}}$

$y'' = 0: x_{21} = -\dfrac{4}{21}$

$x_{21} \notin D$

kein Wendepunkt

Knoten

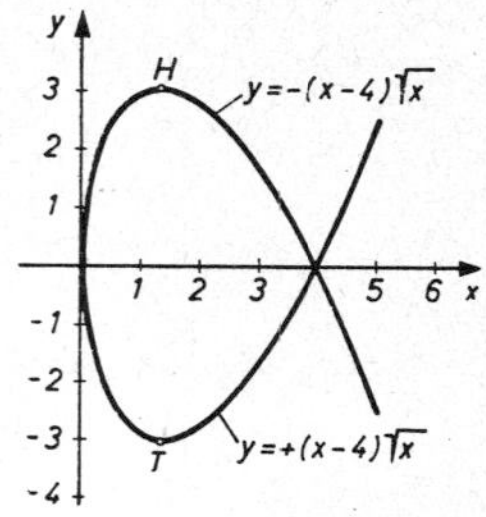

20. Bei $x = \pm 5$ schneidet der Graph der Relation $y^2 = ax^4 + bx^3 + cx^2 + dx$ die x-Achse und geht außerdem durch die Punkte $A(3\,|\,3)$ und $B(4\,|\,3)$. Bestimme die Gleichung.

$y^2 = ax^4 + bx^3 + cx^2 + dx$ I. Nullstelle bei $x = +5$: $0 = 625a + 125b + 25c + 5d$

II. Nullstelle bei $x = -5$: $0 = 625a - 125b + 25c - 5d$

III. Punkt $(3|3)$ ist Kurvenpunkt: $9 = 81a + 27b + 9c + 3d$

IV. Punkt $(4|3)$ ist Kurvenpunkt: $9 = 256a + 64b + 16c + 4d$

$$a = -\frac{1}{16}; \quad b = 0; \quad c = \frac{25}{16}; \quad d = 0$$

$$y^2 = -\frac{1}{16}x^4 + \frac{25}{16}x^2 \quad \text{oder} \quad 16y^2 = 25x^2 - x^4.$$

Zerlegbar in die Funktionen:

$$y = +\frac{1}{4}x\sqrt{25-x^2} \quad \text{und} \quad y = -\frac{1}{4}x\sqrt{25-x^2}$$

$$D = \{x \mid -5 \leq x \leq +5\} \qquad W = \left\{y \mid 0 \leqq |y| \leqq \frac{25}{8}\right\}$$

$y = +\dfrac{1}{4}x\sqrt{25-x^2}$

$y = 0: x_{01} = 0;$

$x_{02} = -5; \quad x_{03} = +5$

$N_1\left(0|0;\ \pm\dfrac{5}{4}\right)$

W; Kn.

$N_2(-5|0;\ \infty)$

$N_3(+5|0;\ \infty)$

Tangenten in

$N_1: y = \pm\dfrac{5}{4}x^2$

$y' = \dfrac{(25-2x^2)}{4\sqrt{25-x^2}}$

$y' = 0: x_{11} = +\dfrac{5}{2}\sqrt{2};$

$x_{12} = -\dfrac{5}{2}\sqrt{2}$

$f''(x_{11}) = -1 \Rightarrow H$

$f''(x_{12}) = +1 \Rightarrow T$

$H_1\left(+\dfrac{5}{2}\sqrt{2}\middle| +\dfrac{25}{8}\right)$

$T_1\left(-\dfrac{5}{2}\sqrt{2}\middle| -\dfrac{25}{8}\right)$

bzw.

$H_2\left(-\dfrac{5}{2}\sqrt{2}\middle| +\dfrac{25}{8}\right)$

$T_2\left(+\dfrac{5}{2}\sqrt{2}\middle| -\dfrac{25}{8}\right)$

$y'' = \dfrac{x(2x^2-75)}{4\sqrt{25-x^2})^3}$

$y'' = 0: x_{21} = 0;$

$x_{22} = +\dfrac{5}{2}\sqrt{6} \approx +6{,}12$

$x_{23} = -\dfrac{5}{2}\sqrt{6} \approx -6{,}12$

$x_{22}, x_{23} \notin D$

$W\left(0|0;\ \pm\dfrac{5}{4}\right)$

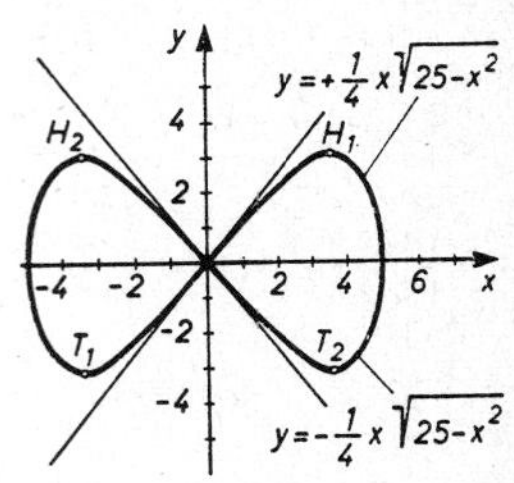

21. Bestimme in der Funktionsgleichung $y = a \cdot \sin x + b \cdot \cos x + c$ a, b, und c so, daß die Kurve in $N_1\left(\frac{\pi}{2}\middle|0\right)$ mit $m = -3$ die x-Achse schneidet und beim Schnitt der y-Achse die Steigung $m = 2$ hat.

$y = a \cdot \sin x + \mathrm{b} \cdot \cos x + c$ I. $N\left(\frac{\pi}{2}\middle|0\right)$ ist Kurvenpunkt: $0 = a + 0 + c$

$y' = a \cdot \cos x - b \cdot \sin x$ II. Bei $x = \frac{\pi}{2}$ ist $m = -3$: $-3 = 0 - b$

$y'' = -\mathrm{a} \cdot \sin x - \mathrm{b} \cdot \cos x$ III. Bei $x = 0$ ist $m = 2$: $2 = a$

$a = 2;$ $b = 3;$ $c = -2$

$y = 2 \cdot \sin x + 3 \cos x - 2$

$y = 0 : x_{01} = \frac{\pi}{2};$

$x_{02} = 5{,}8884 = 337°23'$

$\left[\sin x_{01} = 1;\right.$

$\left.\sin x_{02} = -\frac{5}{13}\right]$

Schnittpt. y-Achse

$(0|1;\ 2)$

$N_1\left(\frac{\pi}{2}\middle|0;\ -3\right)$

$N_2\,(5{,}888\,|\,0)$

$y' = 2 \cdot \cos x - 3 \cdot \sin x$

$y' = 0 : x_{11} = \frac{\pi}{2};$

$x_{12} = 0{,}588 = 33{,}7°$

$\left[\tan x = \frac{2}{3}\right]$

$x_{13} = 3{,}729 = 213{,}7°$

$H\,(0{,}588\,|\,1{,}61)$

$T\,(3{,}729\,|\,-5{,}61)$

$y'' = -2 \sin x - 3 \cos x$

$y'' = 0 : x_{21} = 5{,}3$

$= 303{,}7°;$

$x_{22} = 2{,}159 = 123{,}7°$

$W_1\,(5{,}3\,|\,-2)$

$W_2\,(2{,}159\,|\,-2)$

Periode 2π

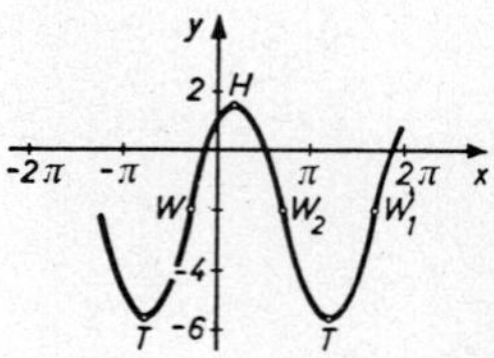

22. Bestimme in der Funktion $y = (a\,x^2 + b\,x + c) \cdot e^x$ a, b und c so, daß die Kurve den Nullpunkt mit $m = 2$ schneidet und eine weitere Nullstelle bei $x = +2$ liegt.

$$y = (a\,x^2 + b\,x + c)\,e^x$$
$$y' = (a\,x^2 + 2\,a\,x + b\,x + b + c)\,e^x$$

I. $(0|0)$ ist Kurvenpunkt: $0 = (0 + 0 + c) \cdot 1$ $c = 0$

II. In $x = 0$ Steigung $m = 2$: $2 = (0 + 0 + 0 + b + c) \cdot 1$ $b = 2$

III. $(2|0)$ ist Kurvenpunkt: $0 = (4\,a + 2\,b + c)\,e^2$ $a = -\frac{b}{2};$ $a = -1$

$y = (-x^2 + 2\,x) \cdot e^x$

$y = x\,(2 - x) \cdot e^x$

$y = 0 : x_{01} = 0;$

$x_{02} = 2$

$N_1\,(0\,|\,0;\ 2)$

$N_2\,(2\,|\,0;\ -14{,}76)$

$y = x\,(2 - x) \cdot e^x$

$y' = (2 - x^2) \cdot e^x$

$y' = 0 : x_{11} = +\sqrt{2};$

$x_{12} = -\sqrt{2}$

$f''(x_{11}) = -2\sqrt{2} \cdot e^{+\sqrt{2}}$

$\Rightarrow H$

$f''(x_{12}) = +2\sqrt{2} \cdot e^{-\sqrt{2}}$

$\Rightarrow T$

$H\,(\sqrt{2}\,|\,3{,}41)$

$T\,(-\sqrt{2}\,|\,-1{,}17)$

$y'' = (2 - 2\,x - x^2)\,e^x$

$y'' = 0 : x_{21} = 0{,}732$

$x_{22} = -2{,}732$

$W_1\,(0{,}732\,|\,1{,}93;\ 3{,}04)$

$W_2\,(-2{,}732\,|\,-0{,}84;$

$-0{,}35)$

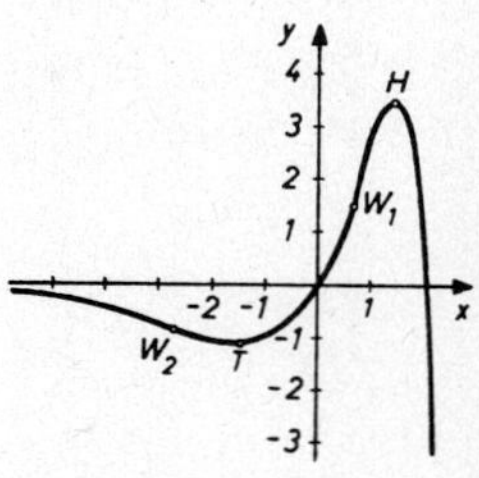

11. EXTREMWERTAUFGABEN MIT NEBENBEDINGUNGEN

Die Differentialrechnung gibt die Möglichkeit, auf rein rechnerischem Wege – analytisch – festzustellen, wo eine Funktion größte und kleinste Werte, Maxima und Minima, Hoch- und Tiefpunkte hat. Untersucht wurden solche Funktionen, die *nur eine* unabhängig Veränderliche x und *nur eine* abhängig Veränderliche y besitzen. Die Funktion wurde im zweiachsigen Koordinatensystem so abgebildet, daß auf der waagerechte Achse die Werte der unabhängig Veränderlichen x und auf der senkrechten Achse die Werte der abhängig Veränderlichen y abgetragen wurden. Um eine Funktion mit zwei unabhängig Veränderlichen abzubilden, benötigt man ein dreiachsiges Koordinatensystem usw. In unserem Koordinatensystem können wir nur Funktionen abbilden, die *eine* unabhängig Veränderliche und *eine* abhängig Veränderliche besitzen.

Abhängigkeit, funktionale Beziehungen gibt es überall im täglichen Leben, in Wirtschaft. Technik, Chemie, Physik, Biologie usw. Alle dort auftauchenden Funktionen kann man nach den bekannten Verfahren untersuchen, wenn es gelingt, sie in eine Funktion mit nur einer unabhängig Veränderlichen umzuwandeln. Dazu muß man zusätzliche, einengende, vorgegebene Bedingungen, die *Nebenbedingungen* benutzen.

Beispiele

1. Die Fläche A eines Rechtecks soll einen größten Wert haben. Sie ist abhängig von den beiden Seiten des Rechtecks a und b: $A = a \cdot b$. A ist also eine Funktion sowohl von a als auch von b. Das ist die *Hauptbedingung*. In dieser Form können wir diese Funktion nicht untersuchen. Wir müssen eine *Nebenbedingung* finden, mit deren Hilfe b durch a und eine neue aber feste Größe ersetzt werden kann. Z. B.: Der Umfang des Rechtecks soll 20 cm sein.

   Die Nebenbedingung lautet: $U = 20 = 2a + 2b \Rightarrow b = 10 - a$

   Die Funktionsgleichung $A = a \cdot b$ läßt sich umformen in

   $$A = a \cdot (10 - a)$$

   Damit ist die Fläche nur noch abhängig von a, nur noch eine Funktion von a und der Extremwert auf bekanntem Wege festzustellen.

   $$A = 10a - a^2 \qquad A' = 10 - 2a \qquad A' = 0 \Rightarrow a = 5;\ b = 5;\ A = 25.$$

   Das Rechteck ist also ein Quadrat, die Seiten sind 5 cm, die Fläche ist 25 cm².

2. Eine Strecke a ist so in zwei Teile zu teilen, daß die Summe aus den Quadraten der Teilstrecken am kleinsten wird.

   Lösung:

   Hauptbedingung H:

   Die Abschnitte seien x u. z

   $$y = x^2 + z^2$$

   Nebenbedingung N:

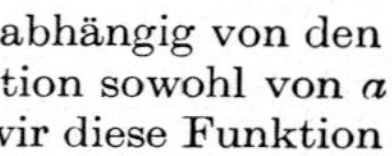

   $$x + z = a$$
   $$z = a - x$$

   $$y = f(x) = x^2 + (a - x)^2$$
   $$= x^2 + a^2 - 2ax + x^2$$
   $$= 2x^2 - 2ax + a^2$$

   $$y' = f'(x) = 4x - 2a = 0 \quad \text{für} \quad x = \frac{a}{2}$$

   $$f''(x) = 4 > 0 \quad \text{also Min}$$

   d. h. die Strecke ist zu halbieren.

3. Zerlege die Zahl 22 in zwei Summanden, daß die Summe ihrer Quadrate möglichst klein wird.

Lösung:

Die beiden Summanden seien x u. z

H.: $y = x^2+z^2$

N.: $22 = x+z$

$z = 22-x$

$y = f(x) = x^2+(22-x)^2$

$= x^2+484-44x+x^2$

$= 2x^2-44x+484$

$f'(x) = 4x-44 = 0$ für $x = 11$

$f''(x) = 4 > 0$ also Min

d. h. die Zahl ist zu halbieren.

4. Die Zahl 60 soll so in zwei Summanden zerlegt werden, daß das Produkt der beiden Summanden ein Max wird.

Lösung:

Die beiden Summenden seien x u. z

H: $y = x \cdot z$

$y = x \cdot (60-x)$

$= 60x-x^2$

N: $x+z = 60 \Rightarrow z = 60-x$

$f'(x) = 60-2x = 0$ für $x = 30$

$f''(x) = -2 < 0$ also Max für $x = 30$

5. Eine Strecke a ist so in zwei Teile zu teilen, daß die Summe aus dem Quadrat der ersten und dem doppelten Quadrat der zweiten Teilstrecke am kleinsten wird.

Lösung:

Die beiden Teille sind x u. z

H: $y = x^2+2z^2$

$y = f(x) = x^2+2(a-x)^2$

$= x^2+2a^2-4ax+2x^2$

$= 3x^2-4ax+2a^2$

N: $x+z = a \Rightarrow z = a-x$

$f'(x) = 6x-4a = 0$ für $x = \frac{2}{3}a$

$f''(x) = 6 > 0$ also Min

d. h. der erste Teil der Strecke $= \frac{2}{3}a$

der zweite Teil der Strecke $= \frac{a}{3}$

6. Eine Strecke a ist so in zwei Teile zu teilen, daß das Rechteck aus den Teilstrecken den größten Inhalt hat.

Lösung:

Die beiden Teile sind x u. z

H: $A = x \cdot z$

$A = f(x) = (a-x)x$

$f(x) = ax-x^2$

N: $x+z = a \Rightarrow z = a-x$

$f'(x) = a-2x = 0$ für $x = \frac{a}{2}$

$f''(x) = -2 < 0$ also Max

d. h. die Strecke ist zu halbieren.

11.1 Beispiele aus der Planimetrie

7. Welches Rechteck mit dem Umfang u hat

a) den größten Inhalt?
b) die kleinste Diagonale?

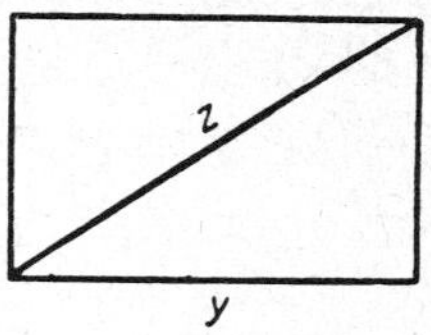

Lösung:

N: $2x + 2y = u \Rightarrow$

$$y = \frac{u}{2} - x$$

H: a) $A = x \cdot y = x\left(\frac{u}{2} - x\right)$

$$f(x) = \frac{ux}{2} - x^2$$

$$f'(x) = \frac{u}{2} - 2x = 0 \quad \text{für } x = \frac{u}{4}$$

$$f''(x) = -2 < 0 \quad \text{also Max}$$

Das Quadrat über $\frac{u}{4}$ hat den größten Inhalt.

H: b) $z^2 = x^2 + y^2$

$$= x^2 + \left(\frac{u}{2} - x\right)^2$$

$$= x^2 + \frac{u^2}{4} - ux + x^2$$

$$f(x) = 2x^2 - ux + \frac{u^2}{4}$$

$$f'(x) = 4x - u = 0 \quad \text{für } x = \frac{u}{4}$$

$$f''(x) = 4 > 0 \quad \text{also Min}$$

Das Quadrat über $\frac{u}{4}$ hat die kleinste Diagonale.

8. Welche größte rechteckige Fläche kann man mit einem 100 m langen Drahtgeflecht umzäunen, wenn diese Fläche

a) an der einen Längsseite durch ein Gebäude begrenzt wird?

b) frei liegt?

Wie groß sind in beiden Fällen die Seiten?

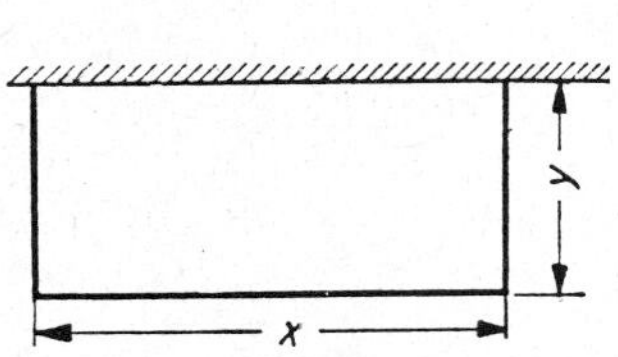

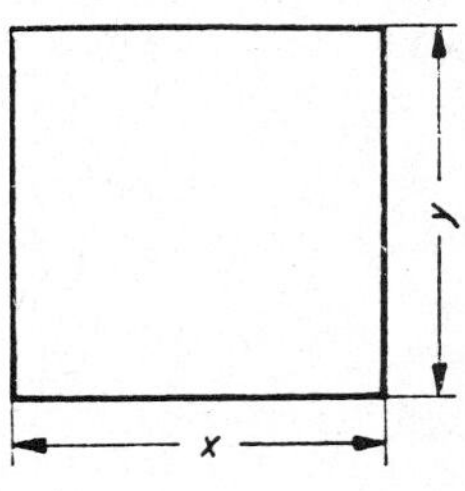

Lösung:

N: Zu a) $x + 2y = 100; \quad x = 100 - 2y$

H: $A = x \cdot y = (100 - 2y)\,y$

$$= 100y - 2y^2$$

$$f(y) = 100y - 2y^2$$

$$f'(y) = 100 - 4y = 0$$

für $y = 25$

Dann ist also

$x = 50$ m und

$y = 25$ m und

$A = 1250\ \text{m}^2$

N: zu b) $2x + 2y = 100; \quad y = 50 - x$

H: $A = x \cdot y = x \cdot (50 - x)$

$$= 50x - x^2$$

$$f(x) = 50x - x^2$$

$$f'(x) = 50 - 2x = 0$$

für $x = 25$

Dann ist

$y = 25$ m

$x = 25$ m und

$A = 625\ \text{m}^2$

9. Die beiden Katheten eines rechtwinkligen Dreiecks sind zusammen a cm. Wie sind die Katheten zu wählen, damit die Hypotenuse möglichst klein wird?

Lösung:

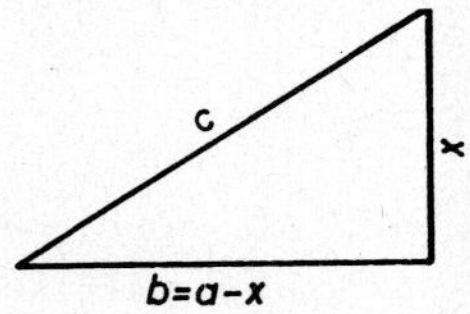

H: $c^2 = x^2 + a^2$

N: $b + x = a$

$$b = a - x$$

$$c^2 = x^2 + (a-x)^2$$

$$= x^2 + a^2 - 2\,a\,x + x^2$$

$$= 2\,x^2 - 2\,a\,x + a^2$$

$$f(x) = 2\,x^2 - 2\,a\,x + a^2$$

$$f'(x) = 4\,x - 2\,a = 0 \quad \text{für} \quad x = \frac{a}{2}$$

$f''(x) = 4 > 0$ also Min für $x = \frac{a}{2}$

Das Dreieck ist gleichschenklig.

10. Einem Quadrat mit der Seite a ist ein gleichschenkliges Dreieck so einbeschrieben, daß seine Spitze in einer Ecke des Quadrates liegt. Wie lang sind seine Seiten zu wählen, damit der Inhalt ein Max wird?

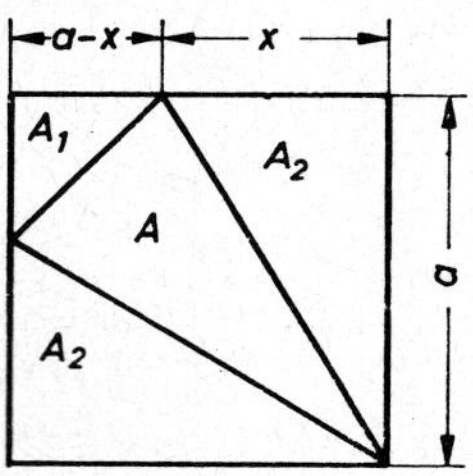

Lösung

N: $A = A_{\square} - A_1 - 2\,A_2$

H: $A = a^2 - \frac{(a-x)^2}{2} - \frac{2\,a\,x}{2}$

$$= \frac{a^2 - x^2}{2}$$

$$2\,A = a^2 - x^2$$

$$f(x) = a^2 - x^2$$

$$f'(x) = -2\,x = 0$$

für $x = 0$

$f''(x) = -2 < 0$ also Max

Dann wird die
erste Seite $= a$
zweite Seite $= a$
dritte Seite $= a\sqrt{2}$
(Diagonale)

11. In ein Quadrat mit der Seite a soll ein Rechteck diagonal mit möglichst großem Inhalt eingezeichnet werden. Wie lang sind die Seiten des Rechtecks zu wählen?

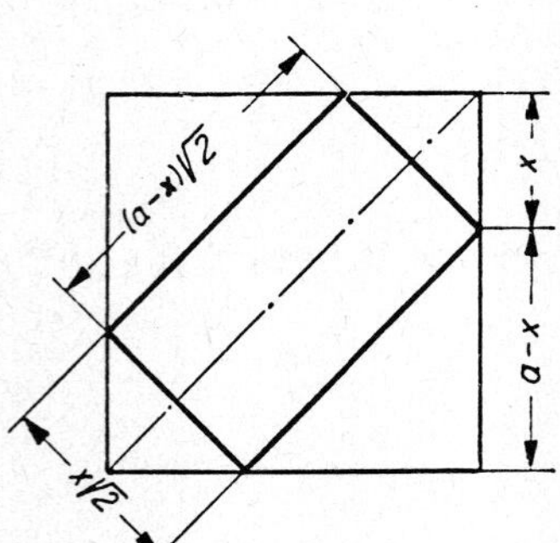

Lösung:

N: Die Rechteckseiten sind

$$x\sqrt{2} \quad \text{und} \quad (a-x)\sqrt{2}$$

H: Dann wird $A = x\sqrt{2} \cdot (a-x)\sqrt{2}$

$$= 2\,a\,x - 2\,x^2 = 2\,(a\,x - x^2)$$

$$f(x) = a\,x - x^2$$

$$f'(x) = a - 2\,x = 0 \quad \text{für} \quad x = \frac{a}{2}$$

$$f''(x) = -2 < 0 \quad \text{also Max}$$

Wird $x = \frac{a}{2}$, so wird die kleine Rechteckseite $\frac{a}{2}\sqrt{2}$ und die große Rechteckseite ebenfalls $\frac{a}{2}\sqrt{2}$ d. h. das Rechteck ist ein Quadrat mit der Fläche: $A = \frac{a^2}{2}$

12. Welches gleichschenklige Dreieck mit gegebenem Schenkel $s = 10$ cm hat die größte Fläche?

Lösung:

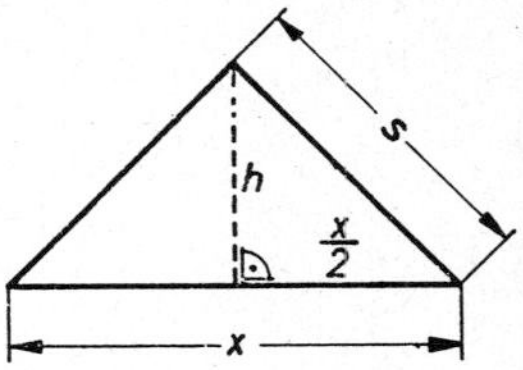

N: $h^2 = s^2 - \frac{x^2}{4}$

H: $A = \frac{x}{2} \cdot h = \frac{x}{2}\sqrt{s^2 - \frac{x^2}{4}} = \frac{x}{4}\sqrt{4\,s^2 - x^2}$

$$A^2 = \frac{x^2}{16}(4\,s^2 - x^2) = \frac{1}{16}(4\,s^2\,x^2 - x^4)$$

$$f(x) = 4\,s^2\,x^2 - x^4$$

$$f'(x) = 8\,s^2\,x - 4\,x^3$$

$$= 4\,x\,(2\,s^2 - x^2) = 0$$

für $x_1 = 0 \quad x_2 = s\sqrt{2}$

$$f''(x) = 8\,s^2 - 12\,x^2$$

$$f''_{(s\sqrt{2})} = 8\,s^2 - 12 \cdot 2\,s^2 = -16\,s^2$$

< 0 also Max

dann wird $x_1 = 0 \quad x_2 = 10\sqrt{2} = 14{,}142$ cm

$$h = \sqrt{s^2 - \frac{x^2}{4}} = \sqrt{s^2 - \frac{s^2}{2}}$$

$$= \frac{1}{2}\sqrt{2\,s^2}$$

$$= \frac{s}{2}\sqrt{2} = 5 \cdot 1{,}4142 = 7{,}0710$$

$h = \frac{x}{2} = \frac{s}{2}\sqrt{2}$ d. h. Das Dreieck ist rechtwinklig.

13. Eine Strecke a m soll zu einem gleichschenkligen Dreieck geformt werden, das den größten Inhalt hat. Welches sind die Abmessungen der Dreiecksseiten?

Lösung:

H: $A = \frac{x \cdot h}{2} = \frac{x}{2}\sqrt{\frac{(a-x)^2}{4} - \frac{x^2}{4}}$

$$= \frac{x}{2}\sqrt{\frac{a^2 - 2\,a\,x}{4}}$$

$$= \frac{1}{4}\sqrt{a^2\,x^2 - 2\,a\,x^3}$$

$$A^2 = \frac{1}{16}(a^2\,x^2 - 2\,a\,x^3)$$

N: $a = 2\,s + x$

$$s = \frac{a-x}{2}$$

$$h^2 = s^2 - \frac{x^2}{4}$$

$$h = \sqrt{\frac{(a-x)^2}{4} - \frac{x^2}{4}}$$

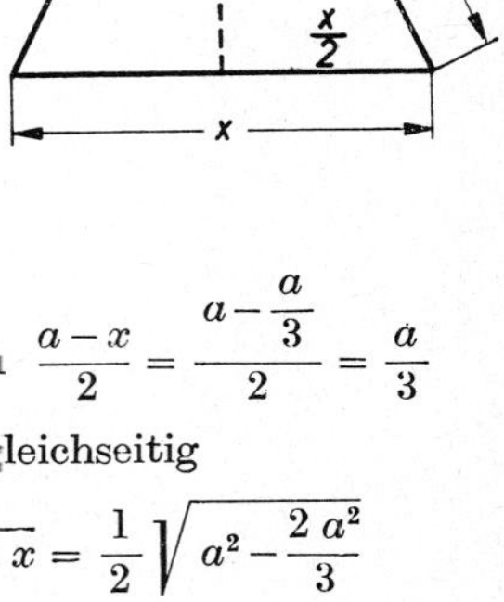

$$f(x) = a^2\,x^2 - 2\,a\,x^3$$

$$f'(x) = 2\,a^2\,x - 6\,a\,x^2$$

$$= 2\,a\,x\,(a - 3\,x)$$

$= 0$ für $x_1 = 0 \quad x_1 = \frac{a}{3}$

$$f''(x) = 2\,a^2 - 12\,a\,x;$$

$$f''_{\left(\frac{a}{3}\right)} = 2\,a^2 - 4\,a^2 = -2\,a^2$$

< 0 also Max

Der Schenkel ist dann $\frac{a-x}{2} = \frac{a - \frac{a}{3}}{2} = \frac{a}{3}$

Das Dreieck ist also gleichseitig

$$h = \frac{1}{2}\sqrt{a^2 - 2\,a\,x} = \frac{1}{2}\sqrt{a^2 - \frac{2\,a^2}{3}}$$

$$= \frac{1}{2}\sqrt{\frac{a^2}{3}} = \frac{a}{6}\sqrt{3}$$

14. Einem rechtwinkligen Dreieck mit den Katheten a und b wird ein Rechteck so einbeschrieben, daß eine seiner Ecken im Scheitel des rechten Winkels liegt. Wie groß sind seine Seiten zu wählen, damit sein Inhalt ein Max wird?

Lösung:

H: $A = x \cdot y$ N: $a : y = b : (b - x)$ (Strahlensatz)

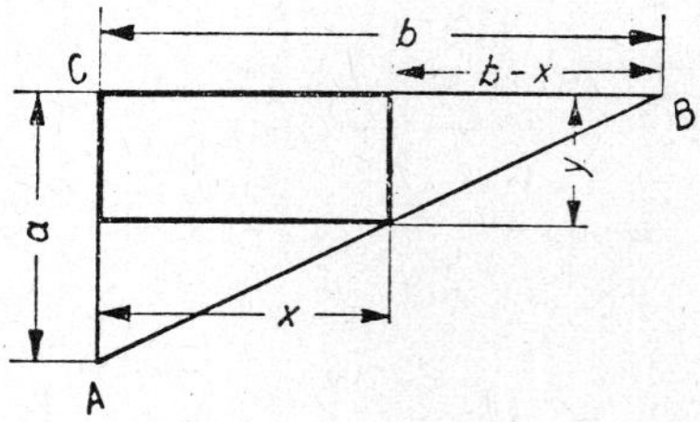

$$y = \frac{a}{b}(b - x)$$

$$A = \frac{x \cdot a}{b}(b - x) = \frac{a}{b}(b\,x - x^2)$$

$$f(x) = b\,x - x^2$$

$$f'(x) = b - 2\,x = 0 \quad \text{für} \quad x = \frac{b}{2}$$

$$f''(x) = -2 < 0 \quad \text{also Max}$$

dann wird

$$y = \frac{a}{b} \cdot \frac{b}{2} = \frac{a}{2}$$

also Max für $x = \frac{b}{2}$; $y = \frac{a}{2}$

15. Von einem Dreieck ist die Grundlinie c und die Höhe h gegeben. Es ist in dieses Dreieck ein Rechteck mit möglichst großem Flächeninhalt einzuzeichnen, so daß die eine Rechteckseite auf der Grundlinie liegt. Wie groß sind die Rechteckseiten?

Lösung:

H: $A = x \cdot y$ N: $c : y = h : (h - x)$ Strahlensatz

$$y = \frac{c}{h}(h - x)$$

$$A = x \cdot \frac{c}{h}(h - x) = \frac{c}{h}(h\,x - x^2)$$

$$f(x) = h\,x - x^2$$

$$f'(x) = h - 2\,x = 0 \quad \text{für} \quad x = \frac{h}{2}$$

$$f''(x) = -2 < 0 \quad \text{oder Max}$$

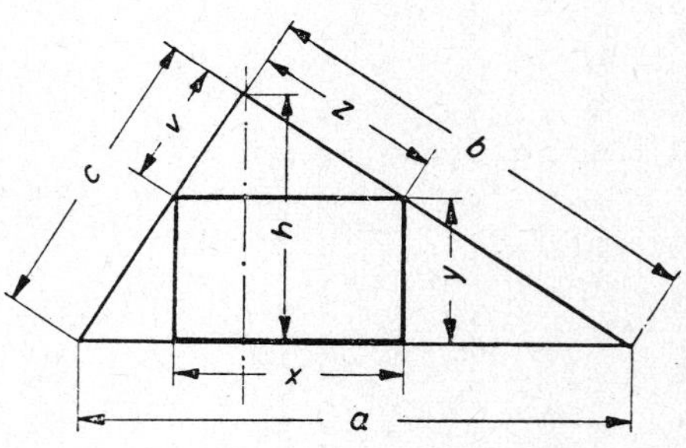

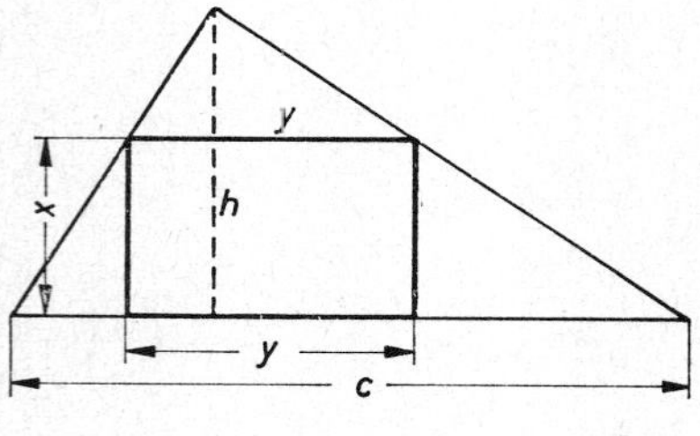

Dann wird $y = \frac{c}{h} \cdot \frac{h}{2} = \frac{c}{2}$

Die Fläche des Rechtecks $A = \frac{c}{2} \cdot \frac{h}{2} = \frac{c \cdot h}{4}$

Die Fläche des Dreiecks $A_1 = \frac{c \cdot h}{2}$; also ist das Rechteck halb so groß wie das Dreieck.

16. Einem rechtwinkligen Dreieck mit den Katheten a und b wird ein Rechteck so einbeschrieben, daß eine seiner Seiten auf der Hypotenuse c liegt. Welche Längen müssen seine Seiten erhalten, damit sein Inhalt am größten wird und wie groß ist dieser für $a = 6$ cm und $b = 8$ cm?

Lösung:

H: $A = x \cdot y$

N: $\triangle ABC$ ist rechtwinklig: $c^2 = a^2 + b^2$

$$\Rightarrow c = \sqrt{a^2+b^2}$$

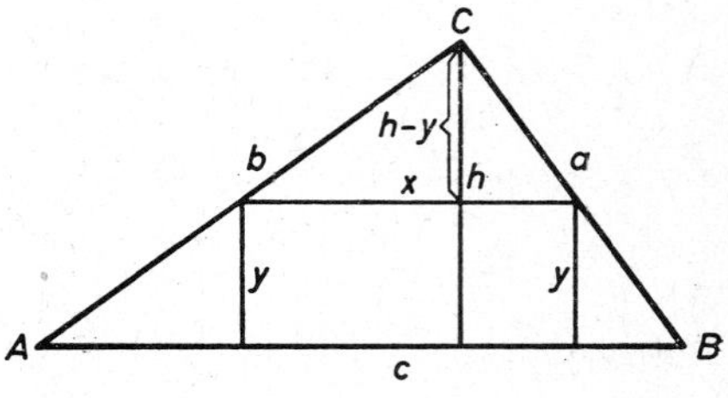

$$A_\triangle = \frac{c \cdot h}{2} = \frac{a \cdot b}{2}$$

$$h = \frac{a \cdot b}{c} = \frac{a \cdot b}{\sqrt{a^2+b^2}}$$

nach Strahlensatz:

$$(h-y) : h = x : c$$

$$h\,x = c \cdot h - c \cdot y$$

$$c \cdot y = h\,(c - x)$$

$$y = \frac{h}{c}\,(c-x) = \frac{a \cdot b}{a^2+b^2}\,(\sqrt{a^2+b^2} - x)$$

$$A = x \cdot y = \frac{a \cdot b}{a^2+b^2}\,(\sqrt{a^2+b^2} - x) \cdot x^2 \qquad \frac{a \cdot b}{a^2+b^2} \text{ konst.!}$$

$$f\,(x) = \sqrt{a^2+b^2} \cdot x - x^2 \qquad f'\,(x) = \sqrt{a^2+b^2} - 2\,x \qquad f'\,(x) = 0$$

$$x = \frac{1}{2}\sqrt{a^2+b^2} = \frac{1}{2}\,c \qquad f''\,(x) = -2 \Rightarrow \text{Max.}$$

$$y = \frac{h}{c}\left(c - \frac{c}{2}\right) = \frac{h\,c}{2\,c} = \frac{h}{2}$$

$$A = \frac{1}{2}\,c \cdot \frac{1}{2}\,h = \frac{c \cdot h}{4} = \frac{1}{2}\,F_\triangle = \frac{a \cdot b}{4} \qquad \text{für} \quad a = 6 \text{ u. } b = 8$$

$$A = \frac{6 \cdot 8}{4} = 12 \text{ cm}^2$$

17. Einem gleichschenkligen Dreieck mit der Grundlinie a und der Höhe h wird ein gleichschenkliges Dreieck einbeschrieben, dessen Spitze in der Mitte der Grundlinie liegt. Wie groß ist seine Höhe zu wählen, damit sein Inhalt ein Max wird?

Lösung:

H: $A = \dfrac{x \cdot y}{2}$ N: $a : y = h : (h - x)$ Stahlensatz

$$y = \frac{a}{h}\,(h - x)$$

$$A = \frac{x}{2} \cdot \frac{a}{h}\,(h - x)$$

$$= \frac{a}{2\,h}\,(h\,x - x^2)$$

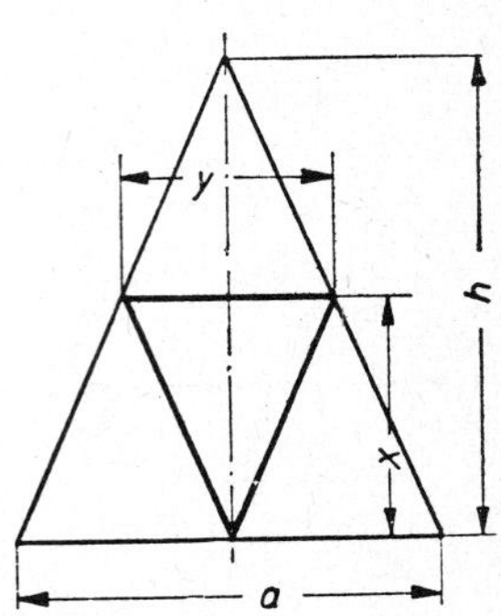

$$f\,(x) = h\,x - x^2$$

$$f'\,(x) = h - 2\,x = 0 \text{ für } x = \frac{h}{2}$$

$$f''\,(x) = -2 < 0 \quad \text{also Max}$$

$$\text{und} \quad y = \frac{a}{h}\left(h - \frac{h}{2}\right) = \frac{a}{h} \cdot \frac{h}{2} = \frac{a}{2}$$

18. Es ist einem gleichschenkligen Dreieck ein Parallelogramm mit möglichst großem Inhalt einzubeschreiben. Wie sind Grundlinie und Höhe des Parallelogramms zu wählen?

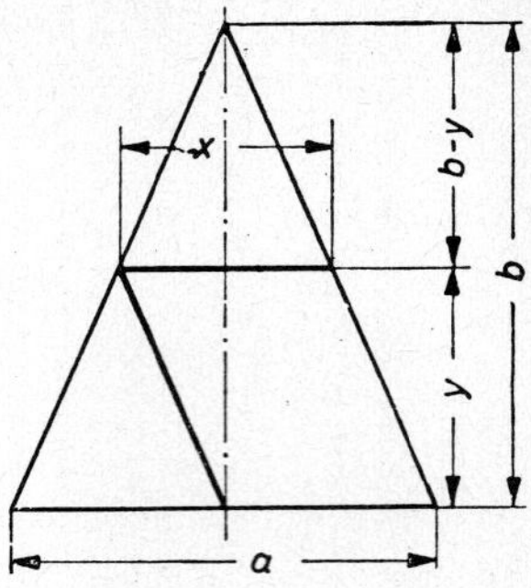

Lösung:

H: $A = x \cdot y$

$$A = x \cdot \frac{b}{a}(a-x) = \frac{b}{a}(a\,x - x^2)$$

$$f(x) = a\,x - x^2$$

$$f'(x) = a - 2\,x = 0 \quad \text{für} \quad x = \frac{a}{2}$$

$$f''(x) = -2 < 0 \quad \text{also Max}$$

N: $a : x = b : (b-y)$

$$y = \frac{b\,(a-x)}{a}$$

$$\text{und} \quad y = \frac{b}{a} \cdot \frac{a}{2}$$

$$y = \frac{b}{2}$$

19. Einem Kreis mit dem Halbmesser r soll ein Rechteck mit möglichst großem Flächeninhalt einbeschrieben werden. Wie groß sind die Seiten zu wählen?

Lösung:

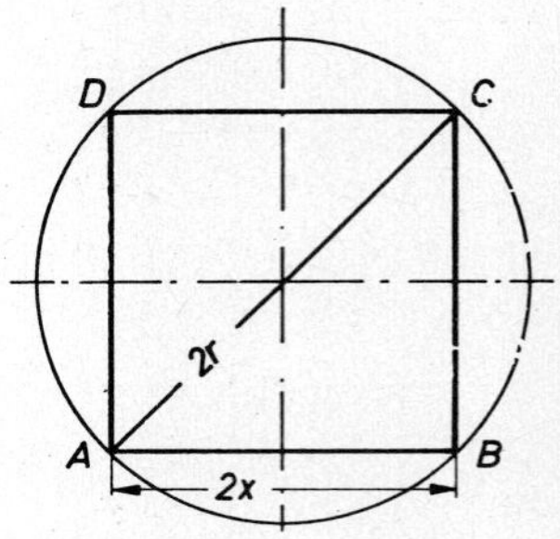

Ist die eine Seite des Rechtecks $2\,x$, so ist die andere $\sqrt{4\,r^2 - 4\,x^2} = 2\sqrt{r^2 - x^2}$. Also $A = 4\,x\sqrt{r^2 - x^2}$. Soll A ein Max werden, so wird A^2 ebenfalls ein Max, dann ist

$$A^2 = 16\,(r^2\,x^2 - x^4)$$

$$f(x) = r^2\,x^2 - x^4$$

$$f'(x) = 2\,r^2\,x - 4\,x^3 = 2\,x\,(r^2 - 2\,x^2) = 0$$

$$\text{für} \quad x_1 = 0 \quad x_2 = \frac{r}{2}\sqrt{2}$$

$$f''(x) = 2\,r^2 - 12\,x^2$$

$$f''_{(0)} = 2\,r^2 > 0 \quad \text{also Min}$$

$$f''_{\left(\frac{r}{2}\sqrt{2}\right)} = 2\,r^2 - 6\,r^2 = -4\,r^2 < 0 \quad \text{also Max}$$

Dann wird $A\,B = 2\,x = r\sqrt{2}$

$$B\,C = \sqrt{4\,r^2 - 2\,r^2} = \sqrt{2\,r^2} = r\sqrt{2}$$

d. h.: Von allen Rechtecken, welche einem Kreis einbeschrieben werden können, hat das Quadrat den größten Flächeninhalt.

20. Einem Kreis mit dem Halbmesser r soll ein Rechteck mit möglichst großem Umfang einbeschrieben werden. Wie groß sind die Seiten? (Abb. s. Beisp. 19)

Lösung:

$A\,B = 2\,x$; $\quad B\,C = 2\sqrt{r^2 - x^2}$ also $U = 4\,x + 4\sqrt{r^2 - x^2}$ oder

$$\frac{U}{4} = x + \sqrt{r^2 - x^2}$$

$$f(x) = x + \sqrt{r^2 - x^2}$$

$$f'(x) = 1 - \frac{x}{\sqrt{r^2 - x^2}} = \frac{\sqrt{r^2 - x^2} - x}{\sqrt{r^2 - x^2}} = 0$$

$$f'(x) = 1 - \frac{x}{\sqrt{r^2 - x^2}}$$

$$f''(x) = -\frac{\sqrt{r^2 - x^2} - \dfrac{x \cdot (-2\,x)}{2\sqrt{r^2 - x^2}}}{r^2 - x^2}$$

für $\sqrt{r^2 - x^2} = x$ $\qquad = -\dfrac{r^2 - x^2 + x^2}{\sqrt{(r^2 - x^2)^3}}$

oder $x = \dfrac{r}{2}\sqrt{2}$ $\qquad = -\dfrac{r^2}{\sqrt{(r^2 - x^2)^3}}$

$$f''_{\left(\frac{r}{2}\sqrt{2}\right)} = -\frac{r^2}{\sqrt{\left(\frac{r^2}{2}\right)^3}} = -\frac{r^2}{\frac{r^2}{2}\,\frac{r}{\sqrt{2}}}$$

$$= -\frac{2\sqrt{2}}{r} < 0 \quad \text{also Max}$$

Dann wird $AB = r\sqrt{2}$ $\quad BC = r\sqrt{2}$

21. Einem Kreis mit dem Halbmesser $r = 12$ cm soll das größte Rechteck einbeschrieben werden. Wie groß sind die Seiten des Rechtecks?

Lösung:

H: $A = x \cdot h = x\sqrt{4r^2 - x^2} = \sqrt{4r^2x^2 - x^4}$ $\qquad$ N: $x^2 + h^2 = 4r^2$

$h^2 = 4r^2 - x^2$

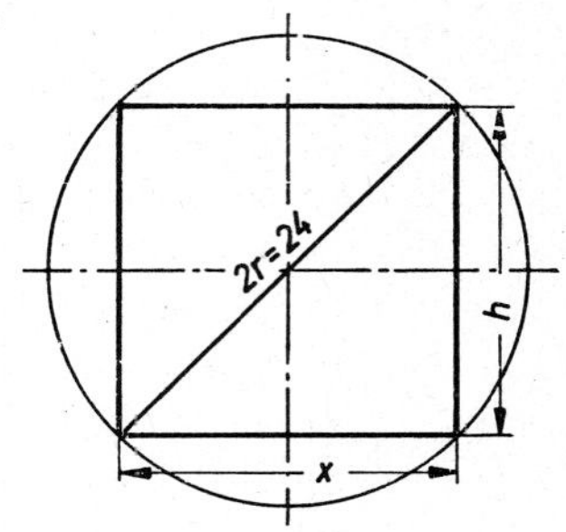

$$A^2 = 4r^2x^2 - x^4$$
$$f(x) = 4r^2x^2 - x^4$$
$$f'(x) = 8r^2x - 4x^3$$
$$= 4x(2r^2 - x^2) = 0$$

für $x_1 = 0$

$x_2 = r\sqrt{2}$

$$f''(x) = 8r^2 - 12x^2$$
$$f''_{(r\sqrt{2})} = 8r^2 - 24r^2 = -16r^2 < 0 \quad \text{also Max}$$

Dann wird:

$x = r \cdot \sqrt{2} = 12 \cdot 1{,}4142 \approx 17$ cm

$h = \sqrt{4r^2 - 2r^2} = r\sqrt{2} \approx 17$ cm

22. In eine Ellipse mit der Gleichung $b^2x^2 + a^2y^2 = a^2b^2$ soll ein Rechteck mit möglichst großem Flächeninhalt einbeschrieben werden. Wie groß sind die Seiten des Rechtecks zu wählen?

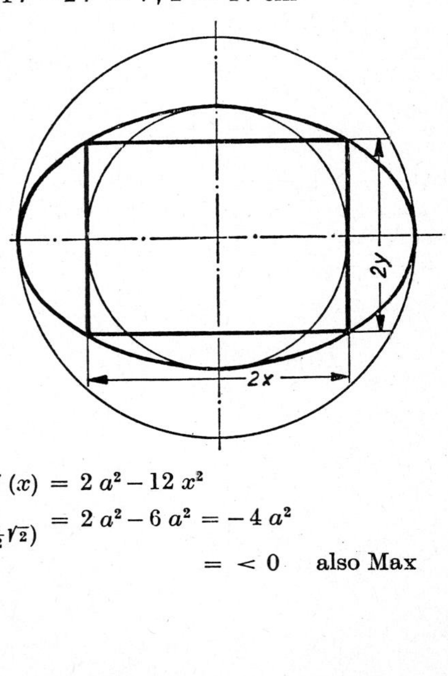

Lösung:

H: $A = 2x \cdot 2y = 4xy$

Aus der Ellipsengleichung folgt

N: $y = \dfrac{b}{a}\sqrt{a^2 - x^2}$

also $\quad A = 4x\dfrac{b}{a}\sqrt{a^2 - x^2}$

oder $\quad A^2 = 16\dfrac{b^2}{a^2}(a^2x^2 - x^4)$ $\quad$ und

$$f(x) = a^2x^2 - x^4$$
$$f'(x) = 2a^2x - 4x^3$$
$$= 2x(a^2 - 2x^2) = 0$$

$$f''(x) = 2a^2 - 12x^2$$
$$f''_{\left(\frac{a}{2}\sqrt{2}\right)} = 2a^2 - 6a^2 = -4a^2$$
$$= < 0 \quad \text{also Max}$$

für $x_1 = 0$ dann wird

$$x_1 = \frac{a}{2}\sqrt{2} \qquad y = \frac{b}{a}\sqrt{a^2 - \frac{a^2}{2}} = \frac{b}{2}\sqrt{2}$$

23. In die Ellipse $\frac{x^2}{a^2} + \frac{y^2}{b^2} = 1$ ist ein gleichschenkliges Dreieck zu zeichnen, dessen Basis parallel der Hauptachse liegt. Wie groß sind Basis und Höhe des Dreiecks zu wählen, damit der Inhalt ein Max wird?

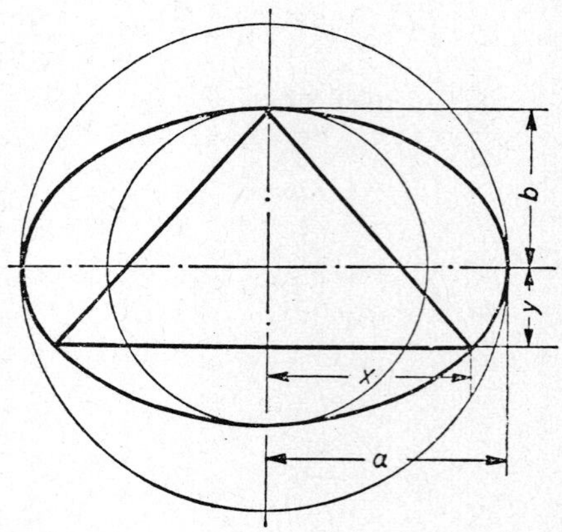

Lösung:

H: $A = x(b+y)$

N: Aus der Ellipsengleichung folgt

$$x = \frac{a}{b}\sqrt{b^2 - y^2} \quad \text{also}$$

$$A = (b+y)\cdot\frac{a}{b}\sqrt{b^2-y^2}$$

$$f_{(y)} = (b+y)\sqrt{b^2-y^2}$$

$$f'_{(y)} = \sqrt{b^2-y^2} + \frac{(b+y)\cdot(-2y)}{2\sqrt{b^2-y^2}}$$

$$= \frac{b^2-y^2-by-y^2}{\sqrt{b^2-y^2}} = \frac{b^2-by-2y^2}{\sqrt{b^2-y^2}}$$

Der Zähler wird Null, wenn

$2y^2 + by - b^2 = 0$ wird

$(2y-b)(y+b) = 0$

$y_1 = \frac{b}{2} \qquad y_2 = -b$ nicht brauchbar

Dann wird

$$h = \frac{3}{2}b$$

$$x = \frac{a}{b}\sqrt{b^2 - \frac{b^2}{4}} = \frac{a}{b}\sqrt{\frac{3}{4}b^2}$$

$$= \frac{a}{2}\sqrt{3}$$

$$A_\triangle = x\cdot h = \frac{a}{2}\sqrt{3}\cdot\frac{3}{2}b = \frac{3}{4}a\cdot b\cdot\sqrt{3}$$

24. In die Ellipse $\frac{x^2}{a^2} + \frac{y^2}{b^2} = 1$ ist ein gleichschenkliges Dreieck zu zeichnen, dessen Basis parallel der kleinen Achse liegt. Wie groß ist die Basis und Höhe des Dreiecks zu wählen, damit der Inhalt ein Max wird?

Lösung:

$$A = (a+x)\,y$$

Aus der Ellipsengleichung folgt

$$y = \frac{b}{a}\sqrt{a^2-x^2}$$

also $A = (a+x)\,\frac{b}{a}\sqrt{a^2-x^2}$

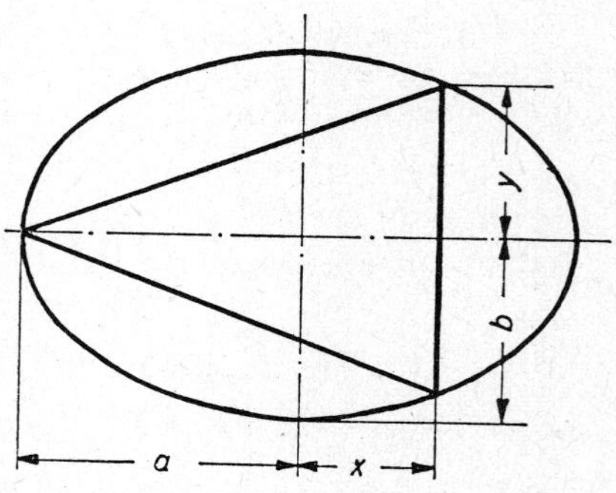

$$f(x) = (a+x)\sqrt{a^2-x^2}$$

$$f'(x) = \sqrt{a^2-x^2} + \frac{(a+x)\cdot(-2x)}{2\sqrt{a^2-x^2}}$$

$$= \frac{a^2-x^2-ax-x^2}{\sqrt{a^2-x^2}}$$

$$= \frac{a^2-ax-2x^2}{\sqrt{a^2-x^2}} = 0 \quad \text{wenn}$$

$2x^2+ax-a^2 = 0$ ist oder wenn $(2x-a)(x+a) = 0$ d. h. wenn $x_1 = \frac{a}{2}$; $x_2 = -a$ ist. Dann wird die Höhe des Dreiecks $h = a+\frac{a}{2} = \frac{3a}{2}$ und

$$y = \frac{b}{a}\sqrt{a^2-x^2} = \frac{b}{a}\sqrt{\frac{3a^2}{4}} = \frac{b}{2}\sqrt{3} \quad \text{und} \quad A = \frac{3}{2}a\cdot\frac{b}{2}\sqrt{3} = \frac{3}{4}ab\sqrt{3}$$

Hätte man $f(x) = (a+x)\sqrt{a^2-x^2} = \sqrt{(a+x)^2(a^2-x^2)} = \sqrt{a^4+2a^3x-2ax^3-x^4}$ gesetzt und diesen Ausdruck differenziert, so würde man erhalten haben

$$f'(x) = \frac{2a^3-6ax^2-4x^3}{2\sqrt{a^4+2a^3x-2ax^3-x^4}}$$

Der Zähler ist nun, gleich Null gesetzt, eine kubische Gleichung, deren eine Wurzel $-a$ ist. Zerlegt man den Zähler $-4x^3-6ax^2+2a^3 = 0$

$$\text{oder} \quad 2x^3+3ax^2-a^3 = 0$$

$$\text{daher in} \quad (x+a)(2x^2+ax-a^2) = 0 \quad \text{so ist}$$

$$x_1 = -a \quad \text{und aus} \quad 2x^2+ax-a^2 = 0$$

$$\text{oder} \quad (2x-a)(x+a) = 0 \quad \text{folgt}$$

$$x_2 = \frac{a}{2} \quad \text{und} \quad x_3 = -a.$$

Oder hätte man den Ausdruck

$f(x) = \sqrt{(a+x)^2(a^2-x^2)}$ direkt differenziert, so würde man erhalten haben

$$f'(x) = \frac{(a^2-x^2)\cdot 2(a+x)+(a+x)^2\cdot(-2x)}{2\sqrt{(a+x)^2(a^2-x^2)}} = \frac{2(a+x)[a^2-x^2-ax-x^2]}{2\sqrt{(a+x)^2(a^2-x^2)}}$$

$$= \frac{(a+x)(a^2-ax-2x^2)}{\sqrt{(a+x)^2(a^2-x^2)}}$$

Der Zähler Null gesetzt, gibt $x_1 = -a$; $\quad x_2 = \frac{a}{2}$; $\quad x_3 = -a$.

25. Einem Halbkreis ist ein Dreieck mit möglichst großem Inhalt einzubeschreiben. Wie sind die Katheten des Dreiecks zu wählen?

Lösung:

H: $A = r\cdot h$

N: Nach dem Höhensatz ist $h^2 = x(2r-x)$. Ist A ein Max, so ist A^2 ebenfalls ein Max

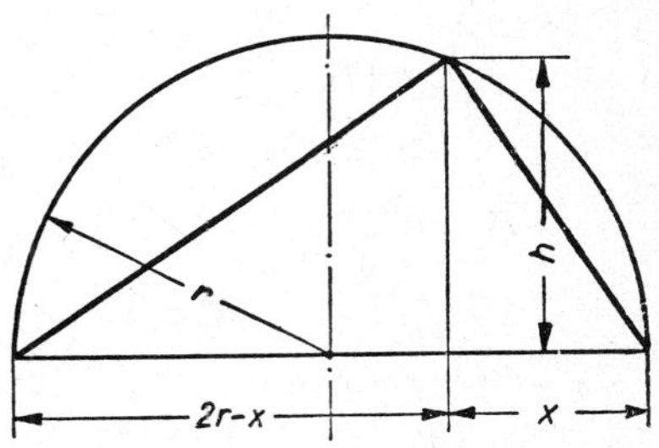

$$A^2 = r^2h^2 = r^2\cdot(2rx-x^2)$$

$$f(x) = 2rx-x^2$$

$$f'(x) = 2r-2x = 0$$

für $x = r$

$$f''(x) = -2 < 0 \quad \text{also Max}$$

dann wird $h = \sqrt{x(2r-x)} = \sqrt{r^2} = r$ und $A = r^2$ Katheten also $r\sqrt{2}$

26. Einem Halbkreis ist ein auf der Spitze stehendes Dreieck einzubeschreiben mit einem möglichst großen Inhalt. Wie groß ist die Höhe und die Basis zu wählen?

Lösung:

H: $A = \frac{x \cdot h}{2}$ N: $h^2 = r^2 - \frac{x^2}{4}$

$$A^2 = \frac{x^2}{4}\left(r^2 - \frac{x^2}{4}\right) = \frac{1}{16}(4\,r^2\,x^2 - x^4)$$

$$f(x) = 4\,r^2\,x^2 - x^4$$

$$f'(x) = 8\,r^2\,x - 4\,x^3 = 4\,x\,(2\,r^2 - x^2)$$

$$= 0 \quad \text{für} \quad x_1 = 0 \quad x_2 = r\sqrt{2}$$

$$f''(x) = 8\,r^2 - 12\,x^2$$

$$f''_{r(\sqrt{2})} = 8\,r^2 - 24\,r^2 = -16\,r^2$$

$$< 0 \quad \text{also Max}$$

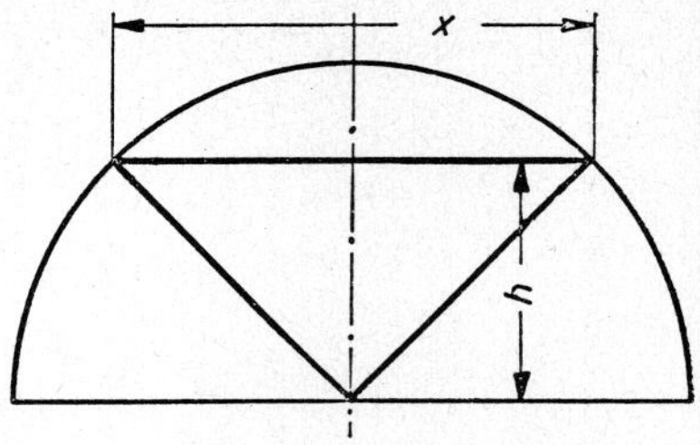

Dann wird $h = \sqrt{r^2 - \frac{r^2}{2}} = \frac{r}{2}\sqrt{2}$ und $A = \frac{x}{2} \cdot h = \frac{r \cdot \sqrt{2}}{2} \cdot \frac{r}{2} \cdot \sqrt{2}$ $A = \frac{r^2}{2}$

27. In einen Halbkreis mit dem Radius r ist ein gleichschenkliges Trapez mit größtem Inhalt zu zeichnen. Wie groß ist die kleine parallele Seite und die Höhe?

Lösung:

H: $A = m \cdot h$; N: $m = \frac{2\,r + x}{2}$ $m^2 = \frac{4\,r^2 + 4\,r\,x + x^2}{4}$

$$h^2 = r^2 - \left(\frac{x}{2}\right)^2 = \frac{4\,r^2 - x^2}{4}$$

$$A^2 = m^2 \cdot h^2$$

$$= \frac{(4\,r^2 + 4\,r\,x + x^2)\,(4\,r^2 - x^2)}{16}$$

$$16\,A^2 = 16\,r^4 + 4\,r^2\,x^2 + 16\,r^3\,x - 4\,r^2\,x^2 - x^4 - 4\,r\,x^3$$

$$f(x) = 16\,r^3\,x - 4\,r\,x^3 - x^4$$

$$f'(x) = 16\,r^3 - 12\,r\,x^2 - 4\,x^3 = 0$$

$$\text{für} \quad x = r$$

$$f''(x) = -24\,r\,x - 12\,x^2$$

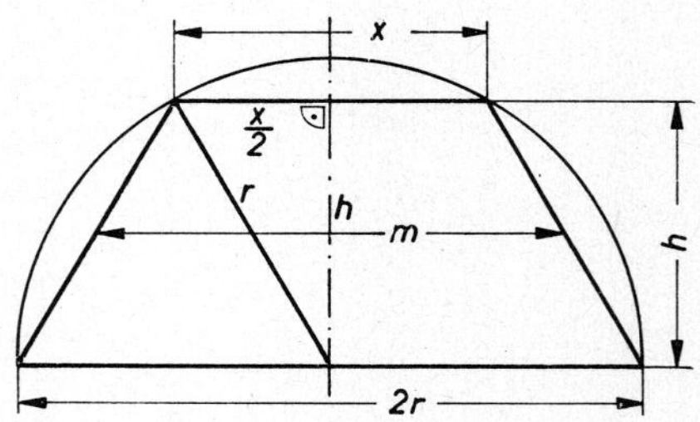

$$f''(x) = -24\,r^2 - 12\,r^2$$

$$= -36\,r^2 < 0 \quad \text{also Max}$$

dann wird

$$h^2 = \frac{3\,r^2}{4} \quad \text{und} \quad h = \frac{r}{2}\sqrt{3}$$

Wählt man h zur Veränderlichen, so ergibt sich

$A = m \cdot h$; $m = \frac{2\,r + x}{2} = r + \frac{x}{2}$; aus $r^2 = h^2 + \frac{x^2}{4}$ oder aus $\frac{x^2}{4} = r^2 - h^2$

ist $\frac{x}{2} = \sqrt{r^2 - h^2}$

$$A = \left(r + \frac{x}{2}\right) \cdot h = (r + \sqrt{r^2 - h^2})\,h = r \cdot h + \sqrt{r^2\,h^2 - h^4}$$

$$f_{(h)} = r \cdot h + \sqrt{r^2\,h^2 - h^4}$$

$$f_{(h)} = r + \frac{2\,r^2 h - 4\,h^3}{2\sqrt{r^2 h^2 - h^4}} = r + \frac{r^2 - 2\,h^2}{\sqrt{r^2 - h^2}} = \frac{r\sqrt{r^2 - h^2} + r^2 - 2\,h^2}{\sqrt{r^2 - h^2}} = 0 \quad \text{wenn}$$

$$2\,h^2 - r^2 = r\sqrt{r^2 - h^2}$$

$$4\,h^4 - 4\,h^2 r^2 + r^4 = r^4 - r^2 h^2$$

$$4\,h^4 - 3\,h^2 r^2 = 0$$

$$h^2 (4\,h^2 - 3\,r^2) = 0$$

für $h_1 = 0$; $\quad h_2 = \sqrt{\frac{3\,r^2}{4}} = \frac{r}{2}\sqrt{3}$

Dann wird

$$x = 2\sqrt{r^2 - h^2} = 2\sqrt{r^2 - \frac{3\,r^2}{4}}$$

$$= 2\sqrt{\frac{r^2}{4}} = r$$

28. Einem Halbkreis mit dem Halbmesser r soll ein Rechteck einbeschrieben werden. Wie groß sind die Seiten zu wählen, damit

a) sein Inhalt b) sein Umfang ein Max wird?

Lösung:

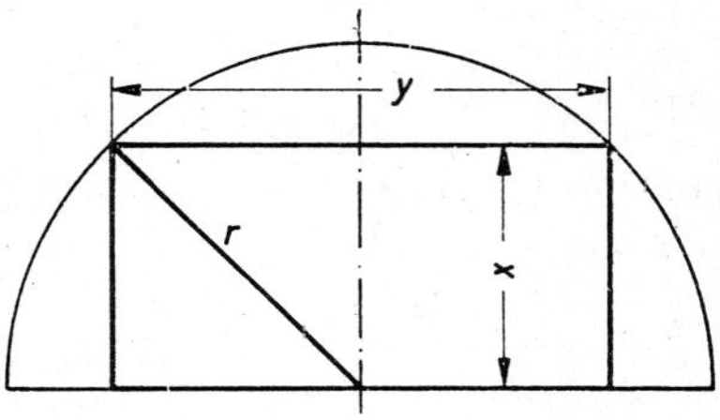

N: $\quad x^2 + r^2 = \frac{y^2}{4}$

H: a) $\quad A = x \cdot y; \quad y = 2\sqrt{r^2 - x^2}$

$$A = 2\,x\sqrt{r^2 - x^2} = 2\sqrt{r^2 x^2 - x^4}$$

$$A^2 = 4\,(r^2 x^2 - x^4)$$

$$f(x) = r^2 x^2 - x^4$$

$$f'(x) = 2\,r^2 x - 4\,x^3$$

$$= 2\,x\,(r^2 - 2\,x^2) = 0$$

$$x_1 = 0 \quad x_2 = \frac{r}{2}\sqrt{2}$$

dann ist $y = 2\sqrt{r^2 - x^2} = 2\sqrt{r^2 - \frac{r^2}{2}}$

$$= 2\sqrt{\frac{r^2}{2}} = r\sqrt{2}$$

$$f''(x) = 2\,r^2 - 12\,x^2$$

$$f''_{\left(\frac{r}{2}\sqrt{2}\right)} = 2\,r^2 - 6\,r^2 = -4\,r^2$$

< 0 also Max

Die Seiten des Rechtecks sind also

$$x = \frac{r}{2}\sqrt{2} \qquad y = r\sqrt{2}$$

b) $\quad U = 2\,x + 2\,y = 2\,x + 4\sqrt{r^2 - x^2}$

$$f(x) = 2\,x + 4\sqrt{r^2 - x^2}$$

$$f'(x) = 2 + \frac{4 \cdot (-2\,x)}{2\sqrt{r^2 - x^2}}$$

$$= 2 - \frac{4\,x}{\sqrt{r^2 - x^2}} = 0$$

wenn $\quad 1 = \frac{2\,x}{\sqrt{r^2 - x^2}} \quad$ ist

$$\sqrt{r^2 - x^2} = 2\,x$$

$$r^2 - x^2 = 4\,x^2$$

$$5\,x^2 = r^2$$

$x = \frac{r}{5}\sqrt{5}$ dann wird

$$y = 2\sqrt{r^2 - x^2} = 2\sqrt{\frac{4}{5}r^2} = \frac{4\,r}{5}\sqrt{5}$$

$$f''(x) = -\frac{\sqrt{r^2 - x^2} \cdot 4 - 4\,x \cdot \frac{(-2\,x)}{2\sqrt{r^2 - x^2}}}{r^2 - x^2}$$

$$= -\frac{4\,(r^2 - x^2) + 4\,x^2}{(r^2 - x^2)\sqrt{r^2 - x^2}}$$

$$= -\frac{4\,r^2 - 4\,x^2 + 4\,x^2}{(r^2 - x^2) \cdot \sqrt{r^2 - x^2}}$$

$$= -\frac{4\,r^2}{(r^2 - x^2)\sqrt{r^2 - x^2}}$$

$$f''_{\left(\frac{r}{5}\sqrt{5}\right)} = -\frac{4\,r^2}{\frac{4}{5}r^2\sqrt{\frac{4}{5}r^2}} = -\frac{5\sqrt{5}}{2\,r}$$

< 0 also Max

29. Welche Längen müssen die Seiten eines gleichschenkligen Dreiecks erhalten, das einem Kreis mit dem Halbmesser r einbeschrieben werden soll, damit sein Inhalt möglichst groß wird?

Lösung:

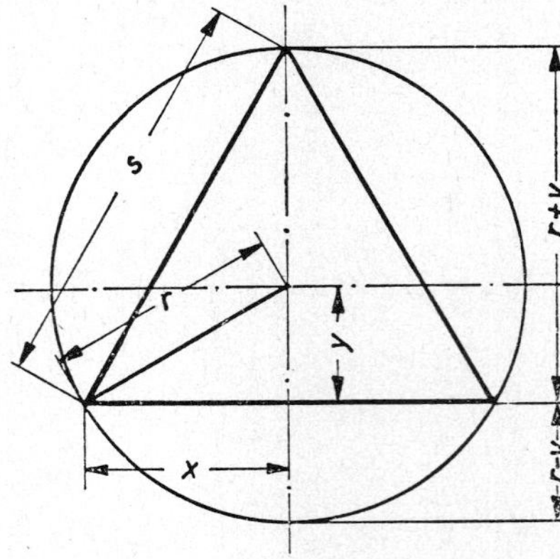

H: $A = x \cdot h = x \cdot (r+y)$

N: $x = \sqrt{(r+y)(r-y)}$

$$A = (r+y)\sqrt{r^2-y^2}$$
$$A^2 = (r^2-y^2)(r+y)^2$$
$$= (r-y)(r+y)^3 = f(y)$$
$$f'(y) = -(r+y)^3 + 3(r-y)\cdot(r+y)^2$$
$$= 0 \quad \text{für}$$
$$3(r-y)(r+y)^2 = (r+y)^3$$
$$3r - 3y = r + y$$
$$2r = 4y$$
$$y = \frac{r}{2}$$

Dann wird die Höhe $h = \dfrac{3}{2} r$

die Basis $2x = 2\sqrt{r^2-y^2} = 2\sqrt{r^2 - \dfrac{r^2}{4}} = 2\sqrt{\dfrac{3r^2}{4}} = r\sqrt{3}$

die Seite $s = \sqrt{\dfrac{9}{4} r^2 + \dfrac{3r^2}{4}} = \dfrac{r}{2}\sqrt{12} = r\sqrt{3}$

Das Dreieck ist also gleichseitig.

30. Dem zur y-Achse symmetrischen und oberhalb der x-Achse liegenden Segment der Parabel $y = b - a x^2$ ist ein Rechteck größter Fläche einbeschrieben.
a) Die Ecken dieses Rechtecks sind zu bestimmen.
b) Für $b = 6$, $A = 16$ FE ist a zu bestimmen.

Lösung:

H: $A = 2xy$ N: $y = b - ax^2$

$$A = 2(bx - ax^3) = f(x)$$
$$A' = f'(x) = 2(b - 3ax^2) = 0$$

für $x = \pm\sqrt{\dfrac{b}{3a}}$; $y = b - \dfrac{b}{3} = \dfrac{2}{3} b$

$$f''(x) = -6ax$$

$f''\left(\sqrt{\dfrac{b}{3a}}\right) < 0$; also Max.

a) Die Rechteck-Ecken sind:

$\left(\pm\sqrt{\dfrac{b}{3a}} \mid 0\right)$ $\left(\pm\sqrt{\dfrac{b}{3a}} \mid \dfrac{2}{3} b\right)$

b) Für $b = 6$ und $A = 16$ FE: $a = \dfrac{1}{2}$

$(\pm 2 \mid 0)$ $(\pm 2 \mid 4)$

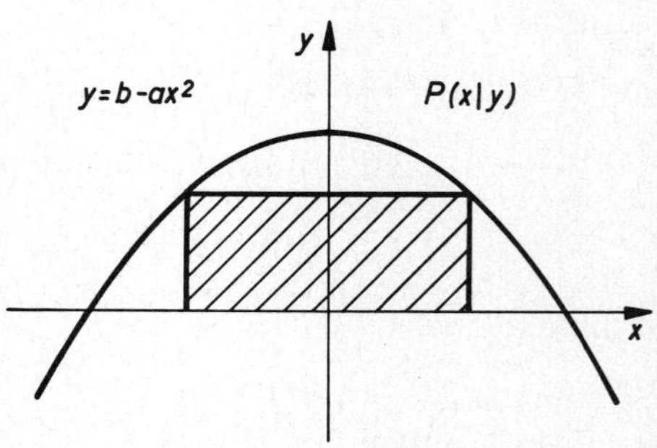

31. Ein Kreisausschnitt habe den Umfang U. Wie groß muß der Halbmesser des Kreises gewählt werden, damit die Fläche des Sektors ein Max. wird?

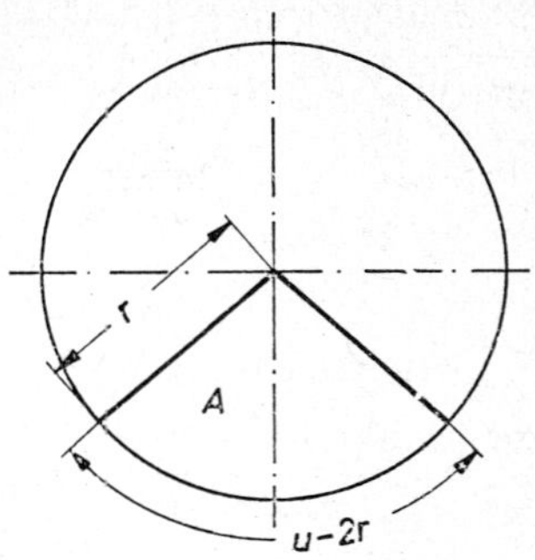

Lösung: H:

$$A = \frac{(U-2\,r)}{2} = \frac{Ur-2\,r^2}{2}$$

$$f'(r) = U - 4\,r = 0 \quad \text{für} \quad r = \frac{U}{4}$$

$$f''(r) = -4 < 0 \text{ also Max}$$

Dann ist $A = \frac{U}{2} \cdot \frac{U}{4} \cdot \frac{1}{2} = \frac{1}{16} U^2$

32. Auf der Mittelpunktslinie $\overline{M_1 M_2}$ zweier Kreise M_1, r_1 und M_2, r_2, wenn $\overline{M_1 M_2} > r_1 + r_2$ ist, soll ein Punkt P so bestimmt werden, daß die Summe der von ihm aus an die beiden Kreise gelegten Tangenten a u. b am größten wird. Wie weit muß der Punkt von M_1 entfernt sein, wenn $\overline{M_1 M_2} = 20$ cm; $r_1 = 6$ cm, $r_2 = 9$ cm ist?

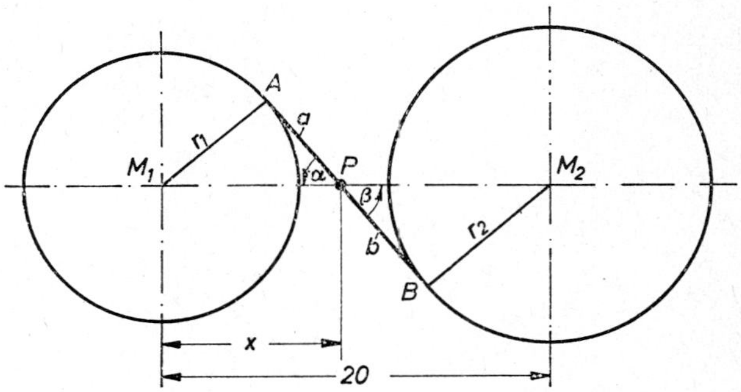

Lösung:

H: $L = a + b = \sqrt{x^2-36} + \sqrt{(20-x)^2-81}$ N: $a = \sqrt{x^2-36}$

$L = \sqrt{x^2-36} + \sqrt{x^2-40\,x+319}$

$b = \sqrt{(20-x)^2-81}$

$f(x) = \sqrt{x^2-36} + \sqrt{x^2-40\,x+319}$

$$f'(x) = \frac{2\,x}{2\sqrt{x^2-36}} + \frac{2\,x-40}{2\sqrt{x^2-40\,x+319}} = \frac{x}{\sqrt{x^2-36}} + \frac{x-20}{\sqrt{x^2-40\,x+319}}$$

$$x^2(x^2-40\,x+319) = 400\,(x^2-36) + x^2(x^2-36) - 40\,x\,(x^2-36)$$

$$x^4 - 40\,x^3 + 319\,x^2 = 400\,x^2 - 14400 + x^4 - 36\,x^2 - 40\,x^3 + 1440\,x$$

$$x^2 + 32\,x - 320 = 0$$

$$(x-8)(x+40) = 0$$

$x_1 = 8$; $x_2 = -40$.

Für $x_1 = 8$: $\sin\alpha = \frac{r_1}{x_1} = \frac{6}{8} = \frac{3}{4}$ und $\sin\beta = \frac{r_2}{20-x_1} = \frac{9}{12} = \frac{3}{4}$.

Da $\sin\alpha = \sin\beta$ ist die Strecke $\overline{A\,B}$ geradlinig. Sie stellt eine der inneren Tangenten an die beiden Kreis dar.

$x_2 = -40$: Dieser Wert besagt, daß P nicht zwischen den beiden Mittelpunkten M_1 M_2, sondern außerhalb, d. h. auf der Verlängerung liegen muß.

Auch hier: $\sin\alpha = \frac{r_1}{x_1} = -\frac{3}{20}$ und $\sin\beta = \frac{r_2}{20-x_2} = +\frac{3}{20}$

$\alpha = -\beta$: auch diesmal sind die Winkel gleich.

Durch $x_2 = -40$ ist auf der Verlängerung von $\overline{M_1 M_2}$ der Punkt P angegeben, von dem aus die gemeinsamen äußeren Tangenten an beide Kreise gelegt werden können, während mit $x_1 = 8$ der Punkt bestimmt ist, in dem sich die beiden inneren Tangenten an beide Kreise schneiden.

33. Einem Quadrat mit der Seite a wird ein gleichschenkliges Dreieck so umschrieben, daß seine Basis eine Seite des Quadrates enthält. Wie groß ist seine Höhe zu nehmen, damit sein Inhalt möglichst klein wird?

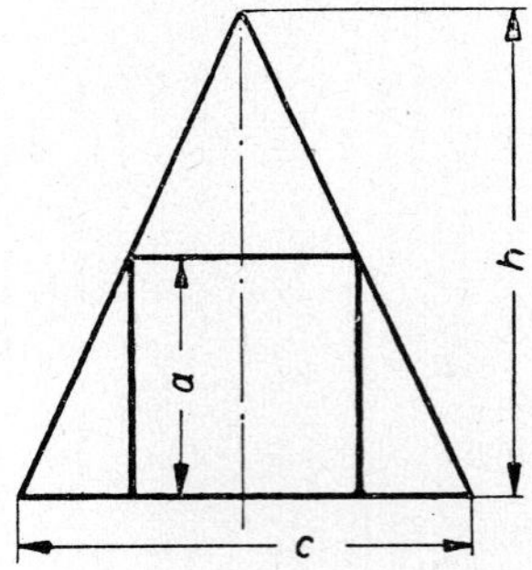

Lösung:

H: $A = \frac{c \cdot h}{2}$ N: $c : a = h : (h - a)$ $c = \frac{a \cdot h}{h - a}$

$$A = \frac{a \cdot h}{h - a} \cdot \frac{h}{2} = \frac{a \cdot h^2}{2(h - a)}$$

$$f_{(h)} = \frac{h^2}{h - a} \qquad f''_{(h)} = \frac{2h - 2a}{(h - a)^2}$$

$$f'_{(h)} = \frac{(h - a) \cdot 2h - h^2}{(h - a)^2} \qquad f''_{(2a)} = \frac{4a - 2a}{a^2}$$

$$= \frac{h^2 - 2ah}{(h - a)^2} = 0. \qquad > 0 \text{ also Min}$$

für $h = 2a$

Dann wird $c = \frac{a \cdot h}{h - a} = \frac{a \cdot 2a}{a} = 2a$

34. Einem Halbkreis mit dem Halbmesser r soll ein gleichschenkliges Dreieck so umschrieben werden, daß seine Basis den Durchmesser des Halbkreises enthält. Wie groß ist die Höhe zu wählen, damit

a) der Inhalt des Dreiecks ein Min wird? N: $x^2 + y^2 = s^2$

b) der Schenkel des Dreiecks ein Min wird?

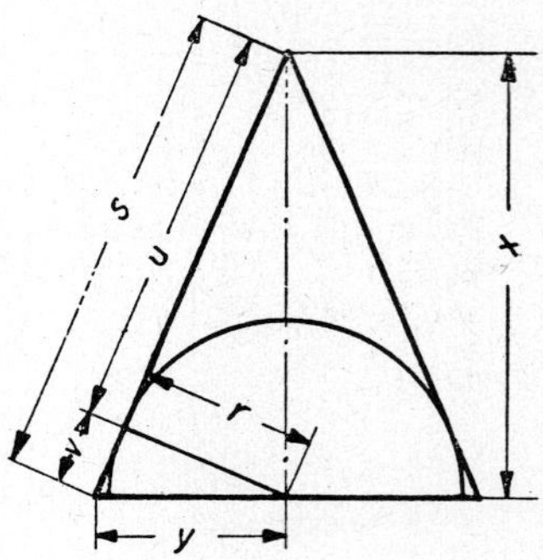

a) H: $A = xy$ $A^2 = x^2 y^2 = x^2 (s^2 - x^2)$

$$x : s = u : x; \qquad s = \frac{x^2}{u}; \qquad s^2 = \frac{x^4}{u^2}$$

$$u^2 = x^2 - r^2 \quad \text{also}$$

$$s^2 = \frac{x^4}{x^2 - r^2} \quad \text{und somit}$$

$$A^2 = x^2 \left(\frac{x^4}{x^2 - r^2} - x^2 \right) = \frac{x^4 \cdot r^2}{x^2 - r^2}$$

$$f(x) = \frac{x^4}{x^2 - r^2}; \qquad f'(x) = \frac{(x^2 - r^2)\, 4x^3 - x^4 \cdot 2x}{(x^2 - r^2)^2}$$

$$f'(x) = \frac{4x^5 - 4x^3 r^2 - 2x^5}{(x^2 - r^2)^2} = \frac{2x^5 - 4x^3 r^2}{(x^2 - r^2)^2} = 0, \quad \text{wenn}$$

$$2x^3 (x^2 - 2r^2) = 0, \quad \text{d. h.} \quad x_1 = 0 \quad x_2 = r\sqrt{2}$$

$$f''_{(x)} = \frac{10x^4 - 12x^2 r^2}{(x^2 - r^2)^2}; \qquad f''_{(r\sqrt{2})} = \frac{10 \cdot 4r^4 - 12 \cdot 2r^4}{r^4} = 16 > 0 \quad \text{also Min}$$

b) H: $x^2 = u \cdot s$; $s = \frac{x^2}{u}$; $s^2 = \frac{x^4}{u^2} = \frac{x^4}{x^2 - r^2}$

$$f(x) = \frac{x^4}{x^2 - r^2} \quad \text{wie unter a), also} \quad x = r\sqrt{2}, \quad \text{dann ist}$$

$$s = \frac{x^2}{\sqrt{x^2 - r^2}} = \frac{2r^2}{r} = 2r \quad \text{und} \quad y = \sqrt{s^2 - x^2} = \sqrt{4r^2 - 2r^2} = r\sqrt{2}.$$

35. Um einen Kreis mit dem Halbmesser r ist ein Rhombus mit möglichst kleinem Inhalt zu beschreiben. Wie groß ist die Seite des Rhombus zu wählen?

Lösung: $A = 2 \cdot \triangle BCD = 4 \cdot \triangle ABM$

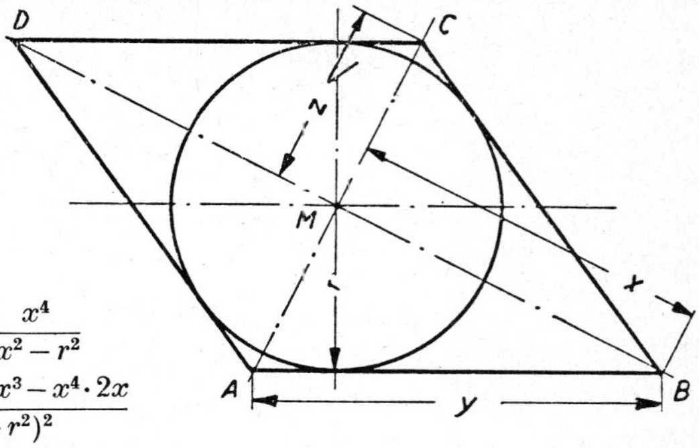

$$\text{H:}\quad A = 2\,x\,z = y \cdot \frac{r}{2} \cdot 4 = 2\,r\,y$$

$$\text{N:}\quad x \cdot z = r\,y$$

$$x^2 \cdot z^2 = r^2\,y^2;\; y^2 = x^2 + z^2$$

$$x^2 \cdot z^2 = r^2\,x^2 + r^2\,z^2; \qquad z^2 = \frac{r^2\,x^2}{x^2 - r^2}$$

$$A^2 = 4\,x^2\,z^2 = \frac{4\,x^2 \cdot r^2\,x^2}{x^2 - r^2} = 4\,r^2 \cdot \frac{x^4}{x^2 - r^2}$$

$$(x) = \frac{x^4}{x^2 - r^2}; \qquad f'(x) = \frac{(x^2 - r^2)\,4\,x^3 - x^4 \cdot 2x}{(x^2 - r^2)^2}$$

$$= \frac{2\,x^5 - 4\,x^3\,r^2}{(x^2 - r^2)^2} = \frac{2\,x^3(x^2 - 2\,r^2)}{(x^2 - r^2)^2} = 0 \text{ für}$$

$$x_1 = 0 \qquad x_2 = r\sqrt{2}$$

dann wird $\qquad z = \sqrt{\dfrac{r^2 \cdot 2\,r^2}{r^2}} = r\sqrt{2}$

und $\qquad y^2 = 2\,r^2 + 2\,r^2 = 4\,r^2$ oder $y = 2\,r$

$$A = 2\,x\,z = 2\,r\sqrt{2} \cdot r\sqrt{2} = 4\,r^2$$

Der Rhombus muß also ein Quadrat sein.

$$f''(x) = \frac{u'}{v} = \frac{10\,x^4 - 12\,x^2\,r^2}{(x^2 - r^2)^2} = \frac{2\,x^2\,(5\,x^2 - 6\,r^2)}{r^4}; \quad f''_{(r\sqrt{2})} = \frac{2 \cdot 2\,r^2\,(5 \cdot 2\,r^2 - 6\,r^2)}{r^4}$$

$$= \frac{4\,r^2 \cdot 4\,r^2}{r^4} = 16 > 0 \quad \text{also Min.}$$

36. Durch die Parabel $y^2 = 2\,p\,x$ und die Koordinaten $x_1\,y_1$ eines Parabelpunktes P_1 wird ein Flächenstück eingeschlossen. In welcher Entfernung x vom Scheitel ist ein Parabelpunkt P anzunehmen, damit das aus der Parabelfläche herausgeschnittene Rechteck möglichst groß ist?

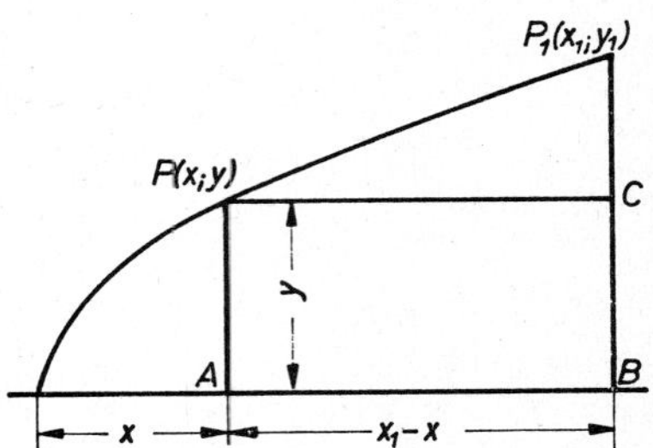

Lösung:

$$A = (x_1 - x)\,y = (x_1 - x)\sqrt{2\,p\,x}$$

$$A = \sqrt{2\,p}\left(x_1\,x^{\frac{1}{2}} - x^{\frac{3}{2}}\right)$$

$$f(x) = x_1\,x^{\frac{1}{2}} - x^{\frac{3}{2}}$$

$$f'(x) = \frac{1}{2}\,x_1\,x^{-\frac{1}{2}} - \frac{3}{2}\,x^{\frac{1}{2}} = \frac{1}{2}\,x^{-\frac{1}{2}}\,(x_1 - 3\,x)$$

$= 0$ für $x = \dfrac{x_1}{3}$ [und $x = 0$. $x = 0$ scheidet aus, da dann $A = 0$].

$$f''(x) = \frac{1}{2}\,x_1 \cdot \left(-\frac{1}{2}\right)x^{-\frac{3}{2}} - \frac{3}{2} \cdot \frac{1}{2}\,x^{-\frac{1}{2}} = -\frac{1}{4}\,x_1\,x^{-\frac{3}{2}} - \frac{3}{4}\,x^{-\frac{1}{2}} < 0 \quad \text{also Max.}$$

37. Zwischen den Schenkeln eines rechten Winkels liegt ein Punkt P mit den Abständen a und b von den Schenkeln. Durch den Punkt P ist eine Gerade so zu legen, daß
a) der Inhalt des abgeschnittenen Dreiecks,
b) die Summe ihrer Abschnitte auf den beiden Schenkeln,
c) ihre Länge l ein Min wird.

Lösung:

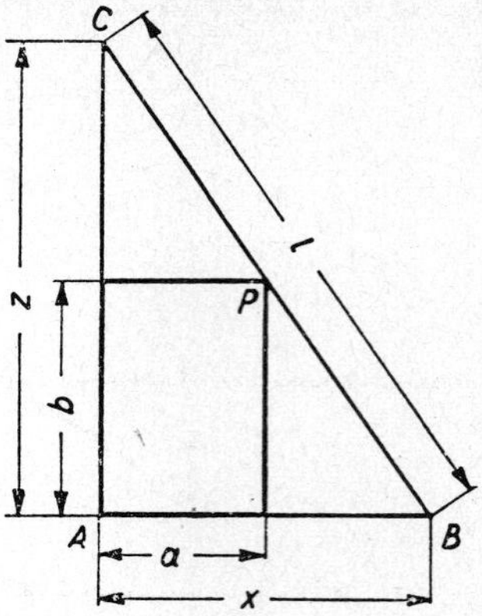

a) $H: y = \frac{x \cdot z}{2}$; $N: z : b = x : (x-a)$

$$z = \frac{b \cdot x}{x-a} \quad \text{und somit}$$

$$y = \frac{b \cdot x^2}{2\,(x-a)} \qquad f(x) = \frac{x^2}{x-a}$$

$$y' = \frac{(x-a) \cdot 2\,x - x^2}{(x-a)^2} = \frac{2\,x^2 - 2\,a\,x - x^2}{(x-a)^2}$$

$$y' = \frac{x^2 - 2\,a\,x}{(x-a)^2} = \frac{x\,(x-2\,a)}{(x-a)^2} = 0$$

$$\text{für} \quad x_1 = 0; \qquad x_2 = 2\,a$$

$$\text{dann wird} \quad z = \frac{b \cdot 2\,a}{a} = 2\,b$$

$$f''(x) = \frac{2\,x - 2\,a}{(x-a)^2}$$

$$f''_{(2a)} = \frac{2\,a}{a^2} = \frac{2}{a} > 0 \quad \text{also Min}$$

b) $H: y = x + z = x + \frac{b\,x}{x-a} = f(x)$

$$f'(x) = 1 + \frac{(x-a)\,b - b\,x}{(x-a)^2} = \frac{(x-a)^2 + b\,x - a\,b - b\,x}{(x-a)^2} = \frac{(x-a)^2 - a\,b}{(x-a)^2} = 0$$

für $(x-a)^2 = a\,b$ oder für $x = a \pm \sqrt{a\,b}$

Dann wird $z = \frac{b\,(a \pm \sqrt{a\,b})}{\pm \sqrt{a\,b}} = \frac{a\,b \pm b\sqrt{a\,b}}{\pm \sqrt{a\,b}} = b \pm \sqrt{a\,b}$ und somit die Summe der Abschnitte $S = a + \sqrt{a\,b} + b + \sqrt{a\,b} = a + 2\sqrt{a\,b} + b = (\sqrt{a} + \sqrt{b})^2$

c) $H: y = l^2 = x^2 + z^2 = x^2 + \frac{b^2\,x^2}{(x-a)^2} = f(x)$

$$f'(x) = 2\,x + \frac{(x-a)^2 \cdot 2\,b^2\,x - b^2\,x^2 \cdot 2\,(x-a)}{(x-a)^4}$$

$$= 2\,x + -\frac{2\,a\,b^2\,x}{(x-a)^3} = \frac{(x-a)^3 \cdot 2\,x - 2\,a\,b^2\,x}{(x-a)^3} = 0$$

für $2\,x\,((x-a)^3 - a\,b^2) = 0$ also $x_1 = 0$ und $x - a = \sqrt[3]{a\,b^2}$ oder $x_2 = a + \sqrt[3]{a\,b^2}$

dann wird $z = \frac{b\,x}{x-a} = \frac{b\,a + b\sqrt[3]{a\,b^2}}{\sqrt[3]{a\,b^2}} = \sqrt[3]{\frac{a^3\,b^3}{a\,b^2}} + b = b + \sqrt[3]{a^2\,b}$

Es ist dann $l^2 = x^2 + z^2 = a^2 + 2\,a\sqrt[3]{a\,b^2} + \sqrt[3]{a^2\,b^4} + b^2 + 2\,b\sqrt[3]{a^2\,b} + \sqrt[3]{a^4\,b^2}$

$$= a^2 + b^2 + 2\,a\sqrt[3]{a\,b^2} + b\sqrt[3]{a^2\,b} + 2\,b\sqrt[3]{a^2\,b} + a\sqrt[3]{a\,b^2}$$

$$= a^2 + b^2 + 3\,a\sqrt[3]{a\,b^2} + 3\,b\sqrt[3]{a^2\,b}$$

Das in dieser Aufgabe (**37**c) gegebene Problem kommt in den verschiedensten Varianten vor. Z. B.: Die größte Länge einer Stange bestimmen, die aus der Straße mit der Breite a in die rechtwinklig weiterführende Straße b mit der Breite gebracht werden kann.

Lösung unter Benutzung trig. Funktionen:

$$\text{H: } l = l_1 + l_2 \qquad \text{N: } \sin x = \frac{b}{l_2} \qquad l_2 = \frac{b}{\sin x}\,; \quad \cos x = \frac{a}{l_1} \qquad l_1 = \frac{a}{\cos x}$$

$$l = \frac{a}{\cos x} + \frac{b}{\sin x} = f(x)$$

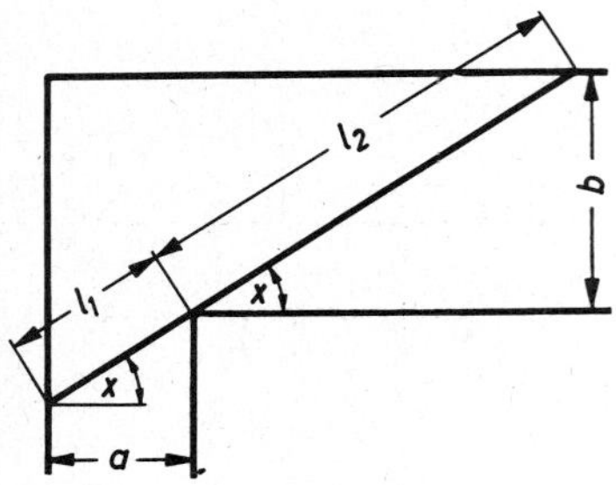

$$l' = f'(x) = a \cdot \cos^{-2} x \cdot \sin x - b \cdot \sin^{-2} x \cdot \cos x = 0$$

$$\frac{b \cdot \cos x}{\sin^2 x} = \frac{a \cdot \sin x}{\cos^2 x} \qquad \tan^3 x = \frac{b}{a} \qquad \tan x = \sqrt[3]{\frac{b}{a}}$$

$l'' = f''(x) = a\,\dfrac{2\tan^2 x + 1}{\cos x} + \mathrm{b}\,\dfrac{2\cot^2 x + 1}{\sin x}$ ist immer positiv, da x sich im Intervall $[0;\, 90°]$ bewegt.

38. Das Innere einer Spule von rundem Querschnitt soll durch einen Eisenkern mit kreuzförmigem Querschnitt möglichst ausgefüllt werden. Welche Abmessungen muß man dem kreuzförmigen Querschnitt geben, wenn der Radius der Spule = 1 ist? Wieviel % der Kreisfläche werden von dem Eisenkern ausgefüllt?

Lösung:

$$A = 4(\cos\varphi - \sin\varphi) \cdot 2\sin\varphi + (2\sin\varphi)^2$$

$$A = 8\cos\varphi\sin\varphi - 8\sin^2\varphi + 4\sin^2\varphi$$

$$= 8\cos\varphi\sin\varphi - 4\sin^2\varphi$$

$$= 4(2\sin\varphi\cos\varphi - \sin^2\varphi)$$

$$= 4(\sin 2\varphi - \sin^2\varphi)$$

$$f(\varphi) = \sin 2\varphi - \sin^2\varphi$$

$$f'(\varphi) = \cos(2\varphi) \cdot 2 - 2\sin\varphi\cos\varphi$$

$$= 2\cos(2\varphi) - \sin(2\varphi)$$

setzt man $2\varphi = \alpha$, so ist

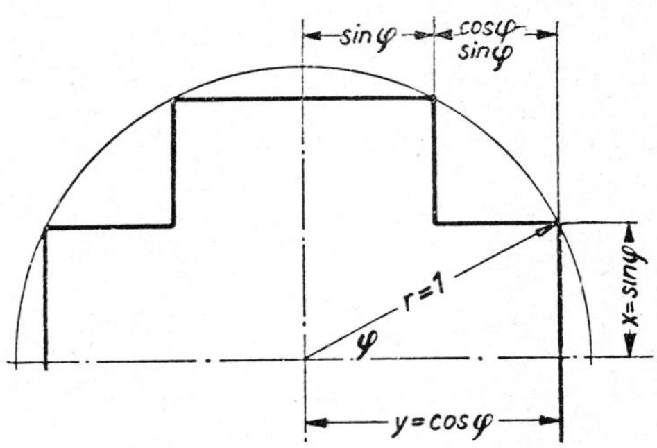

$$f'(\alpha) = 2\cos\alpha - \sin\alpha = 0 \quad \text{für}$$

$$2\cos\alpha = \sin\alpha = \sqrt{1-\cos^2\alpha}$$

$$4\cos^2\alpha = 1 - \cos^2\alpha$$

$$5\cos^2\alpha = 1$$

$$\cos^2\alpha = \frac{1}{5} = 0{,}2$$

$$\cos\alpha = \pm 0{,}44721$$

$$\alpha_1 = 63°\,26'$$

$$\alpha_2 = 116°\,34'$$

also $\varphi_1 = 31°\,43'$

$$\varphi_2 = 58°\,17'$$

$$A_{\text{Eisenkern}} = 4 \cdot (\sin 2\varphi - \sin^2\varphi)$$

$$= 4(\sin 63°\,26' - \sin^2 31°\,43')$$

$$= 4(0{,}89441 - 0{,}27643)$$

$$= 4 \cdot 0{,}61798 = 2{,}47192$$

$$A_0 = 3{,}14159$$

also werden $\dfrac{2{,}47192}{3{,}14159} = 0{,}7868$

$= 78{,}68\,\%$ des Querschnitts der Spule ausgefüllt.

$$f''(\alpha) = -2\sin\alpha - \cos\alpha$$

für α_1 und α_2: $f''(\alpha) < 0$ also Max.

11.2 Beispiele aus der Stereometrie

39. Welches ist der kürzeste Weg über die Oberfläche eines Würfels von einer Ecke zur diametral gelegenen Ecke?

Lösung:

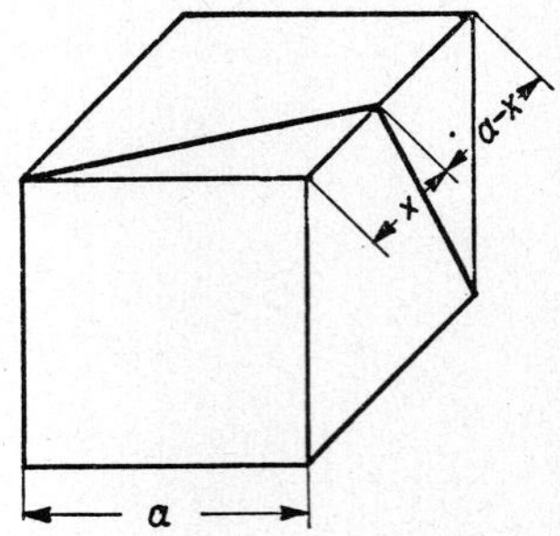

$$y = \sqrt{a^2+x^2}+\sqrt{a^2+(a-x)^2}$$

$$y' = \frac{x}{\sqrt{a^2+x^2}}+\frac{2\,(a-x)\cdot(-1)}{2\sqrt{a^2+(a-x)^2}}$$

$$= \frac{x}{\sqrt{a^2+x^2}}-\frac{a-x}{\sqrt{2\,a^2+x^2-2\,a\,x}} = 0$$

$$\text{für} \quad \frac{x}{\sqrt{a^2+x^2}} = \frac{a-x}{\sqrt{2\,a^2+x^2-2\,a\,x}}$$

$$x^2\,(2\,a^2+x^2-2\,a\,x) = (a^2-2\,a\,x+x^2)\,(a^2+x^2)$$

$$a^4 = 2\,a^3\,x \quad \text{d. h.} \quad x = \frac{a}{2}$$

40. Welche Höhe hat ein Zylinder, dessen Achsenschnitt die Diagonale d besitzt, wenn seine Oberfläche ein Max ist?

Lösung:

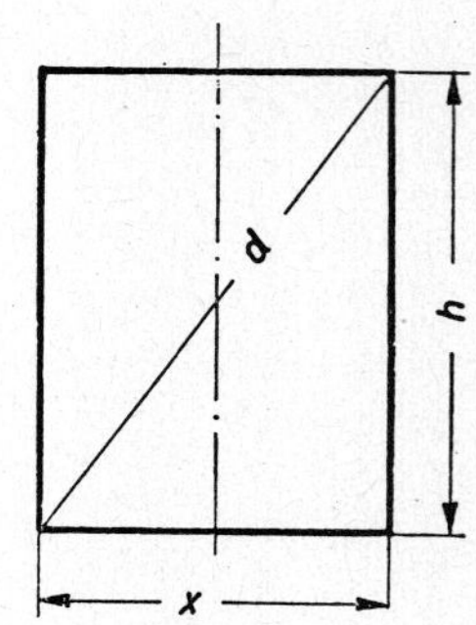

$$\text{H:} \quad O = \frac{2\,x^2\,\pi}{4}+x\cdot\pi\cdot h \qquad \text{N:} \quad d^2 = h^2+x^2$$

$$x = \sqrt{d^2-h^2}$$

$$O = \frac{\pi}{2}\,(d^2-h^2)+\pi\cdot h\sqrt{d^2-h^2}$$

$$= \frac{\pi}{2}\left[d^2-h^2+2\,h\sqrt{d^2-h^2}\right]$$

$$f_{(h)} = d^2-h^2+2\,h\sqrt{d^2-h^2}$$

$$= d^2-h^2+2\sqrt{d^2\,h^2-h^4}$$

$$f'_{(h)} = -\;2\;h+2\cdot\frac{2\,d^2\,h-4\,h^3}{2\sqrt{d^2\,h^2-h^4}}$$

$$= \frac{-2\,h^2\sqrt{d^2-h^2}+2\,h\,(d^2-2\,h^2)}{h\sqrt{d^2-h^2}} = 0$$

Wenn $d^2-2\,h^2 = h\sqrt{d^2-h^2}$ ist

$$d^4-4\,h^2\,d^2+4\,h^4 = h^2\,d^2-h^4$$

$$5\,h^4-5\,h^2\,d^2 = -d^4$$

setzt man $h^2 = z$

$$z^2-d^2\,z = -\frac{d^4}{5}$$

$$z = \frac{d^2}{2}\pm\sqrt{\frac{d^4}{4}-\frac{d^4}{5}}$$

$$= \frac{d^2}{2}\pm\sqrt{\frac{d^4}{20}} = \frac{d^2}{2}\pm\frac{d^2}{10}\sqrt{5}$$

$$= \frac{5\,d^2+d^2\sqrt{5}}{10} = d^2\,\frac{5+\sqrt{5}}{10}$$

$$h = d\sqrt{\frac{5\pm\sqrt{5}}{10}} \qquad h_1 = 0{,}8506\,d \qquad h_2 = 0{,}5257\,d$$

Dann ist

$$x = \sqrt{d^2-h^2} = \sqrt{d^2-d^2\cdot\frac{5\pm\sqrt{5}}{10}}$$

$$= d\sqrt{\frac{10-5\mp\sqrt{5}}{10}} = d\sqrt{\frac{5\mp\sqrt{5}}{10}}$$

und $\quad x_1 = 0{,}5257\,d \quad x_2 = 0{,}8506\,d$

Für das Max gilt nur das untere Vorzeichen.

41. Man soll unter allen Zylindern, die sich einem geraden Kreiskegel einbeschreiben lassen, denjenigen bestimmen,

a) welcher das größte Volumen hat,

b) dessen Mantelfläche ein Max ist.

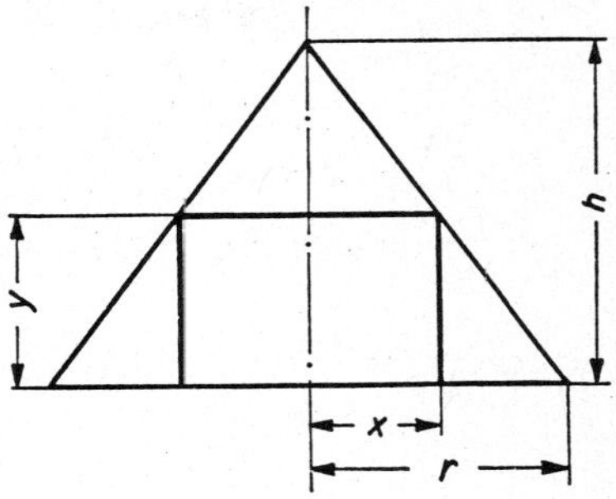

Lösung:

a) H: $V = x^2 \pi y$ N: $h : y = r : (r - x)$

$$y = \frac{h}{r}(r-x)$$

$$V = x^2 \pi \cdot \frac{h}{r}(r-x) = \frac{\pi h}{r}(r x^2 - x^3)$$

$$f(x) = r x^2 - x^3$$

$$f'(x) = 2 r x - 3 x^2 = x(2r - 3x) = 0$$

für $x_1 = 0 \quad x_2 = \frac{2r}{3}$

$$f''(x) = 2r - 6x$$

$f''_{(0)} = 2r > 0$ also Min

$f''_{\left(\frac{2r}{3}\right)} = 2r - 4r = -2r < 0$ also Max

dann ist $y = \frac{h}{r}\left(r - \frac{2}{3} r\right) = \frac{h}{r} \cdot \frac{r}{3} = \frac{h}{3}$

Das Volumen ist $V = \frac{4 r^2}{9} \cdot \pi \cdot \frac{h}{3} = \frac{4 r^2 \pi h}{27}$

Volumen des gegebenen Kegels $= \frac{r^2 \pi h}{3}$

also Volumen des Zylinders $= \frac{4}{9} \cdot V_{\text{Kegel}}$

b) H: $M = 2 x \pi \cdot y = 2 x \pi \cdot \frac{h}{r}(r-x) = \frac{2\pi \cdot h}{r}(r x - x^2)$

$$f(x) = r x - x^2$$

$f'(x) = r - 2x = 0$ für $x = \frac{r}{2}$

$f''(x) = -2 < 0$ also Max

$$y = \frac{h}{r}\left(r - \frac{r}{2}\right) = \frac{h}{r} \cdot \frac{r}{2} = \frac{h}{2}$$

42. Einer Kugel mit Radius r ist ein Kegel von möglichst großem Inhalt einzubeschreiben. Gesucht wird die Höhe x, der Grundkreisradius ϱ und der Inhalt $V_{\max}$ des Kegels. Der wievielte Teil der Kugel ist der Kegel?

Lösung:

H: $V = \varrho^2 \frac{\pi \cdot x}{3}$

N: (Höhensatz)

$$\varrho^2 = x(2r - x)$$

$$V = x(2r - x) \cdot \times \frac{\pi \cdot x}{3}$$

$$= \frac{\pi}{3}(2 r x^2 - x^3)$$

$$f(x) = 2 r x^2 - x^3$$

$$f'(x) = 4 r x - 3 x^2 = x(4r - 3x) = 0$$

für $x_1 = 0 \quad x_2 = \frac{4r}{3}$

$$f''(x) = 4r - 6x$$

$$f''_{\left(\frac{2d}{3}\right)} = 4r - 8r = -4r < 0$$

also Max

$$\varrho = \sqrt{x(2r - x)} = \sqrt{\frac{4r}{3} \cdot \frac{2r}{3}} = \frac{2r}{3}\sqrt{2}$$

$$V = \frac{\varrho^2 \pi x}{3} = \frac{8 r^2}{9} \cdot \frac{\pi}{3} \cdot \frac{4r}{3}$$

$$= \frac{32}{81} \cdot r^3 \pi \cdot \frac{2}{2}$$

$$= \frac{r^3 \pi}{6} \cdot \frac{64}{27}$$

$$V_{\max} = \frac{8}{27} V_{\text{Kugel}}$$

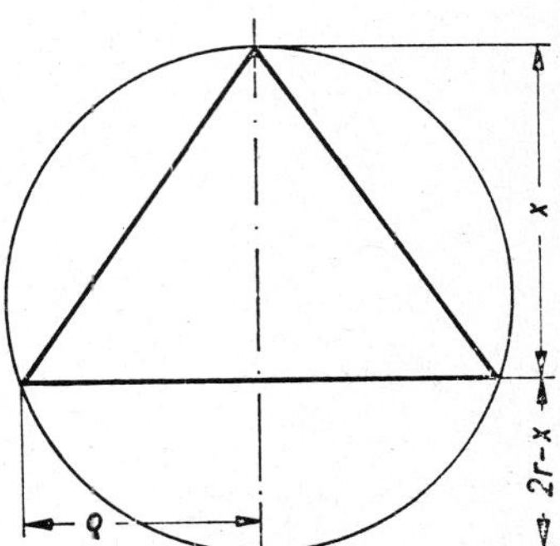

43. Man soll einer Kugel mit dem Halbmesser r einen geraden Kegel einbeschreiben, dessen Mantelfläche ein Max ist. Wie groß ist der Radius y der Grundfläche und die Höhe x des Kegels?

Lösung:

H: $M = y \cdot \pi \cdot s$

N: $y^2 = x\,(2\,r - x)$; $s^2 = x \cdot 2\,r$ Höhensatz

$$M^2 = y^2\,\pi^2\,s^2 = (2\,r\,x - x^2) \cdot \pi^2 \cdot 2\,r\,x = 2\,r\,\pi^2\,(2\,r\,x^2 - x^3)$$

$$f(x) = 2\,r\,x^2 - x^3$$

$$f'(x) = 4\,r\,x - 3\,x^2 = x\,(4\,r - 3\,x) = 0$$

für $x_1 = 0 \quad x_2 = \frac{4\,r}{3}$

$$f''(x) = 4\,r - 6\,x$$

$$f''_{(0)} = 4\,r > 0 \quad \text{also Min}$$

$$f''_{\left(\frac{4r}{3}\right)} = 4\,r - 8\,r = -4\,r < 0 \text{ also Max}$$

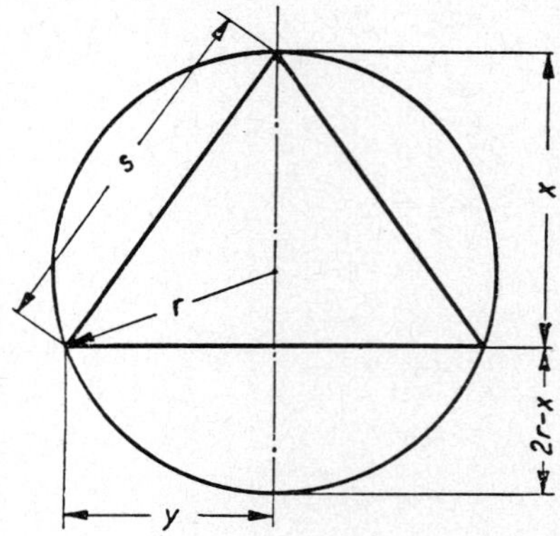

Dann wird

$$y = \sqrt{2\,r\,x - x^2} = \sqrt{2\,r\frac{4\,r}{3} - \frac{16\,r^2}{9}} = \sqrt{\frac{8\,r^2}{9}} = \frac{2\,r}{3}\sqrt{2}$$

44. Einer gegebenen Halbkugel mit dem Radius r soll ein auf der Spitze stehender gerader Kreiskegel einbeschrieben werden, dessen Inhalt ein Max ist. Wie groß sind die Abmessungen des Kegels und sein Inhalt?

Lösung:

H: $V = \frac{x^2 \cdot \pi \cdot h}{3} = \frac{\pi\,x^2}{3}\sqrt{r^2 - x^2}$

N: $x^2 + h^2 = r^2$
$h^2 = r^2 - x^2$

$$V^2 = \frac{\pi^2\,x^4}{9}\,(r^2 - x^2) = \frac{\pi^2}{9}\,(r^2\,x^4 - x^6)$$

$$f(x) = r^2\,x^4 - x^6$$

$$f'(x) = 4\,r^2\,x^3 - 6\,x^5 = 2\,x^3\,(2\,r^2 - 3\,x^2) = 0$$

für $x_1 = 0 \quad x_2 = \sqrt{\frac{2}{3}\,r^2} = \frac{r}{3}\sqrt{6}$

$$f''(x) = 12\,r^2\,x^2 - 30\,x^4$$

$$f''_{\left(\frac{r}{3}\sqrt{6}\right)} = \frac{72\,r^4}{9} - \frac{120}{9}\,r^4 < 0 \quad \text{also Max}$$

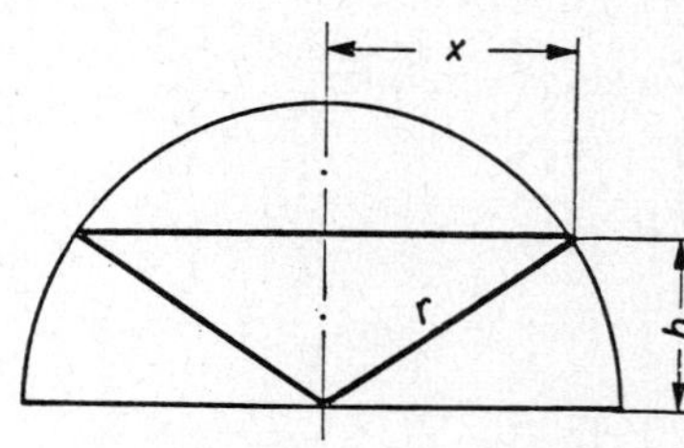

Dann wird

$$h = \sqrt{r^2 - \frac{2}{3}\,r^2} = \sqrt{\frac{r^2}{3}} = \frac{r}{3}\sqrt{3}$$

$$V = \frac{2}{3}\,r^2 \cdot \frac{\pi}{3} \cdot \frac{r}{3}\sqrt{3} = \frac{2\,r^3\,\pi}{27}\sqrt{3} = \frac{1}{9}\sqrt{3} \cdot V_{\text{Halbkugel}}$$

45. Einer Kugel vom Durchmesser d soll ein Zylinder mit möglichst großem Rauminhalt einbeschrieben werden. Wie groß muß die Höhe x des Zylinders gewählt werden; wie groß wird sein Durchmesser y und sein maximaler Rauminhalt? Der wievielte Teil der Kugel ist der Zylinder?

Lösung:

H: $V = y^2 \frac{\pi}{4} \cdot x = \frac{\pi \cdot x}{4} \cdot (d^2 - x^2)$

N: $x^2 + y^2 = d^2$

$y^2 = d^2 - x^2$

$f(x) = d^2 x - x^3$

$f'(x) = d^2 - 3x^2 = 0$ für

$x = \frac{d}{3}\sqrt{3} = 0{,}577\, d$

$f''(x) = -6x$

$f''_{\left(\frac{d}{3}\sqrt{3}\right)} = -6 \cdot \frac{d}{3}\sqrt{3} = -2d\sqrt{3}$

< 0 also Max

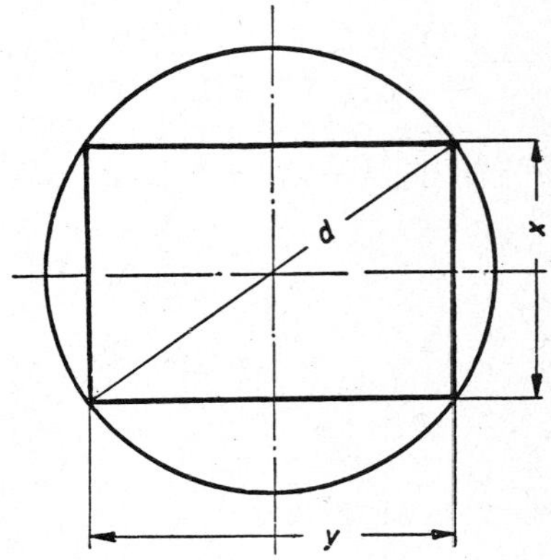

Dann wird

$y = \sqrt{d^2 - x^2} = \sqrt{\frac{2}{3} d^2}$

$= \frac{d}{3}\sqrt{6} = 0{,}8165\, d$

$V_{\max} = y^2 \frac{\pi x}{4} = \frac{2}{3} d^2 \frac{\pi}{4} \frac{d}{3}\sqrt{3}$

$= \frac{d^3 \pi}{18}\sqrt{3}$

$V_{\max} = \frac{d^3 \pi}{6} \cdot \frac{\sqrt{3}}{3} = 0{,}577\, V_{\text{Kugel}}$

46. Einer Kugel mit dem Halbmesser r soll ein Zylinder einbeschrieben werden, dessen
   a) Oberfläche ein Max ist.
   b) Mantel ein Max ist.

   Wie groß ist die Höhe h des Zylinders und der Durchmesser y der Grundfläche?

Lösung:

a) H: $O = 2x^2\pi + 2x\pi h$ N: $h^2 = 4r^2 - 4x^2$

$O = 2\pi \frac{4r^2 - h^2}{4} +$ $\qquad x^2 = \frac{4r^2 - h^2}{4}$

$+ 2\pi \cdot h \frac{\sqrt{4r^2 - h^2}}{2}$ $\qquad x = \frac{1}{2}\sqrt{4r^2 - h^2}$

$= \frac{\pi}{2}\left[4r^2 - h^2 + 2h\sqrt{4r^2 - h^2}\right]$

$f(h) = -h^2 + 2h\sqrt{4r^2 - h^2}$

$= -h^2 + 2\sqrt{4r^2h^2 - h^4}$

$f'(h) = -2h + \frac{2 \cdot (8r^2h - 4h^3)}{2\sqrt{4r^2h^2 - h^4}}$

$= \frac{-2h^2\sqrt{4r^2 - h^2} + 8r^2h - 4h^3}{h\sqrt{4r^2 - h^2}}$

$= \frac{-2h\sqrt{4r^2 - h^2} + 8r^2 - 4h^2}{\sqrt{4r^2 - h^2}}$

$= 0$ für $2h\sqrt{4r^2 - h^2}$

$= 8r^2 - 4h^2$ oder

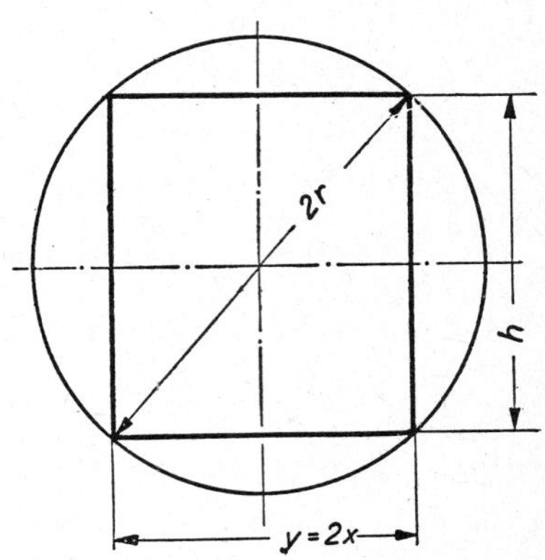

Dann ist

$h = r\sqrt{\frac{2\sqrt{5} \pm 2}{\sqrt{5}}}$ Nur das untere Vorzeichen gilt.

$$h\sqrt{4r^2-h^2} = 4r^2 - 2h^2$$
$$4r^2h^2 - h^4 = 16r^4 + 4h^4 - 16r^2h^2$$
$$5h^4 - 20h^2r^2 = -16r^4$$
$$h^4 - 4h^2r^2 = -\frac{16}{5}r^4$$
$$h^2 = z \quad \text{gesetzt}$$
$$z^2 - 4zr^2 = -\frac{16}{5}r^4$$
$$z = 2r^2 \pm \sqrt{4r^4 - \frac{16}{5}r^4}$$
$$z = 2r^2 \pm \sqrt{\frac{4r^4}{5}}$$
$$= \frac{2r^2\sqrt{5} \pm 2r^2}{\sqrt{5}}$$

$$h = r\sqrt{\frac{10 \pm 2\sqrt{5}}{5}} \quad \text{und}$$
$$x = \frac{\sqrt{4r^2-h^2}}{2}$$
$$= \frac{\sqrt{4r^2 - \frac{10r^2 \pm 2r^2\sqrt{5}}{5}}}{2}$$
$$= \sqrt{\frac{20r^2 - 10r^2 \mp 2r^2\sqrt{5}}{20}}$$
$$= r\sqrt{\frac{5 \mp \sqrt{5}}{10}}$$
$$y = 2x = 2r\sqrt{\frac{5 \mp \sqrt{5}}{10}}$$

H: $M = 2x\pi h$; N: $h^2 = 4r^2 - 4x^2$; $x^2 = \frac{4r^2-h^2}{4}$; $x = \frac{\sqrt{4r^2-h^2}}{2}$

$$M^2 = 4x^2\pi^2h^2 = 4\pi^2h^2 \cdot \frac{(4r^2-h^2)}{4} = \pi^2(4r^2h^2 - h^4)$$
$$f_{(h)} = 4r^2h^2 - h^4$$
$$f'_{(h)} = 8r^2h - 4h^3 = 4h(2r^2 - h^2)$$
$$= 0 \quad \text{für} \quad h_1 = 0;\ h_2 = r\sqrt{2}$$
$$f''_{(h)} = 8r^2 - 12h^2$$
$$f''_{(r\sqrt{2})} = 8r^2 - 24r^2 = -16r^2 < 0$$
also Max.

$$y = 2x = \sqrt{4r^2 - h^2}$$
$$= \sqrt{4r^2 - 2r^2}$$
$$y = r\sqrt{2}$$

Ein anderer Lösungsweg zu 46a ist

$$O = 2x^2\pi + 2x\pi h$$

Nach Abb. ist $x = r \cdot \cos\varphi$;

$$h = 2r\sin\varphi \quad \text{also}$$
$$O = 2\pi r^2\cos^2\varphi + 2\pi r\cos\varphi +$$
$$\times 2r\sin\varphi$$
$$= 2\pi r^2 \cdot (\cos^2\varphi + \sin 2\varphi)$$
$$f_{(\varphi)} = \cos^2\varphi + \sin 2\varphi$$
$$f'_{(\varphi)} = -2\cos\varphi\sin\varphi + 2\cos(2\varphi)$$
$$= 0$$

für $\sin(2\varphi) = 2\cos(2\varphi)$

$$\tan(2\varphi) = 2$$
$$2\varphi = 63^\circ\, 26'$$
$$\varphi = 31^\circ\, 43'$$
$$x = r\cdot\cos\varphi = r\cdot 0{,}85066$$
$$h = 2r\sin\varphi = r\cdot 2\cdot 0{,}52572$$
$$= 1{,}05\,r$$

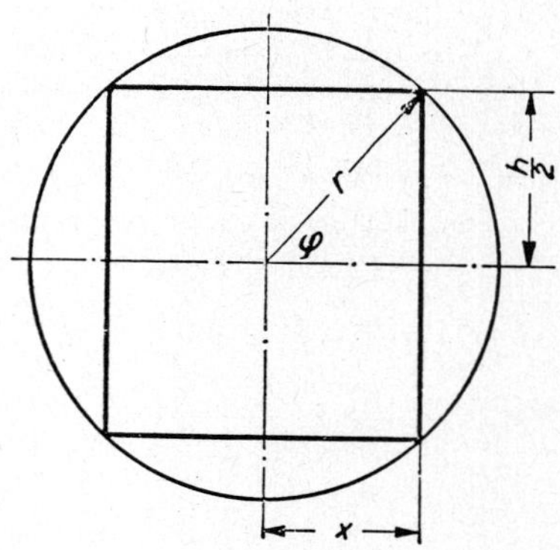

Probe zu 46a

$$h = r\sqrt{\frac{10 \pm 2\sqrt{5}}{5}} = r\sqrt{2 \pm 0{,}4\cdot 2{,}2361}$$
$$= r\sqrt{2 \pm 0{,}89444}$$
$$h_1 = r\sqrt{2{,}89444} = 1{,}7\,r$$
$$h_2 = r\sqrt{1{,}10556} = 1{,}05\,r$$

$$x = r\sqrt{\frac{5\mp\sqrt{5}}{10}} = r\sqrt{\frac{5\mp 2{,}2361}{10}}$$

$$x_1 = r\sqrt{\frac{2{,}7639}{10}} = r\sqrt{0{,}27639} = 0{,}525\, r$$

$$x^2 = r\sqrt{\frac{7{,}2361}{10}} = r\sqrt{0{,}72361} = 0{,}851\, r$$

47. Gegeben ist ein Prisma mit quadratischer Grundfläche, dessen Oberfläche bekannt ist. Wie groß ist die Seite der Grundfläche und wie die Höhe zu wählen, damit das Volumen ein Max wird?

Lösung: H: $V = x^2 h$.

$$V = \frac{x^2 (O - 2x^2)}{4x} = \frac{Ox - 2x^3}{4}$$

$$f(x) = Ox - 2x^3$$

$$f'(x) = O - 6x^2 = 0 \quad \text{für}$$

$$x^2 = \frac{O}{6} \quad \text{oder} \quad x = \sqrt{\frac{O}{6}} = \frac{1}{6}\sqrt{6\,O}$$

$$f''(x) = -12x < 0 \quad \text{also Max}$$

N:

$$O = 2x^2 + 4xh$$

$$h = \frac{O - 2x^2}{4x}$$

$$\text{dann wird } h = \frac{O - \frac{O}{3}}{4\sqrt{\frac{O}{6}}} = \frac{1}{6}\sqrt{6\,O}$$

$$\text{und} \quad V = x^2 h = \frac{O}{6}\cdot\frac{1}{6}\sqrt{6\,O}$$

$$= \frac{O}{36}\cdot\sqrt{6\,O}$$

48. Eine regelmäßige Pyramide mit quadratischer Grundfläche soll so in eine Kugel mit dem Radius r eingezeichnet werden, daß ihre Ecken in der Kugeloberfläche liegen und ihr Volumen ein Max werde. Wie groß ist der Abstand x der Grundfläche vom Kugelmittelpunkt? Wie groß ist die Seite $2y$ der Grundfläche? Wie groß ist der Inhalt der Pyramide?

Lösung: Ist y die halbe Seite der Pyramidengrundfläche, so wird

$$\text{H:} \quad V = \frac{4y^2}{3}(x + r)$$

N: Aus dem Schnitt AB folgt: $x^2 + 2y^2 = r^2$ oder

$$y^2 = \frac{r^2 - x^2}{2} \quad \text{also}$$

$$V = \frac{4}{3\cdot 2}(r^2 - x^2)(x + r)$$

$$= \frac{2}{3}(r^2 x + r^3 - x^3 - r x^2)$$

$$f(x) = r^2 x - r x^2 - x^3$$

$$f'(x) = r^2 - 2rx - 3x^2$$

$$= (r - 3x)(r + x) = 0 \quad \text{für}$$

$$x_1 = \frac{r}{3} \quad x_2 = -r$$

Grundriß der Pyramide

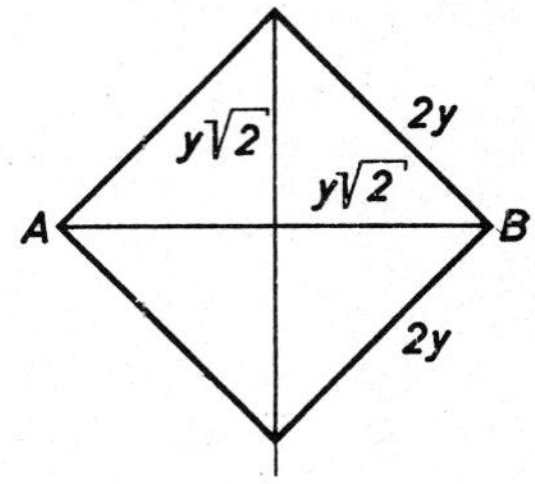

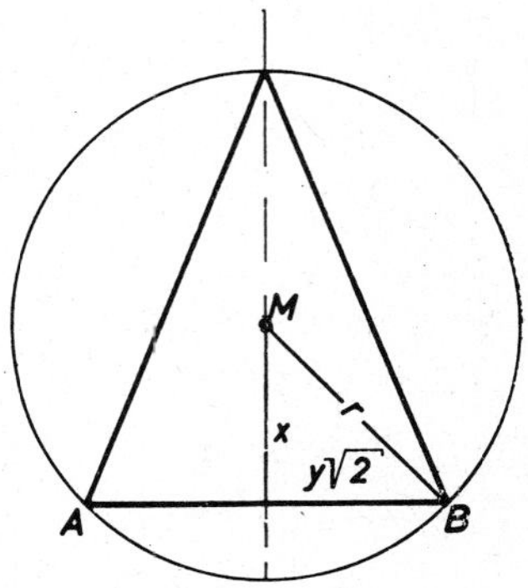

Mittelschnitt längs der Diagonale AB

$$f''(x) = -2r - 6x$$

$$f''_{\left(\frac{r}{3}\right)} = -2r - 2r = -4r < 0 \quad \text{also Max.}$$

Dann wird $\quad y^2 = \dfrac{r^2 - \dfrac{r^2}{9}}{2} = \dfrac{4}{9} r^2 \quad$ oder $\quad y = \dfrac{2}{3} r$

Die Seite der Grundfläche $= \dfrac{4r}{3}$

$$V = \frac{(2y)^2 \cdot h}{3} = \frac{16 r^2 \, 4r}{9 \cdot 3 \cdot 3} = \frac{64}{81} r^3$$

49. Einer gegebenen Halbkugel mit dem Radius r soll eine auf der Spitze stehende Pyramide mit quadratischer Grundfläche einbeschrieben werden, deren Inhalt ein Max wird. Wie sind die Abmessungen der Pyramide zu wählen und wie groß ist ihr Inhalt?

Lösung:

H: $\quad V = \dfrac{x^2 \cdot h}{3}$

Aus dem Schnitt AB folgt

N: $\quad h^2 = r^2 - \dfrac{x^2}{2} \quad$ also

$$V = \frac{x^2}{3} \sqrt{r^2 - \frac{x^2}{2}}$$

$$V^2 = \frac{x^4}{9} \left(\frac{2r^2 - x^2}{2} \right) = \frac{1}{18} (2r^2 x^4 - x^6)$$

$$f(x) = 2r^2 x^4 - x^6$$

$$f'(x) = 8r^2 x^3 - 6x^5 = 2x^3 (4r^2 - 3x^2) = 0$$

für $\quad x_1 = 0 \quad x_2 = \sqrt{\dfrac{4r^2}{3}} = \dfrac{2}{3} r \sqrt{3}$

$$f''(x) = 24 r^2 x^2 - 30 x^4$$

$$= 24 r^2 \cdot \frac{4r^2}{3} - 30 \cdot \frac{16}{9} r^4$$

$$= 32 r^4 - \frac{160}{3} r^4 = -\frac{64}{3} r^4 < 0 \quad \text{also Max}$$

Dann wird $\quad h = \sqrt{r^2 - \dfrac{x^2}{2}} = \sqrt{r^2 - \dfrac{2}{3} r^2} = \dfrac{r}{3} \sqrt{3}$

$$V = \frac{x^2 \cdot h}{3} = \frac{4r^2}{3 \cdot 3} \cdot \frac{r}{3} \sqrt{3} = \frac{4}{27} r^3 \sqrt{3}$$

Pyramidengrundriß

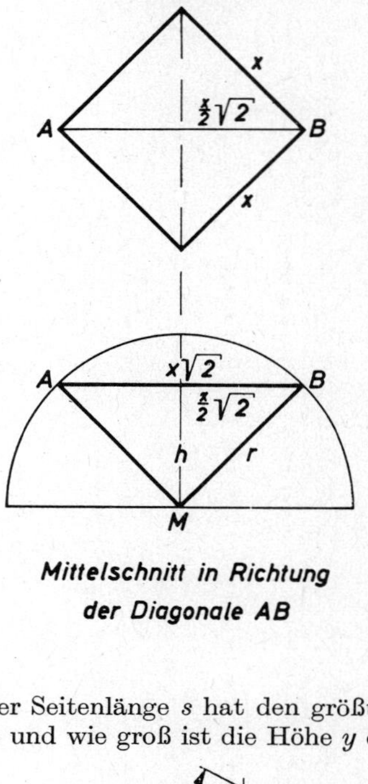

Mittelschnitt in Richtung der Diagonale AB

50. Welcher von allen geraden Kreiskegeln von gleicher Seitenlänge s hat den größten Inhalt? Wie groß ist der Radius x der Grundfläche und wie groß ist die Höhe y des Kegels?

Lösung:

H: $\quad V = \dfrac{x^2 \pi \cdot y}{3} \qquad$ N: $\quad y^2 = s^2 - x^2$

$$V^2 = \frac{x^4 \pi^2}{9} (s^2 - x^2)$$

$$f(x) = x^4 s^2 - x^6$$

$$f'(x) = 4x^3 s^2 - 6x^5$$

$$= 2x^3 (2s^2 - 3x^2) = 0$$

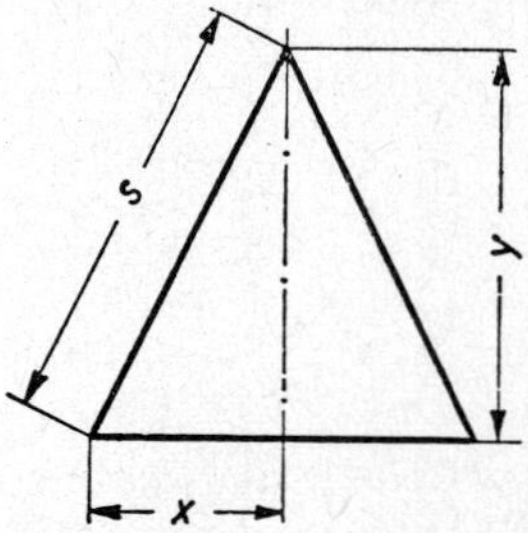

für $x_1 = 0 \quad x_2 = \frac{s}{3}\sqrt{6}$

$$f''(x) = 12\,x^2\,s^2 = 30\,x^4$$

$$f''_{\left(\frac{s}{3}\sqrt{6}\right)} = 12\,s^2 \cdot \frac{2}{3}\,s^2 - 30 \cdot \frac{4}{9}\,s^4$$

$$= 8\,s^4 - \frac{40}{3}\,s^4 = -\frac{16}{3}\,s^4$$

< 0 also Max

Dann wird

$$y^2 = s^2 - x^2 = s^2 - \frac{2}{3}\,s^2 = \frac{s^2}{3}$$

$$y = \frac{s}{3}\sqrt{3}$$

51. Welche Höhe h muß ein gerader Kreiskegel haben, wenn bei einer Seitenlänge von $s = 12$ cm sein Rauminhalt ein Max wird, und wie groß wird der Radius r der Grundfläche?

Lösung:

H: $V = \frac{r^2\,\pi\,h}{3}$ N: $r^2 = s^2 - h^2$

$$V = \frac{(s^2 - h^2)\cdot\pi\cdot h}{3} = \frac{\pi}{3}\,(s^2\,h - h^3)$$

$$f(h) = s^2\,h - h^3$$

$$f'(h) = s^2 - 3\,h^2 = 0$$

für $h = \frac{s}{3}\sqrt{3} = 4\sqrt{3} = 6{,}9284$ cm

$f''(h) = -6\,h < 0$ also Max

$r^2 = \frac{2}{3}\,s^2 \qquad r = \frac{s}{3}\sqrt{6} = 4\sqrt{6} = 9{,}7980$ cm

Probe: $s^2 = h^2 + r^2 = 48 + 96 = 144$

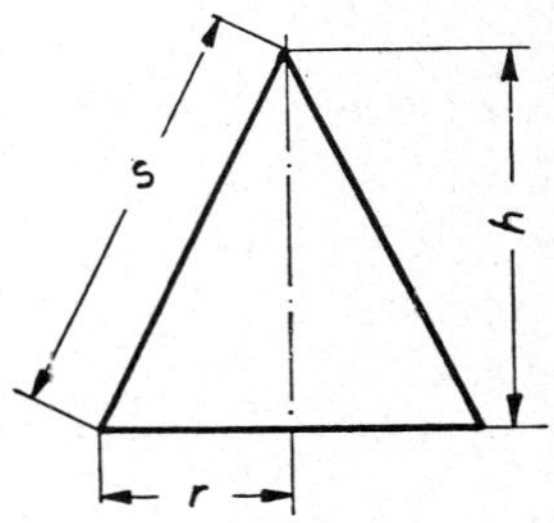

52. Wie groß muß die Höhe h eines Kegels werden, wenn er bei einer gegebenen Oberfläche O den größten Rauminhalt haben soll? (s. Beispiel 51)

Lösung:

H: $V = \frac{r^2\,\pi\cdot h}{3}$

N: $O = r^2\,\pi + r\cdot\pi\cdot\sqrt{h^2 + r^2}$

$$r^2\,\pi^2\,(h^2 + r^2) = O^2 + r^4\,\pi^2 - 2\,O\,r^2\,\pi$$

$$r^2\,\pi^2\,h^2 + r^4\,\pi^2 = O^2 + r^4\,\pi^2 - 2\,O\,r^2\,\pi$$

$r^2 = \frac{O^2}{h^2\,\pi^2 + 2\,O\,\pi}$ und damit

$$V = \frac{\pi\cdot h}{3}\cdot\frac{O^2}{h^2\,\pi^2 + 2\,O\,\pi} = \frac{\pi}{3}\,O^2\cdot\frac{h}{h^2\,\pi^2 + 2\,O\,\pi}$$

$$f(h) = \frac{h}{h^2\,\pi^2 + 2\,O\,\pi}$$

$$f'(h) = \frac{h^2\,\pi^2 + 2\,O\,\pi - h\cdot 2\,h\,\pi^2}{(h^2\,\pi^2 + 2\,O\,\pi)^2}$$

$= \frac{2\,O\,\pi - h^2\,\pi^2}{(h^2\,\pi^2 + 2\,O\,\pi)^2} = 0,$ wenn

$h^2\,\pi^2 = 2\,O\,\pi$ oder $h^2 = \frac{2\,O}{\pi}$

d. h. wenn $h = \sqrt{\frac{2\,O}{\pi}}$ ist.

Dann wird

$$r^2 = \frac{O^2}{2\,O\,\pi + 2\,O\,\pi} = \frac{O^2}{4\,O\,\pi} = \frac{O}{4\,\pi}$$

$$r = \frac{1}{2}\sqrt{\frac{O}{\pi}}$$

53. Wie groß muß die Höhe h eines Kegels gemacht werden, wenn er bei einem gegebenen Rauminhalt V die kleinste Oberfläche haben soll? (s. Beisp. 51)

Lösung: H.: $O = r^2\pi + r\cdot\pi s$

$$O = r^2\pi + r\pi\sqrt{h^2+r^2} = r^2\pi + \pi\sqrt{r^4+r^2h^2}$$

$$\text{N: } V = \frac{r^2\pi\cdot h}{3}; \qquad r^2 = \frac{3V}{\pi h}; \qquad r = \sqrt{\frac{3V}{\pi h}}; \qquad r^4 = \frac{9V^2}{\pi^2 h^2}$$

Dann wird $O = \frac{3V}{\pi\cdot h}\cdot\pi + \pi\sqrt{\frac{9V^2}{\pi^2h^2} + \frac{h^2\cdot 3V}{\pi\cdot h}\cdot\frac{\pi}{\pi}} = \frac{3V}{h} + \sqrt{\frac{9V^2}{h^2} + h\,3V\pi} = f_{(h)}$

$$f'_{(h)} = -\frac{3V}{h^2} + \frac{1}{2\sqrt{\frac{9V^2}{h^2} + 3h\pi V}}\cdot\left(-\frac{9V^2\cdot 2}{h^3} + 3\pi V\cdot\frac{h^3}{h^3}\right)$$

$$f'_{(h)} = -\frac{3V}{h^2} + \frac{3\pi V h^3 - 18V^2}{2\frac{h^3}{h}\sqrt{9V^2+3\pi h^3 V}} = -\frac{6V}{2h^2} + \frac{3\pi V h^3 - 18V^2}{2h^2\sqrt{9V^2+3\pi h^3 V}}$$

$$f'_{(h)} = \frac{-6V\sqrt{9V^2+3h^3\pi V} + 3\pi V h^3 - 18V^2}{2h^2\sqrt{9V^2+3\pi h^3 V}} = 0 \qquad \text{wenn}$$

$$6V\sqrt{9V^2+3\pi h^3 V} = 3\pi h^3 V - 18V^2$$

$$2\sqrt{9V^2+3\pi h^3 V} = \pi h^3 - 6V$$

$$36V^2 + 12\pi h^3 V = \pi^2 h^6 + 36V^2 - 12\pi h^3 V$$

$$24\pi h^3 V = \pi^2 h^6$$

$$\pi h^3(24V - \pi h^3) = 0, \qquad \text{wenn}$$

$$h_1 = 0 \qquad h_2 = \sqrt[3]{\frac{24V}{\pi}} = 2\sqrt[3]{\frac{3V}{\pi}}$$

54. Wie groß ist die Grundkante a und die Höhe h einer geraden quadratischen Pyramide zu machen, damit ihr Rauminhalt bei einer gegebenen Oberfläche O möglichst groß wird?

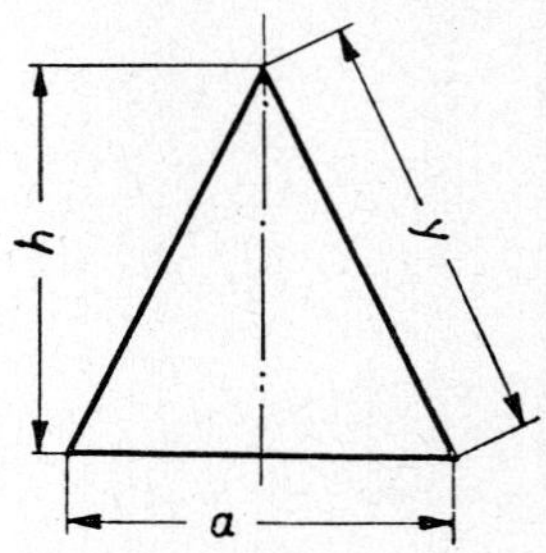

Lösung:

$$\text{H: } V = \frac{a^2\cdot h}{3}$$

$$\text{N: } O = a^2 + 4\,\frac{a\cdot y}{2}$$

$$O = a^2 + 2a\sqrt{h^2+\frac{a^2}{4}} = a^2 + a\sqrt{4h^2+a^2}$$

$$a^2(4h^2+a^2) = O^2 - 2a^2O + a^4$$

$$a^2 = \frac{O^2}{4h^2+2O}$$

$$V = \frac{h}{3}\cdot\frac{O^2}{4h^2+2O}$$

$$f_{(h)} = \frac{hO^2}{4h^2+2O}$$

$$f'_{(h)} = \frac{(4h^2+2O)\cdot O^2 - hO^2\cdot 8h}{(4h^2+2O)^2} = 0$$

wenn $4h^2O^2 + 2O^3 = 8h^2O^2$ ist.

$$2O^3 - 4h^2O^2 = 0$$

$$O = 2h^2 \qquad \text{oder}$$

$$h = \sqrt{\frac{O}{2}} = \frac{1}{2}\sqrt{2O}$$

$$a^2 = \frac{O^2}{4h^2+2O} = \frac{O^2}{2O+2O} = \frac{O}{4}$$

$$a = \frac{1}{2}\sqrt{O}$$

55. Wie groß ist die Grundkante a und die Höhe h einer geraden quadratischen Pyramide zu machen, damit ihre Oberfläche bei einem gegebenen Rauminhalt V möglichst klein wird? (Abb. s. Beispiel 54)

Lösung:

H: $O = a^2 + \frac{4\,a\,y}{2}$

$$O = a^2 + 2\,a\sqrt{h^2 + \frac{a^2}{4}}$$

N: $V = \frac{a^2 \cdot h}{3}; \qquad h = \frac{3\,V}{a^2}; \qquad h^2 = \frac{9\,V^2}{a^4}$

$$O = a^2 + 2\,a\sqrt{\frac{9\,V^2}{a^4} + \frac{a^2}{4}} = a^2 + \frac{2\,a}{2\,a^2}\sqrt{36\,V^2 + a^6}$$

$$f_{(a)} = a^2 + \frac{1}{a}\sqrt{36\,V^2 + a^6}$$

$$f'_{(a)} = 2\,a + -\frac{\sqrt{36\,V^2 + a^6}}{a^2} + \frac{1}{a}\,\frac{6\,a^5}{2\sqrt{36\,V^2 + a^6}}$$

$$= 2\,a - \frac{\sqrt{36\,V^2 + a^6}}{a^2} + \frac{3\,a^4}{\sqrt{36\,V^2 + a^6}}$$

$$= \frac{2\,a^3\sqrt{36\,V^2 + a^6} - 36\,V^2 - a^6 + 3\,a^6}{a^2\sqrt{36\,V^2 + a^6}} = 0$$

wenn $2\,a^3\sqrt{36\,V^2 + a^6} = 36\,V^2 - 2\,a^6$ ist

$$a^3\sqrt{36\,V^2 + a^6} = 18\,V^2 - a^6$$

$$a^6\,(36\,V^2 + a^6) = 324\,V^4 + a^{12} - 36\,a^6\,V^2$$

$$72\,a^6\,V^2 = 324\,V^4$$

Dann wird

$$2\,a^6 = 9\,V^2$$

$$a = \sqrt[6]{\frac{9}{2}\,V^2} \qquad h = \frac{3\,V}{a^2} = \frac{3\,V}{\sqrt[3]{\frac{9}{2}\,V^2}} = \sqrt[3]{\frac{27\,V^3 \cdot 2}{9\,V^2}}$$

$$h = \sqrt[3]{6\,V}$$

56. Eine Zeltpyramide mit quadratischer Grundfläche soll aus 4 Seitenstäben von je 5 m Länge so hergerichtet werden, daß der entstehende Raum möglichst vielen Personen Platz bietet. Welche Höhe muß das Zelt haben?

Lösung:

H: $V = \frac{x^2 \cdot h}{3}$. Aus dem Schnitt $A\,B$ folgt

N: $\frac{x^2}{2} = 5^2 - h^2$

$$x^2 = 50 - 2\,h^2$$

$$V = \frac{(50 - 2\,h^2)\,h}{3} = \frac{50\,h - 2\,h^3}{3}$$

$$f_{(h)} = 50\,h - 2\,h^3$$

$$f'_{(h)} = 50 - 6\,h^2 = 0 \quad \text{für}$$

$$h^2 = \frac{50}{6} = \frac{25}{3}$$

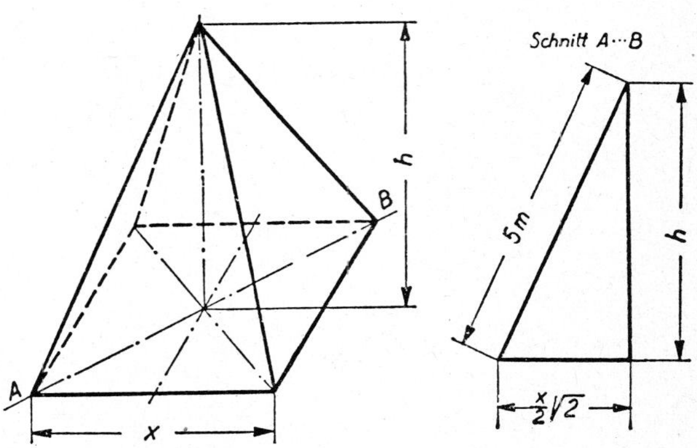

$$h = \frac{5}{3}\sqrt{3}$$

$$h = \frac{5}{3} \cdot 1{,}7321 = 2{,}88 \text{ m}$$

57. Ein oben offener Zylinder soll so hergestellt werden, daß er bei gegebenem Volumen eine möglichst kleine Oberfläche besitzt. Wie groß ist der Radius x der Grundfläche und die Höhe z?

Lösung: H: $O = x^2 \cdot \pi + 2\,x \cdot \pi \cdot z$

N : $V = x^2\,\pi\,z;\qquad z = \frac{V}{x^2\,\pi}$

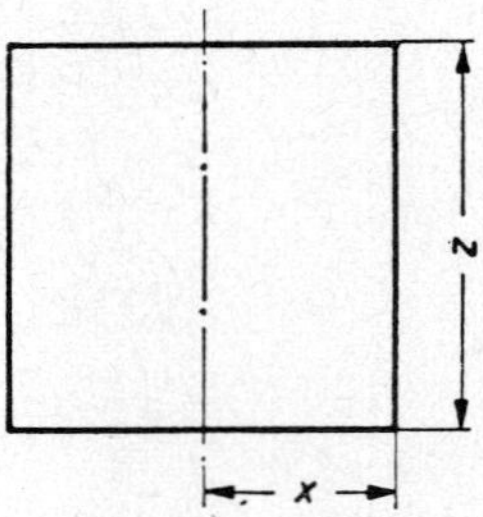

$$O = x^2\,\pi + 2\,x\,\pi \cdot \frac{V}{x^2\,\pi} = x^2\,\pi + \frac{2\,V}{x} = f\,(x)$$

$$f'\,(x) = 2\,x\,\pi - \frac{2\,V}{x^2} = \frac{2\,x^3\,\pi - 2\,V}{x^2}$$

$$= \frac{2\,(x^3\,\pi - V)}{x^2} = 0 \quad \text{für}$$

$$x^3\,\pi = V \quad \text{d. h.} \quad x = \sqrt[3]{\frac{V}{\pi}}$$

$$f''\,(x) = 2\,\pi + \frac{4\,V}{x^3}$$

$$f''_{\left(\sqrt[3]{\frac{V}{\pi}}\right)} = 2\,\pi + 4\,\pi = 6\,\pi > 0 \quad \text{also Min}$$

Dann wird $z = \dfrac{V}{\pi\sqrt[3]{\frac{V^2}{\pi^2}}} = \sqrt[3]{\dfrac{V}{\pi}}$

also ist $x = z$, d. h. Die Höhe des Zylinders ist gleich dem halben Durchmesser.

58. Ein oben geschlossener Zylinder soll so hergestellt werden, daß er bei gegebenem Volumen eine möglichst kleine Gesamtoberfläche besitzt. Wie groß ist der Radius x der Grundfläche und die Höhe z?

Lösung: H: $O = 2\,x^2\,\pi + 2\,x\,\pi\,z$, sonst wie die vorige Aufgabe. N: $z = \dfrac{V}{x^2\,\pi}$

$$O = 2\,x^2\,\pi + \frac{2\,V}{x} = 2\left(x^2\,\pi + \frac{V}{x}\right)$$

$$f\,(x) = x^2\,\pi + \frac{V}{x}$$

$$f'\,(x) = 2\,x\,\pi - \frac{V}{x^2} = \frac{2\,x^3\,\pi - V}{x^2} = 0$$

$$\text{für } x = \sqrt[3]{\frac{V}{2\,\pi}}$$

$$f''\,(x) = 2\,\pi + \frac{2\,V}{x^3}$$

$$f''_{\left(\sqrt[3]{\frac{V}{2\pi}}\right)} = 2\,\pi + 4\,\pi = 6\,\pi > 0 \quad \text{also Min.}$$

Dann wird

$$z = \frac{V}{\pi\sqrt[3]{\frac{V^2}{4\,\pi^2}}} = 2\sqrt[3]{\frac{V}{2\,\pi}} = 2\,x$$

d. h. die Höhe des Zylinders ist gleich dem Durchmesser.

59. Einer Kugel mit dem Halbmesser r soll der Kegel umbeschrieben werden, dessen
a) Rauminhalt,
b) Oberfläche,

c) Mantel ein Min wird. Wie groß wird hierbei der Radius der Grundfläche des Kegels?

Lösung:

a) H: $V = \frac{\varrho^2 \pi h}{3}$

N: $s : \varrho = (h - r) : r$

Die beiden Dreiecke AEC und MDC sind rechtwinklig und stimmen in den Winkeln überein. Sie sind ähnlich. In ähnlichen Dreiecken ist das Verhältnis gleichliegender Seiten gleich.

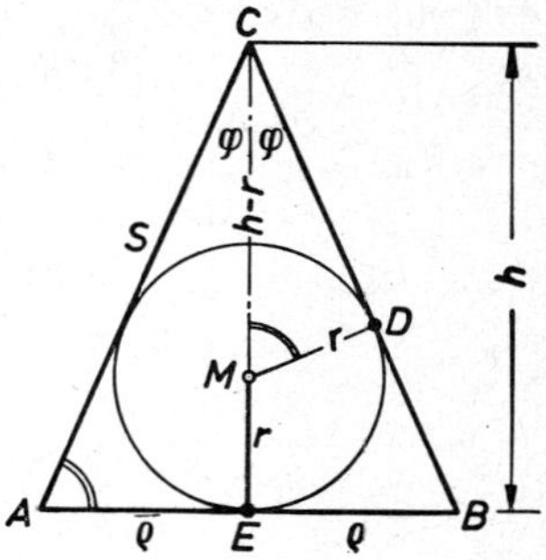

$$h = r \frac{(s + \varrho)}{\varrho}$$

$$V = \frac{\varrho^2 \pi}{3} \cdot r \frac{(s + \varrho)}{\varrho}$$

$$V = \frac{\varrho \pi}{3} \cdot r\,(s + \varrho)$$

$$V = \frac{\varrho \pi}{3} \cdot$$

$$\times r \left(\frac{\varrho^3 + r^2 \varrho}{\varrho^2 - r^2} + \varrho \right)$$

$$= \frac{\varrho \cdot \pi}{3} \cdot r \cdot \frac{\varrho^3 + r^2 \varrho + \varrho^3 - r^2 \varrho}{\varrho^2 - r^2}$$

$$= \frac{2 \varrho^4 \pi r}{3 (\varrho^2 - r^2)} = \frac{2 \pi r}{3} \cdot \frac{\varrho^4}{\varrho^2 - r^2}$$

$$h^2 = s^2 - \varrho^2$$

$$h^2 = \frac{r^2 (s + \varrho)^2}{\varrho^2}$$

$$s^2 - \varrho^2 = \frac{r^2 (s + \varrho)^2}{\varrho^2}$$

$$s - \varrho = \frac{r^2 (s + \varrho)}{\varrho^2}$$

$$s \varrho^2 - \varrho^3 = r^2 s + r^2 \varrho$$

$$s = \frac{\varrho^3 + r^2 \varrho}{\varrho^2 - r^2}$$

$$f_{(\varrho)} = \frac{\varrho^4}{\varrho^2 - r^2}$$

$$f'_{(\varrho)} = \frac{(\varrho^2 - r^2)\, 4 \varrho^3 - \varrho^4 \cdot 2 \varrho}{(\varrho^2 - r^2)^2}$$

$$= \frac{2 \varrho^5 - 4 \varrho^3 r^2}{(\varrho^2 - r^2)^2} = 0, \quad \text{wenn}$$

$$2 \varrho^3 (\varrho^2 - 2 r^2) = 0$$

$$\varrho_1 = 0 \qquad \varrho_2 = r \sqrt{2}$$

$$f''_{(\varrho)} = \frac{10 \varrho^4 - 12 \varrho^2 r^2}{(\varrho^2 - r^2)^2}$$

$$f''_{(r\sqrt{2})} = \frac{40 r^4 - 24 r^4}{r^4} = 16 > 0$$

also Min

Dann wird

$$h = \frac{r (s + \varrho)}{\varrho} = \frac{r \cdot 2 \varrho^3}{\varrho (\varrho^2 - r^2)} = \frac{r \cdot 2 \varrho^2}{(\varrho^2 - r^2)}$$

$$= \frac{r \cdot 2 \cdot 2 r^2}{r^2} = 4 r$$

b) H: $O = \varrho^2 \pi + \varrho \pi \cdot s \qquad s = \frac{\varrho^3 + r^2 \varrho}{\varrho^2 - r^2}$

$$O = \varrho^2 \pi + \varrho \cdot \pi \cdot \frac{\varrho^3 + r^2 \varrho}{\varrho^2 - r^2} = \frac{2 \varrho^4 \pi}{\varrho^2 - r^2} = 2 \pi \cdot \frac{\varrho^4}{\varrho^2 - r^2}$$

$f_{(\varrho)} = \frac{\varrho^4}{\varrho^2 - r^2}$ wie unter *a*, also $\varrho = r \sqrt{2}$

c) H: Mantel: $= \varrho \pi \cdot s = \varrho \cdot \pi \cdot \frac{\varrho^3 + r^2 \varrho}{\varrho^2 - r^2} = \pi \cdot \frac{\varrho^4 + r^2 \varrho^2}{\varrho^2 - r^2}$

$$f_{(\varrho)} = \frac{\varrho^4 + r^2 \varrho^2}{\varrho^2 - r^2}$$

$$f'_{(\varrho)} = \frac{(\varrho^2 - r^2)(4 \varrho^3 + 2 \varrho r^2) - (\varrho^4 + r^2 \varrho^2)\, 2 \varrho}{(\varrho^2 - r^2)^2} = \frac{2 \varrho^5 - 4 \varrho^3 r^3 - 2 \varrho r^4}{(\varrho^2 - r^2)^2}$$

$$= \frac{2 \varrho (\varrho^4 - 2 \varrho^2 r^2 - r^4)}{(\varrho^2 - r^2)^2} = 0; \qquad \text{für} \quad \varrho_1 = 0 \quad \text{und für} \quad \varrho^4 - 2 \varrho^2 r^2 = r^4$$

setzt man $\varrho^2 = z$, so wird $z^2 - 2\,z\,r^2 = r^i$

$$z = r^2 \pm r^2\sqrt{2}$$

also wird $\varrho = \pm\sqrt{r^2 \pm r^2\sqrt{2}} = r\sqrt{1+\sqrt{2}}$

60. Einer Halbkugel mit dem Halbmesser r soll ein Kegel umschrieben werden. Wie groß ist die Höhe h dieses Kegels zu wählen, damit

a) sein Rauminhalt,

b) sein Mantel ein Min wird?

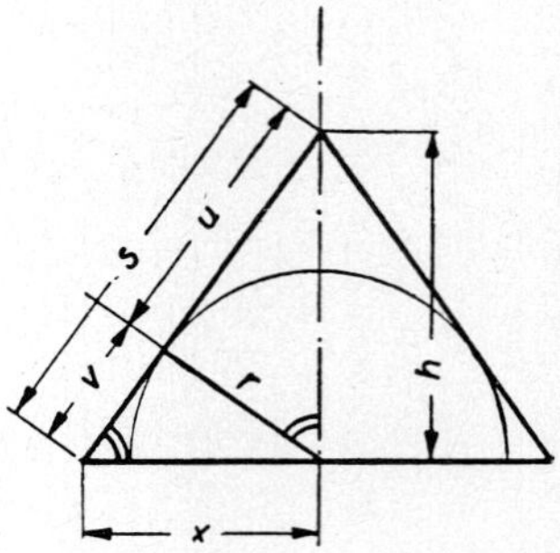

Lösung:

a) H: $V = \frac{x^2\,\pi\,h}{3} = \frac{\pi \cdot h}{3}(s^2 - h^2)$ N: $u \cdot s = h^2$

Kathetensatz

$$V = \frac{\pi\,h}{3}\left(\frac{h^4}{h^2 - r^2} - h^2\right) \qquad s = \frac{h^2}{u};$$

$$= \frac{\pi\,h}{3}\left(\frac{h^4 - h^4 + h^2\,r^2}{h^2 - r^2}\right) \qquad s^2 = \frac{h^4}{u^2};\; u^2 = h^2 - r^2$$

$$= \frac{\pi\,h}{3} \cdot \frac{h^2\,r^2}{h^2 - r^2} \qquad s^2 = \frac{h^4}{h^2 - r^2}$$

$$= \frac{\pi}{3} \cdot \frac{h^3\,r^2}{h^2 - r^2}$$

$$f_{(h)} = \frac{h^3\,r^2}{h^2 - r^2}$$

$$f'_{(h)} = \frac{(h^2 - r^2)\,3\,h^2\,r^2 - h^3\,r^2 \cdot 2\,h}{(h^2 - r^2)^2} = \frac{h^4\,r^2 - 3\,h^2\,r^4}{(h^2 - r^2)^2} = 0 \quad \text{für} \quad h = r\sqrt{3}$$

$$f''_{(h)} = \frac{4\,h^3\,r^2 - 6\,h\,r^4}{(h^2 - r^2)^2}$$

$$f''_{(r\sqrt{3})} = \frac{4 \cdot r^3 \cdot 3\sqrt{3}\,r^2 - 6 \cdot r\sqrt{3}\,r^4}{(2\,r^2)^2} = \frac{12\,r^5\sqrt{3} - 6\,r^5\sqrt{3}}{4\,r^4}$$

$$= \frac{6\,r^5\sqrt{3}}{4\,r^4} = \frac{3}{2}\,r\sqrt{3} > 0 \quad \text{also Min}$$

b) H: $M = x \cdot \pi \cdot s = \pi \cdot s\sqrt{s^2 - h^2}$ N: $u \cdot s = h^2$

$$M = \pi \cdot \frac{h^2}{\sqrt{h^2 - r^2}}\sqrt{\frac{h^4}{h^2 - r^2} - h^2} \qquad s = \frac{h^2}{u}$$

$$= \pi\,\frac{h^2}{\sqrt{h^2 - r^2}} \cdot \sqrt{\frac{h^2\,r^2}{h^2 - r^2}} = \frac{\pi\,h^3 \cdot r}{h^2 - r^2} \qquad s^2 = \frac{h^4}{u};\quad u^2 = h^2 - r^2$$

$$f_{(h)} = \frac{h^3 \cdot r}{h^2 - r^2} \qquad s^2 = \frac{h^4}{h^2 - r^2}$$

$$f'_{(h)} = \frac{(h^2 - r^2)\,3\,h^2\,r - h^3\,r \cdot 2\,h}{(h^2 - r^2)^2} = \frac{h^4\,r - 3\,h^2\,r^3}{(h^2 - r^2)^2} = 0 \quad \text{für} \quad h = r\sqrt{3}$$

$$f''_{(h)} = \frac{4\,h^3\,r - 6\,h\,r^3}{(h^2 - r^2)^2}$$

$$f''_{(r\sqrt{3})} = \frac{12\,r^4\sqrt{3} - 6\,r^4\sqrt{3}}{4\,r^4} = \frac{3}{2}\sqrt{3} > 0 \quad \text{also Min.}$$

61. Einer Kugel vom Radius r sind ein Zylinder mit beiderseits aufgesetzten geraden Kreiskegel einbeschrieben. Wie sind Zylinder und Kreiskegel zu dimensionieren, damit deren Inhalt ein Max wird?

Lösung:

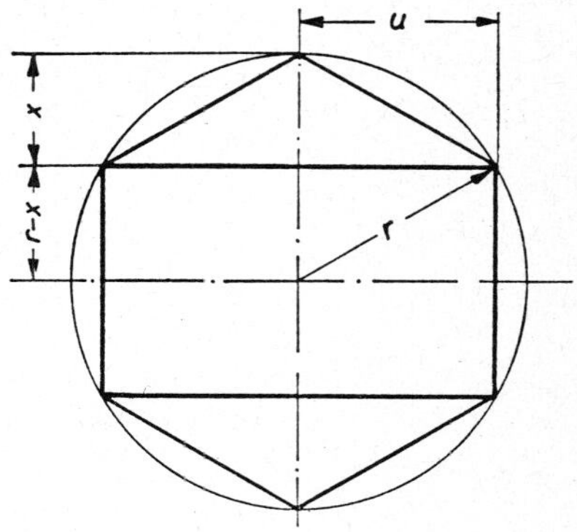

H: $V = u^2 \pi (r-x) 2 + \frac{u^2 \pi \cdot x \cdot 2}{3}$

$V = 2\pi u^2 \left((r-x) + \frac{x}{3}\right)$

N: $u^2 = x(2r-x) = 2rx - x^2$

(Kathetensatz)

$V = \frac{2\pi}{3}(2rx - x^2)(3r-2x)$

$V = \frac{2\pi}{3}(2x^3 - 7rx^2 + 6r^2x)$

$f_{(x)} = 2x^3 - 7rx^2 + 6r^2x$

$f'_{(x)} = 6x^2 - 14rx + 6r^2$

$3x^2 - 7rx + 3r^2 = 0$

$x = \frac{7}{6}r \pm \sqrt{\frac{49r^2 - 36r^2}{36}}$

$x = \frac{7}{6}r \pm \frac{r}{6}\sqrt{13} = \frac{7r \pm \sqrt{13}\,r}{6} \qquad x = \frac{7r - 3{,}6056\,r}{6} = \frac{3{,}3944\,r}{6} = 0{,}5657\,r$

Der Wert $+\sqrt{13}\,r$ ist nicht brauchbar, führt zu $x = 10{,}6056\,r$.

62. Um ein Quadrat mit der Seite a werde ein gleichschenkliges Dreieck gezeichnet, so daß die eine Quadratseite auf der Basis liegt und die Endpunkte der Gegenseite auf den Schenkeln. Rotiert das Dreieck um die Basis c, so entsteht ein Doppelkegel. Bei welcher Höhe h und welcher Basis c des gleichschenkligen Dreiecks wird der Doppelkegel ein Min?

Lösung: Volumen des Doppelkegels gleich Inhalt des Dreiecks mal Weg des Schwerpunktes, oder gleich Grundfläche, mal Summe der Höhen, mal $\frac{1}{3}$.

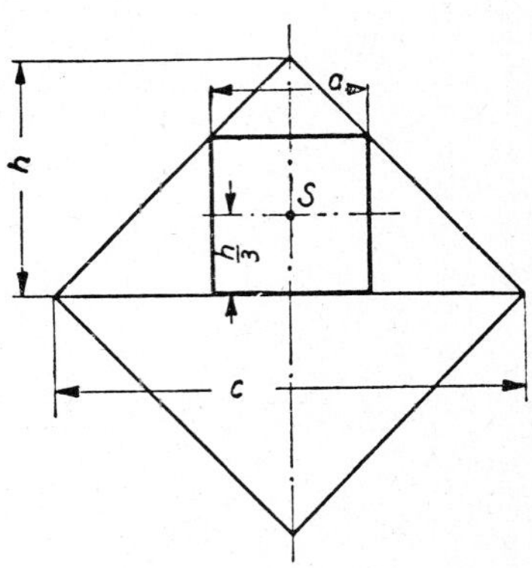

H: $V = \frac{c \cdot h}{2} \cdot \frac{2}{3} h \pi = \frac{c h^2 \pi}{3}$

N: $c : a = h : (h-a); \quad c = \frac{ah}{h-a}$

$V = \frac{a h^3 \pi}{3(h-a)} = \frac{a \cdot \pi}{3} \cdot \frac{h^3}{h-a}$

$f_{(h)} = \frac{h^3}{h-a}$

$f'_{(h)} = \frac{(h-a)\,3h^2 - h^3}{(h-a)^2}$

$= \frac{2h^3 - 3ah^2}{(h-a)^2}$

$= \frac{h^2(2h-3a)}{(h-a)^2} = 0 \qquad$ für $h_1 = 0 \quad h_2 = \frac{3a}{2}$

$$f''_{(h)} = \frac{u'}{v} = \frac{6h^2 - 6ah}{(h-a)^2} = \frac{54\frac{a^2}{4} - 36\frac{a^2}{4}}{\frac{a^2}{4}} = 18 > 0 \quad \text{also Min}$$

Dann wird $c = \frac{a \cdot h}{h-a} = \frac{a \cdot \frac{3}{2}a}{\frac{a}{2}} = \frac{3a^2}{a} = 3a$

und $V = \frac{a \cdot \pi}{3} \cdot \frac{\frac{27}{8}a^3}{\frac{a}{2}} = \frac{9}{4}a^3\pi$

Es ist also $h = \frac{c}{2}$, d. h. das Dreieck ist gleichschenklig rechtwinklig.

11.3 Beispiele aus der Praxis

63. Aus den 4 Ecken eines quadratischen Bleches mit der Seite a sollen gleiche Quadrate ausgeschnitten und aus dem übrigbleibenden Stück ein oben offener Kasten gefertigt werden. Wie groß müssen die Seiten der auszuschneidenden Quadrate gemacht werden, wenn man ein möglichst großes Volomen des Kastens erzielen will?

Lösung: Der Kasten hat eine Länge von $l = a - 2x$ (N) und somit ist sein Volumen

H: $V = l^2 \cdot x = (a-2x)^2 \cdot x$

$f(x) = a^2x - 4ax^2 - 4x^3$

$f'(x) = a^2 - 8ax + 12x^2$

$= (a-2x)(a-6x) = 0$ für

$x_1 = \frac{a}{2} \quad x_2 = \frac{a}{6}$

$x = \frac{a}{2}$ scheidet aus, ergibt keinen Kasten.

$f''(x) = -8a + 24x; \quad f''\left(\frac{a}{6}\right) = -8a$

$+4a = -4a < 0$ also Max

für $f''\left(\frac{a}{2}\right)$ würde sein: $-8a + 12a = 4a > 0$ also Min

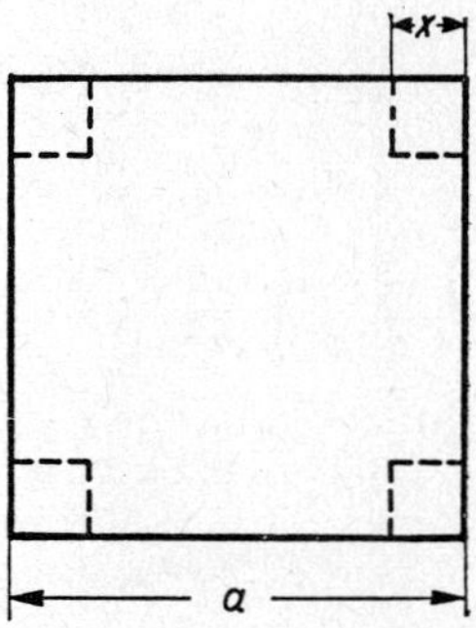

64. Desgleichen für eine Blechtafel mit den Seiten a und b.

Lösung:

$V = (a-2x)(b-2x)x$

$f(x) = 4x^3 - 2ax^2 - 2bx^2 + abx$

$f'(x) = 12x^2 - 4ax - 4bx + ab = 0$ für

$12x^2 - 4ax - 4bx = -ab$

$x^2 - 4x\frac{(a+b)}{12} = -\frac{ab}{12}$

$x^2 - 2x\frac{(a+b)}{6} = -\frac{ab}{12}$

$x = \frac{a+b}{6} \pm \sqrt{\frac{a^2 + 2ab + b^2 - 3ab}{6^2}}$

$x = \frac{a+b}{6} \pm \frac{\sqrt{a^2 - ab + b^2}}{6}$

für $a = 50$ und $b = 80$ cm: $x = \frac{50+80}{6} \pm \frac{\sqrt{2500-4000-6400}}{6} = \frac{130}{6} \pm \frac{70}{6}$

$$x_1 = \frac{200}{6} = \frac{100}{3} \quad \text{nicht möglich!}$$

$$x_2 = 10 \text{ cm}$$

$$V = (50-20)\,(80-20) = 10 = 30 \cdot 60 \cdot 10 = 18\,000 \text{ cm}^3 = 18 \text{ dm}^3$$

65. Aus einer Blechtafel von 1 m Breite ist eine Dachrinne nach nebenstehender Skizze herzustellen. Wie groß muß x gewählt werden, damit der Querschnitt ein Max wird?

Lösung:

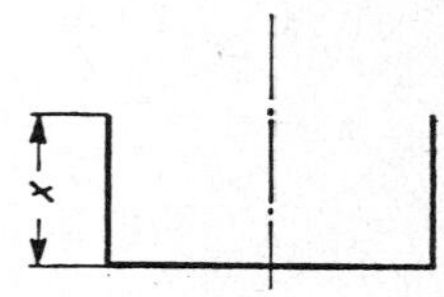

$$Q = (1-2\,x) \cdot x = x - 2\,x^2 = f(x)$$

$$f(x) = x - 2\,x^2$$

$$f'(x) = 1 - 4\,x = 0 \quad \text{für} \quad x = \frac{1}{4}$$

$$f''(x) = -4 < 0 \quad \text{also Max}$$

66. Aus einer Blechtafel von 1 m Breite ist eine Dachrinne nach nebenstehender Skizze herzustellen. Wie groß muß der Winkel α gewählt werden, damit der Querschnitt ein Max wird?

Lösung:

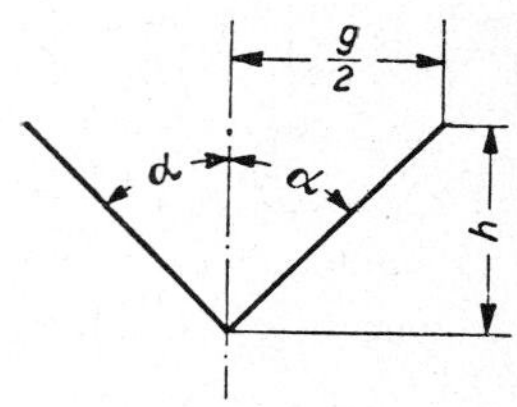

H: $Q = \frac{g \cdot h}{2}$ N: $\frac{g}{2} = 50 \sin \alpha;$ $h = 50 \cos \alpha$

$$Q = 50 \sin \alpha \cdot 50 \cos \alpha = 2500 \sin \alpha \cos \alpha = 1250 \sin (2\,\alpha)$$

$$f(\alpha) = \sin (2\,\alpha);\ f'(\alpha) = \cos (2\,\alpha) \cdot 2 = 0 \text{ für } \cos (2\,\alpha) = 0$$

d. h. $2\,\alpha = 90°$ und $2\,\alpha = 270°$, also muß das Blech im rechten Winkel gebogen werden.
oder

$$Q = 2500 \sin \alpha \cos \alpha$$

$$f(\alpha) = \sin \alpha \cdot \cos \alpha$$

$f'(\alpha) = \cos^2 \alpha - \sin^2 \alpha = 0,$ d. h. wenn $\cos^2 \alpha = \sin^2 \alpha$ oder $\cos \alpha = \sin \alpha$ ist.

Das ist der Fall bei $\alpha = 45°$ und $225°$.
Brauchbar ist nur $\alpha = 45$ oder $2\,\alpha = 90°$.

67. Es soll ein Zelt mit möglichst großem Rauminhalt gebaut werden, wenn die Länge s des Zeltes bekannt ist. Gesucht ist die Höhe des Zeltes.

Lösung:

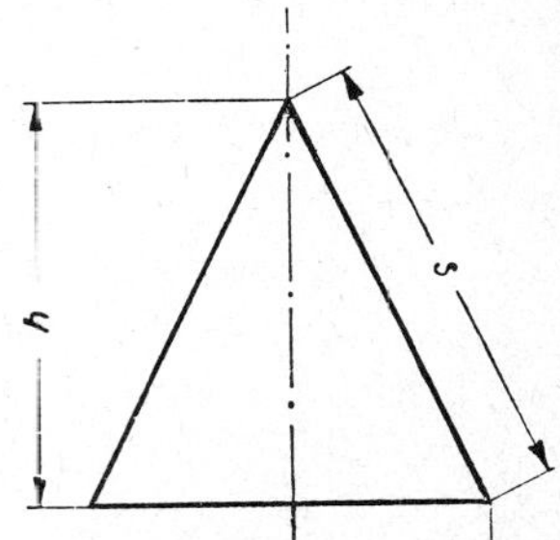

H: $V = r^2 \pi \cdot \frac{h}{3}$ N: $r^2 = s^2 - h^2$

$$V = (s^2 - h^2)\,\pi \cdot \frac{h}{3} = \frac{\pi}{3}\,(s^2 h - h^3)$$

$$f_{(h)} = s^2 h - h^3$$

$$f'_{(h)} = s^2 - 3\,h^2 = 0 \quad \text{für} \quad h = \frac{s}{3}\sqrt{3}$$

$$f''_{(h)} = -6\,h < 0 \quad \text{also Max}$$

68. Ein rechteckiges Fenster mit aufgesetztem Rundbogen soll bei möglichst großer Fläche eine Umrahmung von nur 6 m haben. Welche Maße sind für die Fenster zu wählen? Wie groß ist die Fläche?

Lösung:

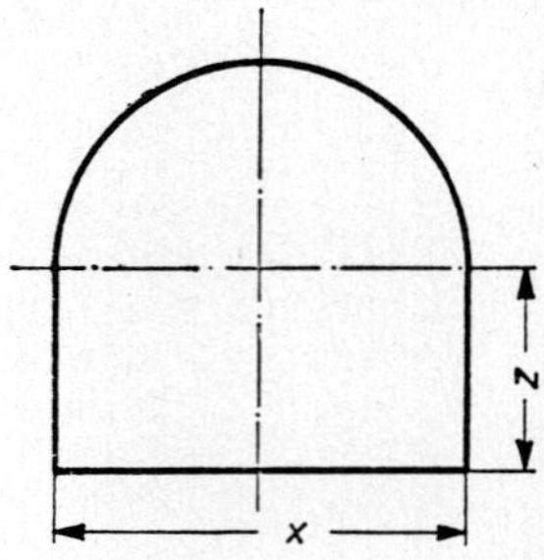

H: $A = x \cdot z + \frac{x^2 \cdot \pi}{8}$

N: $x + 2z + \frac{x \cdot \pi}{2} = 6$

daraus

$$z = \frac{12 - x(\pi + 2)}{4}$$

$$A = x \cdot \frac{12 - x\pi - 2x}{4} + \frac{x^2 \pi}{8}$$

$$= \frac{24x - x^2\pi - 4x^2}{8}$$

$$f(x) = 24x - x^2\pi - 4x^2$$

$$f'(x) = 24 - 2x\pi - 8x = 0 \quad \text{für} \quad x = \frac{12}{4+\pi} = \frac{12}{7{,}1416} = 1{,}6803 \text{ m}$$

$$f''(x) = -2\pi - 8 < 0 \text{ also Max}$$

Dann wird

$$z = \frac{12 - x\pi - 2x}{4} = 3 - \frac{1{,}6803 \cdot 5{,}1416}{4} = 3 - 2{,}15985 = 0{,}84015 \text{ m}$$

Der Bogen

$$b = \frac{x \cdot \pi}{2} = 0{,}84015 \cdot \pi = 2{,}6389 \text{ m}$$

Der Umfang ist

$$U = 1{,}6803 + 1{,}6803 + 2{,}6389 = 5{,}9995 = \sim 6 \text{ m}$$

Die Fläche wird dann:

$$A = 1{,}6803 \cdot 0{,}84015 + \frac{1{,}6803^2 \pi}{8} = 1{,}4117 + 1{,}10835 = 2{,}52005 \text{ m}^2$$

69. Das Fenster der vorstehenden Aufgabe soll eine Fläche von 250 dm² erhalten. Wie ist es auszuführen, damit die Kosten für die Umrahmung ein Min werden?

Lösung:

H: $U = x + 2z + \frac{x \cdot \pi}{2}$

N: $A = x \cdot z + \frac{x^2 \pi}{8} = 250$, daraus $z = \frac{250}{x} - \frac{x \cdot \pi}{8}$

also

$$U = x + 2\left(\frac{250}{x} - \frac{x \cdot \pi}{8}\right) + \frac{x\pi}{2} = x + \frac{500}{x} - \frac{x \cdot \pi}{4} + \frac{x \cdot \pi}{2}$$

$$= \frac{500}{x} + x\left(1 + \frac{\pi}{4}\right) = \frac{500}{x} + 1{,}7854\,x$$

$$f(x) = \frac{500}{x} + 1{,}7854\,x$$

$$f'(x) = -\frac{500}{x^2} + 1{,}7854 = 0$$

Dann wird

$$z = \frac{250}{16{,}737} - \frac{16{,}736 \cdot \pi}{8}$$
$$= 14{,}937 - 6{,}572$$
$$= 8{,}365 \text{ dm} = 0{,}8365 \text{ m}$$

für $x^2 = \dfrac{500}{1,7854}$ oder

$x = 16,736$ dm oder 1,6736 m

Probe: $A = x \cdot z + \dfrac{x^2 \pi}{8} = 16,736 \cdot 8,365 + 2,092 \cdot 16,736 \cdot \pi$

$= 140 + 110 = 250 \text{ dm}^2.$

70. Gegeben ist ein quadratisches Blech mit der Seitenlänge s. Von den Seiten aus werden gleichschenklige Dreiecke, die die Quadratseite zur Basis haben, ausgeschnitten. Die Spitzen der gleichschenkligen Dreiecke sind zugleich die Ecken der Grundfläche einer quadratischen Pyramide. Wie **groß** **muß** die Höhe der auszuschneidenden gleichschenkligen Dreiecke sein, damit aus dem Rest des Bleches eine quadratische Pyramide größten Inhalts gebildet werden kann? Wie hoch ist die Pyramide?

Lösung:

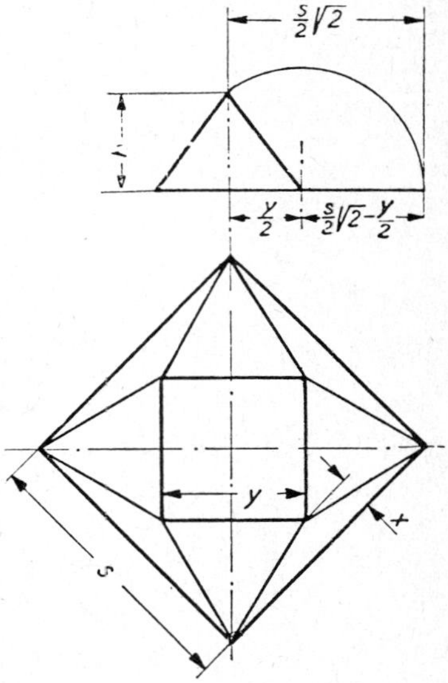

H: $V = \dfrac{y^2 \cdot h}{3}$

N: $h^2 = \left(\dfrac{s}{2}\sqrt{2} - \dfrac{y}{2}\right)^2 - \dfrac{y^2}{4}$

$= \dfrac{s^2}{2} + \dfrac{y^2}{4} - \dfrac{s \cdot y\sqrt{2}}{2} - \dfrac{y^2}{4}$

$= \dfrac{s^2}{2} - \dfrac{s \cdot y \cdot \sqrt{2}}{2}$

$h = \sqrt{\dfrac{s^2}{2} - \dfrac{s\,y\sqrt{2}}{2}}$

$s = y\sqrt{2} + 2\,x; \quad y = \dfrac{s - 2\,x}{\sqrt{2}}\,;$

$y^2 = \dfrac{(s - 2\,x)^2}{2}$

$V = \dfrac{(s - 2\,x)^2}{2 \cdot 3} \cdot \sqrt{\dfrac{s^2}{2} - \dfrac{s}{2}\sqrt{2} \cdot \dfrac{s - 2\,x}{\sqrt{2}}}$

$= \dfrac{(s - 2\,x)^2}{6} \sqrt{\dfrac{s^2}{2} - \dfrac{s^2}{2} + s \cdot x} = \dfrac{(s - 2\,x)^2}{6} \sqrt{s\,x} = \dfrac{(s - 2\,x)^2}{6} \cdot s^{\frac{1}{2}} \cdot x^{\frac{1}{2}}$

$f(x) = (s - 2\,x)^2 \cdot x^{\frac{1}{2}} = (s^2 - 4\,s\,x + 4\,x^2)\,x^{\frac{1}{2}} = s^2 \cdot x^{\frac{1}{2}} + 4\,x^{\frac{5}{2}} - 4\,s\,x^{\frac{3}{2}}$

$f'(x) = s^2 \cdot \dfrac{1}{2} \cdot x^{-\frac{1}{2}} + \dfrac{4 \cdot 5}{2}\,x^{\frac{3}{2}} - \dfrac{4 \cdot 3}{2}\,s\,x^{\frac{1}{2}} = \dfrac{1}{2}\,x^{-\frac{1}{2}}\,(s^2 + 20\,x^2 - 12\,s\,x)$

$= \dfrac{20\,x^2 - 12\,s\,x + s^2}{2\,x^{\frac{1}{2}}} = 0$ für $20\,x^2 - 12\,s\,x + s^2 = 0$

oder $(10\,x - s)\,(2\,x - s) = 0$, d. h.

$x_1 = \dfrac{s}{10}\,; \quad x_2 = \dfrac{s}{2}$ nicht brauchbar

$f''_{(x)} = \dfrac{40\,x - 12\,s}{2\sqrt{x}}$

$f''_{\left(\frac{s}{10}\right)} = \dfrac{4\,s - 12\,s}{2\sqrt{\dfrac{s}{10}}}$

Dann wird

$y = \dfrac{s - 2\,x}{\sqrt{2}} = \dfrac{s - \dfrac{s}{5}}{\sqrt{2}} = \dfrac{4\,s}{5 \cdot \sqrt{2}} = \dfrac{2}{5}\,s\sqrt{2}$

$= \dfrac{s}{5}\sqrt{8}$ oder $\dfrac{s}{10}\sqrt{32}$

$$= -\frac{8\,s\sqrt{10}}{2\sqrt{s}} = -4\sqrt{10\,s} \qquad h = \sqrt{\frac{s^2}{2} - \frac{s}{2}\sqrt{2}\cdot\frac{2}{5}\,s\sqrt{2}} = \sqrt{\frac{s^2}{2} - \frac{2\,s^2}{5}}$$

< 0 also Max

$$= \sqrt{\frac{s^2}{10}} = \frac{s}{10}\sqrt{10}$$

oder wählt man y zur unabhängig Veränderlichen

$$V = \frac{y^2 \cdot h}{3} \qquad h^2 = \frac{s^2}{2} - \frac{s \cdot y\sqrt{2}}{2} \qquad \text{s. oben}$$

$$V = \frac{y^2}{3}\sqrt{\frac{s^2}{2} - \frac{s \cdot y\sqrt{2}}{2}} \quad \text{oder} \quad V^2 = \frac{y^4}{9}\left(\frac{s^2}{2} - \frac{s \cdot y\sqrt{2}}{2}\right) = \frac{s}{18}\left(y^4 \cdot s - y^5\sqrt{2}\right)$$

$$f_{(y)} = y^4\,s - y^5\sqrt{2}$$

$$f'_{(y)} = 4\,y^3\,s - 5\,y^4\sqrt{2} = y^3\,(4\,s - 5\,y\sqrt{2}) = 0 \quad \text{für} \quad y_1 = 0 \quad \text{und} \quad y_2 = \frac{2}{5}\,s\sqrt{2}$$

Dann wird: $h = \dfrac{s}{10}\sqrt{10}$ siehe oben.

$$s = y\sqrt{2} + 2\,x \quad \text{oder} \quad 2\,x = s - y\sqrt{2} = s - \frac{2}{5}\,s\sqrt{2}\sqrt{2} = \frac{s}{5}$$

$$\text{und somit} \quad x = \frac{s}{10}$$

71. Ein Leuchtturm liegt auf einer Insel A, die 12 km vom nächsten Punkt B der geradlinig verlaufenden Küste entfernt ist, und von diesem Punkte B liegt in einer Entfernung von 30 km am Ufer entlang eine Stadt C. Der Wärter legt beim Rudern 4 km und beim Gehen 6 km in der Stunde zurück. An welcher Stelle D der Küste muß er anlegen, um in der kürzesten Zeit von der Insel A nach der Stadt C zu kommen, und wie weit ist diese Stelle von B entfernt?

Lösung: Er benötigt t Stunden.

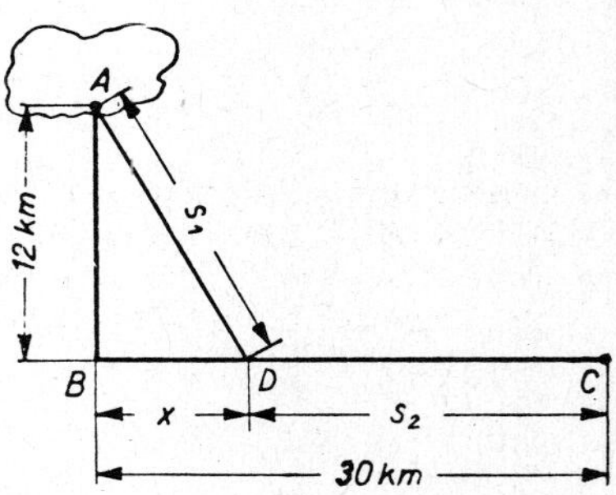

$$t = t_1 + t_2 = \frac{s_1}{v_1} + \frac{s_2}{v_2}$$

$$t = \frac{\sqrt{144 + x^2}}{4} + \frac{30 - x}{6}$$

$$= \frac{3\sqrt{144 + x^2} + 60 - 2\,x}{12}$$

$$f(x) = 3\sqrt{144 + x^2} + 60 - 2\,x$$

$$f'(x) = \frac{3 \cdot 2\,x}{2\sqrt{144 + x^2}} - 2 = 0 \quad \text{für}$$

$$3\,x = 2\sqrt{144 + x^2} \qquad f''(x) = \frac{432}{\sqrt{(144 + x^2)^3}} \qquad f''(10{,}7) > 0 \quad \text{also Min.}$$

$$9\,x^2 = 576 + 4\,x^2$$

$$5\,x^2 = 576 \qquad x = \sqrt{115{,}2} = 10{,}733 \text{ km}$$

72. Die Fabrik F, die von einer geradlinig verlaufenden Straße $A\,B$ seitlich liegt, soll vom Punkt A aus an die Wasserleitung angeschlossen werden. Die Kosten für die Verlegung betragen auf der Straße $r = 72$ DM pro lfd. m und im Gelände $s = 90$ DM pro m. In welcher Entfernung y vom Punkt A muß die geradlinige Abzweigung von der Straße nach der Fabrik erfolgen, damit die Kosten möglichst klein werden? Es sei $AB = 1500$ m und $BF = 600$ m.

Lösung: Die Gesumtkosten betragen:

$$K = r\,(a - x) + s\sqrt{x^2 + b^2} = r\,a - r\,x + s\sqrt{x^2 + b^2}$$

$$f(x) = -r\,x + s\sqrt{x^2+b^2}$$

$$f'(x) = -r + \frac{s\cdot x}{\sqrt{x^2+b^2}} = 0 \quad \text{für}$$

$$r = \frac{s\,x}{\sqrt{x^2+b^2}}$$

$$r^2\,(x^2+b^2) = s^2\,x^2$$

$$x^2 = \frac{r^2\,b^2}{s^2-r^2} \quad \text{oder} \quad x = \frac{r\cdot b}{\sqrt{s^2-r^2}}$$

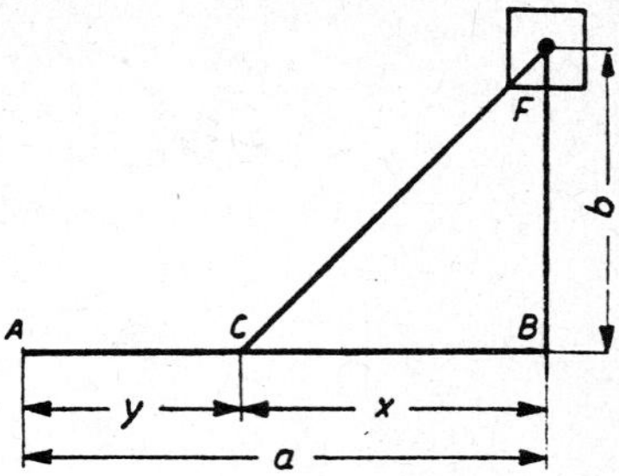

Dann wird $x = \dfrac{72\cdot 600}{\sqrt{8100-5184}} = \dfrac{72\cdot 600}{54} = 800$ m

$$f''(x) = \frac{s\,b^2}{\sqrt{(x^2+b^2)^3}} > 0$$

also Min.

Also muß nach 700 m von A die Abzweigung erfolgen.

73. Desgleichen für $AB = 745$ m; $BF = 216$ m; $r = 77$ DM; $s = 85$ DM.

Lösung:

$$x = \frac{r\cdot b}{\sqrt{s^2-r^2}} = \frac{77\cdot 216}{\sqrt{7225-5929}} = \frac{77\cdot 216}{36} = 462 \text{ m}$$

Die Abzweigung erfolgt also nach 283 m.

74. Zwei Orte A und B haben von einer geradlinig verlaufenden Eisenbahnstrecke die Entfernungen $AC = a = 5$ km und $BD = b = 7$ km. Die Gleislänge $CD = c = 12$ km. An der Strecke CD soll ein Bahnhof E so errichtet werden, daß die Gesamtlänge der Strecken von A und B nach dem Bahnhof E möglichst klein wird. Wo muß der Bahnhof E liegen und wie lang sind die Zufahrtstrecken e und d?

Lösung: Gesamtlänge l

$$l = \overline{AE} + \overline{BE} = \sqrt{a^2+(c-x)^2} + \sqrt{b^2+x^2} = f(x)$$

$$f'(x) = \frac{x}{\sqrt{b^2+x^2}} - \frac{c-x}{\sqrt{a^2+(c-x)^2}} = \frac{DE}{BE} - \frac{CE}{AE} = \cos BED - \cos AEC$$

Dieser Ausdruck verschwindet, wenn der Winkel BED gleich dem Winkel AEC wird. Die beiden Dreiecke BED und AEC sind daher ähnlich und es ist

$$x : b = (c-x) : a$$

oder $\quad x = \dfrac{b\cdot c}{a+b} \quad$ und

$$c - x = c - \frac{b\,c}{a+b} = \frac{a\,c}{a+b}$$

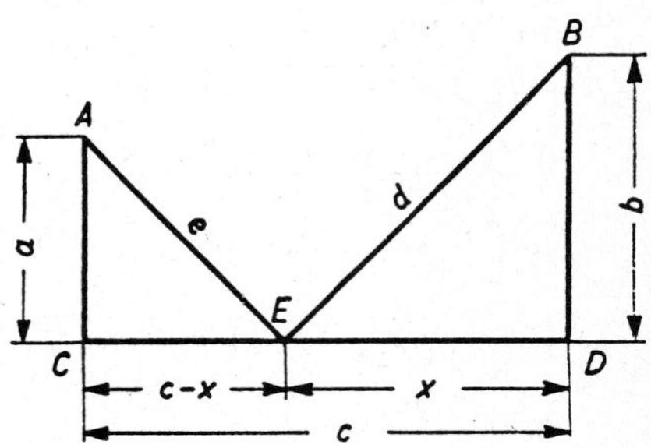

Für den obigen Fall wird $\quad x = \dfrac{7\cdot 12}{5+7} = 7; \qquad CE = \dfrac{5\cdot 12}{5+7} = 5$

$$BE = d = \sqrt{7^2+7^2} = 7\sqrt{2} = 7\cdot 1{,}4142 = 9{,}8994 \text{ km}$$

$$AE = e = \sqrt{5^2+5^2} = 5\sqrt{2} = 5\cdot 1{,}4142 = 7{,}0710 \text{ km}$$

Wegen der Gleichheit der obigen Winkel BED und AEC ist die gebrochene Linie AEB der Weg, den ein Lichtstrahl nehmen würde, der von dem Punkt A ausgeht und von der Geraden CD nach B reflektiert werden soll. Dieser Weg ist daher ein Min.

Andere Lösung: $\quad l = d + e = \sqrt{b^2+x^2} + \sqrt{a^2+(c-x)^2}$

$$l = \sqrt{7^2+x^2} + \sqrt{25+(12-x)^2} = \sqrt{49+x^2} + \sqrt{25+144-24\,x+x^2}$$

$$= \sqrt{49+x^2}+\sqrt{169-24x+x^2} = f(x)$$

$$f'(x) = \frac{2x}{2\sqrt{49+x^2}}+\frac{-24+2x}{2\sqrt{169-24x+x^2}} = \frac{x}{\sqrt{49+x^2}}+\frac{x-12}{\sqrt{169-24x+x^2}} = 0, \quad \text{wenn}$$

$$x\sqrt{169-24x+x^2} = 12\sqrt{49+x^2}-x\sqrt{49+x^2}$$

$$169x^2-24x^3+x^4 = 7056+144x^2+49x^2+x^4-1176x-24x^3$$

$$24x^2-1176x+7056 = 0$$

$$x^2-49x+294 = 0$$

$$(x-7)(x-42) = 0$$

$x_1 = 7 \quad x_2 = 42$ nicht brauchbar

Also ist $DE = 7$ km

$CE = 5$ km

$a = \sqrt{98} = 9{,}8995$ km

$c = \sqrt{50} = 7{,}0711$ km

75. Auf derselben Seite einer Geraden CD seien 2 Punkte A und B gegeben. Man soll die Lage des Punktes E auf der Geraden CD so bestimmen, daß $\overline{AE}^2+\overline{BE}^2$ ein Min wird.

Lösung:

$\overline{AE}^2+\overline{BE}^2 = a^2+(c-x)^2+b^2+x^2$ s. vorige Abbildung.

$$= a^2+c^2-2cx+x^2+b^2+x^2$$

$$f(x) = 2x^2-2cx$$

$$f'(x) = 4x-2c = 0 \quad \text{für} \quad x = \frac{c}{2}$$

$f''(x) = 4 > 0$ also Min.

E liegt also auf der Mitte von $\overline{CD}$.

76. Zwei Punkte A und B haben von einer festen Geraden L die Abstände a und b. Die Entfernung der Fußpunkte dieser Abstände sei c. Für welchen Punkt P auf der festen Geraden wird die Gesamtzeit zum Durchlaufen des Weges $\overline{AP}+\overline{PB}$ am kleinsten, wenn

a) die Punkte A und B auf derselben Seite von L liegen und die konstante Geschwindigkeit der Bewegung v ist?

b) die Punkte A und B auf verschiedenen Seiten von L liegen und die Geschwindigkeit oberhalb von L gleich v_1 und unterhalb von L gleich v_2 ist?

Lösung:

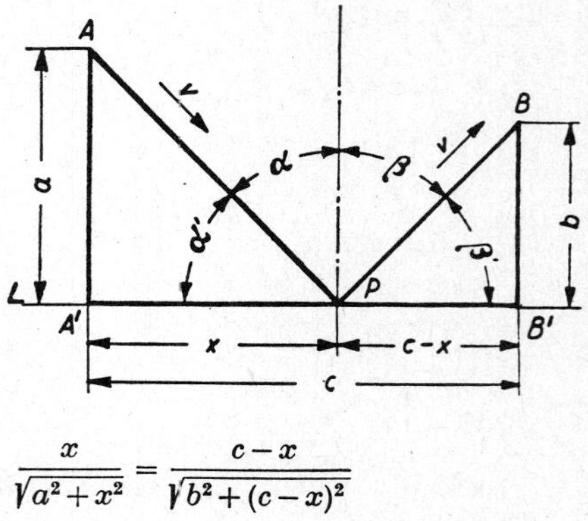

a) $t = \frac{s}{v}$; $\quad s = \overline{AP}+\overline{PB}$

$$s = \sqrt{a^2+x^2}+\sqrt{b^2+(c-x)^2}$$

$$t = \frac{\sqrt{a^2+x^2}+\sqrt{b^2+(c-x)^2}}{v}$$

$$f(x) = \sqrt{a^2+x^2}+\sqrt{b^2+(c-x)^2}$$

$$f'(x) = \frac{x}{a^2+x^2}+\frac{-2(c-x)}{2\sqrt{b^2+(c-x)^2}}$$

$$= \frac{x}{\sqrt{a^2+x^2}}-\frac{c-x}{\sqrt{b^2+(c-x)^2}} = 0 \quad \text{für} \quad \frac{x}{\sqrt{a^2+x^2}} = \frac{c-x}{\sqrt{b^2+(c-x)^2}}$$

$$x\sqrt{b^2+(c-x^2)} = (c-x)\sqrt{a^2+x^2}$$

$$x^2(b^2+c^2-2cx+x^2) = (c^2-2cx+x^2)(a^2+x^2)$$

$$x^2b^2+x^2c^2-2cx^3+x^4 = a^2c^2-2a^2cx+a^2x^2+a^2x^2+c^2x^2-2cx^3+x^4$$

$$x^2(b^2-a^2)+2xa^2c = a^2c^2$$

$$x^2+2x\cdot\frac{a^2c}{b^2-a^2} = \frac{a^2c^2}{b^2-a^2}$$

$$x = -\frac{a^2 c}{b^2 - a^2} \pm \sqrt{\frac{a^4 c^2}{(b^2 - a^2)^2} + \frac{a^2 c^2 (b^2 - a^2)}{(b^2 - a^2)^2}}$$

$$x = -\frac{a^2 c}{b^2 - a^2} \pm \sqrt{\frac{a^4 c^2 + a^2 b^2 c^2 - a^4 c^2}{(b^2 - a^2)^2}}$$

$$x = \frac{a^2 c}{b^2 - a^2} \pm \frac{a b c}{b^2 - a^2} = \frac{-a c (a \mp b)}{b^2 - a^2}$$

$$x = \frac{a c (a \mp b)}{a^2 - b^2} = \frac{a c (a \mp b)}{(a + b)(a - b)}$$

$$x_1 = \frac{a c (a - b)}{(a + b)(a - b)} = \frac{a c}{a + b}$$

$$x_2 = \frac{a c (a + b)}{(a + b)(a - b)} = \frac{a c}{a - b}$$

Untersuchung des Wertes x_2

für $a > b$ wird $\frac{a}{a-b} > 1$, also ist $x_2 > c$

P liegt außerhalb von $A'\,B'$

für $a < b$ wird $\frac{a}{a-b} < 0$ und x_2 negativ

t kann daher nur ein Min werden für $x_1 = \frac{a c}{a + b}$

In welchem Verhältnis wird die Strecke $A'\,B'$ durch P geteilt, wenn $\frac{a c}{a+b}$ ein Min wird?

$$\frac{A'P}{P\,B'} = \frac{x}{c - x} = \frac{\frac{a c}{a+b}}{c - \frac{a c}{a+b}} = \frac{a c}{a c + b c - a c} = \frac{a c}{b c} = \frac{a}{b}$$

In welchem Verhältnis stehen α und β zueinander? $\triangle\, A\,A'P \sim \triangle\, B\,B'P$. Die Dreiecke stimmen überein in dem Verhältnis zweier Seiten und dem rechten Winkel. Folglich

$\alpha' = \beta'$ und somit $\alpha = \beta$ (Reflexionsgesetz).

b) $t = \frac{s}{v} = \frac{s_1}{v_1} + \frac{s_2}{v_2}$

$$t = \frac{A P}{v_1} + \frac{P B}{v_2}$$

$$= \frac{\sqrt{a^2 + x^2}}{v_1} + \frac{\sqrt{b^2 + (c - x)^2}}{v^2}$$

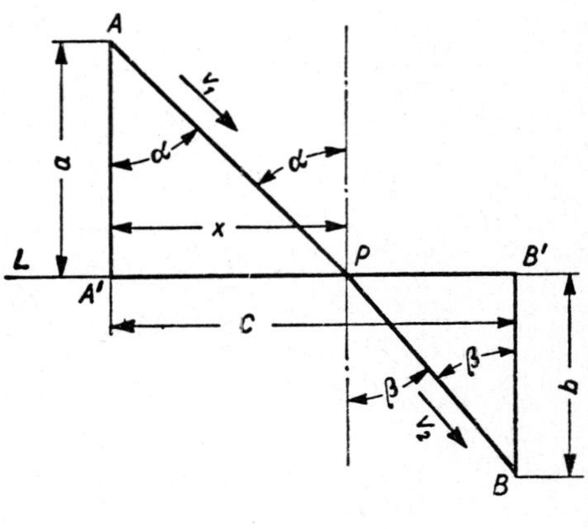

$$\frac{d t}{d x} = \frac{x}{v_1 \sqrt{a^2 + x^2}} -$$

$$- \frac{c - x}{v_2 \sqrt{b^2 + (c - x^2)}} = 0$$

für $\frac{x}{v_1 \sqrt{a^2 + x^2}} = \frac{c - x}{v_2 \sqrt{b^2 + (c - x)^2}}$

nun ist aber $\frac{x}{\sqrt{a^2 + x^2}} = \sin \alpha$ und

$$\frac{c - x}{\sqrt{b^2 + (c - x)^2}} = \sin \beta$$

also $\dfrac{\sin\alpha}{v_1} = \dfrac{\sin\beta}{v_2}$ oder

$$\boldsymbol{\frac{\sin\alpha}{\sin\beta} = \frac{v_1}{v_2} = n} \quad \textit{\textbf{(Brechungsgesetz).}}$$

77. Zwei Punkte P_1 und P_2 bewegen sich auf zwei senkrechten Achsen gegen den Schnittpunkt O hin mit den Geschwindigkeiten $c_1 = 0{,}2$ m/s und $c_2 = 0{,}3$ m/s. Am Anfang der Bewegung ist der Punkt P_1 von O 8 m und der Punkt P_2 von O 6 m entfernt. Nach wieviel Sekunden ist ihre Entfernung e am kleinsten? Welchen Weg haben dann P_1 und P_2 zurückgelegt?

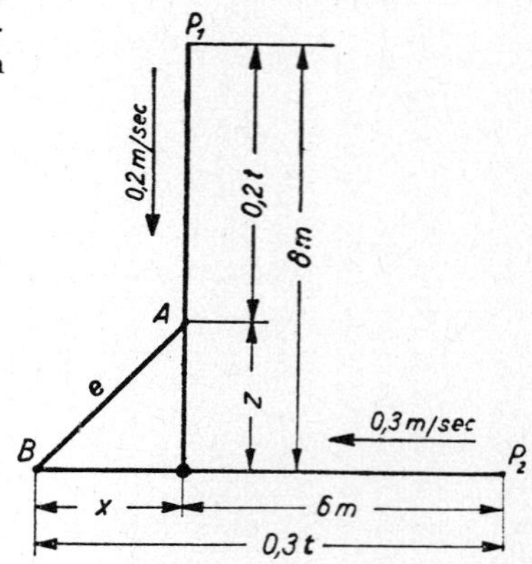

Lösung:

H: $e^2 = x^2 + z^2$

N: $x = 0{,}3\,t - 6;\qquad z = 8 - 0{,}2\,t$

$$\begin{aligned}
e^2 &= (0{,}3\,t-6)^2 + (8-0{,}2\,t)^2\\
&= 0{,}09\,t^2 + 36 - 3{,}6\,t + 64 + 0{,}04\,t^2 - 3{,}2\,t\\
&= 0{,}13\,t^2 - 6{,}8\,t + 100\\
f_{(t)} &= 0{,}13\,t^2 - 6{,}8\,t\\
f'_{(t)} &= 0{,}26\,t - 6{,}8 = 0 \quad \text{für}\\
t &= \frac{6{,}8}{0{,}26} = \frac{680}{26} = \frac{340}{13} = 26\tfrac{2}{13}\ \text{sec}\\
f''_{(t)} &= 0{,}26 > 0 \quad \text{also Min.}
\end{aligned}$$

Nach $26\frac{2}{13}$ sec ist die kleinste Entfernung erreicht. Dann hat P_2 einen Weg von $7\frac{11}{13}$ m zurückgelegt und ist nach B gekommen, und P_1 hat einen Weg von $5\frac{3}{13}$ m zurückgelegt und ist nach A gekommen.

78. Auf den beiden Schenkeln eines Winkels von 60° bewegen sich 2 Körper A und B nach dem Scheitel zu. Der Körper A ist bei Beginn der Beobachtung 12 m vom Scheitel entfernt und hat eine Geschwindigkeit von 3 m/s. Der Körper B ist 22 m vom Scheitel entfernt und legt 2 m/s zurück. Wann ist die Entfernung der beiden Körper am geringsten?

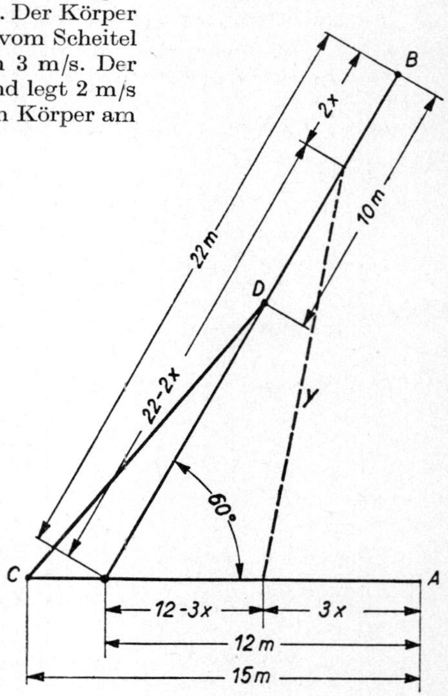

Lösung:

Die Entfernung nach x Sekunden sei y; dann hat A $3\,x$ Meter und B $2\,x$ Meter zurückgelegt. Nach dem Kosinussatz ist

$$\begin{aligned}
y^2 &= (12-3\,x)^2 + (22-2\,x)^2 -\\
&\quad - 2\,(12-3\,x)\,(22-2\,x)\cdot\frac{1}{2}\\
y^2 &= 144 - 72\,x + 9\,x^2 + 484 -\\
&\quad - 88\,x + 4\,x^2 - 264 + 90\,x - 6\,x^2\\
y^2 &= 7\,x^2 - 70\,x + 364\\
f(x) &= 7\,x^2 - 70\,x\\
f'(x) &= 14\,x - 70 = 0 \quad \text{für} \quad x = 5\\
f''(x) &= 14 > 0 \quad \text{also Min}
\end{aligned}$$

Nach 5 s hat A 15 m zurückgelegt und ist nach C gekommen, B hat 10 m zurückgelegt und ist in D. Also ist CD die geringste Entfernung.

79. Die Oberkante eines Bildes an einer Wand hat vom Fußboden den Abstand a und die Unterkante den Abstand b. In welcher waagrechten Entfernung x von der Wand muß der Beobachter sich aufstellen, damit das Bild möglichst günstig zu sehen ist? Die Augenhöhe des Beobachters sei c.

Lösung: Aus der Aufgabenstellung folgt:
Für welchen Wert von x muß $\tan\alpha$ ein Max werden?

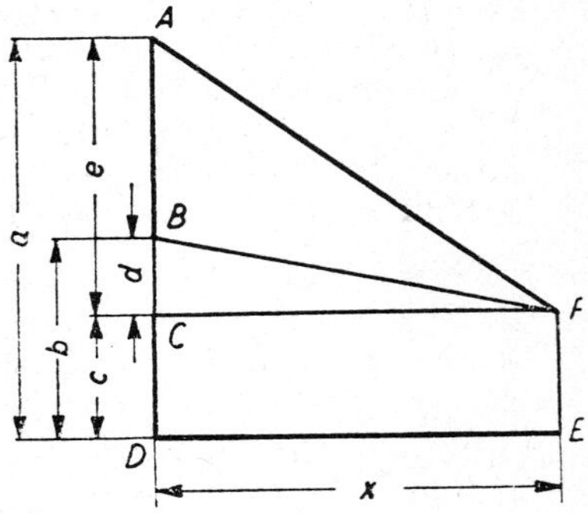

$$\tan\alpha = \tan(AFC - BFC)$$

$$= \frac{\tan AFC - \tan BFC}{1+\tan AFC\cdot\tan BFC} = \frac{\frac{e}{x}-\frac{d}{x}}{1+\frac{e\cdot d}{x^2}}$$

$$\tan\alpha = \frac{e\,x-d\,x}{x^2+d\,e}$$

$$\frac{\mathrm{d}(\tan\alpha)}{\mathrm{d}x} = \frac{(x^2+d\,e)\,(e-d)-(e\,x-d\,x)\,2\,x}{(x^2+d\,e)^2}$$

$$= \frac{x^2\,e-x^2\,d+d\,e^2-d^2\,e-2\,e\,x^2+2\,d\,x^2}{(x^2+d\,e)^2}$$

$$\tan'\alpha = \frac{d\,x^2-e\,x^2+d\,e^2-d^2\,e}{(x^2+d\,e)^2} = 0 \quad \text{für} \quad x^2(d-e) = d\,e\,(d-e) \quad \text{also} \quad x = \pm\sqrt{d\,e}$$

$$\tan''\alpha = \frac{2\,d\,x-2\,e\,x}{(x^2+d\,e)^2}; \quad \tan''_{(x=\sqrt{d e})} = \frac{2\,d\sqrt{d\,e}-2\,e\sqrt{d\,e}}{(d\,e+d\,e)^2} = \frac{2\sqrt{d\,e}\,(d-e)}{(2\,d\,e)^2} < 0 \quad \text{also Max}$$

80. Wie sind die Abmessungen des Querschnittes eines Kanals zu wählen, wenn die Fläche des Querschnittes einen gegebenen Wert A haben muß und der benetzte Umfang wegen des geringsten Reibungswiderstandes und des Materialaufwandes möglichst klein gehalten werden soll. Wenn der Querschnitt

a) ein oben offenes Rechteck ist?
b) ein oben offenes symmetrisches Trapez ist mit dem Böschungswinkel α an der Grundlinie?
c) Ein Rechteck mit aufgesetztem Halbkreis ist?

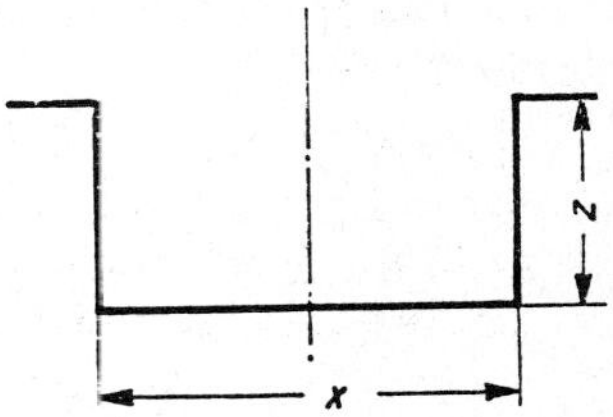

Lösung:

a) $U = 2\,z+x \qquad x\cdot z = A; \qquad z = \frac{A}{x}$

$$U = 2\,\frac{A}{x}+x$$

$$f_{(x)} = x+\frac{2\,A}{x}$$

$$f'_{(x)} = 1-\frac{2\,A}{x^2} = 0$$

für $x = \sqrt{2\,A}$

$$f''_{(x)} = \frac{4\,A}{x^3}$$

$$f''_{(\sqrt{2F})} = \frac{4\,A}{2\,A\sqrt{2\,A}} = \frac{\sqrt{2\,A}}{A} > 0 \quad \text{also Min}$$

Dann wird

$$z = \frac{A}{\sqrt{2\,A}} = \frac{\sqrt{2\,A}}{2} = \frac{x}{2}$$

Es muß also sein:

$x = \sqrt{2\,A}$ Breite des Kanals

$z = \frac{x}{2}$ Höhe des Kanals

b) H: $U = z+2\,s \qquad \sin\alpha = \frac{x}{s}$ oder $s = \frac{x}{\sin\alpha}$

$\cos\alpha = \frac{p}{s}$ oder $p = s\cdot\cos\alpha$

N: $A = z \cdot x + p \cdot x = x(z+p)$

$$\frac{A}{x} = z + p = z + x\frac{\cos\alpha}{\sin\alpha}$$

oder $z = \frac{A}{x} - x\frac{\cos\alpha}{\sin\alpha}$

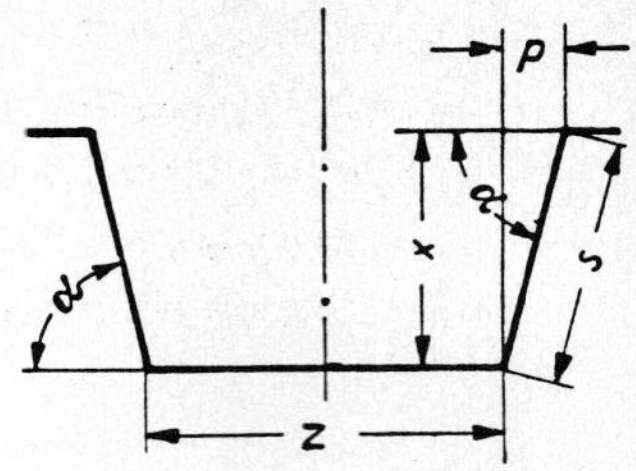

$$U = z + 2s = \frac{A}{x} - x\frac{\cos\alpha}{\sin\alpha} + 2 \cdot \frac{x}{\sin\alpha}$$

$$f_{(x)} = \frac{A}{x} + x\frac{2-\cos\alpha}{\sin\alpha}$$

$$f'_{(x)} = -\frac{A}{x^2} + \frac{2-\cos\alpha}{\sin\alpha} = 0 \quad \text{für} \quad x^2 = \frac{A\sin\alpha}{2-\cos\alpha} \quad \text{oder} \quad x = \sqrt{\frac{A\sin\alpha}{2-\cos\alpha}}$$

$$f''_{(x)} = \frac{2A}{x^3}$$

$$f''_{\left(\sqrt{\frac{A\sin\alpha}{2-\cos\alpha}}\right)} = \frac{2A(2-\cos\alpha)(2-\cos\alpha)^{\frac{1}{2}}}{A\sin\alpha\sqrt{A\sin\alpha}} = \frac{2\sqrt{(2-\cos\alpha)^3}}{\sin\alpha\sqrt{A\sin\alpha}} > 0 \quad \text{also Min}$$

Dann wird

$$z = \frac{A}{x} - x\frac{\cos\alpha}{\sin\alpha} = x\left[\frac{A}{x^2} - \frac{\cos\alpha}{\sin\alpha}\right] = x\left[\frac{A(2-\cos\alpha)}{A\sin\alpha} - \frac{\cos\alpha}{\sin\alpha}\right]$$

$$= x \cdot \frac{2-\cos\alpha-\cos\alpha}{\sin\alpha} = 2x \cdot \frac{1-\cos\alpha}{\sin\alpha}$$

c) H: $U = x + 2z + \frac{x}{2}\pi$ N: $A = x \cdot z + \frac{x^2\pi}{8}$ $z = \frac{A}{x} - x\frac{\pi}{8}$

$$U = x + 2\left[\frac{A}{x} - \frac{x\pi}{8}\right] + \frac{x}{2}\pi = x + \frac{2A}{x} - \frac{x\pi}{4} + \frac{x}{2}\pi = \frac{2A}{x} + x + \frac{x\pi}{4}$$

$$= \frac{2A}{x} + x\left(1 + \frac{\pi}{4}\right) = f_{(x)}$$

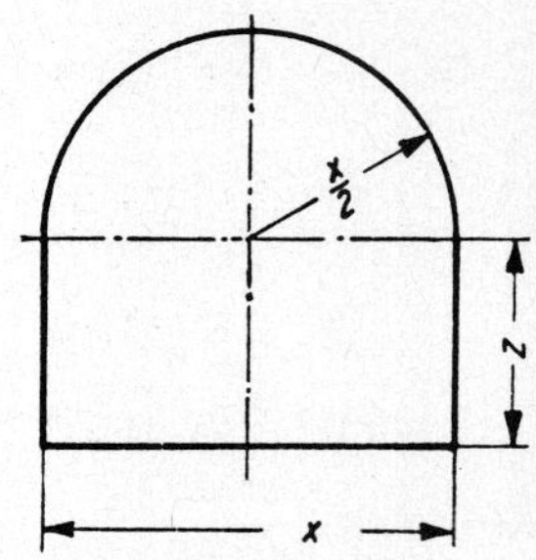

$$f_{(x)} = \frac{2A}{x} + x\left(1 + \frac{\pi}{4}\right)$$

$$f'_{(x)} = -\frac{2A}{x^2} + 1 + \frac{\pi}{4} = 0 \quad \text{für}$$

$$\frac{2A}{x^2} = 1 + \frac{\pi}{4} \quad \text{oder}$$

$$x^2 = \frac{2A}{1+\frac{\pi}{4}} = \frac{8A}{4+\pi} \quad \text{und} \quad x = \sqrt{\frac{8A}{4+\pi}}$$

$$f''_{(x)} = \frac{4A}{x^3} > 0 \quad \text{also Min}$$

Dann wird

$$z = \frac{A}{x} - \frac{x \cdot \pi}{8} = x\left(\frac{A}{x^2} - \frac{\pi}{8}\right) = x\left(\frac{A(4+\pi)}{8A} - \frac{\pi}{8}\right) = x\left(\frac{1}{2} + \frac{\pi}{8} - \frac{\pi}{8}\right) = \frac{x}{2}$$

81. Es soll eine Rinne aus drei gleichbreiten Brettern zusammengesetzt werden. Unter welchem Winkel φ müssen die seitlichen Bretter gegenüber der Vertikalen geneigt werden, damit die Rinne den größten Querschnitt hat?

Lösung:

$$A = \frac{a+a+2x}{2} \cdot h = (a+x)h$$

$$x = a \sin \varphi; \qquad h = a \cos \varphi$$

$$A = (a + a \sin \varphi) \cdot a \cos \varphi$$

$$= a^2 \cos \varphi + a^2 \sin \varphi \cos \varphi$$

$$= a^2 \cos \varphi + \sin \varphi \cos \varphi)$$

$$f_{(\varphi)} = (\cos \varphi + \sin \varphi \cos \varphi$$

$$f'_{(\varphi)} = -\sin \varphi + \cos^2 \varphi - \sin^2 \varphi$$

$$= -\sin \varphi + 1 - 2 \sin^2 \varphi = 0 \quad \text{für}$$

$$2 \sin^2 \varphi + \sin \varphi = 1$$

$$\sin^2 \varphi + \frac{\sin \varphi}{2} = \frac{1}{2}$$

$$\sin \varphi = -\frac{1}{4} \pm \sqrt{\frac{1}{16} + \frac{8}{16}}$$

$$= -\frac{1}{4} \pm \frac{3}{4}$$

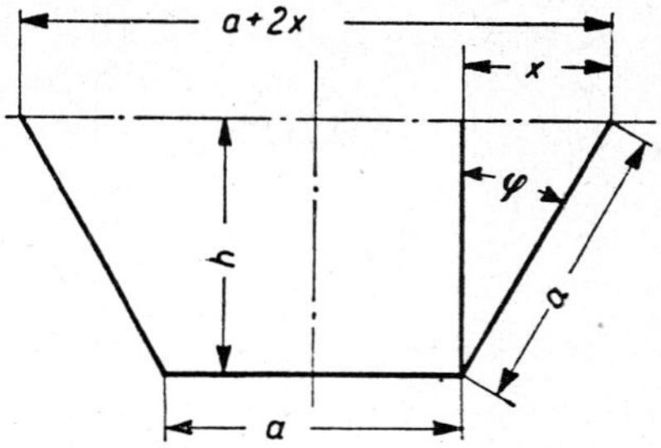

$$\sin \varphi_1 = \frac{1}{2} \quad \text{also} \quad \varphi_1 = 30^\circ$$

$$\sin \varphi_2 = -1 \quad \text{nicht brauchbar}$$

82. Es soll eine Rinne aus vier gleichbreiten Brettern zusammengesetzt werden. Unter welchem Winkel müssen die beiden Bodenbretter zusammengefügt werden, damit die Rinne den größten Querschnitt hat?

Lösung: Nach dem Kosinussatz ist

$$\text{N:} \quad x^2 = a^2 + a^2 - 2\,a^2 \cos \varphi$$

$$x = \sqrt{2\,a^2 - 2\,a^2 \cos \varphi} = a\sqrt{2\,(1 - \cos \varphi)}$$

$$= a \sqrt{2 \cdot 2 \sin^2 \left(\frac{\varphi}{2}\right)} = 2\,a \sin \left(\frac{\varphi}{2}\right)$$

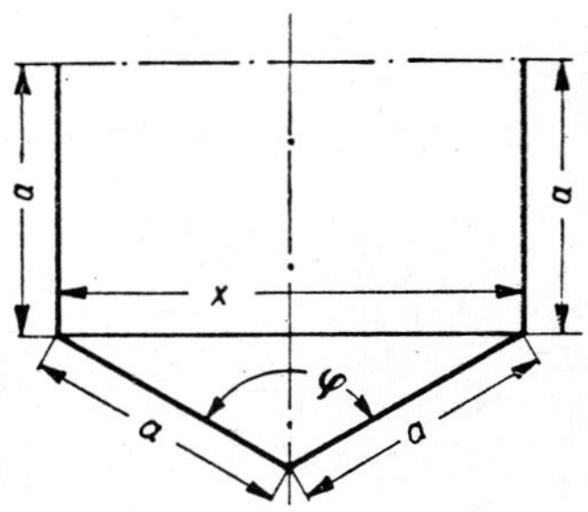

$$\text{H:} \quad A = a \cdot x + \frac{a^2}{2} \sin \varphi$$

$$= 2\,a^2 \sin \frac{\varphi}{2} + \frac{a^2}{2} \sin \varphi = f(\varphi)$$

$$f'_{(\varphi)} = 2\,a^2 \cdot \cos \frac{\varphi}{2} \cdot \frac{1}{2} + \frac{a^2}{2} \cos \varphi$$

$$f'_{(\varphi)} = \frac{a^2}{2} \left(2 \cos \frac{\varphi}{2} + \cos \varphi\right) = 0, \quad \text{wenn}$$

$$\cos \varphi + 2 \cos \frac{\varphi}{2} = 0 \quad \text{oder}$$

$$2 \cos^2 \frac{\varphi}{2} - 1 + 2 \cos \frac{\varphi}{2} = 0$$

$$\cos^2 \frac{\varphi}{2} + \cos \frac{\varphi}{2} = \frac{1}{2}$$

$$\cos \frac{\varphi}{2} = -\frac{1}{2} \pm \sqrt{\frac{1}{4} + \frac{2}{4}}$$

$$= -\frac{1}{2} \pm \frac{1}{2}\sqrt{3}$$

$$= \frac{-1 \pm 1{,}7321}{2}$$

$$\cos \frac{\varphi}{2} = \frac{0{,}7321}{2} = 0{,}36605$$

2. Wert nicht brauchbar

$$\cos \frac{\varphi}{2} = 0{,}36605$$

$$\frac{\varphi}{2} = 68^\circ\, 31'\, 40''$$

$$\varphi = 137^\circ\, 3'\, 20''$$

83. Durch einen Kanal mit trapezförmigem Querschnitt soll die Wassermenge $Q = 10\ \text{m}^3/\text{s}$ mit einer Geschwindigkeit $c = 1\ \text{m/s}$ strömen. Wie breit muß bei $h = 2$ m Wassertiefe die Sohle x das Kanalquerschnittes sein, damit der benetzte Umfang U und damit der Reibungsverlust möglichst klein wird?

Lösung:

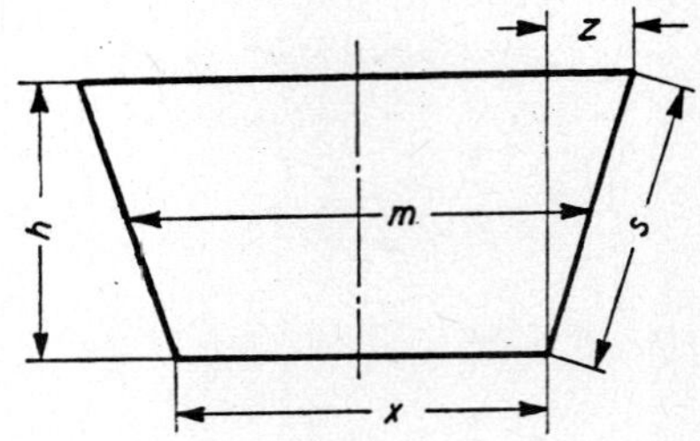

N: $A = \dfrac{Q}{c} = \dfrac{10\ \text{m}^3/\text{s}}{1\ \text{m/s}} = 10\ \text{m}^2$

$A = h \cdot m; \qquad m = \dfrac{A}{h} \cdot \dfrac{10\ \text{m}^2}{2\ \text{m}} = 5\ \text{m}$

$m = x + z; \qquad z = m - x = 5 - x$

$s = \sqrt{z^2 + h^2} = \sqrt{(5-x)^2 + 2^2}$

$= \sqrt{29 - 10\,x + x^2}$

H: $U = x + 2\,s = x + 2\sqrt{29 - 10\,x + x^2}$

$= f(x)$

$f'_{(x)} = 1 + \dfrac{2(-10 + 2\,x)}{2\sqrt{29 - 10\,x + x^2}} = 1 + \dfrac{2\,x - 10}{29 - 10\,x + x^2} = 0$ für

$\sqrt{29 - 10\,x + x^2} = 10 - 2\,x$

$29 - 10\,x + x^2 = 100 + 4\,x^2 - 40\,x$

$3\,x^2 - 30\,x = -71$

$x^2 - 10\,x = -\dfrac{71}{3}$

$x = 5 \pm \sqrt{\dfrac{75 - 71}{3}} = 5 \pm \dfrac{2}{3}\sqrt{3}$

$x_1 = 5 + 1{,}1547 = 6{,}1547$

$x_2 = 5 - 1{,}1547 = 3{,}8453$

x_1 ist nicht brauchbar

$x_2 = 3{,}8453$ m

$z = 5 - x = 1{,}1547$ m

Die obere Grundlinie wird

$x + 2\,z = 3{,}8453 + 2{,}3094 = 6{,}1547$ m

Die mittlere Grundlinie

$= \dfrac{6{,}1547 + 3{,}8453}{2} = 5$ m

84. Es sollen Blechbüchsen von 1 dm³ Inhalt hergestellt werden. In welchem Verhältnis steht der Durchmesser zur Höhe und wie groß sind der Durchmesser und die Höhe, damit möglichst wenig Blech benötigt wird?

Lösung:

H: $O = 2\,x\,\pi\,z + 2\,x^2\,\pi$

N: $x^2\,\pi \cdot z = V = 1$

$z = \dfrac{1}{x^2\,\pi}$

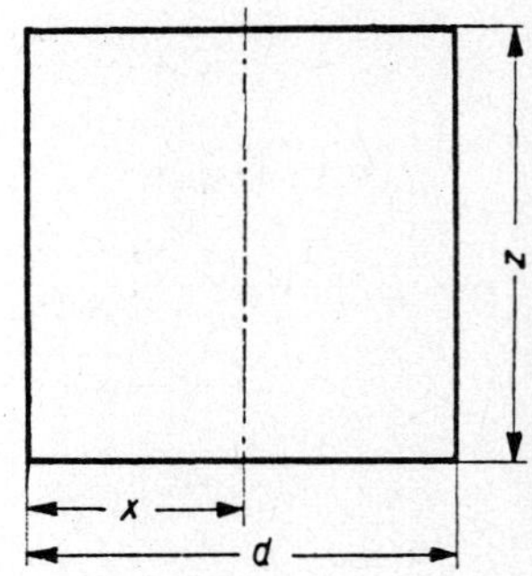

$O = \dfrac{2\,x \cdot \pi}{x^2\,\pi} + 2\,x^2\,\pi = \dfrac{2}{x} + 2\,x^2\,\pi = f(x)$

$f'_{(x)} = -\dfrac{2}{x^2} + 4\,x\,\pi = 0$ für

$x^3 = \dfrac{1}{2\,\pi}$ oder $x = \sqrt[3]{\dfrac{1}{2\,\pi}} = 0{,}542$ dm

und $d = 1{,}084$ dm

$f''_{(x)} = \dfrac{4}{x^3} + 4\,\pi > 0$ also Min

$f''_{\left(\sqrt[3]{\frac{1}{2\pi}}\right)} = 8\,\pi + 4\,\pi = 12\,\pi > 0$ also Min

Dann wird $z = \dfrac{1}{x^2\,\pi} = \dfrac{1}{0{,}542^2\,\pi} = 1{,}08365$ dm

$d : z = 1 : 1$

85. Ein oben offener Wasserbehälter soll die Form eines aufrechtstehenden Zylinders haben und 8 m³ Wasser fassen. Wie ist der Durchmesser und die Höhe des Zylinders zu wählen, wenn möglichst wenig Blech verbraucht werden soll? $\sqrt[3]{\pi} = 1{,}4646$

Lösung:

H: $A = 2\,r\,\pi\cdot h + r^2\,\pi$

N: $V = r^2\,\pi\cdot h = 8 \qquad h = \frac{8}{r^2\,\pi}$

$$A = \frac{2\,r\,\pi\cdot 8}{r^2\,\pi} + r^2\,\pi = \frac{16}{r} + r^2\,\pi = f(r)$$

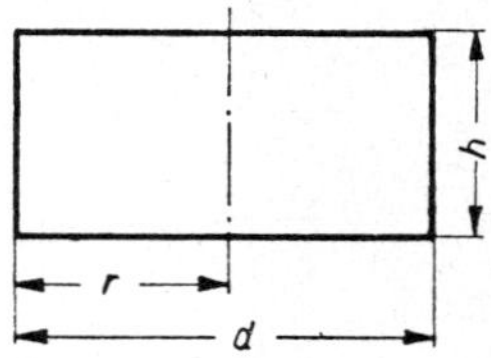

$$f'_{(r)} = -\frac{16}{r^2} + 2\,r\,\pi = 2\left(r\,\pi - \frac{8}{r^2}\right) = 0$$

wenn $\quad r\cdot\pi = \frac{8}{r^2} \quad$ ist oder wenn

$$r = \sqrt[3]{\frac{8}{\pi}} = \frac{2}{\sqrt[3]{\pi}} = \frac{2}{1{,}4646} = 1{,}3655 \text{ m}$$

$$f''_{(r)} = 2\,\pi + \frac{32}{r^3}$$

$$f''_{\left(\frac{2}{\sqrt[3]{\pi}}\right)} = 2\,\pi + \frac{32}{8}\,\pi = 6\,\pi > 0$$

also Min

Dann wird $\quad h = \frac{8}{r^2\,\pi} = \frac{8}{\pi}\,\frac{\sqrt[3]{\pi^2}}{4} = \frac{2}{\sqrt[3]{\pi}}$

also $\quad h = r = 1{,}3655$ m

Probe: $\quad V = r^2\cdot\pi\cdot h = \frac{4}{\sqrt[3]{\pi^2}}\cdot\pi\cdot\frac{2}{\sqrt[3]{\pi}} = 8$

$$V = 1{,}3655^2\cdot\pi\cdot 1{,}3655 = 8$$

86. Welche zweckmäßigen Abmessungen muß ein Behälter von gegebenem Rauminhalt V und kleinster Oberfläche O haben, wenn der Behälter einen oben offenen Zylinder hat mit unten angesetztem kegelförmigen Boden, dessen Kegelhöhe gleich dem Zylinderradius sein soll?

Lösung:

H: $O = 2\,x\,\pi\,z + x\cdot\pi\cdot x\sqrt{2} = 2\,x\,\pi\,z + x^2\,\pi\sqrt{2}$

N: $V = x^2\,\pi\cdot z + \frac{x^2\cdot\pi\cdot x}{3} = x^2\,\pi\,z + \frac{x^3\,\pi}{3}$

$$z = \frac{3\,V - x^3\,\pi}{3\,x^2\,\pi}$$

$$O = 2\,x\,\pi\cdot\frac{3\,V - x^3\,\pi}{3\,x^2\,\pi} + x^2\,\pi\sqrt{2} = \frac{6\,V - 2\,x^3\,\pi + 3\,x^3\,\pi\sqrt{2}}{3\,x}$$

$$O = \frac{2\,V}{x} - \frac{2\,x^2\,\pi}{3} + x^2\,\pi\sqrt{2} = x^2\,\pi\left(\sqrt{2} - \frac{2}{3}\right) + \frac{2\,V}{x}$$

$$f(x) = x^2\,\pi\left(\sqrt{2} + \frac{2}{3}\right) + \frac{2\,V}{x}$$

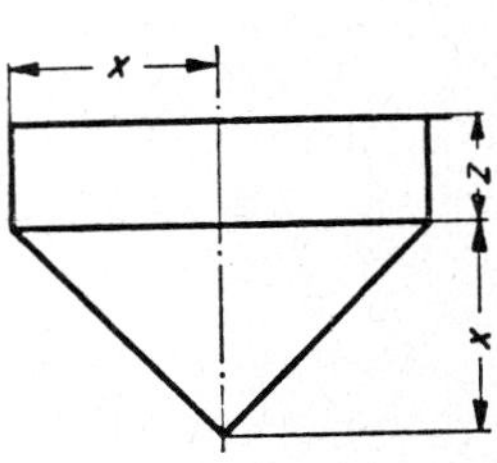

$$f'(x) = 2\,x\,\pi\left(\sqrt{2} - \frac{2}{3}\right) - \frac{2\,V}{x^2} = 0$$

für $\quad 2\,x^3\,\pi = \frac{2\,V}{\sqrt{2} - \frac{2}{3}}$

d. h. $$x^3 = \frac{V}{\pi\left(\sqrt{2}-\frac{2}{3}\right)}$$

$$x = \sqrt[3]{\frac{3\,V}{\pi(3\sqrt{2}-2)}} = \sqrt[3]{\frac{3\,V}{2{,}2426\,\pi}}$$

$$f''(x) = 2\,\pi\left(\sqrt{2}-\frac{2}{3}\right)+\frac{4\,V}{x^3} > 0 \quad \text{also Min}$$

Dann wird $$z = \frac{3\,V-x^3\,\pi}{3\,x^2\,\pi} = \frac{3\,V-\frac{3\,V}{3\sqrt{2}-2}}{3\,x^2\,\pi} = \frac{3\,V\,(3\sqrt{2}-2-1)}{3\,x^2\,\pi\,(3\sqrt{2}-2)}$$

$$= \frac{3\,V\cdot 3\,(\sqrt{2}-1)}{3\,\pi\,(3\sqrt{2}-2)\cdot x^2}$$

$$z = \frac{x^3\,(\sqrt{2}-1)}{x^2} = x\,(\sqrt{2}-1) = 0{,}4142\,x$$

87. Ein oben offener eiserner Behälter für einen Wasserleitungsturm soll aus einem geraden Zylinder bestehen, dessen nach der Mitte abschüssiger Boden ein gerader Kreiskegel ist mit einem Winkel an der Spitze von 120°. Welche Höhe x muß man dem Kegel und welche dem Zylinder geben, damit bei dem vorgeschriebenen Volumen $V = 2000\ \text{m}^3$ möglichst wenig Eisenblech gebraucht werde?

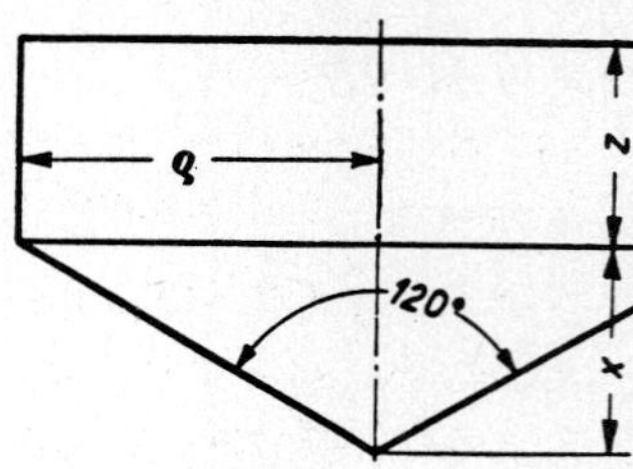

Lösung:

H: $O = 2\,\varrho\,\pi\cdot z+\varrho\cdot\pi\cdot 2\,x$

N: $V = \varrho^2\,\pi\,z+\varrho^2\,\pi\cdot\frac{x}{3}$

ϱ ist die Höhe im gleichseitigen Dreieck mit der Seite $2\,x$ also $\varrho = x\sqrt{3}$

$$V = 3\,x^2\,\pi\,z+3\,x^2\,\pi\cdot\frac{x}{3} = 3\,x^2\,\pi\,z+x^3\,\pi \quad \text{also}$$

$$z = \frac{V-x^3\,\pi}{3\,x^2\,\pi} \quad \text{und somit}$$

$$O = 2\,x\sqrt{3}\cdot\pi\,z+x\cdot\sqrt{3}\cdot 2\,x\,\pi = 2\,\pi\sqrt{3}\,(x\cdot z+x^2)$$

$$= 2\,\pi\sqrt{3}\left[x\cdot\frac{V-x^3\,\pi}{3\,x^2\,\pi}+x^2\right] = 2\,\pi\sqrt{3}\left[\frac{x\,V-x^4\,\pi+3\,x^4\,\pi}{3\,x^2\,\pi}\right]$$

$$f(x) = \frac{V}{3\,x\,\pi}+\frac{2\,x^2}{3}$$

$$f'(x) = -\frac{V}{3\,\pi\,x^2}+\frac{4\,x}{3} = 0 \quad \text{für} \quad x = \sqrt[3]{\frac{V}{4\,\pi}}$$

$$f''(x) = \frac{2\,V}{3\,\pi\,x^3}+\frac{4}{3} > 0 \quad \text{also Min}$$

Dann wird $$z = \frac{V-x^3\,\pi}{3\,x^2\,\pi} = \frac{V-\frac{V}{4}}{3\,\pi\sqrt[3]{\frac{V^2}{16\,\pi^2}}} = \frac{\frac{3}{4}\,V\cdot\sqrt[3]{\frac{V}{4\,\pi}}}{3\,\pi\cdot\frac{V}{4\,\pi}} = \sqrt[3]{\frac{V}{4\,\pi}} = x$$

also ist $z = x$

$$x = z = \sqrt[3]{\frac{2000}{4\,\pi}} = \frac{\sqrt[3]{500}}{\sqrt[3]{\pi}} = \frac{7{,}937}{1{,}4646} = 5{,}41925 \text{ m} \approx 5{,}42 \text{ m}$$

$$\varrho = 5{,}42 \cdot 1{,}7321 = 9{,}388 \text{ m}$$

$$O = 2\,\pi\sqrt{3}\,(x \cdot z + x^2) = 4\,x^2\,\pi\sqrt{3} = 639{,}22 \text{ m}^2$$

Probe: $V = 4\,x^2\,\pi = 4 \cdot 5{,}42^3\,\pi = 4 \cdot 159{,}22\,\pi = 636{,}88\,\pi = 2000 \text{ m}^3$

88. Zwischen zwei sich rechtwinklig kreuzenden Straßen liegt ein dreieckiges Grundstück mit 80 m bzw. 60 m Straßenfront. Es soll auf ihm ein rechteckiger, möglichst großer Bauplatz für die Errichtung eines Hauses abgesteckt werden, und zwar so, daß
a) die Hausfront an der Straßenfront liegt,
b) die Rückseite des Hauses mit der Grundstückbegrenzung zusammenfällt.
Welche Abmessungen sind in den beiden Fällen dem Bauplatz zu geben?

Lösung:

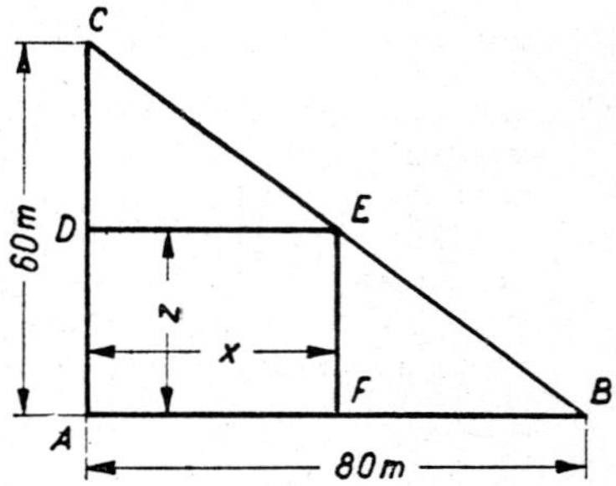

a) H: $A = x \cdot z$ N: $z : 60 = (80 - x) : 80$

$$A = x \cdot \frac{3}{4}(80 - x) \qquad z = \frac{60\,(80 - x)}{80}$$

$$= \frac{3}{4}(80\,x - x^2) \qquad = \frac{3}{4}(80 - x)$$

$$f(x) = 80\,x - x^2$$

$$f'(x) = 80 - 2\,x = 0 \quad \text{für} \quad x = 40 \text{ m}$$

$$f''(x) = -2 < 0 \quad \text{also Max}$$

$$z = \frac{3}{4}(80 - 40) = 30 \text{ m}$$

dann wird $A = x \cdot z = 30 \cdot 40 = 1200 \text{ m}^2$

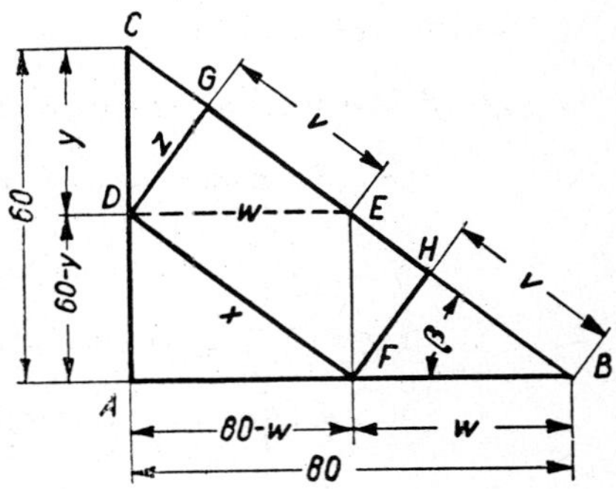

b) $\overline{CB} = \sqrt{60^2 + 80^2} = 100 \text{ m}$

$$\overline{CE} = \overline{CB} - x = 100 - x$$

$$\sin\beta = \frac{60}{100} = 0{,}6; \qquad \cos\beta = 0{,}8$$

$$\sin\beta = \frac{y}{\overline{CE}} = \frac{y}{100 - x}$$

$$y = (100 - x)\,0{,}6$$

$$\cos\beta = \frac{w}{\overline{CE}} = \frac{w}{100 - x}$$

$$w = (100 - x)\,0{,}8$$

$$A = \Delta\,A\,B\,C - (\Delta\,C\,G\,D + \Delta\,F\,H\,B) - \Delta\,A\,D\,F$$

$$= \frac{60 \cdot 80}{2} - \frac{y \cdot w}{2} - \frac{(80 - w)\,(60 - y)}{2}$$

$$2\,A = 60 \cdot 80 - (100 - x)^2 \cdot 0{,}6 \cdot 0{,}8 - \big(80 - (100 - x) \cdot 0{,}8\big)\big(60 - (100 - x) \cdot 0{,}6\big)$$

$$= 4800 - (10000 - 200\,x + x^2) \cdot 0{,}48 - (80 - 80 + 0{,}8\,x)\,(60 - 60 + 0{,}6\,x)$$

$$= 4800 - 4800 + 96\,x - 0{,}48\,x^2 - 0{,}48\,x^2 = 96\,x - 0{,}96\,x^2 = 96\,(x - 0{,}01\,x^2)$$

$$f(x) = x - 0{,}01\,x^2$$

$$f'(x) = 1 - 0{,}02\,x = 0$$

für $x = 50$ m

$$f''(x) = -0{,}02 < 0 \quad \text{also Max}$$

Dann wird $y = 30$ m

$$w = 40 \text{ m}$$

$$z = w \sin\beta = 24 \text{ m}$$

$$A = x \cdot z = 50 \cdot 24 = 1200 \text{ m}^2$$

Anderer Weg: $\overline{CB} = 100$ m; $\cos\beta = \frac{w}{100-x}$ $w = (100-x)\cdot 0{,}8$

$\sin\beta = \frac{z}{w}$; $z = w\cdot\sin\beta = (100-x)\cdot 0{,}8\cdot 0{,}6 = (100-x)\cdot 0{,}48$

$$A = x\cdot z = x\cdot(100-x)\,0{,}48 = (100\,x-x^2)\cdot 0{,}48$$

$f(x) = 100\,x - x^2$ Dann wird

$f'(x) = 100 - 2\,x = 0$ für $x = 50$ $z = 50\cdot 0{,}48 = 24$ m

$f''(x) = -2 < 0$ also Max also $A = 50\cdot 24 = 1200\ \text{m}^2$

89. Die Leistung einer Turbine wird im allgemeinen als Funktion der Drehzahl dargestellt durch $N = \alpha\cdot n - \beta\,n^2$ in PS. Bei welcher Umlaufzahl n tritt die größte Leistung auf und wie groß ist diese, wenn $\alpha = 0{,}45543$ und $\beta = 0{,}0010344$ ermittelt wurde?

Lösung:

$$N = 0{,}45543\,n - 0{,}0010344\,n^2$$

$$f_{(n)} = 0{,}45543\,n - 0{,}0010344\,n^2$$

$$f'_{(n)} = 0{,}45543 - 0{,}0020688\,n = 0$$

für $n = \frac{0{,}45543}{0{,}0020688} = 220{,}14 \approx 220$

$$f''_{(n)} = -0{,}0020688 < 0 \quad \text{also Max}$$

Dann wird $N = 0{,}45543\cdot 220 - 0{,}0010344\cdot 48400$

$$N = 100{,}19460 - 50{,}06496 \approx 50{,}13\ \text{PS}$$

89a. Desgleichen:

$N = \alpha\,n - \beta\,n^2$ wenn

$\alpha = 8{,}4$ und $\beta = 0{,}028$ ist

$$N = 8{,}4\,n - 0{,}028\,n^2$$

$$f_{(n)} = 8{,}4\,n - 0{,}028\,n^2$$

$$f'_{(n)} = 8{,}4 - 0{,}056\,n = 0$$

für $n = \frac{8{,}4}{0{,}056} = \frac{8400}{56} = 150$

$$f''_{(n)} = -0{,}056 < 0 \quad \text{also Max}$$

$$N = 8{,}4\cdot 150 - 0{,}028\cdot 22500 = 1260 - 630 = 630\ \text{PS}$$

90. Bei welcher Temperatur t hat das Wasser die größte Dichte?

Lösung:

Setzt man das Volumen des Wassers bei 0° gleich 1, so besteht bei Temperaturen zwischen 0° – 25° nach Kopp die Beziehung:

$$v_t = 1 - 0{,}000061045\,t + 0{,}0000077183\,t^2 - 0{,}00000003734\,t^3$$

$$f'_{(t)} = -0{,}000061045 + 0{,}0000154366\,t - 0{,}00000011202\,t^2$$

$$t^2 - \frac{1543660}{11202}\,t = -\frac{6104500}{11202}$$

$$t^2 - 137{,}8\,t = -544{,}947$$

$t = 68{,}9 \pm \sqrt{4747{,}21 - 544{,}947}$ mit 7 stelligen Logarithmen

$$t = 68{,}9 \pm \sqrt{4202{,}263} = 68{,}9 \pm 64{,}825 \pm 4{,}075°$$

91. Bei welcher Temperatur des Wassers ist seine spez. Wärme c_t ein Minimum, wenn folgende Beziehung besteht?

$$c = 1 - 0{,}0006684\,t + 0{,}00001092\,t^2$$

Lösung:

$$f_{(t)} = 1 - 0{,}0006684\, t + 0{,}00001092\, t^2$$

$$f'_{(t)} = -0{,}0006684 + 0{,}00002184\, t = 0 \quad \text{für}$$

$$t = \frac{0{,}0006684}{0{,}00002184} = \frac{66840}{2184} = 30{,}6044 \approx 30{,}6°$$

92. Der stündliche Kohlenverbrauch eines Dampfers läßt sich aus der Beziehung $y = 0{,}3 + 0{,}001\, v^3$ errechnen. Hier ist v die Geschwindigkeit in Seemeilen pro Std. 1 Seemeile = 1 Bogenminute der Erde $= \dfrac{10\,000\,000}{90 \cdot 60} = 1852$ m. Bei welcher Geschwindigkeit sind die Kosten für eine 1000 Seemeilenfahrt am geringsten?

Lösung:

Kohlenmenge = Kohlenmenge pro Std. mal Anzahl der Stunden.

$$K = (0{,}3 + 0{,}001\, v^3) \cdot \frac{s}{v} = (0{,}3 + 0{,}001\, v^3) \frac{1000}{v} = \frac{300 + v^3}{v}$$

$$K' = \frac{v \cdot 3\, v^2 - (300 + v^3)}{v^2} = \frac{3\, v^3 - 300 - v^3}{v^2} = \frac{2\, v^3 - 300}{v^2} = 0$$

für $2\, v^3 = 300$ oder $v = \sqrt[3]{150} = 5{,}3133$ Seemeilen.

93. Die Funktion $y = \sin x + \sin (2\, x)$ ist aufzuzeichnen und auf Max und Min zu untersuchen.

vergl. auch Kap. 8 u. 9.

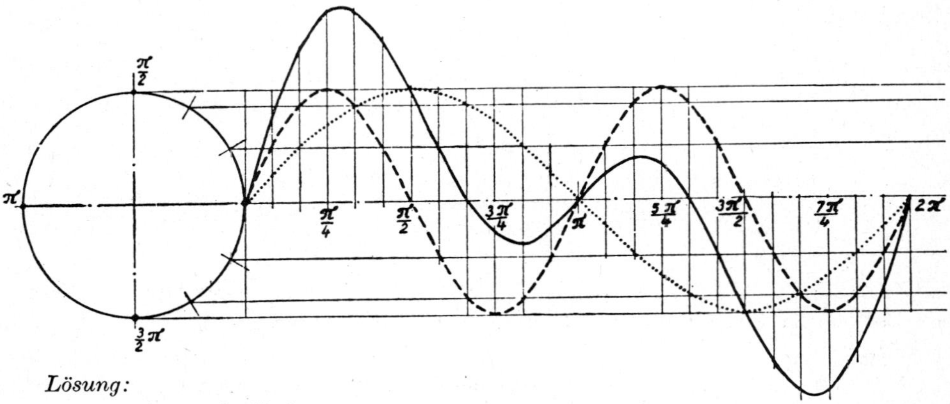

Lösung:

$$y = \sin x + \sin (2\, x)$$

$$y' = \cos x + 2 \cdot \cos (2\, x) = \cos x + 2\, (2 \cos^2 x - 1) = 4 \cos^2 x + \cos x - 2 = 0$$

$$\text{für} \quad \cos^2 x + \frac{1}{4} \cos x = \frac{1}{2}$$

$$\cos x = -\frac{1}{8} \pm \sqrt{\frac{1}{64} + \frac{32}{64}} = \frac{-1 \pm \sqrt{33}}{8} = \frac{-1 \pm 5{,}7446}{8}$$

$$\cos x_1 = \frac{-1 + 5{,}7446}{8} = \frac{4{,}7446}{8} = 0{,}593075 \qquad x_1 = 53°\, 37'\, 28''$$

$$\cos x_2 = \frac{-1 - 5{,}7446}{8} = \frac{-6{,}7446}{8} = -0{,}843075$$

$$x_2 = 180° - 32°\, 32'' = 147°\, 28'$$

$$y'' = -\sin x - 4 \sin (2\, x) \qquad x_1 = 53°\, 37'\, 28'' \qquad x_2 = 147°\, 28'$$

$$y''_{(53°\, 37'\, 28'')} = -0{,}80516 - 3{,}82008 \qquad 2\, x_1 = 107°\, 14'\, 56'' \qquad 2\, x_2 = 294°\, 56'$$

$$= -4{,}62524 < 0 \quad \text{also Max}$$

$$y''_{(147°\,28')} = -0{,}53779 - -3{,}62720$$

$$= -0{,}53779 + 3{,}62720$$

$$= +3{,}08941 > 0 \quad \text{also Min}$$

$$f(x) = \sin x + \sin(2x);$$

$\sin 107°\,14'\,56'' = \sin 72°\,45'\,04''$

$\sin 147°\,28' = \sin 32°\,32'$

$\sin 294°\,56' = -\sin 65°\,4'$

$$f_{(53°\,37'\,28'')} = 0{,}80516 + 0{,}95502 = 1{,}76018$$

$$f_{(147°\,28')} = 0{,}53779 + -0{,}90680 = -0{,}36901$$

Die beiden anderen Extremwerte liegen bei

$x_3 = 212°\,32'$ Max und $x_4 = 306°\,22'\,32''$ Min.

94. Es soll aus einem Baumstamm mit kreisförmigem Querschnitt ein Balken von rechteckigem Querschnitt so ausgeschnitten werden, daß seine Tragfähigkeit ein Max wird.

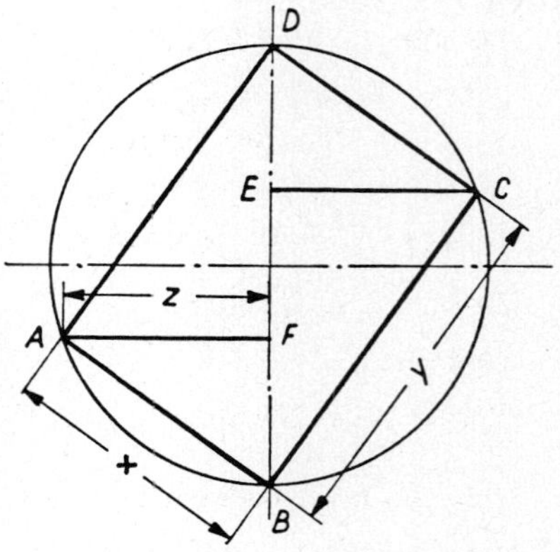

Lösung:

Die Tragfähigkeit T des rechteckigen Balkens ist proportional der Breite x und proportional dem Quadrat der Höhe y des Querschnittes. Es ist also $T = c \cdot x \cdot y^2$, wobei c irgend eine Konstante sei. Ist $\overline{BD} = d$, so ist $y^2 = d^2 - x^2$ und $T = c \cdot x \cdot (d^2 - x^2) = c\,(d^2 x - x^3)$ also

$$f_{(x)} = d^2 x - x^3$$

$$f'_{(x)} = d^2 - 3x^2 = 0 \quad \text{für}$$

$$x = \frac{d}{3}\sqrt{3}$$

$$f''_{(x)} = -6x$$

$$f''_{\left(\frac{d}{3}\sqrt{3}\right)} = -6\,\frac{d}{3}\sqrt{3} = -2\,d\sqrt{3}$$

$$< 0 \quad \text{oder Max}$$

dann wird $y = \sqrt{\dfrac{2\,d^2}{3}} = \dfrac{d}{3}\sqrt{6}$

Die Tragfähigkeit des Balkens ist daher ein Max, wenn

$$x^2 : y^2 : d^2 = \frac{d^2}{3} : \frac{2\,d^2}{3} : d^2 = 1 : 2 : 3 \text{ ist}$$

oder $\quad x : y : d = 1 : \sqrt{2} : \sqrt{3}$

Geometrisch erhält man den gesuchten Querschnitt, wenn man den ∅ in 3 Teile teilt und im ersten Teilpunkt E die Senkrechte bis zum Schnittpunkt C mit dem Kreis errichtet. Dann ist $\overline{CD}$ die eine und $\overline{BC}$ die andere Rechteckseite.

Probe: $z^2 = x^2 - \left(\dfrac{d}{3}\right)^2 = \dfrac{d^2}{3} - \dfrac{d^2}{9} = \dfrac{2}{9}\,d^2$ oder

$z = \dfrac{d}{3}\sqrt{2}$ und es ist ebenfalls

$$z^2 = y^2 - \left(\frac{2}{3}\,d\right)^2 = \frac{2}{3}\,d^2 - \frac{4}{9}\,d^2 = \frac{2}{9}\,d^2$$

oder $\quad z = \dfrac{d}{3}\sqrt{2}$

Die Seiten des Rechtecks x und y verhalten sich wie $1 : \sqrt{2}$

$$\frac{x}{y} = \frac{1}{\sqrt{2}} \approx \frac{5}{7}$$

95. Aus einem Metallstück von der Form eines Rotationsparaboloids soll ein Zylinder von möglichst großem Volumen herausgearbeitet werden. Zur Herstellung des Zylinders soll die Kappe abgesägt und der Restkörper bis zum Zylinderdurchmesser abgedreht werden. Die Höhe des Paraboloids ist 15 cm, der Durchmesser der Grundkreisfläche $d = 10$ cm. In welcher Entfernung vom Scheitel ist die Kappe abzusägen und welchen Durchmesser hat der Zylinder? In welchem Verhältnis stehen die Gewichte der Drehspäne, der Kappe, des Zylinders, des abgestumpften Paraboloids und des ursprünglichen Körpers zueinander?

Lösung:

$$V_3 = y^2\,\pi\cdot(15-x) \qquad y^2 = 2\,p\,x$$

$$V_3 = \frac{5}{3}\,\pi\,(15\,x-x^2) \qquad 25 = 2\,p\,15$$

$$f(x) = 15\,x-x^2 \qquad 2\,p = \frac{5}{3}$$

$$f'(x) = 15-2\,x = 0 \qquad y^2 = \frac{5}{3}\,x$$

für $x = \frac{15}{2}$

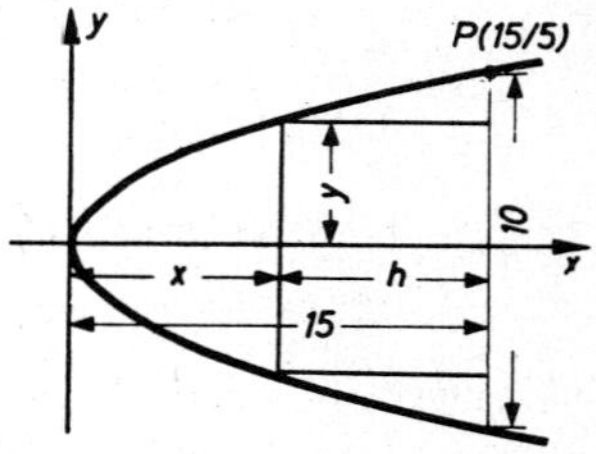

N: Die erzeugende Kurve ist eine Parabel der Form $y^2 = 2px$. Punkt $P\ (15\,|\,5)$ ist Parabelpunkt:

$f''(x) = -2 < 0$ also Max und $y^2 = \frac{5}{3}\cdot\frac{15}{2} = \frac{25}{2}$ oder $y = \frac{5}{2}\sqrt{2}$

Es ist $h = \frac{15}{2}$ cm

Dann ist

Volumen der Kappe: $V_2 = \frac{1}{2}\,y^2\,\pi\cdot x = \frac{1}{2}\cdot\frac{25}{2}\,\pi\,\frac{15}{2} = \frac{375}{8}\,\pi\ \text{cm}^3$

Volumen des Paraboloids: $V_5 = \frac{1}{2}\,y\,\pi\cdot x = \frac{1}{2}\cdot 25\cdot\pi\cdot 15 = \frac{375}{2}\,\pi = \frac{1500}{8}\,\pi\ \text{cm}^3$

Volumen des abgestumpften Paraboloids: $V_4 = \frac{1}{2}\,\pi\,25\cdot 15-\frac{1}{2}\,\pi\,\frac{25}{2}\cdot\frac{15}{2}$

$$= \frac{1}{2}\,\pi\cdot\frac{15}{2}\left(50-\frac{25}{2}\right) = \frac{1}{2}\,\pi\,\frac{15}{2}\cdot\frac{75}{2} = \frac{1125}{8}\,\pi\ \text{cm}^3$$

Volumen des Zylinders: $V_3 = y^2\,\pi\cdot h = \frac{25}{2}\cdot\pi\cdot\frac{15}{2} = \frac{375}{4}\,\pi = \frac{750}{8}\,\pi\ \text{cm}^3$

Volumen der Drehspäne: $V_1 = \frac{1125}{8}\,\pi-\frac{750}{8}\,\pi = \frac{375}{8}\,\pi\ \text{cm}^3$

$$V_1 : V_2 : V_3 : V_4 : V_5 = \frac{375\,\pi}{8} : \frac{375\,\pi}{8} : \frac{750\,\pi}{8} : \frac{1125\,\pi}{8} : \frac{1500\,\pi}{8}$$

$$V_1 : V_2 : V_3 : V_4 : V_5 = 1 : 1 : 2 : 3 : 4$$

96. Für einen Balken auf 2 Stützen von der Länge l soll das größte Biegungsmoment M bestimmt werden

a) wenn der Balken eine gleichmäßig verteilte Last von q kg m trägt.

Lösung:

$$A = B = \frac{q\cdot l}{2}$$

$$M_x = \frac{q\,l}{2}\,(l-x)-q\,(l-x)\,\frac{(l-x)}{2}$$

$$= \frac{q\,(l-x)}{2}\,(l-l+x)$$

$$= \frac{q}{2}\,x\,(l-x)$$

$$= \frac{1}{2}\,(q\,x\,l-q\,x^2)$$

$$f_{(x)} = q\,x\,l-q\,x^2$$

$$f'_{(x)} = q\,l-2\,q\,x = 0$$

für $x = \frac{l}{2}$

also

$$M_{\text{max}} = \frac{q\cdot l}{4}\left(l-\frac{l}{2}\right) = \frac{q\,l^2}{8} \quad \text{oder}$$

$$M_{\text{max}} = \frac{P\cdot l}{8}$$

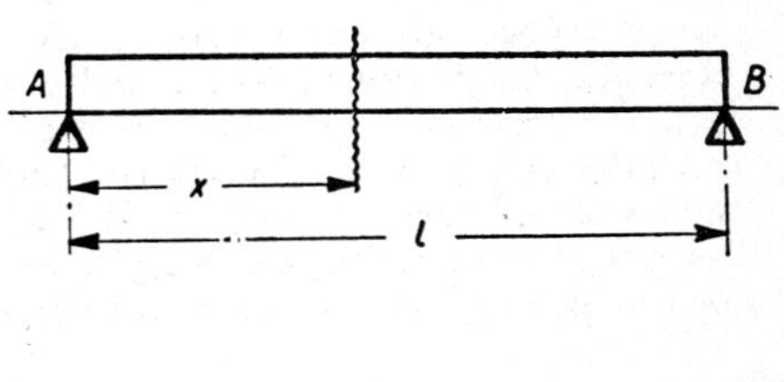

b) wenn der Balken eine Dreieckslast P trägt.

Lösung:

$$A = \frac{2}{3}P; \quad B = \frac{1}{3}P$$

$$\frac{P_1}{P} = \frac{x^2}{l^2} \qquad P_1 = P \cdot \frac{x^2}{l^2}$$

$$M_x = \frac{P}{3}x - \frac{P_1}{3}x$$

$$= \frac{P}{3}x - \frac{P}{3} \cdot \frac{x^2}{l^2} \cdot x$$

$$= \frac{P}{3}x - \frac{P \cdot x^3}{3\,l^2}$$

$$= \frac{P}{3}\left(x - \frac{x^3}{l^2}\right)$$

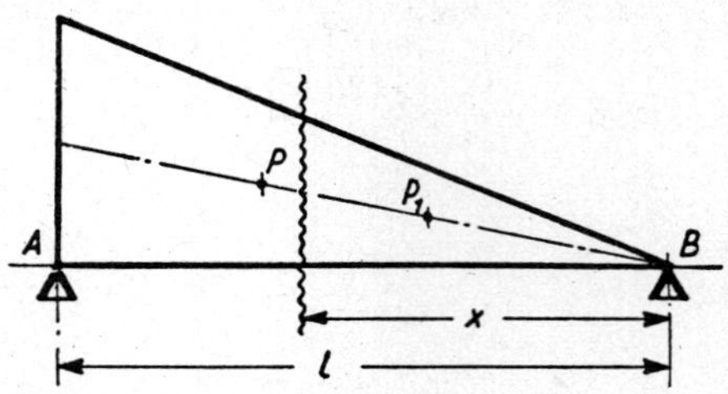

$$f_{(x)} = x - \frac{x^3}{l^2}$$

$$f'_{(x)} = 1 - \frac{3\,x^2}{l^2} = 0$$

für $x = \frac{l}{\sqrt{3}} = \frac{l}{3}\sqrt{3}$

also

$$M_{\max} = \frac{P}{3} \cdot \frac{l}{3}\sqrt{3} - \frac{P}{3\,l^2} \cdot \frac{l^3}{27} \cdot 3\sqrt{3}$$

$$= \frac{P\,l}{9}\sqrt{3} - \frac{P \cdot l}{27}\sqrt{3}$$

$$= 2\,\frac{P \cdot l}{27}\sqrt{3}$$

97. Der Kolbenweg beim Kurbeltrieb wird ermittelt durch die Gleichung $x = R\,(1 - \cos\alpha)$ $\pm\, l\,(1 - \cos\beta)$ oder

$x = R\,(1 - \cos\alpha) \pm \frac{R^2}{2\,l}\sin^2\alpha$ und wenn $\frac{R}{l} = \lambda$ gesetzt wird

$x = R\,(1 - \cos\alpha) \pm \frac{R}{2}\lambda \sin^2\alpha$. Für welchen Winkel α wird die Kolbengeschwindigkeit c ein Max?

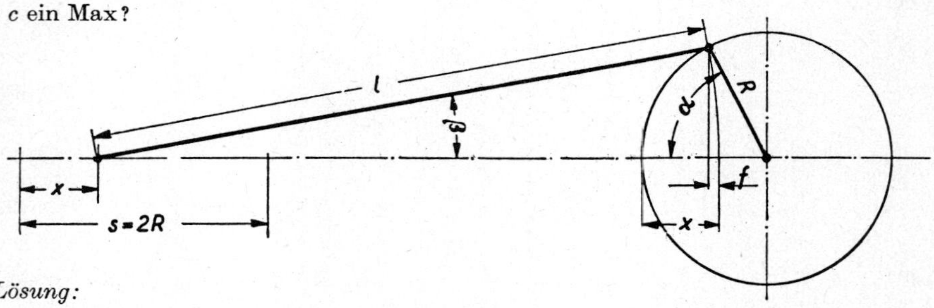

Lösung:

$$c = \frac{dx}{dt} = \frac{dx}{d\alpha} \cdot \frac{d\alpha}{dt} = R \sin\alpha \frac{d\alpha}{dt} \pm \frac{R^2}{2\,l}\, 2 \sin\alpha \cdot \cos\alpha \frac{d\alpha}{dt}$$

Setzt man $\frac{d\alpha}{dt} = w$, so wird

$$c = R\,w\left(\sin\alpha \pm \frac{R}{2\,l}\sin(2\,\alpha)\right)$$

und ist $R\,w = v$ die Geschwindigkeit des Kurbelzapfens

$$c = v\left(\sin\alpha \pm \frac{R}{2\,l}\sin(2\,\alpha)\right)$$

setzt man $\frac{R}{l} = \lambda$.

$$f(\alpha) = \sin\alpha \pm \frac{\lambda}{2}\sin(2\,\alpha)$$

$$f'(\alpha) = \cos\alpha \pm \lambda\cos(2\,\alpha) = \cos\alpha \pm \lambda\,(2\cos^2\alpha - 1)$$

$$= \cos\alpha \pm 2\,\lambda\cos^2\alpha \mp \lambda = 0 \quad \text{für} \quad 2\,\lambda\cos^2\alpha + \cos\alpha = \lambda$$

$$\cos^2\alpha + \frac{\cos\alpha}{2\lambda} = \frac{1}{2} \qquad \text{gebräuchlich ist} \quad \lambda = \frac{1}{5}$$

$$\cos^2\alpha + \frac{5}{2}\cos\alpha = \frac{1}{2}$$

$$\cos\alpha = -\frac{5}{4} \pm \sqrt{\frac{25+8}{16}}$$

$$= -\frac{5}{4} \pm \frac{\sqrt{33}}{4}$$

$$= -1{,}25 \pm \frac{5{,}7446}{4}$$

$$= -1{,}25 \pm 1{,}43615$$

$\cos\alpha_1 = 0{,}18615$ $\quad\cos\alpha_2 = -2{,}68615$

dann ist

$$\alpha_1 = 79^\circ\,16'$$

$$\alpha_2 = 100^\circ\,44'$$

α_1 für den Hinweg

α_2 für den Rückweg

98. Das sekundlich durch den Querschnitt f (in m^2) strömende Gas- oder Dampfgewicht in kg erhält man aus der bekannten Gleichung

$$G = f\sqrt{2\,g\,\frac{\varkappa}{\varkappa-1}\,\frac{P_1}{v_1}\left[\left(\frac{p}{p_1}\right)^{\frac{2}{\varkappa}} - \left(\frac{p}{p_1}\right)^{\frac{\varkappa+1}{\varkappa}}\right]}$$

Das Druckverhältnis $\frac{p}{p_1}$ für das G den Höchstwert erreicht, wird das „kritische Druckverhältnis" genannt. Es kann aus dem Höchstwert des Klammerausdruckes berechnet werden, wenn der Ausdruck nach $\frac{p}{p_1}$ differenziert und gleich Null gesetzt wird. Für welchen Wert von $\frac{p}{p_1}$ erreicht G den Höchstwert?

Lösung:

$$f_{\left(\frac{p}{p_1}\right)} = \left(\frac{p}{p_1}\right)^{\frac{2}{\varkappa}} - \left(\frac{p}{p_1}\right)^{\frac{\varkappa+1}{\varkappa}}$$

$$f'_{\left(\frac{p}{p_1}\right)} = \frac{2}{\varkappa}\left(\frac{p}{p_1}\right)^{\frac{2}{\varkappa}-1} - \frac{\varkappa+1}{\varkappa}\left(\frac{p}{p_1}\right)^{\frac{1}{\varkappa}} = 0$$

$$\text{für} \quad \left(\frac{p}{p_1}\right)^{\frac{2}{\varkappa}-1} = \frac{\varkappa+1}{\varkappa}\cdot\frac{\varkappa}{2}\left(\frac{p}{p_1}\right)^{\frac{1}{\varkappa}}$$

$$\left(\frac{p}{p_1}\right)^{\frac{2}{\varkappa}-1-\frac{1}{\varkappa}} = \frac{\varkappa+1}{2} \qquad p_1 = \text{Anfangsdruck}$$

$$\left(\frac{p}{p_1}\right)^{\frac{1-\varkappa}{\varkappa}} = \frac{\varkappa+1}{2} \qquad p = p_k = \text{Enddruck} = \text{kritischer Druck}$$

$$\frac{p_k}{p_1} = \left(\frac{\varkappa+1}{2}\right)^{\frac{\varkappa}{1-\varkappa}} = \left(\frac{2}{\varkappa+1}\right)^{\frac{\varkappa}{\varkappa-1}}$$

$$p_k = \left(\frac{2}{\varkappa+1}\right)^{\frac{\varkappa}{\varkappa-1}}\cdot p_1$$

Der kritische Druck p_k ist somit für ein bestimmtes Gas, d. h. bei gegebenem $\varkappa$, nur vom Anfangsdruck abhängig. Wie groß wird der kritische Druck für zweiatomige Gase mit $\varkappa = 1{,}4$; für trocken gesättigten Dampf mit $\varkappa = 1{,}135$ und für Heißdampf mit $\varkappa = 1{,}3$?

Für zweiatomige Gase wird	$p_k = 0{,}528\,p_1$	oder	$p_1 = 1{,}894\,p_k$
Für Sattdampf wird	$p_k = 0{,}5774\,p_1$	oder	$p_1 = 1{,}73\,p_k$
Für Heißdampf wird	$p_k = 0{,}5457\,p_1$	oder	$p_1 = 1{,}83\,p_k$